普通高等院校土木专业"十二五"规划精品教材

土木工程地质

Civil Engineering Geology

（第二版）

丛书审定委员会

王思敬　彭少民　石永久　白国良

李　杰　姜忻良　吴瑞麟　张智慧

本书主审　林宗元

本书主编　戴文亭

本书副主编　柴寿喜　于林平　姚爱军

本书编写委员会

戴文亭　柴寿喜　于林平　姚爱军

李长雨　张　龙

华中科技大学出版社

中国·武汉

内容提要

　　本书由绪论及十章内容组成,全书系统阐述了工程地质学的任务、基础知识及基本理论,包括岩石、第四纪沉积物和土、地质构造、风化及地表流水等地质作用、地貌、地下水以及岩体稳定分析;简要分析了滑坡、泥石流、崩塌等几种主要不良地质作用的过程及其工程防治;系统介绍了工程勘察的目的、任务、方法以及在道路与桥梁工程、工业与民用建筑工程、港口工程勘察中所涉及的主要岩土工程地质问题;简要介绍了环境工程地质问题及其评价的原则。每章结束附有思考题,旨在使学生掌握工程地质学的基本理论知识,提高学生分析问题、解决问题及创新的能力。

　　本书可作为高等院校土木工程专业(路桥方向、工业与民用建筑方向为主)的工程地质教材,也可作为高等院校工程地质、水文地质等相关专业的教材或参考书,还可供土木工程专业及其他相关专业方向的师生与工程技术人员参考。

图书在版编目(CIP)数据

土木工程地质(第二版)/戴文亭　主编. —武汉:华中科技大学出版社,2013.9(2022.1重印)
ISBN 978-7-5609-9223-5

Ⅰ.土…　Ⅱ.戴…　Ⅲ.土木工程-工程质地-高等学校-教材　Ⅳ.P642

中国版本图书馆 CIP 数据核字(2013)第 159342 号

土木工程地质(第二版)　　　　　　　　　　　　　　　　　　戴文亭　主编

责任编辑:简晓思
封面设计:张　璐
责任校对:张雪姣
责任监印:张贵君
出版发行:华中科技大学出版社(中国·武汉)　　　电话:(027)81321913
　　　　　武汉市东湖新技术开发区华工科技园　　　邮编:430223
录　　排:华中科技大学惠友文印中心
印　　刷:武汉开心印印刷有限公司
开　　本:850mm×1060mm　1/16
印　　张:20.5
字　　数:449千字
版　　次:2022年1月第2版第6次印刷
定　　价:58.00元

普通高等院校土木专业"十二五"规划精品教材

总　　序

　　教育可理解为教书与育人。所谓教书,不外乎教给学生科学知识、技术方法和运作技能等,教学生以安身之本。所谓育人,则要教给学生做人道理,提升学生的人文素质和科学精神,教学生以立命之本。我们教育工作者应该从中华民族振兴的历史使命出发,来从事教书与育人工作。作为教育本源之一的教材,必然要承载教书和育人的双重责任,体现二者的高度结合。

　　中国经济建设高速持续发展,国家对各类建筑人才需求日增,对高校土建类高素质人才培养提出了新的要求,从而对土建类教材建设也提出了新的要求。这套教材正是为了适应当今时代对高层次建设人才培养的需求而编写的。

　　一部好的教材应该把人文素质和科学精神的培养放在重要位置。教材中不仅要从内容上体现人文素质教育和科学精神教育,而且还要从科学严谨性、法规权威性、工程技术创新性来启发和促进学生科学世界观的形成。简而言之,这套教材有以下特点。

　　一方面,从指导思想来讲,这套教材注意到"六个面向",即面向社会需求、面向建筑实践、面向人才市场、面向教学改革、面向学生现状、面向新兴技术。

　　二方面,教材编写体系有所创新。结合具有土建类学科特色的教学理论、教学方法和教学模式,这套教材进行了许多新的教学方式的探索,如引入案例式教学、研讨式教学等。

　　三方面,这套教材适应现在教学改革发展的要求,提倡所谓"宽口径、少学时"的人才培养模式。在教学体系、教材编写内容和数量等方面也做了相应改变,而且教学起点也可随着学生水平做相应调整。同时,在这套教材编写中,特别重视人才的能力培养和基本技能培养,适应土建专业特别强调实践性的要求。

　　我们希望这套教材能有助于培养适应社会发展需要的、素质全面的新型工程建设人才。我们也相信这套教材能达到这个目标,从形式到内容都成为精品,为教师和学生,以及专业人士所喜爱。

中国工程院院士　王思敬

2006 年 6 月于北京

第二版前言

本书是普通高等院校土木工程专业"工程地质"课程教材,是根据土木工程专业高级专门人才的培养目标而编写的。本书重点结合路桥工程、工业与民用建筑工程和港口工程专业方向的需要,并同时考虑到目前土木工程专业发展的需要,按理论结合实际的原则进行编写,同时力求反映国内外本学科的最新发展水平。

本书由绪论及十章内容组成,全书系统阐述了工程地质学的任务、基础知识及基本理论,包括岩石、第四纪沉积物和土、地质构造、风化及地表流水等地质作用、地貌、地下水以及岩体稳定分析;简要分析了滑坡、泥石流、崩塌等几种主要不良地质作用的过程及其工程防治;系统介绍了工程勘察的目的、任务、方法以及在道路与桥梁工程、工业与民用建筑工程、港口工程勘察中所涉及的主要岩土工程地质问题;扼要介绍了环境工程地质及其评价原则。每章结束附有思考题,旨在使学生掌握工程地质学的基本理论知识,提高学生分析问题、解决问题及创新的能力。

本书由吉林大学、北京建筑大学、天津城建大学、大连海洋大学、长春建筑学院和长春工程学院的教师共同编写,由吉林大学戴文亭担任主编。具体分工如下:绪论,第3、7、10章及第6章6.1、6.2节由戴文亭编写;第1章和第6章6.3节由长春建筑学院张龙编写;第2、8章由天津城建大学柴寿喜编写;第4章由长春工程学院李长雨编写;第5章由大连海洋大学于林平编写;第9章由北京建筑大学姚爱军编写。全书由戴文亭统稿。

对于书中所引用文献和研究成果的众多作者表示诚挚的谢意。

由于编者水平有限,本书难免有不妥和错误之处,敬请读者批评指正。

编　者

2013 年 7 月

目　　录

绪　　论

0.1　地质学与工程地质学

地质学是一门关于地球的科学。它研究的对象主要是地球的固体表层,主要有以下方面内容:① 研究组成地球的物质,由矿物学、岩石学、地球化学等分支学科承担这方面的研究;② 阐明地壳及地球的构造特征,即研究岩石或岩石组合的空间分布,这方面的分支学科有构造地质学、区域地质学、地球物理学等;③ 研究地球的历史以及栖居在地质时期的生物及其演变,这方面的分支学科有古生物学、地史学、岩相古地理学等;④ 地质学的研究方法与手段,如同位素地质学、数学地质学及遥感地质学等;⑤ 研究应用地质学以解决资源探寻、环境地质分析和工程防灾问题。

从应用方面来说,地质学对人类社会担负着重大使命,主要表现在两个方面:一是以地质学理论和方法指导人们寻找各种矿产资源,这也是矿床学、煤田地质学、石油地质学、铀矿地质学等研究的主要内容;二是运用地质学理论和方法研究工程地质环境,查明地质灾害的规律和防治对策,以确保工程建设安全、经济、正常运行。地质学的第二个方面是工程地质学研究的主要内容。工程地质学是地质学的重要分支学科,是把地质学原理应用于工程实际的一门学问。

0.2　工程地质学的主要任务和研究方法

工程地质学在经济建设和国防建设中应用非常广泛,由于它在工程建设中占有重要地位,从而早在 20 世纪 30 年代就获得迅速发展,成为一门独立的学科。我国工程地质学的发展始于新中国成立初期。经过 50 年的努力,不仅能适应国内建设的需要并开始走向世界,而且建立了具有中国特色的学科体系。纵观各种规模、各种类型的工程,其工程地质研究的基本任务,可归结为三方面:① 区域稳定性研究与评价,是指由内力地质作用引起的断裂活动中,地震对工程建设地区稳定性的影响的研究和评价;② 地基稳定性研究与评价,是指对地基的牢固、坚实性的研究和评价;③ 工程地质环境影响评价,是指对人类工程活动对工程地质环境的相互作用与影响的研究和评价。

工程地质学的具体任务:① 评价工程地质条件,阐明地上和地下建筑工程兴建和运行的有利和不利因素,选定建筑场地和适宜的建筑形式,保证规划、设计、施工、使用、维修的顺利进行;② 从地质条件与工程建筑相互作用的角度出发,论证和预测有关工程地质问题发生的可能性、发生的规模和发展趋势;③ 提出及建议改善、防治或利用有关工程地质条件的措施、加固岩土体和防治地下水的方案;④ 研究岩体、土体分类和分区及区域性特点;⑤ 研究人类工程活动与地质环境之间的相互作用与影响。

工程地质学在工程规划、设计以及在解决各类工程建筑物的具体问题时必须根据不同设计阶段开展相应的岩土工程勘察、工程地质勘察工作,为了说明方便,以下统称为工程勘察工作。工程地质勘察的目的是取得有关建筑场地工程地质条件的基本资料和进行工程地质论证。

工程地质学的研究对象是复杂的地质体,所以其研究方法应是地质分析法与力学分析法、工程类比法与实验法等的密切结合,即通常所说的定性分析与定量分析相结合的综合研究方法。要查明建筑区工程地质条件的形成和发展以及它在工程建筑物作用下的发展变化,首先必须以地质学和自然历史的观点分析研究建筑区周围其他自然因素和条件,分析历史地质条件可能对建筑区工程的影响和制约程度,这样才有可能认识建筑区地质条件形成的原因和预测其发展趋势和变化。这就是地质分析法,它是工程地质学基本研究方法,也是进一步定量分析评价的基础。对工程建筑物的设计和运用来说,仅有定性的论证是不够的,还要求对一些工程地质问题进行定量预测和评价。在阐明主要工程地质问题形成机制的基础上,建立模型进行计算和预测,例如,地基稳定性分析,地面沉降量计算,地震液化可能性计算等。当工程地质条件十分复杂时,还可根据条件类似地区已有资料对研究区的问题进行定量预测,这就是采用类比法进行评价。采用定量分析方法论证工程地质问题时,都需要采用实验测试方法,即通过室内或现场试验,取得所研究的岩土的物理性质、水理性质、力学性质等数据。长期观测工程地质现象的发展速度也是常用的试验方法。综合应用上述定性分析和定量分析方法,才能取得可靠的结论,对可能发生的工程地质问题制定出合理的防治对策。

0.3　工程地质学分类

工程地质学包括工程岩土学、工程地质分析、工程地质勘察三个基本部分,它们都已形成分支学科。工程岩土学的任务是研究土石的工程性质,研究这些性质的形成和它们在自然或人类活动影响下的变化。工程地质分析的任务是研究工程活动的主要工程地质问题,研究这些问题产生的工程地质条件、力学机制及其发展演化规律,以便正确评价和有效防治它们的不良影响。工程地质勘察的任务是探讨调查研究方法,以便有效查明有关工程活动的地质因素。工程地质勘察在建设工程(含地下铁道、轻轨交通)领域已转化为岩土工程勘察。

由于工程地质条件有明显的区域性分布规律,因而工程地质问题也有区域性分布的特点,研究这些规律和特点的分支学科称为区域工程地质学。

　　随着生产的发展和研究的深入，一些新的分支学科，如环境工程地质、海洋工程地质等正在形成。

　　我国改革开放以来，随着经济高速发展，大规模基础工程设施，如举世瞩目的三峡工程、青藏铁路动工修建，京九线及我国高等级公路干线网"五纵七横"等一大批铁路、高等级公路、桥梁、海港码头等工程大量修建，其人类工程活动对工程地质环境的作用已达到了空前的规模。在某些地区这种作用甚至远远超过了一般的地质作用，因而提出了环境工程地质问题，即由人类工程—经济活动引起的（或称诱发的），且大规模地、广泛而严重地危害工程地质环境及其区内工程设施和人民生命财产安全的工程地质问题。同时，在某些条件下工程地质环境也会对工程或经济活动造成严重的不良影响。正因如此，环境工程地质这一分支学科才得以形成和发展，它强调人类工程和经济活动对工程地质环境的相互作用和影响。

　　为各类工程（道路、铁路、矿山、水利水电、工业与民用建筑等）服务的工程地质，因均有其自己的特点，所以均可单独划分成类，如公路工程地质、铁路工程地质、水利水电工程地质、矿山工程地质、工业与民用建筑工程地质等。各类工程的工程地质特点主要体现在工程建设过程中涉及的工程地质问题有所不同。例如，公路和铁路工程是一种延伸很长的线形建筑物，又主要是一种表层建筑物，它受地貌和滑坡、泥石流等不良地质现象的影响比建筑工程的影响大，而海岸港口工程涉及水、陆两种环境，自然又会有它自己的特点。

0.4　工程地质条件与工程地质环境

　　人类的工程活动都是在一定的工程地质环境中进行的，二者之间有密切的关系，并且是相互影响，相互制约的。

　　工程活动的地质环境，亦称为工程地质条件，一般认为，它应包括建设场地的地形地貌、地质构造、地层岩性、不良地质现象以及地下水等。

　　工程地质环境对工程活动的制约是多方面的。它可以影响工程建筑的工程造价与施工安全，也可以影响工程建筑的稳定和正常使用。如在开挖高边坡时，忽视工程地质条件，可能引起大规模的崩塌或滑坡，不仅会增加工程量，延长工期和提高造价，而且甚至会危及施工和使用安全。又如，在岩溶地区修建水库时，如不查明岩溶情况并采取适当措施，轻则蓄水大量漏失，重则完全不能蓄水，使建筑物不能正常使用。

　　工程活动也会以各种方式影响工程地质环境，这种影响亦称为环境工程地质问题，如在城市过量抽取地下水，可能导致大规模的地面沉降。道路工程中，不适当地开挖或填筑人工边坡，可能导致大规模的滑坡或崩塌。而大型水库或水渠渗漏对工程地质环境的影响，则往往可能不限局部场地而波及广大区域，在平原地区可能引起大面积的沼泽化，在黄土地区则可能引起大范围的湿陷，而在某些地区还可能诱发地震。

　　研究人类工程活动与工程地质环境之间的相互制约关系,以便做到既能使工程建筑安全、经济、稳定,又能合理开发和保护工程地质环境,这是工程地质学的基本任务之一。而在大规模改造自然环境的工程中,如何按地质规律办事,有效地改造工程地质环境,则是工程地质学将要面临的重要任务。

0.5　本课程的任务与学习要求

　　我国地域辽阔,自然条件复杂,在各种工程建设中常常遇到各种各样的自然条件和工程地质问题。如青藏铁路、青藏公路、天山公路等长大干线,都以工程地质条件复杂著称于世,秦山核电站、三峡大坝、超高层建筑上海金茂大厦、上海洋山港等,均涉及各种各样的工程地质问题。因此,作为土木工程师,必须具有一定的工程地质的科学知识,才能正确处理工程建设与工程地质条件之间的相互关系,才能胜任自己的工作。

　　本课程是土木工程专业的一门技术基础课,它结合我国工程地质条件和路桥工程、建筑工程及港口工程的特点,为学习专业和开展有关问题的科学研究,提供必要的工程地质学的基础知识和理论。学习了这门课程就可了解工程勘察的基本内容、工作方法;懂得搜集、分析和运用有关的工程地质资料,对一般的工程地质问题进行初步的分析评价和采取相应处理措施。学习本课程最重要的是不要死记硬背某些条文,而是要学会具体问题具体分析。

【思考题】

0-1　试说明工程地质学的主要任务和研究方法。

0-2　什么是工程地质条件和工程地质环境? 它们具体包括哪些因素和内容?

第 1 章　地壳与岩石

地壳是地球的表层,是地质学、工程地质学的主要研究对象。地壳和地球内部的化学元素,除极少数呈单质存在外,绝大多数是以化合物的形态存在的。这些具有一定化学成分和物理性质的天然单质和化合物,称为矿物。而由一种或多种矿物以一定的规律组成的自然集合体,称为岩石。岩石是各种地质作用的产物,是构成地壳的物质基础。组成地壳的岩石,按其成因可分为三大类:岩浆岩、沉积岩和变质岩。

1.1　地壳与地质作用

地球是绕太阳转动的一颗行星,它是一个旋转椭球体。大地测量与地球卫星测量表明,地球的赤道半径为 6 378.160 km,两极半径为 6 356.755 km;地球的扁平率为 1/298.25。

研究资料表明,地球不是一个均质球体,而是具有圈层构造的球体。其外部圈层分为生物圈、水圈和大气圈;内部圈层分为地核、地幔和地壳(见图 1-1)。

地核主要由铁、镍组成,平均密度超过 10 g/cm³。

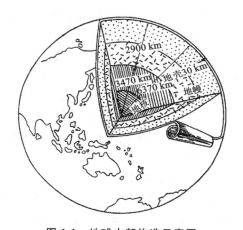

图 1-1　地球内部构造示意图

地幔处于地壳和地核中间,也称为中间层或过渡层,根据物质成分和所处状态不同,可分为上地幔和下地幔。上地幔主要由铁、镁、硅酸盐类物质组成,也称橄榄层;下地幔主要是由金属氧化物和硫化物组成。

地壳表层是人类工程活动的场所,地壳也是地质学的主要研究对象。

1.1.1　地壳

地壳是地球表层的一个坚硬外壳,是由固体岩石构成的,其平均密度为 2.8 g/cm³。地壳的平均厚度约为 17 km,有些地方厚,有些地方薄,厚度极不均匀。大陆地壳比较厚,最厚的地方可达 70 km,平均厚为 35 km;海洋地壳薄,最薄的地方不到 5 km,平均厚度只有 6 km。

组成地壳的岩石除地壳最表层的沉积岩(沉积岩质量约占地壳岩石总质量的 5%)外,其余主要由岩浆岩组成。地壳的化学成分以 O、Si、Al、Fe、Ca、Na、K、Mg、H

等元素为主。据美国地质学家和化学家克拉克统计分析,这九种主要元素质量约占了地壳总质量的 98.13%,其中氧几乎占了一半(49.13%),硅约占 1/4(26.0%)。除这九种元素以外的其他元素质量只占地壳总质量的 1.87%。

1.1.2　地质作用

根据地球内部放射性同位素蜕变速度,地球从形成到现在经历了 45～60 亿年。在这漫长的地质历史进程中,它一直处在不断运动之中,其成分和构造时刻都在变化着。过去的大海经过长期的演变而成陆地、高山;陆地上的岩石经过长期日晒、风吹雨淋被逐渐破坏粉碎,脱离原岩而被流水携带到低洼处沉积下来,结果高山被夷为平地。海枯石烂、沧海桑田,地壳面貌在不断改变着。由自然动力引起地壳或岩石圈,甚至地球的物质组成、内部结构和地表形态变化和发展的自然作用,统称为地质作用。

有些地质作用进行得很快,很激烈,如山崩、地震、火山喷发等,可以在瞬间发生,造成地质灾害。有些地质作用进行得十分缓慢,不易被人们所察觉。据 1950 年测量资料表明,近百年中,荷兰海岸下降了 21 cm,平均每年下降 2 mm。喜马拉雅山的珠穆朗玛峰,近一百万年来,升高了 3 000 m,每年平均升高 3 mm,这是人们感觉不到的。这就是说,缓慢的变化过程,如果经历漫长的时间,也能引起地壳发生显著变化。

地质作用按其动力能的主要来源和发生作用的主要部位不同,可分为内力地质作用和外力地质作用两大类。

1) 内力地质作用

内力地质作用简称为内力作用,是由地球转动能、重力能和放射性元素蜕变的热能等所引起的,主要是在地壳或地幔中进行。内力地质作用包括地壳运动作用、岩浆作用、变质作用和地震作用等。

(1) 地壳运动作用

地球自转速度的改变等原因,使得组成地壳的物质不断运动,并改变它的相对位置和内部构造,这种运动称为地壳运动。

地壳运动按其运动方向,可分为升降运动和水平运动。地壳运动会引起海陆变迁,产生各种地质构造,因此,地壳运动又称为构造运动。发生在新第三纪末和第四纪的构造运动,称为新构造运动。

(2) 岩浆作用

岩浆是地壳深处的一种富含挥发性物质的高温高压的黏稠硅酸盐熔融体,其中含有一些金属硫化物和氧化物。在地壳运动的影响下,由于外部压力的变化,岩浆向压力减小的方向移动,上升到地壳上部或喷出地表冷却凝固成为岩石的全过程,统称为岩浆作用。由岩浆作用而形成的岩石,叫岩浆岩。岩浆作用有以下两种方式。

① 喷出作用:地下深处的岩浆直接冲破地壳喷射或溢流出地面冷却成岩石的过程,称为喷出作用,也称火山作用。

② 侵入作用:岩浆从地下深处沿各种软弱带上升,往往由于热力和上升力量的

不足,或因通道受阻,不能到达地表,只能侵入到地下一定深度冷凝成岩石,这一过程称为侵入作用。

（3）变质作用

由于地壳运动、岩浆作用等,在地下一定深度的岩石受到高温、高压及化学成分加入的影响,在固体状态下,发生一系列变化,形成新的岩石,这一过程称为变质作用。由变质作用形成的岩石叫变质岩。影响变质作用的主要因素为温度、压力、化学成分的加入。

根据引起变质作用的基本因素,可将变质作用分为三个类型。

① 接触变质作用:它是指岩浆侵入到围岩中,岩浆的热力及其析出来的气体和液体,使围岩发生变质的过程。因此,引起接触变质作用的主要因素是温度和化学成分的加入。如砂岩变成石英岩,石灰岩变成大理岩等。

② 动力变质作用:因地壳运动而产生的局部应力使岩石变形和破碎,但成分很少发生变化,这一过程称为动力变质作用。动力变质作用主要影响因素是压力,温度次之,如断层角砾岩和糜棱岩等。

③ 区域变质作用:区域变质作用通常在大的区域范围内发生,是一种与强烈地壳运动密切相关的变质作用。区域变质作用是地壳深处的岩石在高温、高压下发生变化,并有外来化学组分的加入的变质作用,是各种因素的综合。所形成的变质岩多具片理构造,如片岩等。

（4）地震作用

地震是地壳快速振动的现象,是地壳运动的一种强烈表现。火山喷发可引起火山地震,地下溶洞或地下采空区的塌陷可能引起陷落地震,山崩、陨石坠落等也可引起地震,但这些地震规模小。绝大多数地震是由地壳运动造成的,称为构造地震。地壳内各部分岩石都受到一定的力（即地应力）的作用,地应力作用未超过岩石弹性极限时,岩石产生弹性变形,并把能量积蓄起来;当地应力作用超过地壳内某处岩石强度极限时,就会发生破裂,或使原有的破碎带重新活动,所积蓄的能量突然急剧地释放出来,并以弹性波的形式向四周传播从而引起地壳振动,产生地震。可见地震是一种自然现象,是由地应力引起岩石积蓄能量和急剧释放能量所形成的地质作用。

2）外力地质作用

它是由地球范围以外的能源引起的地质作用。它的能源主要来自太阳辐射能以及太阳和地球的引力等。其作用方式有风化、剥蚀、搬运、沉积和成岩。外力地质作用的总趋势是削高补低,使地面趋于平坦。

（1）风化作用

常温、常压下,在温度变化、气体、水和生物等因素的综合影响下,地壳表层的岩石在原地发生破碎、分解的物理和化学变化过程,叫作风化作用。

（2）剥蚀作用

将风化产物从岩石上剥离下来,同时也对未风化的岩石进行破坏,不断改变着岩石面貌,这种作用称为剥蚀作用。其地质营力有风、流水、冰川和海浪等。因此,剥蚀作用可分为风的吹蚀作用、流水的侵蚀作用、地下水的潜蚀作用、冰川的刨蚀作用、海水和湖水的冲蚀作用等。

（3）搬运作用

风化剥蚀的产物,在地质营力作用下,离开母岩区,经过搬运到达沉积区的过程,叫作搬运作用。其地质营力主要是风和地表流水,其次为冰川、地下水、湖水和海水。搬运方式可分为三种。

① 拖曳搬运:被搬运的岩块粗大,在风或流水作用下,在地面上或河床底滚动或跳跃前进,并在搬运过程中逐渐停积于低洼地方或沉积于河床底部,少部分被带入海中。

② 悬浮搬运:被搬运物质颗粒较细,随风在空气中或浮于水中前进,浮运距离可以很远。我国西北地区的黄土就是从很远的沙漠地区通过悬浮搬运来的。

③ 溶解搬运:被搬运的物质溶解于水中,以真溶液和胶体溶液状态搬运,搬运距离长,一般被带到湖盆和海洋中沉积。

（4）沉积作用

被搬运的物质,经过一定距离后,由于搬运介质的动能减弱、搬运介质的物理化学条件发生变化,或在生物的作用下,被搬运的物质从搬运介质中分离出来,形成沉积物的过程,叫作沉积作用。沉积作用的方式有机械沉积作用、化学沉积作用和生物沉积作用等。

（5）成岩作用

使松散沉积物转变为沉积岩的过程,称为成岩作用。成岩作用可分为压固作用、胶结作用和重结晶作用。压固作用:分选沉积的松散碎屑物,在静压力作用下,水分被排出,逐渐被压实、固结成岩。胶结作用:可溶介质分离出的泥质、钙质、铁质、硅质等充填于碎屑沉积物颗粒之间,经过压实,碎屑颗粒胶结起来,形成坚硬的碎屑岩。重结晶作用:黏土岩和化学岩的成岩过程中,由于温度和压力增高,物质质点发生重新排列组合,颗粒增大;一般是成分均一、质点小的真溶液或胶体沉积物,其重结晶现象最明显。

1.2　造岩矿物

地壳和地球内部的化学元素,除极少数呈单质存在外,绝大多数均以化合物的形态存在。这些具有一定化学成分和物理性质的天然单质和化合物,称为矿物。地壳中已发现的矿物有三千多种,除个别以气态(如碳酸气、硫化氢气等)或液态(如水、自然汞等)出现外,绝大多数均呈固态。构成岩石的矿物称为造岩矿物,主要有二十多种。

1.2.1　矿物的形态

固态矿物按其质点(原子、离子、分子)有无规则排列,可分为晶质矿物和非晶质矿物等两类。

造岩矿物绝大多数是晶质矿物。晶质矿物的内部质点作规则的排列,所以在适宜的生长条件下,这种有规律的排列使晶体具有一定的内部结构构造和几何外形。例如,岩盐中的 Na^+ 和 Cl^-,在三维空间作等间距重复排列,组成立方格子状构造,其几何外形为立方体(见图 1-2)。不同的晶质矿物,因内部结构不同,因此,晶体的几何形态也不相同,如方解石多为菱面体,云母则为片状,黄铁矿因生长条件不同可呈立方体或五角十二面体等。非晶质矿

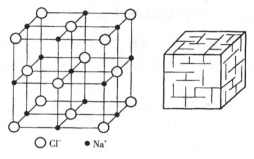

○ Cl^-　● Na^+

图 1-2　岩盐的晶体内部构造和晶体形态

物的内部质点呈无规律的排列,杂乱无章,故没有一定的几何外形,如蛋白石、玛瑙、火山玻璃质等都是非晶质矿物。

在自然界,晶质矿物很少以单体出现,而非晶质矿物则根本没有规则的单体形态,所以常根据集合体的形态来识别矿物。矿物集合体形态往往反映了矿物的生成环境。常见矿物集合体形态有以下几种。

(1)晶簇

晶簇是在同一基底上生长出许多同类矿物的晶体群,如水晶簇、方解石晶簇等。

(2)纤维状

由许多针状、柱状或毛发状的同种单体矿物,平行排列成纤维状,如石棉、纤维石膏等。

(3)粒状

大小相近、不按一定规律排列的晶体,聚合在一起形成粒状集合体,依颗粒大小可分为粗粒状、中粒状和细粒状等三种。

(4)钟乳状

钙质溶液或胶体,在岩石的孔洞或裂隙中,因水分蒸发,从同一基底向外逐层生长而成的圆锥形或圆柱形矿物集合体。这种集合体最常见于石灰岩溶洞中,如由洞顶向下生长而形成下垂的钟乳体,称为石钟乳;由下向上逐渐生长的称为石笋;石钟乳和石笋相互连接,就形成了石柱。

(5)鲕状

胶体物质围绕着某质点凝聚而成一个结核,一个个细小的结核聚合成集合体,形似鱼卵,如鲕状赤铁矿。结核颗粒大小如豆者,称为豆状集合体;形似肾状者,称为肾

状集合体,如肾状赤铁矿、肾状硬锰矿等。

(6)土状

单体矿物已看不清楚,呈疏松粉末状聚集而成的集合体,如高岭土。

(7)块状

矿物细小紧密集合在一起,无一定排列形式,如蛋白石、块状石英。

1.2.2 矿物的物理性质

矿物的物理性质取决于矿物的化学成分和晶体构造。因此,矿物的物理性质是肉眼鉴定矿物的主要依据。下面着重介绍用肉眼和简单工具就可分辨的若干物理性质。

1)颜色

它是矿物对不同波长的可见光波吸收和反射程度的反映,可分为自色、他色和假色。

(1)自色

这是矿物本身所固有的颜色。如黄铁矿呈现铜黄色,方解石为白色。

(2)他色

这是矿物由于外来有色物质的混入呈现的颜色。如石英是无色透明的,常因有色的杂质混入而呈现紫色、玫瑰色、烟灰色等。

(3)假色

这是由矿物表面的氧化膜或解理面所引起的光线干涉作用造成的颜色。

2)条痕

条痕是指矿物在白色无釉瓷板上摩擦时所留下的粉末痕迹,即矿物粉末的颜色。条痕显示自色。例如,赤铁矿有红色、钢灰色、铁黑色等多种颜色,而条痕总是樱红色。故条痕具有重要的鉴定意义。

3)光泽

光泽是指矿物表面对可见光反射的能力。根据矿物光泽的强弱,光泽分为金属光泽、半金属光泽和非金属光泽等三种。

(1)金属光泽

反射性很强,类似金属磨光面上的反射光,闪耀夺目,如方铅矿、黄铁矿等。

(2)半金属光泽

类似于一般金属的光泽,但较为暗淡,如磁铁矿、铬铁矿等。

(3)非金属光泽

按其反光强弱,非金属光泽可细分为金刚光泽、玻璃光泽、油脂光泽、丝绢光泽和土状光泽。金刚光泽,如金刚石、闪锌矿;玻璃光泽,如水晶、萤石;油脂光泽,如石英断口上的光泽;丝绢光泽,如石棉、石膏;土状光泽,如高岭石等几种。

4)透明度

矿物容许可见光透过的能力,称为透明度。透明度取决于矿物的化学性质与晶体构造,且与厚度有关。因此,有些看来是不透明的矿物,当其磨成薄片(0.03 mm)时,却是透明的。据此,透明度可分为如下三级。

（1）透明的

绝大部分光线可以通过矿物,因而隔着矿物的薄片可以清楚地看到对面的物体,如无色水晶、冰洲石(透明的方解石)等。

（2）半透明的

光线可以部分通过矿物,因而隔着矿物薄片可以模糊地看到对面的物体,如闪锌矿、辰砂等。

（3）不透明的

光线几乎不能透过矿物,如黄铁矿、磁铁矿、石墨等。

5）硬度

矿物抵抗外力刻画、压入、研磨的能力,称为矿物的硬度。一般采用两种矿物对刻的方法来确定矿物的相对硬度。硬度对比的标准,选用十种不同硬度的矿物组成,称为摩氏硬度,具体划分如下。

1° 滑　石　　2° 石　膏　　3° 方解石　　4° 萤　石　　5° 磷灰石

6° 正长石　　7° 石　英　　8° 黄　玉　　9° 刚　玉　　10° 金刚石

摩氏硬度只反映矿物相对硬度的顺序,它并不是矿物的绝对硬度的等级。在测定某矿物的相对硬度时,如能被方解石刻画,而不能被石膏刻画,则该矿物的相对硬度在 2°～3°之间,可定为 2.5°。常见的造岩矿物的硬度,大部分在 2°～6.5°,大于 6.5°的只有石英、橄榄石、石榴子石等少数几种。为了方便起见,常用指甲(2°～2.5°)、小铁刀(3°～3.5°)、玻璃片(5°～5.5°)、钢刀片(6°～6.5°)来测定矿物的相对硬度。

6）解理和断口

晶质矿物受打击后,能沿一定方向裂开成光滑平面的性质,称为解理。裂开的光滑平面称为解理面。矿物受打击后,沿任意方向发生不规则的断裂,其凹凸不平的断裂面称为断口。

晶质矿物之所以能产生解理,是由于内部质点呈现规则排列,解理常平行于一定的晶面发生。不同矿物解理方向的数目不一,有一个方向的解理,如云母;有两个方向的解理,如长石;有三个方向的解理,如方解石;有四个方向的解理,如萤石。根据解理面的完全程度,可将解理分为以下几类。

① 极完全解理:解理面非常平滑,极易裂开成薄片,解理面大而完整,如云母。

② 完全解理:解理面平滑,矿物易分裂成薄板状或小块,如方解石。

③ 中等解理:解理面不甚平滑,如角闪石。

④ 不完全解理:解理面很难出现,常出现断口,如磷灰石。

矿物解理的完全程度和断口是互为消长的,解理完全时则不显断口,解理不完全或无解理时,则断口显著。如不具解理的石英,只会呈现贝壳状断口,自然铜则具锯齿状断口。

还可以根据矿物的密度大小来鉴别矿物,如方铅矿、重晶石、黑钨矿等大密度矿物,手感很沉。此外,滑石有滑腻感,方解石遇盐酸起泡,有的矿物还具有磁性、弹性、挠性、发光性等,这些都可以作为鉴别矿物的依据。

1.2.3 常见造岩矿物及鉴定方法

组成三大岩类的造岩矿物种类并不多,常见的造岩矿物及其物理性质,如表 1-1 所示。

鉴定矿物的方法很多,其中以肉眼鉴定最为简便和迅速。肉眼鉴定矿物是凭借放大镜、小刀、磁铁等简便工具,对矿物的外表形态及物理性质等进行肉眼观察的鉴定方法。一般,先确定矿物的硬度、光泽、解理和密度,因为这些物理性质是比较固定的;然后观察矿物的颜色、形态和透明度等;并注意矿物是否具有磁性、发光性或挠性,遇酸是否起泡等特征,逐步缩小范围,最后定出矿物的名称。

肉眼鉴定矿物是一种粗略的方法,一般在现场工作中常用,而要精确地给矿物定名,需取试样进行室内鉴定,常把试样切成薄片,在偏光显微镜下进行鉴定。

表 1-1　常见造岩矿物的主要特征表

矿物名称	化学名称	形状	颜色	条痕	光泽	硬度	解理与断口	主要鉴定特征
黄铁矿	FeS_2	立方体或粒状等	铜黄色	黑绿	金属	6°~6.5°	参差状断口	形状、颜色、光泽
褐铁矿	$Fe_2O_3 \cdot nH_2O$	块状、土状、钟乳状	黄褐、深褐	铁锈色	半金属	4°~5.5°	二组解理	形状、颜色
赤铁矿	Fe_2O_3	块状、鲕状、肾状	赤红、钢灰	砖红	金属至半金属	5.5°~6°	无解理	形状、颜色
石英	SiO_2	粒状、六方棱柱状或呈晶簇	乳白或无色或其他色	无色	玻璃或油脂	7°	贝壳状断口	形状、硬度
方解石	$CaCO_3$	菱面体、粒状	无色	无色	玻璃	3°	三组完全解理	解理、硬度、遇盐酸强烈起泡
白云石	$CaCO_3 \cdot MgCO_3$	粒状、块状	白带灰色	白色	玻璃	3°~4°	三组完全解理	解理、硬度、晶面弯曲、遇盐酸起泡微弱

续表

矿物名称	化学名称	形状	颜色	条痕	光泽	硬度	解理与断口	主要鉴定特征
石膏	$CaSO_4 \cdot 2H_2O$	纤维状、板状	白色	白色	丝绢	2°	一组完全解理	解理、硬度、薄片无弹性挠性
橄榄石	$(Mg,Fe)_2SiO_4$	粒状	橄榄绿	无色	玻璃	6°～7°	贝壳状断口	颜色、硬度
辉石	(Ca,Mg,Fe,Al) $[(Si,Al)_2O_6]$	短柱状	黑绿色	灰绿	玻璃	5°～6°	二组中等解理、平坦状断口	颜色、形状
角闪石	$(Ca,Na)_2$ $(Mg,Fe,Al)_5$ $[Si_6(Si,Al)_2$ $O_{22}](OH)_2$	长柱状	绿黑色	淡绿	玻璃	6°	二组中等解理、锯齿状断口	形状、颜色
正长石	$KAlSi_3O_8$	板状、短柱状	肉红色	无色	玻璃	6°	二组中等解理正交	解理、颜色
斜长石	(Na,Ca) $[AlSi_3O_8]$	板状、柱状	灰白色	白色	玻璃	6°	二组中等解理	颜色、解理面有细条纹
白云母	$KAl_2[AlSi_3O_{10}]$ $(OH)_2$	片状、鳞片状	无色	无色	玻璃、珍珠	2°～3°	一组完全解理	解理、颜色,薄片有弹性
黑云母	$K(Mg,Fe)_3$ $(AlSi_3O_{10})$ $(OH)_2$	片状、鳞片状	黑或棕黑	无色	玻璃、珍珠	2°～3°	一组完全解理	解理、颜色,薄片有弹性
萤石	CaF_2	立方体、八面体、粒状	黄、绿蓝、紫等	白色	玻璃	4°	四组完全解理	颜色、加热或阴极射线照射后发荧光
石榴子石	(Ca,Mg) (Al,Fe) $[SiO_4]_3$	菱形十二面体、二十四面体、粒状	褐、棕红、绿黑色	无色	玻璃、油脂	6.5°～7.5°	无解理	形状、颜色、硬度

续表

矿物名称	化学名称	形状	颜色	条痕	光泽	硬度	解理与断口	主要鉴定特征
绿泥石	$(Mg,Al,Fe)_{12}$ $[(SiAl)_8O_{20}]$ $(OH)_{16}$	板状、鳞片状	绿色	无色	油脂、丝绢	$2°\sim3°$	一组完全解理	颜色、薄片无弹性有挠性
蛇纹石	$Mg_6[Si_4O_{10}]$ $(OH)_8$	板状、纤维状	浅至深绿	白色	油脂	$3°\sim4°$	一组中等解理	颜色、光泽
滑石	$Mg_6[Si_4O_{10}]$ $(OH)_2$	块状、叶片状	白、黄、绿	白或绿	油脂	$1°$	一组中等解理	颜色、硬度、抚摸有滑腻感
高岭石	$Al_4[Si_4O_{10}]$ $(OH)_8$	土状、块状	白、黄色	白色	土状	$1°$	一组解理、土状断口	性软、具可塑性

1.3 岩浆岩、沉积岩及变质岩

1.3.1 岩浆岩

岩石是矿物的集合体,是各种地质作用的产物。地质作用的性质和所处环境不同,不同岩石的矿物组合关系也不同,因此,岩石具有一定的结构和构造。

岩石的结构是指岩石中矿物的结晶程度、颗粒大小和形状及彼此间的组合方式。

岩石的构造是指岩石中矿物集合体之间或矿物集合体与岩石的其他组成部分之间的排列方式及充填方式。岩石的构造能反映出岩石的外貌特征。

岩浆岩又称火成岩,占地壳总质量的95%,在三大岩类中,岩浆岩占有重要的地位。

1) 岩浆岩的产状

岩浆岩的产状是指岩浆岩体的形状、大小、深度以及与围岩的关系。由于岩浆岩形成条件和所处的环境不同,其产状是多种多样的。其主要产状有以下几种(见图1-3)。

① 岩基:这是一种规模巨大的深成侵入岩浆岩体,其横截面面积超过100 km²,常常可达数百至数千平方公里。构成岩基的岩浆岩主要是全晶质粗粒花岗岩。

② 岩株:这是岩基边缘的分支,在深部与岩基相连。岩株切穿围岩,其横截面面积为几平方公里至几十平方公里,规模比岩基小得多。

③ 岩盘和岩盆:岩浆沿裂隙上升,侵入岩层中,形成一个上凸下平的似透镜状岩体称为岩盘,其与围岩呈平整的接触关系。岩盆与岩盘的不同点是其顶部平整,而中

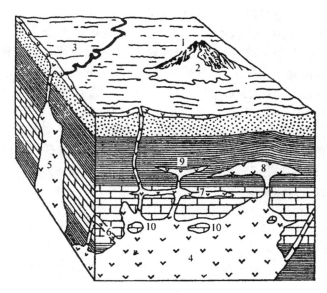

图 1-3　岩浆岩的产状

1—火山锥；2—熔岩流；3—熔岩被；4—岩基；5—岩株；6—岩墙；7—岩床；
8—岩盘；9—岩盆；10—捕房体

央向下凹,形似面盆,故称岩盆。

④ 岩床是由流动性较大的岩浆,沿着岩层层面贯入而形成的板状岩体。其表面无明显凸凹,厚度为数米至数百米不等。

⑤ 岩墙是指岩浆沿岩层中的裂隙侵入而形成的板状侵入体,它切穿围岩。岩墙的规模大小不一,厚度从几厘米至数公里,延伸从几米到数十公里。形状不规则的岩墙或其分支,称为岩脉。

此外,还有喷出岩的产状,如熔岩流、熔岩被和火山锥等。

2）岩浆岩的物质组成

（1）岩浆岩的化学成分

地壳中存在的元素在岩浆中几乎都有,O、Si、Al、Fe、Ca、Na、K、Mg、Ti 等元素在岩浆岩中普遍存在。岩浆岩中的化学成分常用氧化物表示,根据 SiO_2 的含量(质量分数),可以把岩浆岩分为四类:超基性岩(二氧化硅的质量分数小于 45％)、基性岩(二氧化硅的质量分数为 45％～52％)、中性岩(二氧化硅的质量分数为 52％～65％)、酸性岩(二氧化硅的质量分数大于 65％)。

岩浆岩中各种氧化物有一定的变化规律,当 SiO_2 含量增高时,Na_2O 和 K_2O 的含量增高,而 MgO 和 CaO 则相对减少,反之亦然。

（2）岩浆岩的矿物成分

组成岩浆岩的大多数矿物,根据其化学成分特征,分为硅铝矿物和硅镁矿物两大类。

① 硅铝矿物:矿物中 SiO_2、Al_2O_3 含量高,不含 Fe、Mg。如石英、正长石、斜长

石、白云母等。矿物颜色较浅,又称浅色矿物。

② 硅镁矿物:矿物中 SiO_2、Al_2O_3 含量较低,而氧化亚铁、氧化镁含量较高,包括橄榄石、辉石、角闪石、黑云母等。矿物颜色较深,又称深色或暗色矿物。

因此,岩浆岩的化学成分不同,其矿物成分有较大的差别。酸性岩类的矿物成分以石英、正长石为主,并含有少量的黑云母和角闪石,岩石的颜色浅,密度较小;中性岩类的矿物成分以正长石、斜长石、角闪石为主,含有少量黑云母和辉石,岩石的颜色比较深,密度较大;基性岩类的矿物成分以斜长石、辉石为主,含有少量的角闪石及橄榄石,岩石的颜色深,密度大;超基性岩类的矿物成分以橄榄石、辉石为主,其次是角闪石、黑云母,一般不含硅铝矿物,岩石颜色很深,密度也很大。

3) 岩浆岩的结构和构造

岩浆岩的结构构造是岩浆岩生成时,所处外界环境条件的反映,也是岩浆岩分类和命名的重要依据之一。

(1) 岩浆岩的结构

岩浆岩的结构主要是指组成岩浆岩的矿物结晶程度和颗粒大小等。通常岩浆岩的结构可分为以下几种。

① 全晶质结构:岩石全部由结晶的矿物组成,通常是侵入岩特有的结构。其中按矿物的颗粒大小,又有显晶质结构和隐晶质结构之分。

② 半晶质结构:岩石由结晶的矿物和非晶质矿物组成。这种结构主要为浅成岩所具有,有时在喷出岩中也能见到。

③ 非晶质结构:岩石全部由非结晶的矿物组成,又称玻璃质结构。这种结构是岩浆喷出地表迅速冷凝来不及结晶的情况下形成的,是喷出岩特有的结构。

另外,按岩石中矿物晶粒的相对大小,其结构又可分为以下几种。

① 等粒结构:岩石中的矿物全部为显晶质,呈粒状,且主要矿物颗粒大小近似相等的结构。等粒结构是深成岩浆岩特有的结构。按矿物结晶颗粒,可细分为粗粒结构(晶粒直径大于 5 mm)、中粒结构(晶粒直径为 1~5 mm)、细粒结构(晶粒直径小于 1 mm)。

② 不等粒结构:组成岩石的主要矿物结晶颗粒大小不等,相差悬殊。其中晶形完好,颗粒粗大的称斑晶;小的称基质。不等粒结构又可分为以下几种。

a. 斑状结构。斑晶颗粒粗大,而基质为隐晶质或玻璃质,即斑晶和基质颗粒粗细反差很大,而形成明显的斑状结构。斑状结构是浅成岩或喷出岩的重要特征。

b. 似斑状结构。似斑状结构的基质为显晶质,多见于深成侵入岩的边缘或浅成岩中。

(2) 岩浆岩的构造

岩浆岩的构造指岩石外表的整体特征,它是由矿物集合体的排列和充填方式决定的。常见的构造如下。

① 块状构造:组成岩石的各种矿物无一定的排列方向,而是均匀分布于岩石之中,岩石为均匀块状。块状构造是侵入岩浆岩所具有的构造。

② 流纹状构造：不同颜色的矿物、拉长的气孔等沿熔岩流动方向作平行排列所显现出来的熔岩流动的构造。流纹状构造是流纹岩所具有的典型构造。

③ 气孔状构造：岩石中有很多大小不一、互不连通的气孔。这是岩浆喷出地表后，其中的气体来不及全部逸出而保留在已经冷凝的熔岩内而形成的气孔状构造。

④ 杏仁状构造：喷出岩中的气孔被外来矿物所充填形成的构造。其充填矿物多为方解石、沸石、玉髓等。这种构造最常见于玄武岩和安山岩中。

4）岩浆岩的分类及常见的岩浆岩

（1）岩浆岩的分类

自然界的岩浆岩种类繁多，它们彼此间存在着物质成分、结构构造、产状及成因等方面差异，同时又具有密切的联系和一定的过渡关系。一般根据岩浆岩的化学成分、矿物成分、结构、构造和产状等对岩浆岩进行分类（见表1-2）。

表 1-2　岩浆岩分类简表

岩 石 类 型				酸性岩	中性岩	基性岩	超基性岩
SiO_2 质量分数/（%）				＞65	52～65	45～52	＜45
颜　色				浅（浅灰、黄、褐、红）～深（深灰、黑绿、黑）			
产状	结构	构造	主要构成部分	正长石		斜长石	不含长石
				石英、黑云母、角闪石	角闪石、黑云母	角闪石、辉石、黑云母	辉石、角闪石、橄榄石	橄榄石、辉石、角闪石
侵入岩	深成岩 岩基岩株	块状	等粒	花岗岩	正长岩	闪长岩	辉长岩	橄榄岩、辉岩
	浅成岩 岩床岩盘岩墙	块状、气孔状	等粒、似斑状及斑状	花岗斑岩	正长斑岩	闪长玢岩	辉绿岩	少见
喷出岩	火山锥熔岩流熔岩被	块状、气孔状杏仁状、流纹状	隐晶质、玻璃质、斑状	流纹岩	粗面岩	安山岩	玄武岩	少见
		块状、气孔状	玻璃质	浮岩、黑曜岩			少见	

（2）常见的岩浆岩

① 酸性岩类。

花岗岩为深成侵入岩。多呈灰白色、灰色、肉红色；矿物成分以石英和正长石为主，其次为黑云母、角闪石、白云母和其他矿物；全晶质等粒结构（也有不等粒的似斑状结构），块状构造。根据次要矿物含量不同，花岗岩可分为黑云母花岗岩、白云母花岗岩、二云母花岗岩等。花岗岩分布广泛，质地均匀、坚固，颜色美观，是良好的建筑装饰材料。

花岗斑岩为浅成侵入岩。具有斑状结构,斑晶为正长石和石英;基质由细小的长石、石英及其他矿物组成,其特征与花岗岩相似。

流纹岩为喷出岩。一般呈浅灰色、粉红色,也有呈灰黑色、绿色或紫色者;矿物成分与花岗岩相同;往往具有斑状结构,斑晶为石英和正长石;以流纹状构造为其特征,也有气孔状构造。

② 中性岩类。

闪长岩为深成侵入岩。浅灰色、灰色及灰绿色;矿物成分以斜长石、角闪石为主,其次为辉石、黑云母,有时含有少量正长石和石英;全晶质等粒结构,块状构造。闪长岩致密块状,强度高,具有较高的韧性和抗风化能力,是良好的建筑材料。

闪长玢岩为浅成侵入岩。灰色、灰绿色;具有斑状结构,斑晶主要为斜长石,其次为角闪石;矿物成分与闪长岩相同,但常有绿泥石、高岭石和方解石等次生矿物。

安山岩为喷出岩。灰色、紫色、浅玫瑰色、浅黄色、红褐色;浅色矿物为斜长石,暗色矿物有辉石、角闪石、黑云母等;具有斑状结构,斑晶为斜长石;杏仁状构造特别明显,气孔中常为方解石所充填。

正长岩为深成侵入岩。浅灰色、灰色或肉红色;与闪长岩不同的是,正长岩中正长石大量出现,也含少量斜长石;次要矿物为角闪石和黑云母,一般石英含量极少;全晶质等粒结构,有时具有似斑状结构或块状构造。其物理力学性质与花岗岩相似,但不如花岗岩坚硬,抗风化能力差。

正长斑岩为浅成侵入岩。其特点与正长岩相似,区别在于具有明显的斑状结构,斑晶主要是正长石,基质较致密。一般呈棕灰色、浅红褐色。

粗面岩为喷出岩。浅灰、浅黄色或粉红色;矿物成分主要为正长石,次为黑云母,有少量的斜长石和角闪石;常具有粗面结构(长条状的正长石微晶近于平行的流纹状排列)及斑状结构,斑晶为正长石,基质为隐晶质。一般为块状构造,有时可见流纹构造及多孔状构造。

③ 基性岩类。

辉长岩为深成侵入岩。灰色、灰黑色及深绿色;主要矿物有辉石、斜长石,次要矿物有角闪石、橄榄石;全晶质等粒结构,块状构造。辉长岩强度高,抗风化能力较强。

辉绿岩为浅成侵入岩。灰绿色、黑绿色;矿物成分与辉长岩相似,区别在于辉绿岩具有特殊的辉绿结构(辉石呈他形晶充填在斜长石晶体的空隙中)。常含有方解石、绿泥石等次生矿物。

玄武岩为喷出岩。灰黑至黑色;矿物成分同辉长岩;呈隐晶质细粒或斑状结构,气孔或杏仁状构造;原生柱状节理特别发育。玄武岩因其岩浆黏度小,易于流动,通常以大面积的熔岩流产出。岩石致密坚硬,性脆,强度很高。

1.3.2 沉积岩

由沉积物经过压固、脱水、胶结及重结晶作用变成的坚硬岩石,称为沉积岩。沉积岩占地壳总量的 5%,但就地表而言,分布面积占 75%。因此,沉积岩在地壳表层呈层状广泛分布,是区别其他类型岩石的重要标志之一。

1) 沉积岩的物质组成

沉积岩由两部分物质组成:沉积物颗粒和胶结物。而沉积物颗粒主要由单矿物和岩屑(先成的岩浆岩、沉积岩和变质岩经物理风化作用产生的岩石碎屑)组成。此外,还有其他方式生成的沉积物颗粒,如火山喷发产生的火山灰、火山角砾等火山碎屑以及由生物残骸或有机化学变化而成的物质(贝壳、泥炭、有机质)等。

(1)矿物成分

沉积岩中已发现的矿物约有 160 余种,其中最常见的只有 20 余种。按其成因可分为以下几种。

① 碎屑矿物:这是指母岩中抵抗风化能力强而残留下来的矿物,如石英、长石、白云母等。

② 黏土矿物:这主要是指由含铝硅酸盐类的母岩,经化学风化作用而新形成的不溶矿物,如高岭石、蒙脱石等。黏土矿物颗粒极细(粒径小于 0.005 mm),具有很强的亲水性、可塑性及膨胀性。

③ 化学沉积矿物:这是指由纯化学作用或生物化学作用从真溶液和胶体溶液中沉淀出来而形成的矿物,如方解石、石膏、蛋白石、铁和锰的氧化物或氢氧化物等。

黏土矿物、方解石、石膏、蛋白石等是在岩浆岩中很少有的矿物,而在沉积岩中却占有显著的地位。

(2)胶结物

在沉积物颗粒之间,还有胶结物(就是把松散沉积物联结起来的物质)。胶结物对于沉积岩的颜色、坚硬程度有很大的影响。按其成分可以分为以下四种。

① 泥质胶结物:胶结物为黏土,多呈黄褐色,其胶结的岩石硬度小,强度低,易碎,易湿软,断面呈土状。

② 钙质胶结物:胶结成分为钙质,所胶结的岩石强度比泥质胶结岩石的强度大,具可溶性,呈灰白色。

③ 硅质胶结物:胶结成分为二氧化硅,所胶结的岩石强度高,呈灰色。

④ 铁质胶结物:胶结成分为氢氧化铁或三氧化二铁,所胶结的岩石强度仅次于硅质胶结,常呈黄褐色或砖红色。

胶结物在沉积岩中的质量分数一般为 25% 左右,若质量分数超过 25%,即可参加岩石的命名。如钙质长石石英砂岩,即是长石石英砂岩中钙质胶结物的质量分数超过了 25%。

2) 沉积岩的结构和构造

(1)沉积岩的结构

沉积岩的结构是由其组成物质的形态、性质、颗粒大小来决定的。沉积岩的结构有下面几种。

① 碎屑结构:它由碎屑物质被胶结而成,是沉积岩所特有的结构。按碎屑粒径的大小可划分为以下三种。

砾状结构。碎屑粒径大于 2 mm。碎屑形成后没有经过长距离搬运呈棱角状,称为角砾状结构;碎屑经过长距离搬运呈浑圆状,称为砾状结构。

砂质结构。碎屑粒径为 0.05~2 mm,其中,粒径 0.5~2 mm 的为粗粒结构,如粗粒砂岩(粗砂岩);粒径 0.25~0.5 mm 的为中粒结构,如中粒砂岩;粒径 0.05~0.25 mm 的为细粒结构,如细粒砂岩(细砂岩)。

粉砂质结构。碎屑粒径为 0.005~0.05 mm,如粉砂岩。

② 泥质结构:由粒径小于 0.005 mm 的黏土矿物颗粒组成,为泥岩、页岩等黏土岩所具有的结构。

③ 结晶结构:它是经化学作用溶液中沉淀结晶,或非晶质的重结晶作用所形成的结构。结晶结构为石灰岩、白云岩等化学岩的主要结构。

④ 生物结构:它是由生物遗体或碎片所组成的,如贝壳结构、珊瑚结构等,是生物化石所具有的结构。

(2) 沉积岩的构造

沉积岩的构造是指其组成部分的空间分布及其相互间的排列关系。沉积岩最主要的构造是层理构造。沉积环境的变化,使先后沉积的物质组分的颗粒大小、形状、成分及颜色发生变化,显示出成层现象,称为层理构造。

根据层理的成因和形态,层理可分为:水平层理〔见图 1-4(a)〕、波状层理〔见图 1-4(b)〕、斜层理〔(见图 1-4(c)〕、交错层理〔(见图 1-4(d)〕。根据层理的形态可以推断沉积物的沉积环境和介质搬运特征。

(a)　　　　　　(b)　　　　　　(c)　　　　　　(d)

图 1-4　层理类型示意图

(a) 水平层理;(b) 波状层理;(c) 斜层理;(d) 交错层理

"层"是沉积岩中层状构造的基本单位,一个单层内其成分、结构、构造及颜色基本相同。这是因为同一层内岩石是在沉积物的来源和沉积环境比较稳定条件下连续沉积而成的。层与层之间有一个明显的接触面,叫做层面。层面上有时可看到波痕、雨痕及泥面干裂的痕迹。岩层上部的层面为顶面,下部的层面为底面,岩层顶面到底面的垂直距离为岩层的厚度。按岩层的单层厚度划分为巨厚层(>1 m)、厚层(0.5~1 m)、中厚层(0.1~0.5 m)、薄层(<0.1 m)。

沉积岩层,有时一端较厚而向另一端逐渐变薄,直至消失,这种现象叫岩层尖灭。若在不大的距离内两端的尖灭中部较厚,形如透镜状,则称为透镜体。

在沉积岩中常可见到许多动植物化石,它们是经过石化作用保存下来的动植物的遗骸或遗迹,如鱼类化石、三叶虫化石、水生动物化石等(见图 1-5、图 1-6)。化石常沿层面平行分布。化石是推断沉积物的古地理、古气候变化的主要依据之一,也是划分地层地质年代的重要方法之一。

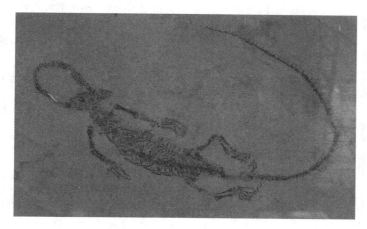

图 1-5　凌源潜龙

产于辽宁西部义县,属于陆相湖泊环境水生爬行动物,距今 1.3 亿年。

藏于吉林大学地质博物馆,戴文亭摄影

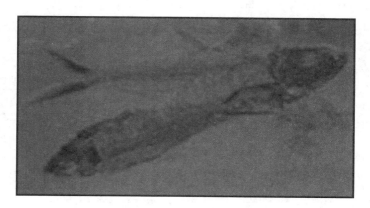

图 1-6　鱼类化石

3) 沉积岩的分类及常见的沉积岩

(1) 沉积岩的分类

根据沉积岩的成因、物质成分及结构构造等,可将沉积岩分为三类:碎屑岩类、黏土岩类、化学及生物化学岩类(见表 1-3)。

表 1-3　沉积岩分类简表

岩类		结构		岩石分类名称	主要亚类及其组成物质
碎屑岩类	火山碎屑岩		粒径＞100 mm	火山集块岩	主要由粒径＞100 mm 的熔岩碎块、火山灰尘等经压密胶结而成
			粒径 2～100 mm	火山角砾岩	主要由粒径 100～2 mm 的熔岩碎屑、晶屑、玻屑及其他碎屑混入物组成
			粒径＜2 mm	凝灰岩	由 50%以上粒径＜2 mm 的火山灰组成。其中有岩屑、晶屑、玻屑等细粒碎屑物质
	沉积碎屑岩	碎屑结构	砾状结构（粒径＞2 mm）	砾岩	角砾岩,由带棱角的角砾经胶结而成 砾岩,由浑圆的砾石经胶结而成
			砂质结构（粒径0.05～2 mm）	砂岩	石英砂岩,石英（其质量分数＞90%）、长石和岩屑（其质量分数＜10%） 长石砂岩,石英（其质量分数＜75%）、长石（其质量分数＞25%）、岩屑（其质量分数＜10%） 岩屑砂岩,石英（其质量分数＜75%）、长石（其质量分数＜10%）、岩屑（其质量分数＞25%）
			粉砂结构（粒径 0.005～0.05 mm）	粉砂岩	主要由石英、长石及黏土矿物组成
黏土岩类		泥质结构（粒径＜0.005 mm）		泥岩	主要由黏土矿物组成
				页岩	黏土质页岩,由黏土矿物组成 碳质页岩,由黏土矿物及有机质组成
化学及生物化学岩类		结晶结构及生物结构		石灰岩	石灰岩,方解石（其质量分数＞90%）、黏土矿物（其质量分数＜10%） 泥灰岩,方解石（其质量分数为 50%～75%）、黏土矿物（其质量分数为 25%～50%）
				白云岩	白云岩,白云石（其质量分数为 90%～100%）、方解石（其质量分数＜10%） 灰质白云岩,白云石（其质量分数为 50%～75%）、方解石（其质量分数为 25%～50%）

（2）常见的沉积岩

① 碎屑岩类。

a. 火山碎屑岩,是由火山喷发的碎屑物质,在地表经短距离搬运或就地沉积而成的。它是沉积岩和喷出岩之间的过渡产物。根据碎屑颗粒大小,火山碎屑岩又可分为以下三种。

火山集块岩,由粒径大于 100 mm 的粗大火山碎屑物质组成,胶结物主要为火山灰或熔岩,有时为碳酸钙、二氧化硅或泥质物。

火山角砾岩,火山碎屑物质占 90% 以上,粒径一般为 2～100 mm。多数为熔岩角砾,呈棱角状,常为火山灰所胶结。颜色常呈暗灰色、蓝灰色、褐灰色、绿色及紫色。

凝灰岩,组成岩石的碎屑较细,粒径一般小于 2 mm。其成分多属火山玻璃、矿物晶屑和岩屑;外表颇似砂岩或粉砂岩,但其表面粗糙。胶结物为火山灰。颜色多呈灰色、灰白色。凝灰岩孔隙度高,容重小,易风化。

b. 沉积碎屑岩,又称正常碎屑岩,它是先成岩风化剥蚀的碎屑物质,经搬运、沉积、固结而成的岩石。正常碎屑岩是沉积岩中最常见的岩石之一,分布极为广泛。常见的有以下几种。

砾岩和角砾岩,指粒径大于 2 mm 的碎屑的质量分数超过 50%,黏土的质量分数大于 25% 的碎屑岩,砾状结构。其中砾石为浑圆状的称砾岩,砾石为棱角状的称角砾岩。角砾岩的成分较单一;砾岩成分较复杂,常由多种岩石的碎屑和矿物颗粒组成。胶结物有硅质、泥质、钙质及铁质等。

砂岩,指粒径为 0.05～2 mm 的碎屑颗粒的质量分数超过 50%,黏土的质量分数小于 25% 的碎屑岩,具有砂质结构,层状构造,层理明显。按砂粒的矿物成分,可分为石英砂岩、长石砂岩和长石石英砂岩等;按砂粒粒径大小,可分为粗砂岩、中砂岩和细砂岩;根据胶结物的成分,可分为硅质砂岩、铁质砂岩、钙质砂岩和泥质砂岩等。硅质砂岩的颜色浅,强度高,抵抗风化能力强;泥质砂岩一般为黄褐色,吸水性大,易软化,强度低;铁质砂岩常呈紫红色或棕红色,钙质砂岩呈白色或灰白色,二者的强度和抗风化能力介于硅质砂岩和泥质砂岩之间。

粉砂岩,是指粒径为 0.005～0.05 mm 的粉粒的质量分数超过 50%,黏土的质量分数小于 25% 的碎屑岩,具有粉砂质结构,薄层状构造。粉粒成分以石英为主,次为长石和白云母;胶结物以钙质、铁质为主。

② 黏土岩类。

黏土岩类又称泥质岩,是沉积岩中最常见的一类岩石,约占沉积岩总体积的 50%～60%,它是介于碎屑岩与化学岩之间的过渡类型,并具有独特的成分、结构、构造等。

a. 黏土岩,一般呈较松散的土状岩石。主要矿物成分为高岭石、蒙脱石及水云母,并含有少量极细小的石英、长石、云母、碳酸盐矿物等。黏土颗粒占 50% 以上,具有典型的泥质结构,质地均一,有细腻感,可塑性和吸水性很强,岩石吸水后易膨胀。颜色多呈黑色、褐红色、绿色等,但也有呈浅灰色、灰白色和白色的。黏土岩中,由于黏土颗粒与砂粒含量的不同,可分为亚黏土(黏粒的质量分数为 10%～30%)、亚砂土(黏粒的质量分数为 3%～10%)、砂土(黏粒的质量分数小于 3%)等过渡类型。根据主要矿物成分的含量不同,又可分为高岭石黏土岩、蒙脱石黏土岩和水云母黏土岩。

b. 页岩,由松散黏土经硬结成岩作用而成,为黏土岩的一种构造变种。它具有能沿层理面分裂成薄片或页片的性质,常可见显微层理,称为页理,页岩因此得名。具有页理构造的黏土岩常含水云母等片状矿物,呈定向排列。页岩成分复杂,除各种黏土矿物外,尚有少量石英、绢云母、绿泥石、长石等混合物。岩石颜色多样,一般呈灰色、棕色、红色、淡黄色、绿色和黑色等。依混入物成分不同,又可分为钙质页岩、硅质页岩、铁质页岩、碳质页岩和油页岩等。除硅质页岩强度稍高外,其余均岩性软弱,强度低,易风化成碎片,与水作用易于软化。

c. 泥岩,其成分和页岩相似,但层理不发育,呈厚层块状构造。以高岭石为主的泥岩,常呈灰白色或黄白色,吸水性强,遇水后易软化;以微晶高岭石为主的泥岩,常呈白色、玫瑰色或浅绿色,表面有滑感,吸水后易膨胀。

(3) 化学及生物化学岩

① 石灰岩,简称灰岩。由结晶细小的方解石组成,常有少量白云石、黏土、菱铁矿及石膏等混入物。纯石灰岩的颜色为灰色、浅灰色,当含有杂质时为浅黄色、浅红色、灰黑色及黑色等。以加冷稀盐酸后会强烈起泡为其显著特征。按成因、物质成分和结构构造,又可分为普通灰岩、生物灰岩、碎屑灰岩和燧石灰岩等。

石灰岩中所含黏土矿物的质量分数达 $25\% \sim 50\%$ 时,称为泥灰岩。泥灰岩通常为隐晶质或微粒结构;加冷稀盐酸后会起泡,且有黄色泥质沉淀物残留。

石灰岩分布相当广泛,岩性均一,易于开采加工,是用途很广泛的建筑石料,同时又是水泥工业的重要原料,冶金工业的主要溶剂材料。

② 白云岩,主要由细小的白云石组成,结晶结构,尚含有少量方解石、石膏、菱镁矿及黏土等。白云岩的外表特征与石灰岩极为相似,但加稀盐酸后不起泡或起泡微弱,具有粗糙断面,且风化表面多出现格状溶沟。白云岩中随着方解石含量的增多,有逐渐向石灰岩过渡类型,如石灰质白云岩、白云质石灰岩等。纯白云岩为白色,随所含杂质不同而呈现不同的颜色。白云岩的强度比石灰岩高,是一种良好的建筑材料。

③ 硅质岩,主要由蛋白石、石髓和石英组成,SiO_2 的质量分数在 $70\% \sim 90\%$ 之间,尚有少量的黏土、碳酸盐矿物等。硅质岩包括燧石岩、碧玉铁质岩和硅华等,其中以燧石岩最为常见。燧石岩致密坚硬,锤击之有火花,多呈结核状、透镜状产出,也有呈层状产于碳酸岩之中的。颜色多为深灰色、黑色,也有浅红色、黄色、灰白色等。常具隐晶质结构,带状构造。

1.3.3 变质岩

变质岩是地壳内部原有的岩石(岩浆岩、沉积岩和变质岩),由于受到高温、高压以及化学成分加入的影响,在固体状态下,发生剧烈变化后而形成的新岩石。因此,变质岩不仅具有自身独特的性质,而且还常保留着原来岩石的某些特点。

1) 变质岩的矿物组成

组成变质岩的矿物,可分为两部分:一部分是与岩浆岩和沉积岩共有的矿物,主要有石英、长石、云母、角闪石、辉石、方解石、白云石等;另一部分是变质岩所特有的变质矿物,主要有石榴子石、红柱石、蓝晶石、阳起石、硅灰石、透辉石、透闪石、矽线石、绿泥石、蛇纹石、绢云母、石墨、滑石等。变质矿物是鉴别变质岩的重要标志之一。

一定的原岩成分,经过变质作用会产生不同的矿物组合。例如,同样是含 Al_2O_3 较多的黏土岩类,在低温时产生绿泥石、绢云母与石英组合的变质岩;在中温条件下产生白云母、石英的矿物组合;在高温环境中则产生矽线石、长石的矿物组合。变质矿物的共生组合还取决于原岩成分,不同的原岩,变质条件相同,所产生的变质矿物也不相同。例如,石英砂岩受热力变质生成石英岩;而石灰岩在同样受热力变质的条件下则只能形成大理岩。

2）变质岩的结构和构造

（1）变质岩的结构

变质岩几乎都具有结晶结构,但由变质作用的程度不同又可分为以下几类。

① 变余结构:是一种过渡型结构。由于变质作用进行不彻底,原岩的矿物成分和结构特征部分被保留下来,即构成变余结构。如泥质砂岩经变质后,泥质胶结物变成绢云母和绿泥石,而其中的碎屑物质(如石英)不发生变化,形成变余砂状结构。若原岩是岩浆岩,则可出现变余斑状结构、变余花岗岩结构等。

② 变晶结构:是变质岩最重要的结构,由于这种结构是原岩中各种矿物同时再结晶所形成的,岩石均为全晶质,没有非晶质成分。变晶结构又可分为以下几类。

等粒变晶结构,岩石中所有矿物晶粒大小近似相等,如石英岩、大理岩具此种结构。

斑状变晶结构,岩石中矿物晶粒大小不等,组成变斑晶的矿物均为结晶能力强的矿物,如石榴子石、电气石等。片岩、片麻岩常具这种结构。

鳞片变晶结构,由一些鳞片状矿物沿一定方向平行排列而成,如云母片岩等。

③ 压碎结构:是原岩经受动力变质作用,使岩石发生破碎,甚至粉碎后,又被黏结在一起的结构,如碎裂岩、糜棱岩等都具有这种结构。

（2）变质岩的构造

变质岩的构造是识别各种变质岩的重要标志之一。

片理构造:片理构造不仅是识别各种变质岩,而且是区别于其他岩类的重要特征。片理构造的形成,是岩石中的片状、板状和柱状矿物(如云母、长石、角闪石等),在定向压力作用下重结晶,垂直压力方向呈平行排列而形成的。顺着平行排列的面,可把岩石劈成薄片状,叫做片理。根据形态不同,片理构造又可分为以下几种。

①片状构造:岩石含有大量片状、针状或柱状矿物,作平行排列,片理特别清楚,是片岩所具有的构造,如云母片岩。

②千枚状构造:片理清晰,片理面上有许多细小的绢云母鳞片有规律地排列,呈现丝绢光泽,即称千枚状构造,是千枚岩所具有的构造。

③片麻状构造:岩石中的深色矿物(黑云母、角闪石等)和浅色矿物(长石、石英)

相间呈条带状分布,构成黑白相间的断续条带,称为片麻状构造。具这种构造的岩石沿片理面不易劈开,如片麻岩。

④板状构造:岩石中矿物颗粒细小,肉眼难以分辨。片理面平直,易沿片理面裂开成厚度均一的薄板。片理面偶有绢云母、绿泥石出现,光泽暗淡;有时片理面上有炭质斑点出现,是板岩所具有的构造。

⑤块状构造:矿物无定向排列,也不能定向裂开;矿物呈粒状晶质结构,如大理岩、石英岩等。

3) 变质岩的分类和常见的变质岩

(1) 变质岩的分类

根据变质作用的成因,即变质作用类型,变质岩可分为三大类:区域变质岩、接触变质岩和动力变质岩(见表1-4)。

表 1-4　变质岩分类简表

类别	岩石	分类依据		
		主要矿物	构造	变质作用
区域变质岩	板岩 千枚岩 片岩 片麻岩 大理岩 石英岩 混合岩	肉眼不能辨识 绢云母 石英、云母(绿泥石)等 石英、长石、云母、角闪石	片理	板　状 千枚状 片　状 片麻状	区域变质
		方解石、白云石 石英	块状	糖粒状 致密状	
		石英、长石等	片理	条带或片麻状	混合岩化作用
接触变质岩	大理岩 石英岩 角页岩 矽卡岩	方解石、白云石 石英	块状	糖粒状 致密状	热力变质
		长石、石英、角闪石等 石榴子石、透辉石等		斑点或致密状 或斑杂状	接触交代
动力变质岩	构造角砾岩 糜棱岩	原岩碎块 原岩碎屑	角砾状 条带或眼球状	动力变质

(2) 常见的变质岩

板岩:是一种结构均匀,致密且具有板状劈理的岩石。它是由泥质岩类经受轻微变质而成的。因而,其结晶程度很差,尚保留较多的泥质成分,具有变余泥质结构,板状构造。矿物颗粒很细,肉眼一般很难识别,只在板理面上可见有散布的绢云母或绿泥石鳞片。板岩与页岩的区别是质地坚硬,用锤击之能发出清脆的响声。因板岩可沿板理面裂开成平整的石板,故广泛用作建筑石料。

千枚岩:岩石的变质程度比板岩深,原泥质一般不保留,新生矿物颗粒较板岩粗大,有时部分绢云母有渐变为白云母的趋势。主要矿物除绢云母外,还有绿泥石、石英等。岩石中片状矿物形成细而薄的连续的片理,沿片理面呈定向排列,致使这类岩石具有明显的丝绢光泽和千枚状构造。岩石颜色多种,一般为绿色、黄绿色、黄色、灰色、红色和黑色等。这类岩石大多由黏土类岩石变质而成,少数可由隐晶质的酸性岩浆岩变质而成。

片岩:是以片状构造为其特征的岩石。组成这类岩石的矿物成分主要是一些片状矿物,如云母、绿泥石、滑石等,此外尚含有石榴子石、蓝晶石、十字石等变质矿物。片岩与千枚岩、片麻岩极为相似,但其变质程度较千枚岩深。而片岩与片麻岩的区别,除构造上不同外,最主要的是片岩中不含或很少含长石。根据片岩中片状矿物种类不同,又可分为云母片岩、绿泥石片岩、滑石片岩、石墨片岩等。

片麻岩:以片麻状构造为其特征。片麻岩可由各种沉积岩、岩浆岩和原已形成的变质岩经变质作用而成。这类岩石变质程度较深,矿物大都重结晶,且结晶粒度较大,肉眼可以辨识。主要矿物为石英和长石,其次为云母、角闪石、辉石等。

片麻岩和片岩之间可以是逐渐过渡的,二者有时无清晰划分界线,但大多数片麻岩都含有相当数量的长石。因此,习惯上常根据是否含有粗粒长石来划分。

大理岩:较纯的石灰岩和白云岩在区域变质作用下,由于重结晶而变为大理岩,也有部分大理岩是在热力接触变质作用下产生的。这类岩石多具等粒变晶结构,块状构造。因主要矿物为方解石,故遇冷稀盐酸后会强烈起泡,以此可与其他浅色岩石相区别。大理岩颜色多异,有纯白色大理岩(又称汉白玉),也有浅红色、淡绿色、深灰色及其他各种颜色的大理岩,因其中含有杂质而呈现出美丽的花纹,故广泛用作建筑石料和雕刻原料。

石英岩:由较纯的石英砂岩经变质而成,变质以后石英颗粒和硅质胶结物合为一体。因此,石英岩的硬度和结晶程度均较砂岩高。主要矿物成分为石英,尚有少量长石、云母、绿泥石、角闪石等,深变质时还可出现辉石。质纯的石英岩颜色为白色,因含杂质常可呈灰色、黄色和红色等。这类岩石亦多具有等粒变晶结构,块状构造。石英岩有时易与大理岩相混,其区别在于大理岩加盐酸后会起泡,硬度比石英岩小。石英岩在区域变质作用和接触变质作用下均可形成,以前种方式更为主要。

角岩:由泥质岩石在热力接触变质作用下形成。是一种致密微晶质硅化岩石。其主要成分为石英和云母,其次为长石、角闪石,尚有少量石榴子石、红柱石、矽线石等标准变质矿物。北京西山菊花沟即产有红柱石角岩,红柱石晶体呈放射状排列,形似菊花,故又称菊花石。

矽线岩:是由石榴子石、透辉石以及一些其他钙铁硅酸盐矿物组成的岩石。它是在石灰岩或白云岩与酸性或中酸性岩浆岩的接触带或其附近形成的。岩石的颜色常为深褐色、褐色或褐绿色。且有粗、中粒状变晶结构,致密块状构造。

蛇纹岩:是以蛇纹石为主要矿物成分的岩石。成分较纯者和蛇纹石相似,一般呈黄绿色,也有呈暗绿色和黑绿色者。质软,略具有滑感,片理及碎裂构造常见。

蛇纹岩大多是在汽化热液作用下超基性岩(橄榄岩)中的橄榄石、辉石变成蛇纹石形成的,这种变化称为蛇纹石化,蛇纹石化作用多沿断裂破碎带发育,也可由区域变质作用和动力变质作用产生。

蛇纹岩呈片状者,称为蛇纹石片岩,有的蛇纹岩含有蛇纹石纤维状变种——石棉所组成的细脉。

混合岩:原来的变质岩(片岩、片麻岩、石英岩等),由相当于花岗岩的物质(来自上地幔)沿片理贯注或与原岩发生强烈的交代作用(称为混合岩化作用)而形成的一种特殊岩石叫作混合岩。是在深成褶皱区的超变质作用下形成的。混合岩的构造多样,常呈眼球状、条带状及片麻状等。

构造角砾岩:是高度角砾岩化的产物。碎块大小不一,形状各异,其成分决定于断层破碎带岩石的成分。破碎的角砾和碎块已离开原来的位置杂乱堆积,带棱角的碎块互不相连,被胶结物所隔开。胶结物以次生的铁质、硅质为主,亦见有泥质及一些被磨细的本身岩石的物质。

碎裂岩:在压应力作用下,岩石沿扭裂面破碎,方向不一的碎裂纹切割岩石,碎块间基本没有相对位移,这样的岩石称为碎裂岩。可根据破碎轻微部分的岩性特征确定其原岩名称。命名时可在原岩名称前冠以“碎裂”两字,如碎裂花岗岩。

糜棱岩:是粒度比较小的强烈压碎岩,岩性坚硬,具明显的带状、眼球纹理构造。它是在压碎过程中,由于矿物发生高度变形移动或定向排列而成的。此类岩石往往伴随有重结晶或少量新生矿物析出物,如绢云母、绿泥石及绿帘石等。

1.4 岩石的工程性质

岩石的成因不同,其工程性质也不同。本节主要介绍岩石工程性质的常用指标和影响工程性质的主要因素。

1) 岩石工程性质的常用指标

岩石的工程性质主要指岩石的物理性质、水理性质和力学性质,它们分别用不同的指标来衡量。

(1) 岩石的物理性质

① 岩石的质量密度(ρ):岩石单位体积的质量称为岩石的质量密度,即

$$\rho = G / V \tag{1-1}$$

式中　ρ——岩石的质量密度,g/cm^3;

　　　G——岩石的总质量,g;

　　　V——岩石总体积,cm^3。

岩石孔隙中完全没有水存在时的质量密度,称为干密度。岩石中孔隙全部被水充满时的质量密度,称为饱和密度。

② 岩石的相对密度(比重)(d_s):岩石固体部分的质量与同体积 $4℃$ 水的质量的比值称为岩石的相对密度,即

$$d_s = G_s / (V_s \rho_w) \tag{1-2}$$

式中　d_s——相对密度(比重);

　　　G_s——岩石固体部分质量,g;

V_s——岩石固体部分体积(不含孔隙),cm^3;

ρ_w——水(4℃)的质量密度,g/cm^3。

常见岩石的相对密度一般介于 2.5~3.3 之间。

③ 岩石的孔隙率(n):岩石中孔隙和裂隙的体积与岩石总体积的比值称为岩石的孔隙率,常用百分数表示,即

$$n = V_v/V \times 100\%　　　　　　　　　　　　(1-3)$$

式中　n——岩石的孔隙率;

V_v——岩石中孔隙和裂隙的体积,cm^3;

V——岩石总体积,cm^3。

坚硬岩石的孔隙率一般小于 3%,而砾岩和砂岩等多孔岩石的孔隙率较大。

④ 岩石的吸水性。

a.岩石的吸水率(w_1):岩石在常压条件下所吸水分质量与绝对干燥的岩石质量的比值称为岩石的吸水率,用百分数表示,即

$$w_1 = G_{w1}/G_s \times 100\%　　　　　　　　　　　(1-4)$$

式中　w_1——岩石吸水率,(%);

G_{w1}——吸水质量,g;

G_s——绝对干燥的岩石质量,g。

岩石的吸水率与岩石的孔隙大小和张开程度等因素有关,它反映了岩石在常压条件下的吸水能力。岩石的吸水率大,则水对岩石的侵蚀和软化作用就强。

b.岩石的饱和吸水率(w_2):在高压(15 MPa)或真空条件下岩石所吸水分质量与干燥岩石质量的比值称为岩石的饱和吸水率,用百分数表示,即

$$w_2 = G_{w2}/G_s \times 100\%　　　　　　　　　　　(1-5)$$

式中　w_1——岩石的饱水率,(%);

G_{w2}——吸水质量,g;

G_s——干燥岩石质量,g。

c.岩石的饱水系数(K_w):岩石的吸水率与饱水率的比值,称为岩石的饱水系数,即

$$K_w = w_1/w_2　　　　　　　　　　　　　　(1-6)$$

式中　K_w——岩石的饱水系数;

w_1——岩石的吸水率,(%);

w_2——岩石的饱和吸水率,(%)。

岩石的饱水系数越大,岩石的抗冻性越差。

(2)岩石的水理性质

岩石的水理性质主要指岩石的软化性、透水性、溶解性和抗冻性等,是岩石与水作用时的性质。

① 岩石的软化性:岩石在水的作用下,强度及稳定性降低的一种性质,称为岩石的软化性。岩石软化性的指标是软化系数,它等于岩石在饱水状态下的抗压强度与

岩石在干燥状态下的抗压强度的比值,即

$$K_d = f_{r饱水} / f_{r干燥} \qquad (1-7)$$

式中 K_d——岩石软化系数;

$f_{r饱水}$——岩石在饱水状态下的抗压强度,kPa;

$f_{r干燥}$——岩石在干燥状态下的抗压强度,kPa。

软化系数越小,表示岩石在水的作用下的强度和稳定性越差。软化系数小于 0.75 的岩石,工程性质较差,是强软化的岩石。未受风化作用的岩浆岩和某些变质岩,软化系数大都接近于 1,是弱软化的岩石,其抗风化和抗冻性强。

岩石的软化性主要取决于岩石的矿物成分、结构和构造特征。黏土矿物含量高,孔隙率大和吸水率高的岩石,与水作用时易软化而降低其强度和稳定性。

② 岩石的透水性:岩石允许水通过的能力称为岩石的透水性。一般用渗透系数(k)来表示。其大小主要取决于岩石中孔隙、裂隙的大小及连通的情况。

③ 岩石的溶解性:岩石溶解于水的性质称为岩石的溶解性,常用溶解度来表示。一般富含 CO_2 的水对岩石的溶解力较强。石灰岩、白云岩、大理岩、石膏和岩盐等,是自然界中常见的可溶性岩石。岩石的溶解性不但和岩石的化学成分有关,而且和水的性质也有很大的关系。

④ 岩石的抗冻性:当岩石孔隙中的水结冰时,其体积膨胀会产生巨大的压力而使岩石的强度和稳定性破坏。岩石抵抗这种冰冻作用的能力称为岩石的抗冻性。它是冰冻地区评价岩石工程性质的一个主要指标,一般用岩石在抗冻试验前后抗压强度的降低率来表示。抗压强度降低率小于 25% 的岩石,一般认为是抗冻的。

(3)岩石的力学性质

① 岩石的强度指标:岩石的强度指标主要有抗压强度、抗拉强度和抗剪强度。岩石的破坏主要有压碎、拉断和剪断等形式。

a.抗压强度(f_r):岩石在单向压力作用下,抵抗压碎破坏的能力,称为岩石抗压强度,即

$$f_r = P_F / A \qquad (1-8)$$

式中 f_r——岩石抗压强度,kPa;

P_F——岩石受压破坏时总压力,kN;

A——岩石受压面积,m^2。

岩石的抗压强度主要取决于岩石的结构和构造,以及矿物成分。

b.抗拉强度(δ_t):岩石单向拉伸时,抵抗拉断破坏的能力称为岩石的抗拉强度,即

$$\delta_t = P_t / A \qquad (1-9)$$

式中 δ_t——岩石抗拉强度,kPa;

P_t——岩石在受拉破坏时总拉力,kN;

A——岩石受拉面积,m^2。

　　c. 抗剪强度(τ)：岩石抵抗剪切破坏的能力称为岩石的抗剪强度。它又可分抗剪断强度、剪强度和抗切强度。

　　抗剪断强度是指在垂直压力作用下的岩石剪断强度，即

$$\tau = \sigma \tan \varphi + c \tag{1-10}$$

式中　τ——岩石抗剪断强度，kPa；

　　　　σ——破裂面上的法向应力，kPa；

　　　　c——岩石的黏聚力，kPa；

　　　　φ——岩石的内摩擦角；

　　　　$\tan \varphi$——岩石的摩擦系数。

　　坚硬岩石因结晶联结或胶结联结牢固，因此其抗剪断强度较高。

　　抗剪强度是沿已有的破裂面发生剪切滑动时的指标，即

$$\tau = \sigma \tan \varphi \tag{1-11}$$

抗剪强度大大低于抗剪断强度。

　　抗切强度是指压应力等于零时的抗剪断强度，即

$$\tau = c \tag{1-12}$$

　　岩石的抗压强度最高，抗剪强度居中，抗拉强度最小。岩石越坚硬，其值相差越大。岩石的抗剪强度和抗压强度是评价岩石稳定性的重要指标。

　　② 岩石的变形指标：岩石的变形指标主要有弹性模量、变形模量和泊松比等三种。

　　a. 弹性模量(E)：应力与弹性应变的比值称为岩石的弹性模量，即

$$E = \sigma / \varepsilon_e \tag{1-13}$$

式中　E——弹性模量，MPa；

　　　　σ——正应力，MPa；

　　　　ε_e——弹性正应变。

　　b. 变形模量(E_O)：应力与总应变的比值，称为岩石变形模量，即

$$E_O = \sigma / (\varepsilon_e + \varepsilon_p) = \sigma / \varepsilon \tag{1-14}$$

式中　E_O——变形模量，MPa；

　　　　ε_e——弹性正应变；

　　　　ε_p——塑性正应变；

　　　　σ——正应力，MPa；

　　　　ε——总应变。

　　c. 泊松比(μ)：岩石在轴向压力作用下的横向应变和纵向应变的比值，称为泊松比，即

$$\mu = \varepsilon_x / \varepsilon_y \tag{1-15}$$

式中　μ——泊松比；

　　　　ε_x——横向应变；

ε_y——纵向应变。

岩石的泊松比一般在 0.2～0.4 之间。

(4) 岩石的物理力学性质经验数据

常见岩石的物理力学性质经验数据分别归纳于表 1-5、表 1-6 中。

表 1-5　常见岩石物理性质和水理性质

岩石名称	相对密度 (比重)	密度 /(g/cm³)	孔隙率 /(%)	吸水率 /(%)	软化系数	饱水系数
花岗岩	2.50～2.84	2.3～2.8	0.04～2.80	0.10～0.70	0.72～0.97	0.55
闪长岩	2.60～3.10	2.5～2.9	0.18～5.00	0.30～5.00	0.60～0.80	
辉长岩	2.70～3.20	2.5～2.9	0.29～4.00	0.50～4.00	0.44～0.90	
斑岩	2.60～2.80	2.7	0.29～2.75			
辉绿岩	2.60～3.10	2.5～2.9	0.29～5.00	0.80～5.00	0.33～0.90	
玄武岩	2.50～3.30	2.5～3.1	0.30～7.20	0.30～2.80	0.30～0.95	0.69
安山岩	2.40～2.80	2.3～2.7	1.10～4.50	0.30～4.50	0.81～0.91	
凝灰岩	2.50～2.70	2.2～2.5	1.50～7.50	0.50～7.50	0.52～0.86	
砂岩	2.60～2.75	2.2～2.7	1.60～28.30	0.20～9.00	0.93	0.60
页岩	2.57～2.77	2.3～2.7	0.40～10.00	0.50～3.20	0.24～0.74	
石灰岩	2.40～2.80	2.3～2.7	0.50～27.00	0.10～4.50	0.58～0.94	0.36
泥灰岩	2.70～2.80	2.3～2.5	1.00～10.00	0.50～3.00	0.44～0.54	
白云岩	2.70～2.90	2.1～2.7	0.30～25.00	0.10～3.00		
片麻岩	2.60～3.10	2.3～3.0	0.70～2.20	0.10～0.70	0.75～0.97	
片岩	2.60～2.90	2.3～2.6	0.02～1.85	0.10～0.20	0.49～0.80	
板岩	2.70～2.90	2.3～2.7	0.10～0.45	0.10～0.30	0.52～0.82	
大理岩	2.70～2.90	2.6～2.7	0.10～6.00	0.10～0.80		
石英岩	2.53～2.84	2.8～3.3	0.10～8.70	0.10～1.50	0.94～0.96	

表 1-6　常见岩石力学性质指标

岩类	岩石名称	抗压强度 f_r/MPa	抗拉强度 δ_t/MPa	弹性模量 E/($\times 10^4$ MPa)	泊松比 μ	似内摩擦角[1] φ /(°)	容许应力[2] σ/MPa
岩浆岩	花岗岩	75~110	2.1~3.3	1.4~5.6	0.36~0.16	70~82	3.0~4.0
		120~180	3.4~5.1	5.43~6.9	0.16~0.10	75~87	4.0~5.0
		180~200	5.1~5.7		0.10~0.02	87	5.0~6.0
	闪长岩	120~200	3.4~5.7	2.2~11.4	0.25~0.10	75~87	4.0~6.0
		200~250	5.7~7.1		0.10~0.02	87	6.0
	斑岩	160	5.4	6.6~7.0	0.16	85	4.0~5.0
	安山岩	120~160	3.4~4.5	4.3~10.6	0.20~0.16	75~85	4.0~5.0
	玄武岩	160~250	4.5~7.1		0.16~0.02	87	5.0~6.0
	辉绿岩	160~180	4.5~5.1	6.9~7.9	0.16~0.10	85	4.0~5.0
		200~250	5.7~7.1		0.10~0.02	87	5.0~6.0
变质岩	片麻岩	80~100	2.2~2.8	1.5~7.0	0.30~0.20	70~82	3.0~4.0
		140~180	4.0~5.1		0.20~0.05	80~87	4.0~5.0
	石英岩	87	2.5	4.5~14.2	0.20~0.16	80	3.0
		200~360	5.7~10.2		0.15~0.10	87	6.0
	大理岩	70~140	2.0~4.0	1.0~3.4	0.36~0.16	70~82	4.0~5.0
	板岩	120~140	3.4~4.0	2.2~3.4	0.16	75~87	4.0~5.0
沉积岩	凝灰岩	120~250	3.4~7.1	2.2~11.4	0.16~0.02	75~87	4.0~6.0
	火山角砾岩 火山集块岩	120~250	3.4~7.1	1.0~11.4	0.16~0.05	80~87	4.0~6.0
	砾岩	40~100	1.1~2.8	1.0~11.4	0.36~0.20	70~82	3.0~4.0
		120~160	3.4~4.5		0.36~0.20	75~85	4.0~5.0
		160~250	4.5~7.1		0.20~0.16	80~87	5.0~6.0
	石英砂岩	68~102	1.9~3.0	0.39~1.25	0.25~0.05	75~82	2.0~3.0
	砂岩	4.5~10	0.2~0.3	2.78~5.4	0.30~0.25	27~45	1.2~2.0
		47~180	1.4~5.2		0.20~0.05	70~85	2.0~4.0
	砂质页岩 云母页岩	60~120	4.3~8.6	2.0~3.6	0.30~0.16	70~80	2.0~4.0
	页岩	20~40	1.4~2.8	1.3~2.1	0.25~0.16	45~76	2.0~3.0
	石灰岩	10~17	0.6~1.0	2.1~6.4	0.50~0.31	27~60	1.2~2.0
		25~55	1.5~3.3		0.31~0.25	60~73	2.0~2.5
		70~128	4.3~7.6		0.25~0.16	70~85	2.5~3.0
		180~200	10.7~11.8		0.16~0.04	85	3.5~4.0
	白云岩	40~120	1.1~3.4	1.3~3.4	0.36~0.16	65~83	3.0~4.0
		120~140	3.4~4.0		0.16	87	4.0~5.0

注：① 似内摩擦角 φ 是考虑岩石黏聚力在内的等效摩擦角。② 容许应力 σ 即容许承载力。

2）岩石工程性质的影响因素

影响岩石工程性质的因素,主要是岩石的矿物成分、结构、构造、水和风化作用等。

（1）矿物成分

岩石由一种或多种矿物组成,矿物成分对岩石的物理力学性质会产生直接的影响。例如,石英岩的抗压强度比大理岩要高得多,这是因为石英的强度比方解石强度高的缘故。一般说来,大多数岩石的强度都较高,因此在对岩石的工程性质进行分析和评价时,更应注意那些可能降低岩石强度的因素,如花岗岩中的黑云母含量,石灰岩和砂岩中黏土类矿物的含量,因为这类矿物易风化,易降低岩石的强度和稳定性。

（2）结构

岩石的结构特征是影响岩石物理力学性质的一个重要因素。根据岩石的结构特征,可将岩石分为结晶联结的岩石和胶结物联结的岩石两大类。

结晶联结是由岩浆或溶液结晶或重结晶形成的,如大部分岩浆岩、变质岩和一部分沉积岩。结晶联结的岩石比胶结物联结的岩石具有较高的强度和稳定性,其结晶颗粒的大小对岩石的强度也有明显的影响。如粗粒花岗岩的抗压强度,一般在 $120 \sim 140$ MPa之间,而细粒花岗岩有的高达 $200 \sim 250$ MPa。

胶结物联结岩石是矿物碎屑由胶结物联结在一起形成的,如沉积岩中的碎屑岩。胶结物联结的岩石的强度和稳定性主要取决于胶结物的成分和胶结形式。就胶结物成分而言,硅质胶结的强度和稳定性高,泥质胶结的强度和稳定性差,而铁质和钙质胶结的强度和稳定性介于二者之间。如泥质胶结的砂岩抗压强度只有 $60 \sim 80$ MPa,而硅质胶结的砂岩高达 170 MPa。

胶结物联结有孔隙胶结、接触胶结和基底胶结三种类型,如图 1-7 所示,它们对岩石的强度有重要影响。孔隙胶结是碎屑颗粒彼此接触,孔隙全部或大部分为胶结物所填充的胶结,岩石胶结坚固,强度高,透水性弱。接触胶结仅在碎屑颗粒的接触点上有胶结物,将松散的碎屑彼此胶结在一起,胶结程度低,在颗粒间留下孔隙,因此,这类岩石的强度不高,透水性强。基底胶结的碎屑颗粒存在于胶结物中,彼此不相连接,岩石的孔隙度小,这类岩石的强度和稳定性完全取决于胶结物的物理力学性质。

（3）构造

构造对岩石物理力学性质的影响,主要由矿物成分在岩石中分布的不均匀性和岩石结构的不连续性所决定。

岩石所具有的板状构造、片状构造、千枚状构造、片麻状构造和流纹构造等,往往使矿物成分在岩石中的分布很不均匀。一些极易风化的矿物,多沿一定方向聚集形成条带状分布,使岩石的物理力学性质在局部发生很大变化;而岩石中存在的层理、裂隙和孔隙,往往使岩石结构的连续性和整体性受到影响,致使岩石的强度和透水性在不同方向上发生明显的差异,如垂直层面的抗压强度一般大于平行层面的抗压强度。

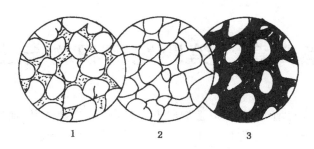

图 1-7　常见沉积岩的胶结类型
1—孔隙胶结；2—接触胶结；3—基底胶结

（4）水

当岩石受到水作用时,水将沿着孔隙或裂隙侵入,浸湿岩石自由表面上的矿物颗粒,削弱矿物颗粒间的联结,使岩石的强度受到影响,如砂岩被水饱和后,其抗压强度会降低 25％～45％ 左右。一般来说,岩石饱水后会使岩石的强度发生不同程度的降低。

（5）风化

风化是自然界一种很普遍的地质现象,它使岩石的原有裂隙进一步扩大,并产生新的裂隙,使岩石的结构、构造和整体性遭到破坏,从而增大了岩石的吸水性和透水性,大大降低了岩石的强度。

【思考题】

1-1　试说明地质作用的类型及其发生过程。

1-2　矿物的主要物理性质有哪些?

1-3　常见造岩矿物有哪几种? 各自的主要特征是什么?

1-4　试述三大岩类各自常见的矿物或物质成分、结构、构造及其相互区别的典型特征。

1-5　三大岩类各自的分类与常见的岩石。

1-6　岩石的工程性质常用指标有哪些?

第 2 章　第四纪沉积物与土

地球形成至今已有 60 亿年以上的历史,在这漫长的岁月里,地球经历了一连串的变化,这些变化在整个地球历史中可分为若干发展阶段。地球发展的时间段称为地质年代。

岩层的地质年代有两种,一种是绝对地质年代,另一种是相对地质年代。绝对地质年代是指组成地壳的岩层从形成到现在有多少"年"。它能说明岩层形成的确切时间,但不能反映岩层形成的地质过程。相对地质年代能说明岩层形成的先后顺序及其相对的新老关系,如哪些岩层是先形成的,是老的;哪些岩层是后形成的,是新的,它并不包含用"年"表示的时间概念。可以看出,相对地质年代虽然不能说明岩层形成的确切时间,但能反映岩层形成的自然阶段,从而说明地壳发展的历史过程。所以在地质工作中,一般以相对地质年代为主。划分地层年代和地层单位的主要依据,是地壳运动和生物的演变。人们根据几次大的地壳运动和生物界大的演变,把地壳发展的历史过程分为五个称为"代"的大阶段,每个代又分为若干"纪",纪内因生物发展及地质情况不同,又进一步细分为若干"世"及"期",以及一些更细的段落,这些统称为地质年代。

地质年代中第四纪时期是距今最近的地质年代,距今时间约为 200～300 万年。在第四纪历史上发生的两大变化即人类的出现和冰川作用。这反映了第四纪时期所特有的自然地理环境、构造运动和火山活动等特点。而第四纪时期沉积的历史相对较短,一般又未经固结硬化成岩作用,因此在第四纪形成的各种沉积物通常是松散的、软弱的、多孔的,与岩石的性质有着显著的差异,有时就笼统称之为土。

第四纪沉积物的形成过程是地壳表层坚硬岩石在漫长的地质年代里,经过风化、剥蚀等外力作用,破碎成大小不等的岩石碎块或矿物颗粒,这些岩石碎块在斜坡重力作用、流水作用、风力吹扬作用、剥蚀作用、冰川作用以及其他外力作用下被搬运到适当的环境下沉积成各种类型的土体。在土体形成过程中,岩石碎屑物被搬运,沉积通常按颗粒大小、形状及矿物成分作有规律的变化,并在沉积过程中常因分选作用和胶结作用而在成分、结构、构造和性质上表现有规律性的变化。一般说来,处于相似的地质环境中形成的第四纪沉积物,具有相近的工程地质特征。

2.1　土的成因类型和工程性质

按形成土体的地质营力和沉积条件,可将土体划分成若干成因类型,如残积土、坡积土、洪积土、冲积土、风积土、湖积土、海洋沉积土和冰川沉积土、火山堆积土,等等。一定成因类型的土具有一定的沉积环境、具有一定的土层空间分布规律和一定的土类组合、物质组成及结构特征。但同一成因类型的土,在沉积形成后,可能遭到不同的自然地质因素和人为因素的作用,而具有不同的工程特性。

2.1.1 残积土

残积土是岩石经风化后未被搬运的那一部分原岩风化剥蚀后的产物,而岩石风化后另一部分则被降水和风所带走。它的分布主要受地形控制。形成残积土要有适宜的地形,剥蚀平原是形成残积土最有利的条件。在接近宽广的分水岭地带或平缓的斜坡地带,由雨水产生的地表径流速度很小,风化产物易于保留,广泛发育了残积土体。

气候条件和母岩岩性是影响残积土物质成分的主要因素。不同地区的残积土,往往具有某种特定的粒度成分、矿物成分和化学成分。干旱地区以物理风化为主,其降雨量很小,缺乏使岩石发生水解或溶解的水分,只能使岩石破碎成粗碎屑物和砂砾,缺乏黏土矿物,具有砾石类土的工程地质特征;半干旱地区,在物理风化的基础上会发生化学风化,使原生的硅酸盐矿物,如长石变成黏土矿物,使土中含有较多黏土矿物,另外,土中常含较多可溶盐类,对土的工程性质影响较大;气候潮湿地区易形成蒙脱石、伊利石、高岭石等黏土矿物,形成黏性土。

母岩的岩性影响着残积土的粒度成分和矿物成分。酸性火成岩多含长石等硅酸盐矿物,风化后,残积土含较多的黏土矿物;如石英含量较多时则形成砂土;中性或基性火成岩含抗风化能力低的矿物,易风化成黏性土;沉积岩大多是松软土经成岩作用后形成的,因而风化后往往恢复原有松软土的特点,如黏土岩风化成黏土,细砂岩风化成细砂土,砂砾岩风化成砂砾土,其颗粒的矿物成分与母岩相同。

残积土表部土层孔隙率大,强度低,压缩性高;其下部为夹碎石或砂粒的黏性土,或是孔隙为黏性土充填的碎石土、砂砾土,其强度较高。残积土的厚度在垂直方向和水平方向变化较大,在不易遭受水流冲刷的地方,如宽阔的分水岭及平缓的斜坡地带,厚度较大;反之厚度较小。由于其土层厚度、组成成分、结构以至其物理力学性质在很小范围内变化极大,均匀性很差,加上其孔隙度较大,作为建筑物地基容易引起不均匀沉降;在山坡的残积土分布地段,常有因修筑建筑物而产生沿下部基岩面或某软弱面的滑动等不稳定问题。

2.1.2 坡积土

坡积土是残积土经雨雪水的片流缓慢洗刷、剥蚀,及土粒在重力作用下顺着山坡逐渐移动形成的堆积物(见图 2-1)。它一般分布在坡腰上或坡脚下,其上部与残积土相接。坡积土底部的倾斜度决定于基岩边坡的倾斜程度,而表面倾斜度则与生成时间有关,时间越长,搬运、沉积在山坡下部的物质越厚,表面倾斜度就越小。

坡积土的成分也受到气候的影响,其中降雨量和融雪量是重要因素。在半干旱

图 2-1 坡积土

地区易形成较厚的坡积土体;在潮湿气候条件下,由于植被发育,坡积土体的发育不如半干旱地区。坡积土体的粒度成分具有明显的分选性;靠近斜坡部分较粗,远离斜坡的地方较细;在其垂直剖面上、下部与基岩接触处往往是碎石土、角砾土,其中充填有黏性土或砂土,上部较细,多为黏性土。

由于土质(成分、结构)上下不均一,结构疏松,压缩性高,且土层厚度变化大,故对于建筑物,常有不均匀沉降问题。由于其下部基岩面与坡积土的分界面往往形成软弱面,工程易产生沿下卧残积层或基岩面滑动等不稳定问题。

2.1.3 洪积土

洪积土是由暴雨或大量融雪骤然集聚而成的暂时性山洪急流带来的碎屑物质在山沟的出口处或山前倾斜平原堆积形成的洪积土体(见图 2-2)。山洪携带的大量碎屑物质流出沟谷口后,因水流流速骤减而呈扇形沉积体,称为洪积扇。离山口近处堆积了分选性差的粗碎屑物质,颗粒呈棱角状。离山口远处,因水流速度减小,沉积物逐渐变细,由粗碎屑土(如块石、碎石、粗砂土)逐渐过渡到分选性较好的砂土、黏性土。洪积物颗粒虽有上述离山远近而粗细不同的分选现象,但因历次洪水能量不尽相同,堆积下来的物质也不一样,因此洪积土常具有不规则的交替层理构造,并具有夹层、尖灭或透镜体等构造。相邻山口处的洪积扇常常相互连接成洪积裙,并可发展为洪积平原。洪积平原的地形,坡度平缓,有利于城镇、工厂建设及道路的建筑。

洪积土作为建筑物地基,一般认为是较理想的,尤其是离山前较近的洪积土颗粒较粗,地下水位埋藏较深,具有较高的承载力,压缩性低,是建筑物的良好地基。在离山区较远的地带,洪积土的颗粒较细、成分较均匀、厚度较大,一般也是良好的天然地基。但应注意的是上述两地段的中间过渡地带,常因粗碎屑土与细粒黏性土的透水性不同使地下水溢出地表而形成沼泽地带,且存在尖灭或透镜体,因此土质较差,承载力较低。工程建设中应注意这一地区的复杂地层条件。

图 2-2　洪积土

2.1.4　冲积土

冲积土是由河流的流水作用将碎屑物质搬运到河谷中坡降平缓的地段堆积而成的,它发育于河谷内及山区外的冲积平原中(见图 2-3)。根据河流冲积物的形成条件,可分为河床相、河漫滩相、牛轭湖相及河口三角洲相。

图 2-3　冲积土

河床相冲积土主要分布在现河床地带,其次是阶地上。河床相冲积土在山区河流或河流上游大多是粗大的石块、砾石和粗砂;中下游或平原地区沉积物逐渐变细。冲积物由于经过流水的长途搬运,相互磨蚀,所以颗粒磨圆度较好,没有巨大的漂砾,这与洪积土的砾石层有明显差别。山区河床冲积土厚度不大,一般不超过 10 m,但也有近百米的,而平原地区河床冲积土则厚度很大,一般超过几十米至数百米,甚至上千米。

河漫滩相冲积土是在洪水期河水漫溢河床两侧,携带碎屑物质堆积而成的,土粒较细,可以是粉土、粉质黏土或黏土,并常夹有淤泥或泥炭等软弱土层,覆盖于河床相冲积土之上,形成常见的上细下粗的冲积土的"二元结构"。

牛轭湖相冲积土是在废河道形成的牛轭湖中沉积形成的松软土,颗粒很细,常含大量有机质,有时形成泥炭;在河流入海口或入湖口,所搬运的大量细小颗粒沉积下来,形成面积宽广而厚度极大的三角洲沉积土,这类沉积土通常含有淤泥质土或淤泥层。

总之,河流冲积土随其形成条件不同,具有不同的工程地质特性。古河床相土的压缩性低,强度较高,是工业与民用建筑的良好地基;而现代河床堆积物的密实度较差、透水性强,若作为水工建筑物的地基则将会引起坝下渗漏。由河漫滩相冲积土覆盖于河床相冲积土之上形成的具有双层结构的冲积土体常被作为建筑物的地基,但应注意其中的软弱夹层。牛轭湖相冲积土是压缩性很高及承载力很低的软弱土,不宜作为建筑物的天然地基。三角洲沉积物常常是饱和的软黏土,承载力低,压缩性高,若要作为建筑物地基,则应慎重对待。但在三角洲冲积土的最上层,由于经过长期的压实和干燥,形成所谓硬壳层,承载力较下面的为高,一般可用作低层或多层建筑物的地基。

2.1.5 湖泊沉积物

湖积土体(见图 2-4)在内陆分布广泛,可按湖的性质划分为淡水湖积土和咸水湖积土。淡水湖积土可分为湖岸土和湖心土两种。湖边沉积土是湖浪冲蚀湖岸形成的碎屑物质在湖边沉积而形成的,多为砾石土、砂土或粉砂土,具有明显的斜层理构造。湖心土主要为静水沉积物,其成分复杂,以淤泥、黏性土为主,可见水平层理。距湖岸愈远,则堆积的黏土愈细,有机质的质量分数可达 $20\% \sim 40\%$,含水率高达 $70\% \sim 80\%$,有时形成泥炭。此外,淡水湖心也可沉积碳酸钙、倍半氧化物。湖岸沉积物除了局部有淤泥夹层的土体外,其工程性质稍好,而湖心土的压缩性高,强度很低,工程性质很差,特别是淤泥层往往很厚,应引起足够的重视。若湖泊逐渐淤塞,则可演变为沼泽,沼泽沉积土称为沼泽土,主要由半腐烂的植物残体和泥炭组成,泥炭的含水量很高,承载力极低,一般不宜作天然地基。

咸水湖积土以石膏岩盐、芒硝及碳酸盐类为主,有时以淤泥为主。前者的性质复杂,盐渍土的工程性质极差,工程上往往需要进行复杂的处理。淤泥的工程性质也很差,一经搅动其结构就会遭到破坏而流动,在干燥时体积收缩很大。因此在湖积土体分布的地区,必须勘测出淤泥层及盐渍土分布范围及其厚度,特别要注意研究其压缩性及强度。由于它们往往具有较高的压缩性及较低的强度,作为地基时则会产生很大的沉降量和不均匀沉降。

图 2-4　湖积软土

2.1.6　海洋沉积物

按海水深度及海底地形,海洋可分为滨海带、浅海区、陆坡区和深海区等四种,相应的四种海相沉积物性质也各不相同。在沉积物来源于山区松散堆积物的前提下,滨海带沉积物主要由卵石、圆砾和砂等组成,具有基本水平或缓倾的层理构造,其承载力较高,但透水性较大。浅海区沉积物主要由细粒砂土、黏性土、淤泥和生物化学沉积物(硅质和石灰质)组成,有层理构造,较滨海沉积物疏松、含水量高、压缩性大而强度低。陆坡区和深海区沉积物主要是有机质软泥,成分均一。海洋沉积物在海底表层沉积的砂砾层很不稳定,随着海浪不断移动变化,选择海洋平台等构筑物地基时,应慎重对待。

2.1.7　风积物

风能将碎屑物质搬运到他处,搬运时有明显的分选作用,粗碎屑搬运的距离较近,碎屑愈细,搬运就愈远。在搬运途中,碎屑颗粒因相互间的摩擦碰撞,逐渐磨圆变小。风的搬运与流水的搬运是不同的,风可向更高的地点搬运,而流水只能向低洼的地方搬运。风所搬运的物质,当风力减弱或途中遇到障碍物时,便沉积下来形成风积土。

在干燥的气候条件下,岩石的风化碎屑物质被风吹起,搬运一定距离堆积而成风积土。风积土主要有两种类型,即风成砂和风成黄土。

1) 风成砂

在干旱地区,风力将砂粒吹起,其中包括粗、中、细粒的砂,吹过一定距离后,风力减弱,砂粒坠落堆积而成风成砂,一般统称为沙漠(见图 2-5)。应当指出,沙漠不完全是风的沉积作用形成的,但大部分沙漠都与风的作用有关。风成砂常由细粒或中粗砂组成,矿物成分主要为石英及长石,颗粒浑圆。风成砂多比较疏松,当受震动时,能发生很大的沉降,因此,要作为建筑物地基时必须事先进行处理。砂在风的作用下,可以逐渐堆积成大的砂堆,称为砂丘。砂丘的向风面平缓,背风面陡。砂丘有不同的形状,如外形成弯月状的称为新月砂丘。

图 2-5　风成砂

2) 风成黄土

在干旱气候条件下,随着风的停息而沉积成的黄色粉土沉积物称为风成黄土,或简称黄土(见图 2-6)。黄土在我国分布较广,超过六十四万平方公里,黄河中游地区最为发育,几乎遍及西北、华北各省区。黄土无层次,质地疏松,雨水易于渗入地下,有垂直节理,常在沟谷两侧形成峭壁陡坡。天然状态下的黄土,如未被水浸湿,其强度一般较高,压缩性也小,是建筑物的良好地基。但也有一些黄土,在自身重力或土层自重加建筑物荷载作用下,受水浸湿,将发生显著的沉降,称为湿陷性黄土。湿陷性黄土受水浸湿后在土自重压力下发生湿陷的,称为自重湿陷性黄土;受水浸湿后在土自重压力下不发生湿陷的,称为非自重湿陷性黄土。因此,当黄土作为建筑物地基时,为了恰当考虑湿陷对建筑物的影响,需采取相应的措施,首先要判别它是湿陷性的,还是非湿陷性的。如果是湿陷性的,还要进一步判别它是自重湿陷性的,还是非自重湿陷性的。在湿陷性黄土地区进行建筑时,必须注意采取防水措施。

图 2-6　风成黄土

2.2　土的工程分类

以服务于工程建设为目的,对土进行的分类称为土的工程分类,土的工程分类也是土质土力学中一个重要的基础理论课题。对种类繁多、性质各异的土按一定的原则进行分类,其目的是合理性选择研究内容和方法,针对不同工程的要求,对不同的土作出正确的评价,以便合理利用和改造各种类别的土。

土的工程分类可以概括为以下两种基本类型。

① 一般性分类。包括工程建筑中常遇到的各类土,它是考虑土的主要工程特性进行分类的。这是一种全面的综合性分类,有着重大理论意义和实践意义,又称通用分类。

② 专门性分类。这是根据某些工程部门的具体需要进行的分类。它密切结合工程建筑类型,直接为工程勘察、设计与施工服务。专门性分类是一般性分类在实际应用中的补充与发展。

2.2.1　土的工程分类一般原则

土是自然历史的产物,其特性与土的成因有密切关系,故常将成因和形成年代作为最粗略的第一级分类标准,即所谓地质成因分类。土的物质成分(粒度成分和矿物成分)及其与水相互作用的特点,是决定土的工程性质的最本质因素,故将反映土的成分和与水相互作用的有关特征作为第二级分类标准,即所谓土质分类。土质分类可初步了解土的最基本特性及其对工程建筑的适用性及可能出现的问题,但土的结构及其所处的状态不同,土的指标变化会很大。为提供工程设计施工所需要的资料,必须进一步进行第三级土的分类,即土的工程建筑分类。这种分类主要考虑与水作用所处的状态(如饱水程度、稠度状态、膨胀性或收缩性、湿陷性、冻胀性或热融性等)、土的密实程度或压缩性特点,将土进行详细的划分,以满足工程建筑的要求。

土的工程分类是从事土的工程性质研究的重要基础理论课题。研究制定一个既反映我国土质条件和多年建筑经验,又尽可能靠近国际上较为通用的分类标准,并切实可行的土的工程分类标准,是十分重要的。土的工程分类目的如下。

① 根据土类,可以大致判断土的基本工程特性,并可结合其他因素评价地基土的承载力、抗渗流与抗冲刷稳定性,在振动作用下的可液化性以及作为建筑材料的适宜性等。

② 根据土类,可以合理确定不同土的研究内容与方法。

③ 当土的性质不能满足工程要求时,需根据土类(结合工程特点)确定相应的改良与处理方法。

因此,综合性的土的工程分类应遵循以下原则。

① 工程特性的差异性原则。即分类应综合考虑土的各种主要工程特性(强度与变形特性等),用影响土的工程特性的主要因素作为分类的依据,从而使所划分的不同土类之间,在其各主要的工程特性方面有一定的质的或显著的量的差别为前提条件。

② 以成因、地质年代为基础的原则。因为土是自然历史的产物,土的工程性质受土的成因(包括形成环境)与形成年代控制。在一定的形成条件下,并经过某些变化过程的土,必然有与之相适应的物质成分和结构,以及一定的空间分布规律和土层组合,因而决定了土的工程特性。形成年代不同,土的固结状态和结构强度也会有显著的差异。

③ 分类指标便于测定的原则。即采用的分类指标,要既能综合反映土的基本工程特性,又要测定方法简便。

④ 分类系统简化原则。分类有较严格的逻辑性,步骤分明,简单明了,便于记忆。

2.2.2 我国土的工程分类

我国已建立了较为完整的土的工程分类体系,并于 2007 年颁布了中华人民共和国国家标准《土的工程分类标准》(GB/T 50145—2007),这是我国工程建设所涉及土类的最新通用分类标准。该分类标准是根据许多国家广泛应用的分类法的基本原理,结合我国实际情况制定的。该分类标准的特点是按土的基本工程属性,即粒径、级配、塑性及压缩性等将土分为几大类,每一类给以符号,对同一类中各种土的具体特性用文字描述,以区别同一类中的其他土。此外,该分类标准可以利用目测法进行土的大致分类。

鉴别各类土的方法有两种:一是目测法,常用于现场钻孔或开挖试坑调查土料,提供工程初步设计阶段的土名;二是实验室试验的方法,按颗粒大小及界限含水率确定土的基本属性来进行分类。此种方法在工程技术设计阶段结合土的其他指标综合分析土的特性时使用。

此外,各行业的工程部门根据各自的专门需要编制了专门分类标准。如《岩土工程勘察规范》(GB 50021—2001)土的分类和鉴定;《建筑地基基础设计规范》(GB 50007—2011)土的分类;《公路土工试验规程》(JTG E40—2007)土的工程分类;《铁路工程岩土分类标准》(TB 10077—2001)土的工程分类等,在工程应用中可以查阅相关的分类标准。以下主要以国家标准《土的工程分类标准》(GB/T 50145—2007)为例,介绍我国土的分类情况。

1)土的粒组划分

土的粒组应根据表 2-1 规定的土颗粒粒径范围划分。

表 2-1　土的粒组划分

粒组	颗粒名称		粒径 d 的范围/mm
巨粒	漂石(块石)		$d>200$
	卵石(碎石)		$60<d\leqslant200$
粗粒	砾粒	粗砾	$20<d\leqslant60$
		中砾	$5<d\leqslant20$
		细砾	$2<d\leqslant5$
	砂粒	粗砂	$0.5<d\leqslant2$
		中砂	$0.25<d\leqslant0.5$
		细砂	$0.075<d\leqslant0.25$
细粒	粉粒		$0.005<d\leqslant0.075$
	黏粒		$d\leqslant0.005$

2)土类的划分

(1)巨粒类土

巨粒类土应按表 2-2 规定划分。

表 2-2　巨粒类土的分类

土类	粒组含量		土类代号	土类名称
巨粒土	巨粒含量 >75%	漂石含量大于卵石含量	B	漂石(块石)
		漂石含量不大于卵石含量	Cb	卵石(碎石)

土类	粒组含量		土类代号	土类名称
混合巨粒土	50%<巨粒含量≤75%	漂石含量大于卵石含量	BSI	混合土漂石(块石)
		漂石含量不大于卵石含量	CbSI	混合土卵石(块石)
巨粒混合土	15%<巨粒含量≤50%	漂石含量大于卵石含量	SIB	漂石(块石)混合土
		漂石含量不大于卵石含量	SICb	卵石(碎石)混合土

注:巨粒混合土可根据所含粗粒或细粒的含量进行细分。

（2）粗粒土

试样中粗粒组含量大于 50% 的土称为粗粒类土。其中,试样中砾粒组含量大于砂粒组含量的土称为砾类土;试样中砾粒组含量不大于砂粒组含量的土称为砂类土。砾类土应根据其中的细粒含量及类别、粗粒组的级配,按表 2-3 分类。砂类土应根据其中的细粒含量及类别、粗粒组的级配,按表 2-4 分类。

表 2-3　砾类土的分类

土类	粒组含量		土类代号	土类名称
砾	细粒含量<5%	级配:$C_u \geqslant 5$,$1 \leqslant C_c \leqslant 3$	GW	级配良好砾
		级配:不同时满足上述要求	GP	级配不良砾
含细粒土砾	5%≤细粒含量<15%		GF	含细粒土砾
细粒土质砾	15%≤细粒含量<50%	细粒组中粉粒含量不大于 50%	GC	黏土质砾
		细粒组中粉粒含量大于 50%	GM	粉土质砾

表 2-4　砂类土的分类

土类	粒组含量		土类代号	土类名称
砂	细粒含量<5%	级配:$C_u \geqslant 5$,$1 \leqslant C_c \leqslant 3$	SW	级配良好砂
		级配:不同时满足上述要求	SP	级配不良砂
含细粒土砂	5%≤细粒含量<15%		SF	含细粒土砂
细粒土质砂	15%≤细粒含量<50%	细粒组中粉粒含量不大于 50%	SC	黏土质砂
		细粒组中粉粒含量大于 50%	SM	粉土质砂

（3）细粒土

试样中细粒组含量不小于 50% 的土称为细粒类土。细粒类土应按下列规定划分:试样中粗粒组含量不大于 25% 的土称为细粒土;试样中粗粒组含量大于 25% 且不大于 50% 的土称为含粗粒的细粒土;试样中有机质含量小于 10% 且不小于 5% 的土称为有机质土。当采用图 2-7 所示的塑性图确定细粒土的类别时，应按表 2-5 分类。

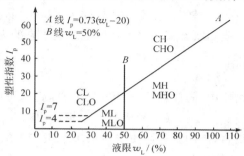

图 2-7 塑性图

表 2-5 细粒土的分类

土的塑性指标在塑性图中的位置		土类代号	土类名称
塑性指数 I_p	液限 w_L		
$I_p \geqslant 0.73(w_L-20)$ 和 $I_p \geqslant 7$	$w_L \geqslant 50\ \%$	CH	高液限黏土
	$w_L < 50\ \%$	CL	低液限黏土
$I_p < 0.73(w_L-20)$ 和 $I_p < 4$	$w_L \geqslant 50$	MH	高液限粉土
	$w_L < 50\ \%$	ML	低液限粉土

2.3 土的物质组成及物理力学指标

土是地壳表层广泛分布的物质，是最新地质时期的堆积物。土的组成一般是由作为土骨架的固体矿物颗粒、孔隙中的水及充满孔隙的空气组成的三相体系（见图 2-8）。

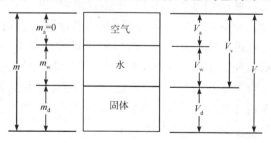

图 2-8 土的三相组成示意图

m—土的总重量；m_a—土中空气重量；m_w—土中水重量；
m_d—土粒重量；V—土的总体积；V_v—土孔隙体积；V_a—土中空气的体积；
V_w—土中水体积；V_d—土粒体积

土的三相组成物质的性质、相对含量以及土的结构、构造等与其形成年代和成因有关的各种因素,必然在土的轻重、疏密、干湿、软硬等一系列物理性质和状态上有不同的反映。土的物理性质和状态又在很大程度上决定了它的力学性质。

2.3.1 土的物质组成

在土的三相组成物质中,固体颗粒(土粒)是土的最主要的物质成分。土粒构成土的骨架主体,也是最稳定、变化最小的成分。三相之间相互作用中,土粒一般也居于主导地位。从本质而言,土的工程性质主要取决于组成土的土粒的大小和矿物类型,即土的粒度成分和矿物成分。

1)土的粒度成分

土的粒度成分是决定土的工程性质的主要内在因素之一,因而也是土的类别划分的主要依据。

土是由各种大小不同的颗粒组成的。颗粒大小以直径(单位为 mm)计,称为粒径(或粒度)。介于一定粒径范围的土粒,称为粒组;而土中不同粒组颗粒的相对含量,称为土的粒度成分(或称颗粒级配),它以各粒组颗粒的质量占该土颗粒的总质量的百分数来表示。土的粒径由大到小逐渐变化时,土的工程性质也相应地发生变化。因此,在工程上粒组的划分在于使同一粒组土粒的工程性质相近,而与相邻粒组土粒的性质有明显差别。

土的粒度成分是通过土的粒度分析(亦称颗粒分析)试验测定的。对于粒径大于 0.075 mm 的粗粒土,可用筛分法测定。试验时将风干、分散的代表性土试样通过一套孔径不同的标准筛(例如:20 mm、2 mm、0.5 mm、0.25 mm、0.1 mm、0.075 mm),称出留在各个筛子上的土的重量,即可求得各个粒组的相对含量。粒径小于 0.075 mm 的粉粒和黏粒难以筛分,一般可以根据土粒在水中匀速下沉时的速度与粒径的理论关系,用比重计法或移液管法测得颗粒级配。

根据颗粒分析试验成果,可以绘制如图 2-9 所示的颗粒级配累积曲线。其横坐标表示粒径。因为土粒粒径相差常在百倍、千倍以上,所以宜采用对数坐标表示。纵坐标则表示小于(或大于)某粒径的土的含量(或称累计百分含量)。由曲线的坡度可以大致判断土的均匀程度。如曲线较陡,则表示粒径大小相差不多,土粒较均匀;反之,曲线平缓,则表示粒径大小相差悬殊,土粒不均匀,即级配良好。

小于某粒径的土粒的质量分数为 10% 时,相应的粒径称为有效粒径 d_{10}。当小于某粒径的土粒的质量分数为 60% 时,该粒径称为限制粒径 d_{60}。d_{60} 与 d_{10} 之比值反映颗粒级配的不均匀程度,称为不均匀系数 C_u。

$$C_u = \frac{d_{60}}{d_{10}} \tag{2-1}$$

C_u 愈大,土粒愈不均匀(颗粒级配累积曲线愈平缓),作为填方工程的土料时,比较容易获得较小的孔隙比(较大的密实度)。工程上把 $C_u < 5$ 的土看作是均匀的;

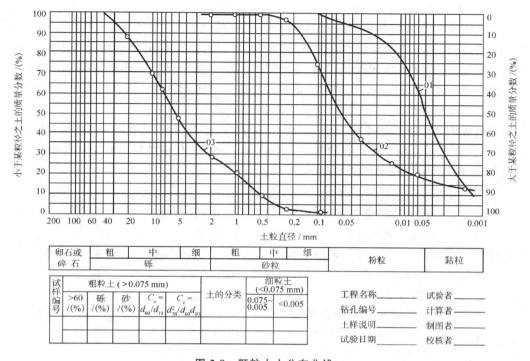

图 2-9　颗粒大小分布曲线

$C_u > 1.0$ 的土则是不均匀的，即级配良好的。

d_{10} 之所以被称为有效粒径，是因为它是土中有代表性的粒径，对分析评定土的某些工程性质有一定意义，例如，碎石土、砂土等粗粒土的透水性与由有效粒径土粒构成的均匀土的透水性大致相同，因而可由 d_{10} 估算土的渗透系数及预测机械潜蚀的可能性等。

除不均匀系数 C_u 外，还可用曲率系数 C_c 来说明累积曲线的弯曲情况，从而可分析评述土粒度成分的组合特征

$$C_c = \frac{d_{30}^2}{d_{10} d_{60}}$$　　　　　　（2-2）

式中　d_{60}, d_{10}——质量分数为 60% 和 10% 的粒径值；

　　　d_{30}——相应的质量分数为 30% 的粒径值。

C_c 值在 1～3 之间的土级配较好。C_c 值小于 1 或大于 3 的土，累积曲线都明显弯曲而呈阶梯状，粒度成分不连续，主要由大颗粒和小颗粒组成，缺少中间颗粒。

2）土的矿物成分

土是由矿物组成的，不同的矿物具有不同的特性，影响土的物理力学性质。对土进行工程地质研究时，必须注意土的矿物成分、矿物的特性及其对土的物理力学性质的影响。组成土的矿物可分为原生矿物、次生矿物、有机质。

(1) 原生矿物

组成土的固体相部分的物质,主要来自岩石风化的产物。岩石经物理风化作用后形成碎块,一般是棱角状的,以后经流水和风的搬运作用,由于搬运过程中相互磨蚀而变细,并成浑圆状,但仍保留着受风化作用前存在于母岩中的矿物成分,这种矿物称为原生矿物。土中原生矿物主要有硅酸盐类矿物、氧化物类矿物、硫化物类矿物及磷酸盐类矿物等。

组成土的原生矿物主要有石英、长石、角闪石、云母等,这些矿物是直接由岩石而来的,性质未发生改变。它们的特点是颗粒粗大,物理、化学性质一般比较稳定,是组成卵石、砾石、砂粒和粉粒的主要成分。

(2) 次生矿物

原生矿物在一定的条件下,经化学风化作用进一步分解,形成一种新的矿物,颗粒变得更细,甚至变成胶体颗粒,这种矿物称为次生矿物。次生矿物有两种类型:一种是原生矿物的一部分,可溶的物质被溶滤到别的地方沉淀下来,形成"可溶性的次生矿物";另一种是原生矿物中可溶的部分被溶滤走以后,残存的部分性质已改变,形成了新的"不可溶的次生矿物"。

可溶性的次生矿物主要为常见的可溶盐类,按其被水溶解的难易程度可分为

易溶盐——主要有 $NaCl,CaCl_2,Na_2SO_4 \cdot 10H_2O,Na_2CO_3 \cdot 10H_2O$ 等;

中溶盐——主要为 $CaSO_4 \cdot 2H_2O$ (石膏)和 $MgSO_4$ 等;

难溶盐——主要为 $CaCO_3$ 和 $MgCO_3$ 等。

这些盐类常以夹层、透镜体、网脉、结核或呈分散的颗粒、薄膜或粒间胶结物含于土层中。其中易溶盐类极易被大气降水或地下水溶滤出去,所以分布范围较窄,但在干旱气候区和地下水排泄不良地区,它是地表上层土中的典型产物,即形成所谓盐碱土和盐渍土。

可溶盐类对土的工程性质影响的实质,在于含盐土浸水后,盐类被溶解,土的粒间连结削弱,甚至消失,同时土的孔隙性增大,从而降低土体的强度和稳定性,增大其压缩性。其影响程度,取决于三个方面:盐类的成分和溶解度、盐类的含量、盐类分布的均匀性和分布方式。均匀、分散分布者,盐分溶解对土的工程性质及结构的影响较小,且土的抗溶蚀能力较强;不均匀、集中分布(例如呈厚的透镜状)者,盐分溶解对土的工程性质及结构的影响则剧烈。

土中的易分解矿物常见的主要有黄铁矿(FeS_2)及其他硫化物和硫酸盐类。处于还原环境的土(如深水海淤)中,常含有黄铁矿,呈大小不同的结核状或与土颗粒紧密结合的薄膜状和充填物。土中含黄铁矿、硫酸盐等遇水分解后会削弱或破坏土的粒间联结及增大土的孔隙性(与一般可溶盐影响相同);同时,分离出的硫酸根离子,对建筑基础及各种管道设施起腐蚀作用。

不可溶的次生矿物有次生二氧化硅、倍半氧化物、黏土矿物。次生二氧化硅是由原生矿物硅酸盐、长石等经化学风化后,原有的矿物结构被破坏,游离出结晶格架的

细小碎片，由 SiO_2 组成。因为次生二氧化硅很细小，在水中可呈胶体状态。倍半氧化物主要由 Al_2O_3 和 Fe_2O_3 等组成，倍半氧化物在土中的分布比较广泛，特别在湿热的热带和亚热带地区的土层中含量较多。倍半氧化物常呈细小的黏粒，以鳞片状、胶膜状存在土粒的表面，或呈盘状、结核状、管状等集合体存在于土体中。黏土矿物是原生矿物长石及云母等硅酸盐类矿物经化学风化而成的，主要有高岭石、水云母及蒙脱石等。这类矿物的最主要特点是呈高度分散状态——胶态或准胶态。因此，它们具有很高的表面能、亲水性及其他特殊的性质。只要这类矿物在土中有少量存在，往往就可能引起土的工程性质的显著改变，如产生大的塑性、强度剧烈降低等。但是，这类矿物的不同矿物种类之间，对土的工程性质影响也有差异。仅以黏土矿物而言，各类别的影响也明显不同。其本质上的原因在于它们具有不同的化学成分和结晶格架构造。用 X 射线衍射法、电子显微镜法、差热分析及电子探针法等对黏土矿物进行的研究已查明，黏土矿物的晶格结构主要由两种基本结构单元组成，即由硅氧四面体和铝氢氧八面体组成，它们各自联结排列成硅氧四面体层和铝氢氧八面体层的层状结构，如图 2-10 所示。而上述四面体层与八面体层之间的不同组合结果，即形成不同性质的黏土矿物。

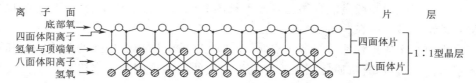

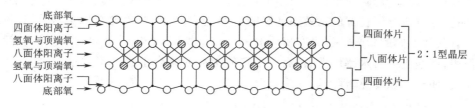

图 2-10　1∶1型、2∶1型四面体片与八面体片的组合

① 高岭石类：高岭石类结晶格架的每个晶胞分别由一个铝氢氧八面体层和硅氧四面体组成，即为 1∶1 型结构单位层。其两个相邻晶胞之间以 O^- 和 $(OH)^-$ 不同的原子层相接，除范德华键外，均具有很强的氢键联结作用，使各晶胞间紧密连接；因而岭石类黏土矿物具有较稳固的结晶格架，水较难进入其结晶格架内，所以水与这种矿物之间的作用比较弱。当然，在其晶格的断口，或由于离子同型置换，会有游离价的原子吸引部分水分子而形成较薄水化膜，故主要由这类矿物组成的黏性土的膨胀性和压缩性等均较小。

② 蒙脱石类：蒙脱石类矿物的结晶格架与高岭石类不同，它的晶胞是由两个硅氧四面体层夹一个铝氢氧八面体层组成的，为 2∶1 型结构单位层。其相邻晶胞之间

只有分子键联结,且具有电性相斥作用。因此,其各晶胞之间的联结不仅极弱,且不稳固,晶胞间易于移动。水分子很容易在晶胞之间浸入,吸水时晶胞间距变宽,晶格膨胀;失水时晶格收缩。所以蒙脱石类黏土矿物与水作用很强烈,在土粒外围形成很厚的水化膜,当土中蒙脱石含量较多时,土的膨胀性和压缩性等都很大,强度则剧烈变小。

③ 伊利石、水云母类:伊利石、水云母类的晶胞与蒙脱石同属于 2∶1 型结构单位层,不同的是其硅氧四面体中的部分硅离子常被 Al、Fe 等所置换,因而在相邻晶胞间将出现若干一价正离子以补偿晶胞中正电荷的不足,并将相邻晶胞连接。所以伊利石、水云母类的结晶格架没有蒙脱石类那样活动,其亲水性及对土的工程性质影响介于蒙脱石和高岭石之间。

（3） 有机质

在自然界一般土,特别是淤泥质土中,通常都含有一定数量的有机质,当其在黏性土中的质量分数达到或超过 5%(在砂土中的质量分数达到或超过 3%)时,就开始会对土的工程性质产生显著的影响。例如,在天然状态下这种黏性土的含水率显著增大,呈现高压缩性和低强度等性质。

有机质在土中一般呈混合物与组成土粒的其他成分稳固地结合一起,有时也以整层或透镜体形式存在。

有机质对土的工程性质的影响实质,在于它比黏土矿物有更强的胶体特性和更高的亲水性。所以,有机质比黏土矿物对土性质的影响更剧烈。有机质对土的工程性质的影响程度,主要取决于下列因素。

有机质含量愈高,对土的性质影响愈大;有机质的分解程度愈高,影响愈剧烈,例如,完全分解或分解良好的腐殖质的影响最坏;土被水浸程度或饱和度不同,有机质对土有截然不同的影响。当含有机质的土体较干燥时,有机质可起到较强的粒间连接作用;而当土的含水率增大后,有机质将使土粒的结合水膜剧烈增厚,削弱土的粒间连接,使土的强度显著降低。

3） 土中的水

土中水是土的液体相的组成部分,它以不同的形态存在着,呈固态、液态、气态。有的存在于矿物的内部,有的存在于孔隙之中。它们对土的工程性质起着不同的作用。

根据土中水的储存部位不同,土中水分为矿物成分水及孔隙中的水两种。矿物成分水是矿物结晶格架的组成部分,因存在的形式与结合程度的差异,可分成结构水、结晶水、沸石水三种不同的类型;孔隙中的水按水分子的活动能力分为固态水、液态水、气态水。液态水属于土的液体相部分。它与土的固体部分一样,在土的组成结构中占有重要的地位,因此不能简单地将土中水的作用看成是与土粒的机械的混合作用。自然界土中的液态水实质上是溶液,并非纯水。它与土粒的相互作用是一种复杂的物理—化学过程。它处于孔隙中,在土粒的外围。外界条件的变化,往往会改变溶液的性质而导致土的工程性质的变化。若将孔隙溶液看作纯水,则可根据固体土粒对其吸引的牢固程度而分为"结合水"与"非结合水"两大类。"结合水"又可分为强结合水与弱结合水两种。没有被土粒吸引住的非结合水,有的紧挨弱结合水,颗粒的引力仍有某些影响,但重力也有显著的作用,这层水称为"毛细水";距土粒较远时,则不受土粒引力的影响,主要受重力控制,称为"重力水"。

(1) 矿物成分中的水

① 结构水。它以 H^+、OH^- 离子形式存在于矿物晶架的固定位置上,如铝氢氧八面体中的 OH^-。严格地讲,结构水不是真正的水,它是土中固体的一部分,通常很难析出。但在 450～500℃时,则上述离子水可以 H_2O 的形式自晶架中析出,这时才是真正的水,不过,此时原有的晶架也被破坏,变成另一种矿物。

② 结晶水。它以 H_2O 的形式存在于矿物晶格的固定位置上,如 $CaSO_4 \cdot 2H_2O$,$Na_2SO_4 \cdot 10H_2O$,$Na_2CO_3 \cdot 10H_2O$ 等。这种晶格中既有 OH^-,又有 H_2O,这类结晶水由于结合力较弱,所以在低于 400 ℃时,就会自晶格中析出,随即晶格破坏,原有矿物变为新矿物。

③ 沸石水。以 H_2O 的形式存在于矿物中相邻晶胞之间,没有固定的数量,或多或少,不影响晶架的形成,析出时也不影响矿物种类和变化。这种水与矿物晶架结合力弱,所以加热至 80～120 ℃时即析出。在测试土中含水率时,加热至 105～110 ℃,这种水就会析出,这样使得测出的含水率 w 偏高。由此影响土的其他许多指标的值。

(2) 土粒表面的水

这部分水称为结合水,也叫吸附水、薄膜水,存在于土粒表面,依距土粒表面的远近及吸附作用的大小又分为强结合水和弱结合水。水是极性分子,原子间的电子分布不均匀,呈现出明显的阴阳极,氧原子带负电,氢原子带正电。

① 强结合水。强结合水是指紧紧吸附在土颗粒表面,极薄的一层水膜。形成强结合水的主要作用力有氢键力和库仑力,还有其他微观力,其吸引力可达 1 000～2 000 MPa,显然它和普通水不一样,它是固体的一部分,是含水固定层,不是液态,只有在 105～110 ℃时才能排出。土粒吸附强结合水后体积会变小,既有物理作用,又有化学作用。强结合水的冰点温度为－78 ℃甚至更低。强结合水具有很大的弹性、黏滞性、抗剪强度。多数学者认为强结合水水膜厚就是几层至几十层水分子厚(每个水分子厚约 2.76×10^{-7} mm),有一点可以肯定,强结合水膜厚度不是一个常数。强结合水没有溶解能力,不具有静水压力性质,因此,也不能传递静水压力。强结合水在土的含水率中占的比例很小,在砂土中约占 1.0%,在粉土中约占 5%～7%,在黏土中约占 10%～20%。

② 弱结合水。在土粒表面吸附能力范围之内,强结合水膜外圈为弱结合水,吸附作用弱,静电引力起主导作用,也有范德华力和渗透吸附力。弱结合水膜是土粒外围的扩散层,其厚度远大于强结合水。水分子排列得也较紧密,愈靠近强结合水,排

列愈紧密,愈远就相对分散些。这样弱结合水处于固体与液体之间,在一定条件(如压力和振动)下可能发生缓慢流动。弱结合水的冰点仍低于 0 ℃,具有一定的弹性、黏滞性和抗剪强度。弱结合水在 105～110 ℃时能全部排出,成为土中含水率,弱结合水仍然没有溶解能力,一般情况下也不具有静水压力特性,不能传递静水压力。具有弱结合水较多的土具有可塑性、触变性。弱结合水的运动一般说是非达西流,在水头压力克服了抗剪强度之后的流动,可以近似适用于达西定律,但此时的渗透系数 k 不是常数,需要通过试验测定。

(3) 土颗粒间孔隙中的水

① 气态水。这种水气在土中可以由高压向低压移动,在一定条件(降温)下,这种水气可以凝结成液态水,如夏天的凝结水,又如结露水,这种水存在于包气带中。

② 固态水。前已指出,有人主张冰可作为一个特殊相,在温度低于 0 ℃时,土颗粒孔隙中的水开始结冰,以冰夹层、冰透镜体、冰晶体存在,这就是冻土,结冰后体积膨胀,温度升高时又融化,冰又还原为液态水。土的冻融变化对土的性质影响很大。

③ 毛细水。它是液态水,属自由水。这种水已摆脱了土粒表面的吸附作用范围,但自由是相对的,毛细水存在于土颗粒间的孔隙中,自地下水位向上沿着土颗粒间的孔隙上升到一定高度,这称为上升毛细水。夏天凝结水下渗或地表水下渗,可以形成悬挂毛细水。毛细水的存在要求孔隙大小约为 0.002～0.5 mm,孔径太小,孔中被结合水充满,孔径太大,物理学告诉我们,毛细现象(浸润)不能存在。毛细水和普通水一样,冰点是 0℃,具有溶解能力,具有静水压力特点,可以传递静水压力。毛细水既然和普通水一样,则抗剪强度等于零。毛细水充分发达可使土体饱和,但对土没有浮力作用。毛细水在粉土、黏性土中可以上升很大的高度,如 8～10 m,甚至更大。在砂土中毛细水上升高度很小,在干砂和饱和土(各种土)中,毛细水不存在。在湿砂中的毛细水工程意义很大,可以维持垂直开挖,有毛细水存在就有毛细压力,可使土粒挤紧,是凝聚力的一部分。在湿砂中称为假凝聚力,因为不稳定,是暂时的,不是固有的。毛细压力是一种负孔隙压力。毛细水的存在工程上有许多利弊,应予以特别重视。

④ 重力水。存在于地下水位以下的液态水称为重力水,也称自由水,受重力规律支配,重力规律简言之就是水往低处流。这种水可以自由流动,可以传递静水压力,对土粒产生浮力作用。重力水在工程中具有极大的意义,水利、水害都是指这种水,如地下水的开发利用、渗流、潜蚀、流砂、基坑排水,降低地下水位等。

4) 土中的气体

土中的气体如 O_2、CO_2、N_2、CH_4(甲烷、沼气)、H_2S,还有一些具有放射性的气体,如氡气,这些气体存在于包气带中并与大气相通,常发生交换。一部分气体被土粒吸附,原溶于水中的气体因温度、压力的变化而进入土中或由土中进入水中。淤泥土、有机质土中的气体特别多,一部分气体处于土的密闭孔隙内成为密闭气包,这类气体多了,会增加土体的弹性,这种情况常常使建筑物沉陷很大,沉降延续时间很长,地基土具有流变性。这种气体在压力作用(如强夯)下有气垫作用,消耗能量,产生孔隙气压力。但在地震作用下,气垫作用可以适当减轻震害。土中若有放射性气体,可燃、有毒等有害气体,则要特别注意安全。

2.3.2 土的物理性质

自然界中多相体系的土的性质是千变万化的。在工程实践中具有意义的往往是固体相、液体相、气体相三相的比例关系,相互作用以及在外力作用下所表现出来的一系列的性质。土的物理性质是研究三相质量与体积之间的相互比例关系及固、液两相相互作用表现出来的性质。各种外部因素,例如气温的变化、湿度的变化、降雨、植物根系的吸收、地下水的变动等,都是首先通过对液体相的数量和质量上的影响,来改变着土的工程性质的。土的物理性质是重要的工程性质,它影响着土的力学性质,其指标在工程计算中直接被运用。

1)土粒密度

土粒密度是指固体颗粒的质量 m_s 与其体积 V_s 之比,即土粒的单位体积质量,表示如下

$$\rho_s = \frac{m_s}{V_s} \tag{2-3}$$

土粒密度仅与组成土粒的矿物密度有关,而与土的孔隙大小和含水多少无关。土粒密度仅说明土的固体相部分的质量与体积的比例关系。实质上是土中各种矿物密度的加权平均值。大多数造岩矿物的密度相差不大,因此土粒密度值一般在 2.65 ~2.80 g/cm³ 之间。土粒密度是实测指标,可在实验室内直接测定。该指标除间接说明矿物成分特征外,主要用来计算其他指标,它的测量精度将影响到导出指标值的准确性。

2)土的密度

土的密度是指土的总质量与总体积之比,也即为土的单位体积的质量。总体积包括土粒的体积 V_s 和土粒间孔隙的体积 V_v,土的总质量包括土粒的质量 m_s 和水的质量 m_w,空气的质量往往忽略不计。按孔隙中充水程度的不同,可分为天然密度、干密度、饱和密度三类。

(1)天然密度

天然状态下土的密度称为天然密度,以下式表示

$$\rho = \frac{m}{V} = \frac{m_s + m_w}{V_s + V_v} \tag{2-4}$$

所谓天然状态有两个方面的含义:其一是保持土的原始结构,也就是颗粒排列的相对位置未经扰动;其二是保持原有的水分。它综合反映了土的物质组成和结构特征,一定粒度成分的土,当结构较密实时,单位体积土中固体相质量较多,土的密度就较大;当土的结构较疏松时,其值较小。在结构相同的情况下,土的天然密度值随孔

隙中水分含量的增减而增减。

土的密度表征了三相间的体积和质量的比例关系,因此其数值小于土粒密度。常见值在 $1.6 \sim 2.2$ g/cm³ 之间。砂土一般是 1.4 g/cm³ 左右,粉土及粉质黏土为 $1.6 \sim 1.8$ g/cm³,黏土为 $1.8 \sim 2.0$ g/cm³。土的密度可在室内及现场直接测定,用来计算其他指标,是土力学中不可缺少的计算参数。

（2）干密度

土的孔隙中完全没有水时的密度称为土的干密度,是指单位体积干土的质量,即固体颗粒的质量与土的总体积之比值,以下式表示

$$\rho_d = \frac{m_s}{V} \tag{2-5}$$

必须注意土粒密度与土的干密度的区别:前者是土粒的单位体积质量,后者是单位体积干土(包括孔隙体积)的质量。故土的干密度取决于单位体积土中土粒所占的比值及矿物成分的密度,它表征土粒排列的密实程度,土愈密实,土粒愈多,孔隙体积就愈小,干密度则愈大;土愈疏松,土粒愈少,孔隙体积愈大,干密度将愈小。故干密度反映了土的孔隙性,因而可用于计算土的孔隙率。土的干密度往往通过土的密度及含水率计算得来,但也可以实测。土的干密度一般在 $1.4 \sim 1.7$ g/cm³ 范围内。在填土工程中(如堤、坝、路基)常用干密度作为填土压密程度的质量要求指标。

（3）饱和密度

土的孔隙完全被水充满时的密度称为饱和密度,亦即土的孔隙中全部充满液态水时的单位体积的质量,可用下式表示

$$\rho_{sat} = \frac{m_s + V_v \rho_w}{V} \tag{2-6}$$

3) 土的含水性

土的含水性是指土中含水情况,说明土的干湿程度。可用土中含水质量来表示,也可用水充填孔隙的程度来表示。

（1）含水率

土中所含的水分的质量与固体颗粒质量之比,一般用百分率表示,即

$$w = \frac{m_w}{m_s} \times 100\% \tag{2-7}$$

由式(2-7)可见,含水率仅是土中固体相与液体相之间在质量上的比例关系,而不能提供有关土中水的性质的概念。土的含水率也可用土的密度与土的干密度计算得到,即

$$w = \frac{\rho - \rho_d}{\rho_d} \times 100\% \tag{2-8}$$

天然状态下土的含水率称为土的天然含水率,对结构相同的土而言,天然含水率越大,表明土中水分越多。土的含水率是土的物理状态重要的指标,它决定着土(尤

其是黏性土)的力学性质。天然含水率是实测指标,是计算干密度、孔隙率、饱和度的主要数据,又是工程设计直接应用的一个重要参数。

土的天然含水率由于土层所处自然条件(如水的补给条件,气候条件、离地下水面的距离等)及土层孔隙发育的程度不同,其数值差别很大。近代沉积的三角洲软黏土或湖相黏土结构疏松,天然含水率可达 $50\% \sim 200\%$;全新世前的黏土,由于经过较长时间的压密,其孔隙体积小,即使全部被水充满,天然含水率也可能小于 20%。干旱气候地区,土的含水率更小,可能小于 10%。一般砂土天然含水率都不超过 40%,以 $10\% \sim 30\%$ 最为常见;一般黏性土大多在 $10\% \sim 80\%$ 之间,常见值为 $20\% \sim 50\%$。

土的孔隙全部被普通液态水充满时的含水率称为饱和含水率。

$$w_{sat} = \frac{V_v \rho_w}{m_s} \times 100\% \tag{2-9}$$

(2)饱和度

含水率仅表明土的孔隙中含水的绝对数量,而饱和含水率则可说明土中孔隙全部为水充填时的含水数量。它们均不能表示土中水的相对含量,也就是土中孔隙被水充满的程度。土的饱和度 S_r 说明孔隙中水的充填程度,即土中水的体积与孔隙体积的百分比值

$$S_r = \frac{V_w}{V_v} \times 100\% \tag{2-10}$$

或天然含水率与饱和含水率之比

$$S_r = \frac{w}{w_{sat}} \times 100\% \tag{2-11}$$

饱和度愈大,表明土孔隙中充水愈多,它在 $0\% \sim 100\%$ 之间:当土处于干燥状态时,饱和度等于零;当土的孔隙全部为水充填时,饱和度等于 100%。

在工程实践中常用此项指标说明孔隙的充水程度。可按饱和度的大小划分其饱水程度

$$S_r < 50\% \quad (稍湿的)$$
$$S_r = 50\% \sim 80\% \quad (很湿的)$$
$$S_r > 80\% \quad (饱水的)$$

4)土的孔隙性

(1)土的孔隙比 e

土的孔隙比是土中孔隙体积与土粒体积之比,即

$$e = \frac{V_v}{V_s} \tag{2-12}$$

孔隙比用小数表示。它是一个重要的物理性指标,可以用来评价粉土层的密实程度。

(2)土的孔隙率 n

土的孔隙率是土中孔隙所占体积与总体积之比,以百分数表示,即

$$n = \frac{V_v}{V} \times 100\% \qquad (2\text{-}13)$$

孔隙率和孔隙比都说明土中孔隙体积的相对数值。孔隙率直接说明土中孔隙体积占土体积的百分比值,概念非常清楚。因地基土层在荷载作用下产生压缩变形时,孔隙体积和土体总体积都将变小,显然,孔隙率不能反映孔隙体积在荷载作用前后的变化情况。一般情况下,土粒体积可看作不变值,故孔隙比就能反映土体积变化前后孔隙体积的变化情况。因此,工程计算中常用孔隙比这一指标。

自然界土的孔隙率与孔隙比的数值取决于土的结构状态,故它是表征土结构特征的重要指标。数值愈大,土中孔隙体积愈大,土结构愈疏松;反之,结构愈密实。土的松密程度差别越大,土的孔隙比变化范围也越大,可由 0.25~4.0,相应孔隙率由 20%~80%,无黏性土虽孔隙较大,但因数量少,孔隙比相对较低,一般为 0.5~0.8,孔隙率相应为 33%~45%;黏性土则因孔隙数量多和大孔隙的存在,孔隙比常相对较高,一般为 0.67~1.2,相应孔隙率为 40%~55%,少数近代沉积的未经压实的黏性土,孔隙比甚至在 4.0 以上,孔隙率可大于 80%。

5) 无黏性土的紧密状态

无黏性土一般指碎石土和砂土,粉土属于砂土和黏性土的过渡类型,但是其物质组成、结构及物理力学性质主要接近砂土(特别是砂质粉土),故列入无黏性土的工程特征问题一并讨论。

无黏性土的紧密状态是判定其工程性质的重要指标,它综合地反映了无黏性土颗粒的岩石和矿物组成、粒度组成(级配)、颗粒形状和排列等对其工程性质的影响。一般说来,无论在静荷载或动荷载作用下,密实状态的无黏性土与其疏松状态的表现都很不一样。密实者具有较高的强度,结构稳定,压缩性小;疏松者则强度较低,稳定性差,压缩性较大。因此在岩土工程勘察与评价时,首先要对无黏性土的紧密程度作出判断。

无黏性土的紧密状态首先取决于无黏性土的受荷历史和形成环境。例如,形成年代较老或有超压密历史的,密实度较大;洪积、坡积的比冲积、冰积和海积的无黏性土密实度小。另外还与无黏性土的颗粒组成、矿物成分及颗粒形状等因素有关。组成颗粒愈粗,粒间孔隙愈大,但孔隙比愈小,愈密实。而组成颗粒愈细的,则孔隙比愈大,愈疏松,而且在天然状态下含水相应增多,排水慢,在外荷作用下有效应力减小,稳定性差。组成颗粒愈均匀,粒间不易相互填充,密实度相对较小;组成颗粒不均匀、系数愈大,则密实度愈大。

无黏性土的紧密状态,不仅是从定量方面判定其工程性质的重要标志,而且在实质上综合反映了无黏性土的矿物组成、粒度组成(颗粒粗细及其均匀性)及颗粒形状等内在因素对其工程性质的影响。

(1) 天然孔隙比 e

我国原《建筑地基基础设计规范》(GBJ 7—1989)根据北京、江苏、黑龙江、山东等地砂土的实际资料统计,认为砂土的承载力不论其颗粒组成的粗细,均随着天然孔

隙比 e 的减小而显著地增大。因此,曾采用天然孔隙比作为砂土紧密状态的分类指标。但是,采用天然孔隙比判定砂土的紧密状态,必须采取原状砂试样,这在岩土工程勘察中是比较困难的问题,特别是,要在位于地下水位以下的砂层采取原状砂试样更加困难。因此,在新版《建筑地基基础设计规范》(GB 50007—2011)版本中没有列出这个标准。

但直接采用天然孔隙比作为粉土紧密状态的分类指标,还是可行的。在 2002 年 3 月开始实施的《岩土工程勘察规范》(GB50021—2001)中,给出了具体划分标准(见表 2-6)。

表 2-6　按天然孔隙比 e 值确定粉土的密实度

e 值	$e>0.90$	$0.75\leqslant e\leqslant 0.90$	$e<0.75$
密 实 度	稍 密	中 密	密 实

(2) 相对密度 D_r

如上所述,直接采用天然孔隙比作为砂土紧密状态的分类指标,目前看来是不可行的。国内有些勘察单位,认为用天然孔隙比 e 的某些界限作为砂土紧密状态的分类指标缺乏概括性。因为砂土的密实度还与砂粒的形状、粒径级配等有关,有时疏松的级配良好的砂土的孔隙比,比紧密的颗粒均匀的砂土的孔隙比小。因此参照国内外现有资料分析,认为采用相对密度 D_r 较有代表性。相对密度为

$$D_r=\frac{e_{max}-e}{e_{max}-e_{min}}\qquad(2\text{-}14)$$

式中　e_{max}——砂土在最松散状态时的孔隙比,即最大孔隙比(测定方法是将疏松的风干砂样,通过长颈漏斗轻轻地倒入容器,求其最小密度时的孔隙比)。

　　　e_{min}——砂土在最密实状态时的孔隙比,即最小孔隙比(测定方法是将疏松的风干砂样分几次装入金属容器,并加以振动或锤击夯实,直至密度不变为止,求其最大密度时的孔隙比)。

　　　e——砂土的天然孔隙比。

对于不同的砂土,其 e_{max} 与 e_{min} 的测定值是不同的,e_{max} 与 e_{min} 之差(即孔隙比可能变化的范围)也是不一样的。一般粒径较均匀的砂土,其 e_{max} 与 e_{min} 之差较小;对不均匀的砂土,则较大。

从上式可知,若无黏性土的天然孔隙比 e 接近于 e_{min},即相对密度 D_r 接近于 1,则土呈密实状态;若 e 接近于 e_{max},即相对密度 D_r 接近于 0,则呈松散状态。

从理论上说,相对密度 D_r 是一个比较完善的紧密状态的指标,它综合地反映了砂土的各个有关特征(如颗粒形状、颗粒级配等),但在实际应用中仍有不少困难,因此,在工程实践中,相对密度指标的使用并不广泛。

由于无论是按天然孔隙比 e 还是按相对密度 D_r 来评定砂土的紧密状态,都要采取原状砂试样,经过土工试验测定砂土的天然孔隙比。鉴于砂土的天然孔隙比测定所面临的实际困难,目前国内外广泛使用标准贯入或静力触探试验用于现场评定砂土的紧密状态。表 2-7 所示的为国家标准《岩土工程勘察规范》(GB 50021—2001)规定的按标准贯入锤击数 N 值划分砂土紧密状态的标准。

表 2-7　按标准贯入锤击数 N 值确定砂土的密实度

N 值	密 实 度	N 值	密 实 度
$N \leqslant 10$	松　散	$15 < N \leqslant 30$	中　密
$10 < N \leqslant 15$	稍　密	$N > 30$	密　实

6)黏性土的物理特征

(1)黏性土的界限含水率

黏性土随着本身含水率的变化,可以处于各种不同的物理状态,其工程性质也相应地发生很大的变化。当含水率很小时,黏性土比较坚硬,处于固体状态,具有较大的力学强度;随着土中含水率的增大,土逐渐变软,并在外力作用下可任意改变形状,即土处于可塑状态;若再继续增大土的含水率,土变得愈来愈软弱,甚至不能保持一定的形状,呈现流塑流动状态。黏性土这种因含水率变化而表现出的各种不同物理状态,称为土的稠度。黏性土能在一定的含水率范围内呈现出可塑性,这是黏性土区别于砂土和碎石土的一大特性,黏性土也因此可称为塑性土。所谓可塑性,就是指土在外力作用下,可以揉塑成任意形状而不发生裂缝,并当外力解除后仍能保持既得的形状的一种性能。

随着含水率的变化,黏性土由一种稠度状态转变为另一种状态,相应于转变点的含水率称为界限含水率,也称为稠度界限。

界限含水率是黏性土的重要特性指标,它们对于黏性土工程性质的评价及分类等有重要意义,而且各种黏性土有着各自不相同的界限含水率。

如图 2-11 所示,土由可塑状态转到流塑、流动状态的界限含水率称为液限 w_L。(也称塑性上限或流限);土由半固态转到可塑状态的界限含水率称为塑限 w_P(也称塑性下限);土由半固体状态不断蒸发水分,体积逐渐缩小,直到体积不再缩小时土的界限含水率称为缩限 w_s,它们都以百分数表示。

图 2-11　黏性土的物理状态与含水率的关系

我国目前一般采用锥式液限仪来测定黏性土的液限,采用搓条法测定黏性土的塑限,也可以采用液塑限联合测定仪测定黏性土的液、塑限指标。具体测试方法见有关试验规程。

（2）塑性指数

塑性指数 I_P 是指液限和塑限的差值,用不带百分数符号的数值表示,即 $I_P = w_L - w_P$,它表示土处在可塑状态的含水率变化范围。显然塑性指数愈大,土处于可塑状态的含水率范围也愈大,可塑性就愈强。塑性指数的大小与土中结合水的发育程度以及含量有关,亦即与土的颗粒组成（黏粒含量）、矿物成分及土中水的离子成分和浓度等因素有关。土中黏土颗粒含量越高,则土的比表面和相应的结合水含量愈高,因而 I_P 愈大。当土中不含或极少（例如小于 3%）含黏粒时,I_P 近于零;当黏粒含量增大,但小于 15% 时,I_P 值一般不超过 10,此时土表现出粉土特征;当黏粒含量再大时,则土表现为黏性土的特征。按土粒的矿物成分,黏土矿物（其中尤以蒙脱石类）具有的结合水量最大,因而 I_P 值也最大。总之,土的塑性指数 I_P 是组成土粒的胶体活动性强弱的特征指标。

由于塑性指数在一定程度上综合反映了影响黏性土特征的各种重要因素,因此,当土的生成条件相似时,塑性指数相近的黏性土,一般表现出相似的物理力学性质。所以常用塑性指数作为黏性土分类的标准。

（3）液性指数

液性指数 I_L 是指黏性土的天然含水率和塑限的差值与塑性指数之比,用小数表示,即

$$I_L = \frac{w - w_P}{w_L - w_P} \tag{2-15}$$

从式(2-15)可见,当土的天然含水率 w 小于 w_P 时,I_L 小于 0,天然土处于坚硬状态,当 w 大于 w_L 时,I_L 大于 1,天然土处于流动状态;当 w 在 w_P 与 w_L 之间时,I_L 在 0～1 之间,则天然土处于可塑状态。因此可以利用液性指数 I_L 来表征黏性土所处的软硬状态。I_L 值愈大,土质愈软;反之,土质愈硬。黏性土的状态,可根据液性指数值划分为坚硬、硬塑、可塑、软塑及流塑五种,其划分标准如表 2-8 所示。

表 2-8　黏性土的状态

状　态	坚硬	硬塑	可塑	软塑	流塑
液性指数 I_L	$I_L \leqslant 0$	$0 < I_L \leqslant 0.25$	$0.25 < I_L \leqslant 0.75$	$0.75 < I_L \leqslant 1.0$	$I_L > 1.0$

7）土的崩解性

黏性土在静水作用下,发生崩散解体的现象称为崩解性。这是土水化使颗粒间连接减弱及部分胶结物溶解引起的崩解,是表征土的抗水性的指标。评价黏性土崩解性的指标和方法如下。

① 崩解时间。土试样在静水中完全崩解所需时间。

② 崩解特征。由于土的成分、结构不同,其崩解的特征也不一样,如有的土试样遇水立即分散成无定形状;有的逐渐剥离出薄片状或鳞片状土屑;有的分离成锥形微结构聚集体等。

土崩解性的主要影响因素是物质成分(矿物成分、粒度成分及交换阳离子成分)、结构特征(主要是结构联结)、含水率及与之作用的水溶液的成分及浓度。具体来说,从成分到结构方面,如果土具有大孔隙、透水性好、结构联结弱,崩解速度必然大,抗水性弱;相反孔隙小、透水性差、结构联结强,致密的土抗水性就强,崩解速度小。

土在膨胀过程中,如土粒间的距离超过了引力的作用范围,土就会由整体状态发生崩解,变成小块、碎块。黏土岩、黏性土在水环境中或含水率显著变化时,起胶结作用的物质易产生溶解,固化内聚力受到破坏,结构受到破坏,也会产生崩解。土的崩解与土中的矿物成分、土粒粒度及分散性,黏粒含量,水—土系统的胶体特性,土的微观结构及胶结状况,土的孔隙比、透水性,土的天然含水率等都有关系。试验表明:每种黏性土都有一个极限含水率,土的天然含水率小于该极限含水率时,遇水容易崩解,否则,不出现崩解现象。黄土在水中具有较快的崩解速度,因其黏粒含量少,结构联结作用差,固化内聚力所占比例大。如果黄土经过处理,加强固化内聚力,则遇水后就不再崩解。

2.3.3 土的力学性质

建筑物的建造使地基土中原有的应力状态发生变化,从而引起地基变形,出现基础沉降;当建筑荷载过大时,地基会发生大的塑性变形,甚至失稳。而决定地基变形以至失稳危险性的主要因素除上部荷载的性质、大小、分布面积与形状及时间因素等条件外,还在于地基土的力学性质,它主要包括土的变形和强度特性。

由于建筑物荷载差异和地基不均匀等,基础各部分的沉降或多或少是不均匀的,上部结构之中相应地也会产生额外的应力和变形。基础不均匀沉降超过了一定的限度,将导致建筑物的开裂、歪斜甚至破坏,例如,砖墙出现裂缝、吊车出现卡轨或滑轨、高耸构筑物的倾斜、机器转轴的偏斜以及与建筑物连接管道的断裂等。因此,研究地基变形和强度问题,对于保证建筑物的正常使用具有很大的实际意义。

对于土的变形和强度性质,必须从土的应力与应变的基本关系出发来研究。根据土试样的单轴压缩试验资料,土的变形具有明显的非线性特征。然而,考虑到一般建筑物在荷载作用下其地基应力的变化范围不很大,如果用一条割线来近似地代替相应的曲线段,其误差可能不超过实用的允许范围。这样,就可以把土看成是一种线性变形体。而土的强度峰值则是按其应变不超过某个界限的相应应力值确定的。

天然地基一般由成层土组成,还可能具有尖灭和透镜体等交错层理的构造,即使是同一厚层土,其变形和强度性质也随深度增加而变化。因此,地基土的非均质性是很显著的。但目前在一般工程中计算地基变形和强度的方法,都还是先把地基土看成是均质体,再利用某些假设条件,最后结合建筑经验加以修正的。

1) 土的压缩性

土在压力作用下体积缩小的特性称为土的压缩性。试验研究表明,在一般压力 $100\sim600$ kPa 作用下,土粒和水的压缩与土的总压缩量之比是很微小的,以致完全可以忽略不计,所以可把土的压缩看作土中孔隙体积的减小。此时,土粒调整位置,重新排列,互相挤紧。饱和土压缩时,随着孔隙体积的减小,其土中的孔隙水则被排出。

在荷载作用下,透水性大的饱和无黏性土,其压缩过程在短时间内就可以结束。然而,黏性土的透水性低,饱和黏性土中的水分只能慢慢排出,因此其压缩稳定所需的时间要比砂土的长得多。土的压缩随时间的增加而增长的过程,称为土的固结。饱和软黏性土的固结变形往往需要几年甚至几十年时间才能完成,因此必须考虑变形与时间的关系,以便控制施工加荷速率,确定建筑物的使用安全措施。有时地基各点由于土质不同或荷载差异,还需考虑地基沉降过程中某一时间的沉降差异。所以,对于饱和软黏性土而言,土的固结问题是十分重要的。

计算地基沉降量时,必须取得土的压缩性指标,无论用室内试验还是用原位试验来测定它,都应该力求试验条件与土的天然状态及其在外荷作用下的实际应力条件相适应。在一般工程中,常用不允许土试样产生侧向变形(完全侧限条件)的室内压缩试验来测定土的压缩性指标,其试验条件虽未能完全符合土的实际工作情况,但有其实用价值。

(1) 室内压缩试验

室内压缩试验用金属环刀切取保持天然结构的原状土试样,并置于圆筒形压缩容器(见图 2-12)的刚性护环内,土试样上下各垫有一块透水石,土试样受压后土中水可以自由排出。由于金属环刀和刚性护环的限制,土试样在压力作用下只可能发生竖向压缩,而无侧向变形。土试样在天然状态或经人工饱和后,进行逐级加压固结,即可测定各级压力 P 作用下土试样压缩稳定后的孔隙比变化。这样得出的土的

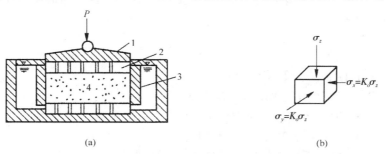

图 2-12 固结试验容器与试样受力状态

(a)固结试验容器;(b)试样单元体的受力状态

1—加压盖;2—透水板;3—护环;4—试样

孔隙比 e 与相应压力 P 的关系曲线,即土的压缩曲线。

压缩曲线按工程需要及试验条件,可用两种方式绘制,一种是采用普通直角坐标绘制的 $e\sim P$ 曲线,如图 2-13(a)所示。在常规试验中,一般按 $P=0.05$、0.1、0.2、0.3、0.4 MPa 五级加荷;另一种是横坐标取 P 的常用对数值,即采用半对数直角坐标绘制成 $e\sim\lg P$ 曲线,如图 2-13(b)所示,试验时以较小压力开始,采取小增量多级加荷,一直加到较大的荷载为止。

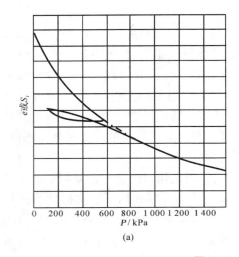
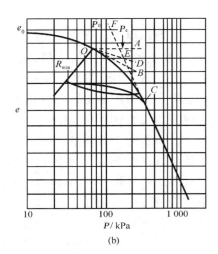

图 2-13 土的压缩曲线

(a) $e\sim P$ 曲线;(b) $e\sim\lg P$ 曲线

(2)土的压缩性指标

① 压缩系数:压缩性不同的土,其 $e\sim P$ 曲线的形状是不一样的。曲线愈陡,说明随着压力的增加,土孔隙比的减小愈显著,因而土的压缩性愈高。设压力由 P_1 增加至 P_2,相应的孔隙比由 e_1 减小到 e_2,当压力变化范围不大时,可将该压力范围的曲线用直线来代替,并用直线的斜率 a 表示土在这一段压力范围内的压缩性,称 a 为压缩系数〔见图 2-14(a)〕。

$$a=\frac{e_1-e_2}{P_2-P_1} \tag{2-16}$$

式中　a——土的压缩系数,MPa^{-1};

$\quad\quad P_1,P_2$——试验中施加的荷载,MPa;

$\quad\quad e_1$——相应于 P_1 作用下压缩稳定后的孔隙比;

$\quad\quad e_2$——相应于 P_2 作用下压缩稳定后的孔隙比。

因为压缩系数与所受的荷载大小有关,为了方便起见,工程上一般采用压力间隔 $P_1=100$ kPa 至 $P_2=200$ kPa 时对应的压缩系数 a_{1-2} 评价土的压缩性。

$$a_{1-2}<0.1 \quad\quad\quad 低压缩性$$
$$0.1\leqslant a_{1-2}<0.5 \quad\quad 中压缩性$$

$$a_{1-2} \geqslant 0.5 \qquad 高压缩性$$

② 压缩指数：土的 $e \sim P$ 曲线改绘成半对数压缩曲线 $e \sim \lg P$ 曲线时，它的后段接近直线〔见图 2-14(b)〕，其斜率 C_c 为

$$C_c = \frac{e_1 - e_2}{\lg P_2 - \lg P_1} \qquad (2\text{-}17)$$

式中　C_c——压缩指数。

同压缩系数 a 一样，压缩指数 C_c 值越大，土的压缩性越高。C_c 值小于 0.2 一般为低压缩性土；C_c 值大于 0.4 一般属于高压缩性土。采用 $e \sim \lg P$ 曲线可分析研究应力历史对土的压缩性的影响，这对重要建筑物的沉降计算具有现实意义。

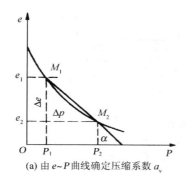
(a) 由 $e \sim P$ 曲线确定压缩系数 a_v

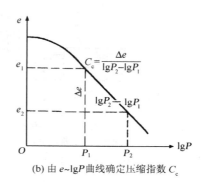
(b) 由 $e \sim \lg P$ 曲线确定压缩指数 C_c

图 2-14　由压缩曲线确定压缩指标

③ 压缩模量：根据 $e \sim P$ 曲线，可以求得另一个压缩性指标——压缩模量 E_s。它的定义是土在完全侧限条件下竖向附加压应力与相应的应变增量之比值。土的压缩模量 E_s 为

$$E_s = \frac{\Delta P}{\Delta \varepsilon} = \frac{P_2 - P_1}{\dfrac{e_1 - e_2}{1 + e_1}} = \frac{1 + e_1}{a} \qquad (2\text{-}18)$$

式中　E_s——土的压缩模量，MPa。

土的压缩模量 E_s 是以另一种方式表示土的压缩性指标，它与压缩系数 a 成反比，即 E_s 越小土的压缩性越高。为了便于比较和应用，通常采用压力间隔 $P_1 = 100$ kPa 和 $P_2 = 200$ kPa 所得的压缩模量 E_{s1-2}。

2）土的抗剪强度

（1）土的抗剪强度指标

土的强度问题是土的力学性质的基本问题之一。在工程实践中，土的强度问题涉及地基承载力、路堤、土坝的边坡和天然土坡的稳定性以及土作为工程结构物的环境时，作用于结构物上的土压力等问题。土体在通常应力状态下的破坏，表现为塑性破坏，或称剪切破坏。即在土的自重或外荷载作用下，在土体中某一个曲面上产生的剪应力值达到了土对剪切破坏的极限抗力，这个极限抗力称为土的抗剪强度。于是

土体沿着该曲面发生相对滑移,土体失稳。所以,土的强度问题实质上是土的抗剪强度问题。

测定土抗剪强度最简单的方法是直接剪切试验。图 2-15 为直接剪切仪示意图,该仪器的主要部分由固定的上盒和活动的下盒组成,试样放在盒内上下两块透水石之间。试验时,先通过压板加法向力 P,然后在下盒施加水平力 T,使它发生水平位移而使试样沿上下盒之间的水平面上受剪切直至破坏。

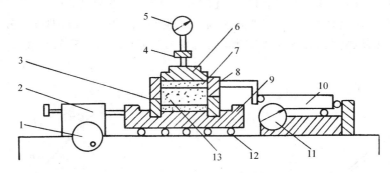

图 2-15　应变控制式直剪仪

1—剪切传动机构;2—推动器;3—下盒;4—垂直加压框架;5—垂直位移计;6—传压板;

7—透水板;8—上盒;9—储水盒;10—测力计;11—水平位移计;12—滚珠;13—试样

设在一定法向力 P 作用下,土试样到达剪切破坏的水平作用力为 T,若试样的水平截面积为 F,则

$$\tau = \frac{T}{F} \tag{2-19}$$

试验时,通常用四个相同的试样,使它们分别在不同的正压应力 P 作用下剪切破坏,得出相应的抗剪强度 τ_1、τ_2、τ_3、τ_4 将试验结果绘成如图 2-16 所示的抗剪强度与正压应力关系曲线。无黏性土的试验结果表明,它是一条与横坐标成 φ 角的直线,因此,抗剪强度与正压应力之间的关系可用直线方程表示,即

$$\tau = \sigma \tan \varphi + c \tag{2-20}$$

式中　τ ——土的抗剪强度,kPa;

$\quad\quad$ σ ——作用于剪切面上的正压应力,kPa;

$\quad\quad$ φ ——土的内摩擦角;

$\quad\quad$ c ——土的黏聚力。

上式表明,土的抗剪强度由两部分组成,即摩擦强度 $\sigma \tan \varphi$ 和黏聚强度 c。通常认为,无黏性土颗粒间黏聚强度 $c = 0$。

摩擦强度决定于剪切面上的垂直应力 P 和土的内摩擦角 φ。无黏性土的内摩擦由两个部分组成:一是颗粒之间滑动时产生的滑动摩擦;二是颗粒之间镶嵌而产生的咬合摩擦。滑动摩擦是由于颗粒之间接触面粗糙不平所引起的,与颗粒形状、矿物组成、级配等因素有关;咬合摩擦是指相邻颗粒对于相对移动的阻碍作用。当土体内沿

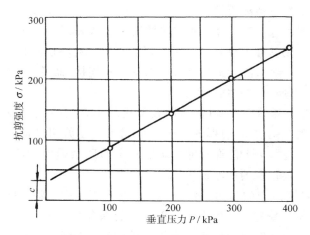

图 2-16　土的抗剪强度与垂直压力的关系

某一剪切面产生剪切破坏时,相互咬合着的颗粒必须从原来的位置被抬起或者在尖角处被剪断,然后才能移动。总之,要破坏原来的咬合状态,一般表现为体积胀大,即所谓"剪胀"现象,才能达到剪切破坏。剪胀需要消耗部分能量,这部分能量需要由剪切力做功来补偿,即表现内摩擦角 φ 的增大。土越密实、磨圆度越差,咬合作用越强,则内摩擦角越大。

黏性土的颗粒细小,颗粒表面存在着结合水膜,颗粒间可以通过结合水膜而间接接触,所以它的摩擦强度要比无黏性土复杂,实质上是结合水的黏滞阻力。黏性土的抗剪强度主要与黏聚强度有关。

黏性土的黏聚强度 c 取决于颗粒间的各种物理化学作用力,包括库仑力(静电力)、范德华力、胶结作用力(如土中的游离氯化物、铁盐、碳酸盐和有机质等)等。

在一定条件下得出的黏聚力 c 和内摩擦角 φ 一般能反映土的抗剪强度大小,故称 c 和 φ 为土的抗剪强度指标。

(2) 土的抗剪强度影响因素

土的抗剪强度影响因素,主要由摩擦强度、黏聚强度(土体本身颗粒大小、颗粒矿物成分、形状、级配)的特性和受力条件(受力性质、大小、加荷速度)等决定。简要论述如下。

① 矿物成分和粒度成分:对于黏性土,随着黏粒含量增加,黏聚强度增大,但内摩擦角则较小。某些饱和软黏土的内摩擦角接近于零。亲水性矿物形成较厚的结合水膜,内摩擦角较小。有机质含量越多,土的内摩擦角越小。盐分的胶结对土的强度影响很大,但被破坏或溶解后,土的强度急剧降低。土的塑性指数可综合说明粒度成分和矿物成分的影响,I_P 值越大,c 值越大,而 φ 值越小。

无黏性土的颗粒越粗,表面越粗糙,则摩擦强度越大,φ 值越大。不同的矿物颗粒形状对摩擦强度也有影响,如片状云母的 φ 值小于棱角状石英的 φ 值。级配良好砂土比颗粒均匀砂土的 φ 值要大些。

② 天然含水率:随着天然含水率或液性指数的增大,黏性土的连接减弱,黏聚强度降低。含水率对无黏性土也有一定影响,纯净的干砂土比饱和状态的砂土内摩擦角大 $1°\sim2°$。少量毛细水使砂土具有微弱的毛细水连接,而具有一定的黏聚强度,但其值很小,饱水和干燥时这种强度消失。

③ 土的密实度:随着密实度增大,即孔隙比减小,土颗粒的接触点增加,这时土的强度较高。无黏性土的密实度增大,则 φ 值增大。在剪切过程中,密砂土变松,松砂土变密。密实度越大,峰值强度越高。松砂土的残余强度和峰值强度一致,其 φ 值相当于密砂土残余强度的内摩擦角 φ_r。

④ 土的结构特征:土的各向异性主要表现在沉积过程中颗粒的水平定向排列和固结过程中各方向所受的固结压力不同而引起的综合影响。

均质土的各向异性对低塑性土的不排水剪强度影响很大,故在取土试样进行室内试验时,应尽量使施加给试样的固结压力与实际地基的受力情况相符。对于高塑性黏土,各向异性的影响很小,可不予考虑。

非均质黏性土,如水平层状的黏性土,沿水平向的强度小于沿垂直向的强度。具有裂隙的硬黏土或黏性土中含有软弱夹层时都有明显的各向异性。特别是裂隙硬黏土的裂隙方向与剪切面的交角、裂隙面的粗糙程度和连续性等因素都对抗剪强度有很大影响。

⑤ 受力条件的影响:土的抗剪强度与受力条件的关系很密切。直接剪切试验或三轴压缩试验所得的结果有很大差异,所以必须根据工程实际和土的条件,具体决定抗剪强度指标的测定方法。

天然超固结土,因历史上经受过比目前更大的固结压力作用,使土的密实度增大,故比正常固结土的抗剪强度要高。干砂土的抗剪强度与剪切速率无关。对于饱水粉砂土,当剪切速率很高时,松砂土变密,体积变小,孔隙水压力骤增,孔隙水从剪切区排出,有效压力减小,抗剪强度降低,常导致砂土液化,地基失稳。当剪切速率很低时,孔隙水压力缓慢消失,对饱水粉砂土的强度无显著影响。

⑥ 动荷载的影响:土在不同垂直压力作用下和受相同振动情况的动荷载条件下进行剪切时,抗剪强度 τ 与垂直应力 P 具有直线关系,仍然符合库仑定律。但是,相同的土在动荷载作用下的抗剪强度比在静荷载作用下要低,其中 φ 值减小明显。砂土抗剪强度受震动影响最大,尤其是饱和粉细砂土。一般黏性土的抗剪强度受震动的影响较砂土要小些,但对灵敏度较高的软黏土或淤泥,影响较显著。

一般情况下,振动强度较大时,土的抗剪强度降低明显;振动强度较小时,反应并不明显,只有超过一定振动强度后,土的抗剪强度的降低才逐渐明显。这是因为土具有一定的黏聚强度和摩擦强度,只有当振动强度超过此强度值时,土的某些结构遭到破坏,土的强度才会明显降低。

对于饱水的某些砂土或黏性土,在一定的条件下,受动荷载作用会使土的抗剪强度剧烈降低而出现振动液化或触变现象。

当饱水砂土受到强烈振动时,土有振密的趋势,这时孔隙水压力上升而来不及消散,土中有效压力减小或完全消失,土的抗剪强度剧烈降低或接近于零。土粒在失重的状态下悬浮在水中,成为流动状态,这种现象称为振动液化。随后,孔隙水压力逐渐消失,土粒移动到较稳定的位置,土变得较紧密。振动液化破坏了地基和边坡的稳定,使建筑物遭到突然损坏。

某些饱水的黏性土,在搅拌或振动等强烈扰动下,土的强度也会剧烈降低,甚至液化变成悬液而流动,但当外力停止后,随着时间的增长,土的强度逐渐得以恢复。这种由外力的触动而使黏性土突然液化变为悬液的现象称为触变。与振动液化一样,触变的产生可能使建于其上的建筑物突然下陷,边坡流动滑塌。

黏性土触变与砂土振动液化,都是振动作用下抗剪强度降低的结果。但两者本质却不同,砂土振动液化是由于孔隙水压力的升高使有效压力减小的结果;而黏性土触变是土中胶溶作用形成的。砂土液化后往往伴随密实度增大,强度较液化前更高;而黏性土触变后强度最多恢复到原来的状况,土的密度没有变化。

总之,动荷载使土的抗剪强度降低,产生附加的变形,甚至导致液化和触变现象的发生。

3）土的击实性

（1）研究土的压实性的实际意义

土工建筑物,如土坝、土堤及道路填方是用土作为建筑材料而建成的。为了保证填料有足够的强度,较小的压缩性和透水性,在施工时常常需要压实,以提高填土的密实度和均匀性。

研究土的填筑特性常用现场填筑试验和室内击实试验两种方法。前者是在现场选一处试验地段,按设计要求和施工方法进行碾压,同时进行有关测试工作,以查明填筑条件和填筑效果的关系。

室内击实试验是近似地模拟现场填筑情况,是一种半经验性的试验。用锤击方法将土击实,以研究土在不同击实功能下土的击实特性,以便取得有参考价值的设计数值。

（2）土的击实性及其本质

土的击实是指用重复性的冲击动荷载将土压密。研究土击实性的目的在于揭示击实作用下土的干密度、含水率和击实功三者之间的关系和基本规律,从而选定工程适宜的击实功。

击实试验是把某一含水率的土料填入击实筒内,用击锤按规定落距对土打击一定的次数,即用一定的击实功击土,测其含水率和干密度的关系曲线,即为击实曲线（见图 2-17）。

在击实曲线上可找到某一峰值,称为最大干密度 ρ_{max},与之相对应的含水率,称为最优含水率 w_{op}。它表示在一定击实功作用下,达到最大干密度的含水率。即:当

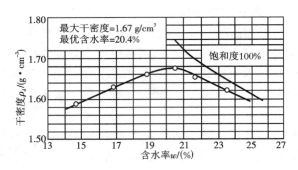

图 2-17 土的击实曲线

击实土料为最优含水率时,压实效果最好。

黏性土的最优含水率一般在塑限附近,约为液限的 0.55～0.65 倍。在最优含水率时,土粒周围的结合水膜厚度适中,土粒连结较弱,又不存在多余的水分,故易于击实,使土粒靠拢而排列的最密实。

无黏性土情况有些不同。无黏性土的压实性也与含水量有关,不过不存在着一个最优含水率。一般在完全干燥或者充分洒水饱和的情况下容易压实到较大的干密度。潮湿状态,由于具有微弱的毛细水连接,土粒间移动所受阻力较大,不易被挤紧压实,干密度不大。

无黏性土的压实标准,一般用相对密度 D_r。一般要求砂土压实至 $D_r > 0.67$,即达到密实状态。

(3)影响土的击实性的主要因素

影响土压实性的因素除含水量的影响外,还与击实功能、土质情况、所处状态、击实条件以及土的种类和级配等有关。

① 压实功能的影响。压实功能是指压实每单位体积土所消耗的能量,击实试验中的压实功能用式(2-21)表示

$$N = \frac{W \cdot d \cdot n \cdot m}{V} \tag{2-21}$$

式中　W——击锤质量(kg),在标准击实试验中击锤质量为 2.5 kg;

　　　d——落距(m),击实试验中定为 0.30 m;

　　　n——每层土的击实次数,标准试验为 27 击;

　　　m——铺土层数,试验中分 3 层;

　　　V——击实筒的体积,为 1×10^{-3} m³。

土的最大干密度和最优含水率不是常量。ρ_{max} 随击数的增加而逐渐增大,而 w_{op} 则随击数的增加而逐渐减小。当含水量较低时,击数的影响较明显;当含水量较高时,含水量与干密度关系曲线趋近于饱和线,也就是说,这时提高击实功能是无效的。

② 试验证明,最优含水量 w_{op} 约与 w_p 相近,大约为 $w_{op} = w_p + 2$。填土中所含的细粒越多,则最优含水率越大,最大干密度越小。

③ 有机质对土的击实效果有不利的影响。因为有机质亲水性强,不易将土击实到较大的干密度,且能使土质恶化。

④ 在同类土中,土的颗粒级配对土的压实效果影响很大,颗粒级配不均匀的容易压实,均匀的不易压实。这是因为级配均匀的土中较粗颗粒形成的孔隙很少有细颗粒去充填。

2.4　主要特殊性岩土的工程性质

特殊性岩土是指某些具有特殊物质成分和结构,而工程性质也较特殊的岩土体。这些特殊性岩土都是在特定的生成条件下形成,或是由于目前所处的自然环境逐渐发生变化而形成的。特殊性岩土包括软土、湿陷性黄土、膨胀性岩土、冻土、红土、盐渍岩土、人工回填土、混合土、污染土等,此处仅介绍几种分布广、与工程建设关系密切的特殊性岩土。

2.4.1　软土

软土一般指天然孔隙比大于或等于 1.0,且天然含水率大于液限、抗剪强度低、压缩性高、渗透性低、灵敏度高的一种以灰色为主的细粒土。由于它有特殊的工程性质,稍微不慎,会使其上的建筑物和结构物发生问题,甚至破坏。

1) 软土的分布及成因类型

我国软土分布:软土在中国沿海地区广泛分布,内陆平原和山区亦有。以滨海相沉积为主的软土层,如湛江、厦门、香港、温州湾、舟山、连云港、天津塘沽、大连湾等地均有此层;泻湖相沉积的软土以温州、宁波地区的软土为代表;溺谷相软土则在福州、泉州一带;三角洲相软土如长江下游的上海地区、珠江下游广州地区;河漫滩相沉积软土如长江中下游、珠江下游、淮河平原、松辽平原等地区;内陆软土主要为湖相沉积,如洞庭湖、洪泽湖、太湖、鄱阳湖四周以及昆明的滇池地区,贵州六盘水地区的洪积扇和煤系地层分布区的山间洼地等。

2) 软土的成因类型及特征

软土一般有以下几类。

(1) 滨海沉积软土

根据位置和水动力条件的不同,可再细分为滨海相软土、浅海相软土、泻湖相软土、溺谷相软土和三角洲相软土。

① 滨海相软土:常与海浪岸流及潮汐的水动力作用形成较粗的颗粒(粗、中、细砂)相掺杂,在沿岸与垂直岸边方向有较大的变化,土质疏松且具不均匀性,增加了淤泥和淤泥质土的透水性能。

② 浅海相软土:多位于海湾区域内较平静的海水中沉积而成,细粒物质来源于入海河流携带的泥砂和浅海中动植物残骸,经海流搬运分选和生物化学作用,形成灰

色或灰绿色的软弱淤泥质土和淤泥。

③ 泻湖相软土：沉积物颗粒细微，分布范围较宽阔，常形成海滨平原。表层为较薄的黏性土，其下为厚层淤泥层，在泻湖边缘常有泥炭堆积。

④ 溺谷相软土：分布范围狭窄，结构疏松，在其边缘表层常有泥炭堆积。

⑤ 三角洲相软土：由于河流及海湖复杂交替作用，而使软土层与薄层砂交错沉积，多交错成不规则的尖灭层或透镜体夹层，结构疏松，颗粒细。表层为褐黄色黏性土，其下则为厚层的软土或软土夹薄层砂。

（2）湖泊沉积软土

主为湖相软土。是近代盆地的沉积。沉积物中夹有粉砂颗粒，呈现明显的层理，淤泥结构松软，呈暗灰、灰绿或黑色，表层硬层不规律，时而有泥炭透镜体。

（3）河滩沉积软土

有河漫滩相和牛轭湖相两种。在宽阔河谷地区，河道由于曲折过多、过甚及侧侵蚀的结果，形成河道的迁移现象，而产生弓形的废河道或称牛轭湖，在废河道和牛轭湖中，沉积物主要是富含有机质的黑色黏土、粉质黏土和黏质粉土，有时有薄层透镜状粉砂和砂的夹层，层理近于水平，并形成不连续的带状层理。在远离河床的河漫滩内，沉积作用十分缓慢，沉积物质主要是粉质黏土、黏土与黏质粉土的互层，具水平层理或隐层理。

（4）沼泽沉积软土

分布在水流排泄不畅的低洼地带。在沼泽地带主要进行生物沉积作用，沉积物中含有大量的植物和动物残骸，它们在还原环境中分解，形成丰富的淤泥和泥炭。

3）软土的工程性质

在工程性质方面，软土主要有以下特点。

（1）高含水率和高孔隙比

天然含水率一般在 35％ 以上，孔隙比在 1.0 以上，且天然含水率等于或大于液限。

（2）高压缩性

软土的压缩系数大，$a_{1-2} > 0.5$ MPa^{-1}，属高压缩性土，压缩性随液限的增加而增加。

（3）抗剪强度低

不排水的抗剪强度一般在 30 kPa 以下。

（4）弱透水性

渗透系数值在 $1 \times 10^{-6} \sim 1 \times 10^{-8}$ cm/s 之间，垂直方向的渗透性较水平方向要小，由于渗透性很弱，在加荷的初期，在土体中常出现较高的孔隙水压力。

（5）结构灵敏性或称触变性

当软土的原状结构一经扰动或破坏，即转变稀释流动状态，目前常用灵敏度 S_t 来表示结构灵敏性的程度。

（6）流变性

除了固结引起地基变形的因素外，在剪应力作用下的流变性足以使地基处于长期变形过程中。

4）地基承载力和变形

① 评定软土地基的承载力和变形，可根据软土的物理力学性质参数，按承载力和变形的理论计算确定，但应重视地区的建筑经验，对重要的一、二级建筑物还应采取综合分析方法，按下列因素取值：

a. 软土的物理力学性质及其取试样技术、试验方法等；

b. 软土的形成条件、成层特点、均匀性、应力历史、地下水及其变化条件；

c. 上部建筑的结构类型、刚度、对不均匀沉降的敏感性、荷载性质、大小和分布特征；

d. 基础类型、尺寸、埋深、刚度等；

e. 施工方法和程序以及加荷速率对软土性质的影响。

② 软土的承载力应按方法之一或多种方法，以变形控制的原则，结合建筑物等级和场地复杂程度，作出综合的评价。

a. 利用软土的 c、φ 值的统计指标，按现行《建筑地基基础设计规范》（GB 50007—2011）的有关公式计算确定；

b. 利用静力触探及其他原位试验资料，并应结合本地区建筑经验确定；

c. 根据软土的现场鉴别和物理力学试验的统计指标，参照表 2-9 数值，并应结合本地区的建筑经验确定；

表 2-9　沿海地区淤泥和淤泥质土承载力

天然含水率/（%）	36	40	45	50	55	65	75
f_a/kPa	100	90	80	70	60	50	40

d. 对于缺乏建筑经验的地区和一级建筑物地基，宜以较大面积压板的载荷试验确定；

e. 应用地区建筑经验，采取工程类比法确定。

③ 软土地基的最终沉降量采用分层总和法乘以经验修正系数求得，或结合地区的建筑经验参照有关公式计算。一级建筑物可采用软土的应力历史（前期固结压力）的沉降计算方法。

④ 当地基沉降计算深度范围内有软弱下卧层时，应验算下卧层的强度，计算方法按现行《建筑地基基础设计规范》（GB 50007—2011）的有关规定执行。

⑤ 应考虑上部结构和地基的共同作用，采取必要的建筑和结构措施，减少地基的不均匀沉降，防止建筑物因过大差异沉降导致严重开裂和损坏。

5）软土地基处理方法

软土地基的承载能力低、沉降大、不均匀沉降也大、且沉降稳定的时期长,需几年到数十年。软土地基是最需要人工处理的地基。目前比较好的地基处理办法有如下几种。

（1）桩基法

目前桩的种类和名称很多,按桩材分有:a. 木桩;b. 混凝土桩,又可分为预制混凝土桩、就地灌注混凝土桩;c. 钢桩;d. 组合桩,即一根桩用两种材料组成。

按桩的功能有:a. 抗轴向压的桩,又可分摩擦桩、端承摩擦桩;b. 抗侧压的桩;c. 抗拔桩。

按成桩方法分有:a. 打入桩,即将预制的木桩、混凝土桩、钢桩打入土层中;b. 灌注桩,又可从成孔工艺分沉管灌注桩、钻孔灌注桩;c. 静压桩;d. 螺旋桩。

（2）排水固结法

排水固结法的原理是软土地基在荷载作用下,土中孔隙水慢慢排出,孔隙比减小,地基发生固结变形,同时,随着超静水压力逐渐消散,土的有效应力增大,地基土的强度逐步增长,根据排水和加压系统的不同,排水固结法可分为下述几种。

① 堆载预压法。在建造建筑物之前,通过临时堆载土石等方法对地基加载预压,达到预先完成部分或大部分地基沉降,并通过地基土的固结,提高地基的承载力,然后撤除荷载,再建造建筑物。

② 砂井法,或袋装砂井、塑料排水板、塑料管等法。在软土地基中,设置一系列砂井,在砂井之上铺设砂垫或砂沟,人为地增加土层固结排水通道,缩短排水距离,从而加速固结。砂井法与堆载预压法联合使用效果更好,可总称为砂井堆载预压法。

③ 真空预压法。与堆载预压法相比,真空预压法就是以真空造成的负压力,来代替临时堆载的荷载。真空预压法与堆载预压法可联合使用,称为真空堆载联合预压法。

④ 降低地下水位法。降低地下水位能减少孔隙水压力,使有效应力增大,促进地基土的固结。

⑤ 电渗法。在土中插入金属电极并通以直流电,由于电场的作用,土中的水从阳极流向阴极,这种现象称为电渗。将水从阴极排除,又不让水在阳极得到补充,借助电渗作用可逐渐排除土中水,以提高地基土的承载力。

（3）置换及拌入法

以砂、碎石等材料置换软土地基中部分软土体,形成复合地基,或在软土地基中部分土体内掺入水泥、水泥砂浆以及石灰等物,形成加固估,与未加固部分一起形成复合地基,以提高地基承载力,减少沉降量。其方法有如下几种。

① 开挖置换法。是将基底下一定深度的软土挖除,然后填较好的土石料,分层夯实作为符合要求的持力层。

② 碎石桩法。利用一种能产生水平向振动的管状机械设备,在高压水泵下边振

边冲,在软土地基中成孔,再在孔内分批填入碎石等材料,制成一根根桩体,群桩体和原来的软土一起,构成复合地基。

③ 高压喷射注浆法。以高压喷射直接冲击,破坏土体,使水泥浆液或其他浆液与土拌和、凝固后,成为拌和桩体。在软土地基中设置这种桩体群,形成复合地基或挡土结构。

④ 深层搅拌法。利用水泥、石灰或其他材料作为固化剂的主剂,通过深层的搅拌机械,在地基深处将软土与固化剂强制搅拌,产生一系列的物理化学反应后,形成坚硬的拌和桩体,与原来的软土一起,组成复合地基。

⑤ 石灰桩法。在软土地基中用机械成孔,填入生石灰并加以搅拌或压实,形成桩体,利用生石灰的吸水、膨胀、放热作用,和土与石灰的离子交换反应、凝硬反应等作用,改善桩体周围土体的物理力学性质。石灰桩和周围被改良的土体一起,形成复合地基。

2.4.2　湿陷性黄土

黄土以粉粒为主,富含碳酸钙,有肉眼可见到的大孔,垂直节理发育,部分浸湿后土体显著沉陷。具有上述全部特征的土即为"典型黄土",与之相类似但有的特征不明显的土就称为"黄土状土"。典型黄土和黄土状土统称为"黄土类土",习惯上常简称为"黄土"。湿陷性黄土约占黄土分布总面积的 3/4。黄土湿陷性类别的确定及湿陷等级划分应按现行国家标准《湿陷性黄土地区建筑规范》(GB 50025—2004)执行。

1) 黄土的分布

黄土是一种特殊的第四纪大陆松散堆积物,在世界各地分布很广,性质特殊。在我国西北、华北等地区分布很广,总面积达六十多万平方公里。

黄土是第四纪的产物,从早更新世 Q_1 开始堆积,经历了整个第四纪,直到目前还没有结束。按地层时代及其基本特征,黄土类土可分为三类。

(1) 老黄土

老黄土一般没有湿陷性,土的承载力较高。其中 Q_1 午城黄土主要分布在陕甘高原,覆盖在第三纪红土层或基岩上;而 Q_2 离石黄土分布较广,厚度也大,形成黄土高原的主体,主要分布在甘肃、陕西、山西、河南西部等地。

(2) 新黄土

新黄土广泛覆盖在老黄土之上。在北方各地分布很广,与工程建筑关系密切,一般都具有湿陷性。分布面积约占我国黄土的 60%,尤以 Q_3 马兰黄土分布更广,构成湿陷性黄土的主体。

(3) 新近堆积黄土

新近堆积黄土分布在局部地方,是第四纪最近沉积,厚仅数米,但土质松软,压缩性高,湿陷性不一,土的承载力较低。

各地区黄土的总厚度不一,一般说来,高原地区较厚,而以陕甘高原最厚,可达

100～200 m,而其他高原地区一般只有 30～100 m。河谷地区的黄土总厚度一般只有几米到三十米,且主要是新黄土,老黄土常缺失。

2) 黄土的基本特征

(1) 黄土的结构特征

① 黄土的粒度。黄土的粒度成分是区别于其他第四纪沉积物的代表性特征之一。黄土以粉土(0.05～0.005)为主,平均含量达 50%以上。这一粒级又可分为细砂、粉土和黏粒。中国各地黄土的颗粒组成,在大体相似的前提下,不同时代黄土在垂直方向上有所不同,早期黄土与晚期黄土比较,前者较后者颗粒细;在水平方向上的区域性变化也比较显著,以山西马兰黄土为例,从北往南细砂普遍减少,而黏土含量普遍增加。

②黄土结构中的孔隙。大孔隙:大孔隙基本上是肉眼可见的、直径约 0.5～1.0 mm 的孔道。

细孔隙:细孔隙是架空结构中大颗粒的粒间孔隙,肉眼看不见,可在双目放大镜下观察。

毛细孔隙:毛细孔隙是由大颗粒与附在其表面上的小颗粒所形成的粒间孔隙,肉眼看不见。

以上三种孔隙形成了黄土的高孔隙度,所以又称黄土为"大孔土"。

黄土的孔隙率变化,有随深度逐渐减小的趋势;在地理分布上则有着自东向西、自南向北孔隙率增大的规律。不同时代的黄土,其孔隙度也有差别。

(2) 黄土的变形特征

① 黄土的膨胀、收缩与崩解:黄土遇水膨胀,干燥后又收缩,如此多次反复,容易形成裂缝和剥落。由于黄土在堆积过程中,土的自重作用使粉粒在垂直方向的粒间距离变小,所以具有天然湿度的黄土在干燥后,水平方向的收缩量比垂直方向的收缩量大,一般为 50%～100%。

各类黄土的崩解性相差很大,新黄土浸入水中后,很快就全部崩解,老黄土则要经过一段时间才全部崩解,红色黄土浸水后基本不崩解。

② 黄土的压缩性:黄土的压缩性取决于成因、组成成分及气候环境。黄土的压缩系数约为 0.1～1.0 MPa^{-1},老黄土具有中等偏低或低压缩性,新黄土多为中等偏高压缩性,新近堆积黄土多具有高压缩性;饱和黄土的压缩性变化范围大,其上部多具有高压缩性,下部则多为低到中等压缩性。

③ 黄土的抗剪强度:黄土的抗剪强度主要取决于土的含水量和密实程度。含水量越低,密实度越高,抗剪强度就越高。天然状态下的黄土,抗剪强度比砂土低,但高于黏土,其内摩擦角约为 15°～25°,黏聚力 c 值约为 30～60 kPa。由于垂直节理及大孔隙的存在,原状黄土的强度随方向而异,水平方向的强度一般较大,垂直方向最小。但是,冲积、洪积黄土因存在有水平层理,则以水平方向的强度为最低,垂直方向最大。原状黄土抗剪强度的峰值和残值差值较大,是黄土地区多崩塌性滑坡和高速滑坡的重要原因。

3）黄土的湿陷性

黄土的湿陷性是天然黄土受水浸湿后，在自重压力或附加压力与自重压力共同作用下产生急剧而显著下沉的现象。部分黄土具有湿陷性而非全部。湿陷性是黄土特有的工程性质。黄土浸水后会立刻发生湿陷，一般在 3～30 min 内的湿陷量即可达到 80%。研究黄土湿陷性的规律及防治措施，是黄土工程地质研究的基本课题之一。黄土的湿陷按其性质可分为两大类，即自重湿陷和非自重湿陷。

（1）自重湿陷

黄土遇水后，在自重作用下产生沉陷的现象称自重湿陷。根据浸水来源的不同，自重湿陷分天然与人工两种。天然自重湿陷形成了黄土区的碟地等微地貌。古代已湿陷过的黄土，现在不再湿陷，是进行建筑比较优良的地区。过去没有湿陷过的黄土，现在具有较高的湿陷性。人为自重湿陷，在渠道、水库的附近最容易发生，可引起地面下沉、开裂，形成阶梯状的边岸。

（2）非自重湿陷

黄土遇水后，在建筑物的附加荷载作用下才产生的湿陷称非自重湿陷。划分自重湿陷性黄土和非自重湿陷性黄土，对工程建筑具有现实意义。例如，在自重湿陷性黄土地区修筑的渠道，初次放水时会产生地面下沉，两岸出现与渠道平行的裂缝。管道漏水后，由于自重湿陷，会导致管道断裂。路基受水后，由于自重湿陷会发生局部严重坍塌。地基土的自重湿陷往往使建筑物发生很大的裂缝或倾斜，即使建筑物很轻，也会受到破坏。在非自重湿陷性黄土地区，上述现象很少见。在这两种不同湿陷性的黄土地区进行建筑时，采取的措施及施工要求等均有较大区别。

根据现场无外荷试坑的浸水试验，我国西北地区的黄土，在兰州地区具有明显或强烈的自重湿陷性，而西安和太原地区的黄土，往往属非自重湿陷性或仅局部地区出现自重湿陷性。

（3）黄土湿陷性的强弱

黄土湿陷性的强弱与其微结构特征、颗粒组成、化学成分等因素有关，在同一地区，土的湿陷性又与其天然孔隙比和天然含水量有关，但浸水程度和压力大小则是主要的外界条件。

黄土湿陷性的判别与评价可用定量指标衡量。湿陷系数 δ_s 是室内浸水压缩试验测得的黄土在某种规定压力下由于浸水而产生的湿陷量与土试样原始高度的比值。《湿陷性黄土地区建筑规范》(GB 50025—2004)规定，当黄土的 δ_s<0.015 时，应定为非湿陷性黄土；δ_s≥0.015 时，则定为湿陷性黄土。在判定为湿陷性黄土后，尚需进一步确定湿陷的类型。黄土的湿陷可分为自重湿陷与非自重湿陷两类。黄土试样在与其饱和自重压力相等的压力作用下测得的湿陷系数称为自重湿陷系数 δ_{zs}。在工程勘察中应按实测或计算自重湿陷量确定建筑场地的湿陷类型。当自重湿陷量≤70 mm 时，应定为非自重湿陷性黄土场地；当自重湿陷量>70 mm 时，应定为自重湿陷性黄土场地。应注意的是，进行自重湿陷量计算时，计算深度内，自重湿陷系数小于 0.015 的土层不应累计。然后根据湿陷类型、计算自重湿陷量及总湿陷量确定黄土地基的湿陷等级,从轻微到很严重分为Ⅰ～Ⅳ级。

非自重湿陷性黄土的湿陷一般总是在一定的压力下才能发生,低于这个压力时,黄土浸水不会发生显著湿陷。这个开始出现明显湿陷的压力,称为湿陷起始压力。这是一个很有使用价值的指标,在工程设计中,若能控制黄土所受的各种荷载不超过起始压力,则可避免湿陷。黄土湿陷性的强弱与黄土中的黏粒含量多少、天然含水率的高低及密实度的大小有关。

4) 黄土地区工程病害与防治

在湿陷性黄土地区,虽然因湿陷而引发的灾害较多,但只要能对湿陷类型、变形特征与规律进行正确分析和评价,在设计、施工和使用过程中采取恰当处理措施,湿陷便可以避免。

黄土地区涉及工业与民用建筑工程、道路与桥梁工程和水利工程的主要病害如下。

① 黄土湿陷性和黄土陷穴(黄土经水的冲蚀与溶蚀形成的暗沟、暗洞、暗穴)对路基及路面、结构物等造成的变形、沉陷、开裂等破坏。

② 路堑或路堤边坡的变形,有路堑坡面的剥落、冲刷和坡体的滑坍、崩塌、流泥(斜坡上黄土的塑性流动),路堤坡面的冲刷、滑坍,高路堤的下沉等。

产生上述病害的内因是黄土所具有的对工程不利的特性,外因则主要是水。因此,黄土地区工程病害的防治,主要包括以下几方面的内容。

① 对湿陷性黄土地基进行工程处理,消除湿陷性的措施,如预先浸水、强夯法加固地基、灰土桩挤密地基等。

② 合理的道路横断面设计,包括路堑、路堤边坡的形式、坡度及高度等。

③ 排水与防水的工程措施,包括沟渠及其加固,特殊工点如垭口、深路堑、高路堤、滑坡、陷穴等地段结合水土保持的综合治理等。

④ 加强预防措施,在建筑物选址、道路与水利选线时,应注意黄土地貌特征和土的湿陷性。

2.4.3 膨胀岩土

膨胀岩土是一种区域性的特殊岩土,它含有大量亲水黏土矿物,在湿度变化时有较大的体积变化,当其变形受约束时产生较大的内应力的岩土。强亲水性黏土矿物主要是蒙脱石和伊利石。

对膨胀岩缺少系统的研究,工程事故中已发现有的弱－中等胶结的泥质页岩、泥岩和黏土岩具有膨胀性。在中国的云南、广西、甘肃、陕西、新疆、内蒙古、吉林等地均已发现膨胀性泥岩、页岩和风化黏土岩。

对膨胀土的认识已有六十多年,国际上已召开过八次专题讨论会。中国是世界上对膨胀土进行了系统研究,并取得丰富研究成果的国家之一,中国的膨胀土主要分在黄河流域及其以南地区。其中以云南、广西、湖北、安徽、河北、河南等省的膨胀土造成的工程损坏最为严重。研究查明已有二百多个县市、地区有膨胀土损坏的工程实例。

膨胀岩土具有显著的吸水膨胀和失水收缩、且胀缩变形往复可逆。在膨胀岩土地区进行工程建筑,如果不采取必要的措施,只要外界条件的改变引起土中水分的增加或减少,就能使膨胀岩土地基产生体积变形,致使基础破坏,建筑物、地坪等开裂,对轻型建筑物的危害更大。膨胀岩土的季节性湿度变化常使道路路基边坡出现塌方、滑坡,路面常大段出现很大幅度的、随季节变化的波浪变形并导致多种破坏。膨胀岩土对水工建筑也有危害,如渠道衬砌上移或开裂,堤岸或路堑强度降低产生滑坡,以及渠系附属建筑物的地基基础发生破坏等。

1) 膨胀岩土的分布

膨胀岩土的分布具有一定的区域性,是一种区域性特殊岩土,但又不是成片存在,埋藏深度及厚度也很不一致,与其他岩土相比量少而分散,常呈窝状分布。在世界六大洲四十多个国家均有分布。美国较早发现膨胀土,分布也较多;非洲的膨胀土分布较广,中国在援建项目中发现很多非洲国家都存在因膨胀土造成工程损坏的实例;亚洲的中国、印度、前苏联的中亚地区、欧洲以及澳大利亚等地均有膨胀土存在。

我国是世界上膨胀土分布广、面积大的国家之一,先后发现膨胀土危害的省、市、自治区已达二十余个,尤其在北京—西安—成都一线东南、杭州—广西一线西北这一北东—南西向的广大区域内,膨胀土分布最普遍,也最集中。此外,在东北和西北地区也有零星发现。从地理位置来看,我国膨胀土主要集中分布在珠江、长江中下游,黄河中下游以及淮河、海河流域的广大平原、盆地、河谷阶地、河间地块以及平缓丘陵地带。膨胀土常呈地毯式大面积披覆于地表或地表以下浅层,与道路工程的关系极为密切。

2) 膨胀土的成因

我国广泛分布的膨胀土实际上主要为两大成因类型,即风化残积型膨胀土和沉积型膨胀土。前者因母岩矿物化学成分和化学风化程度不同而各异;后者因沉积作用(湖积、洪积、坡积、冲积)和沉积时代(固结程度)的不同而各异。

(1) 残积型膨胀土

残积型膨胀土不仅是世界也是中国热带和亚热带地区膨胀土最主要的成因类型,也是膨胀土危害最严重的一类膨胀土类型,它们主要分布在热带、亚热带的准平原、古高原面、山间盆地和低矮丘陵区。在中纬度的暖湿带虽也有分布,但只发育在 Q_2 晚期古亚热带分布区的准平原和残丘区的中基性火成岩、碳酸盐岩、泥质岩地区的全强风化带。这类膨胀土广泛分布在广西、云南、广东南亚热带中新生代沉积盆地,在湖南、江西、贵州也有不少分布。由于受古地形的影响和古风化壳分带性影响,这类土的分布和工程性质变化常很复杂。

由于热带和亚热带的强烈化学风化作用即红土化作用,在全强风化带形成了很厚的高孔隙性、高含水率、高塑性、强收缩的膨胀土、在半干旱或强烈干湿交替的季风气候区的工程建设中常因地基土不均匀的干燥收缩和水分聚集而造成轻型建筑物和道面强烈破坏。用这类土填筑的路堤因强烈变形而破坏。在广西宁明盆地、百色田阳盆地的下第三系泥页岩残积黏土和云南蒙自、鸡街、曲靖、建水等盆地的上第三系泥灰岩残积黏土所发生的铁路、工业民用建筑物严重破坏均是典型的代表。在贵州的岩溶洼地石灰岩残积红黏土,虽然也很发育,但由于贵州省气候湿润多雨,这类膨胀土灾害并不突出。应当指出,残积类膨胀土的工程性质不仅取决于风化程度,还取决于母岩的成分和性质。因而决定了不同气候带、不同母岩所形成的残积膨胀土类型,及其工程性质的巨大差异。

(2) 沉积型膨胀土

大量调查和理论研究结果表明,富含膨胀性黏土矿物的第四纪黏土沉积物主要分布在中纬度暖湿气候区,而新第三纪的黏土沉积受古气候及古环境的控制,在各气候带都有分布,特别是在广泛分布于黄土高原、内蒙古高原和新疆、青海的各大中新生代沉积盆地中。沉积型膨胀性黏土的工程性质除受形成的古气候和古环境的影响之外,特别是受形成年代即沉积固结的长短所控制,形成的地质年代愈老密度愈高相对含水率越小。中晚更新世至中新世所形成的黏土沉积层通常具有超固结特性,表现在天然密度通常在 $1.95 \sim 2.05$ g/cm³。在中国东部的暖湿气候区尚分布有早全新世形成的泛滥平原膨胀性黏土沉积层。

3) 膨胀土的工程特性

膨胀土除具有一般黏性土的物理化学性质以外,最重要的特殊工程性质是强亲水性、多裂隙性、强胀缩性、强度衰减性、快速崩解性及弱抗风化性。

① 膨胀土密度多为 $2.7 \sim 2.8$ g/cm³,干密度则在 $1.6 \sim 1.8$ g/cm³ 之间,天然密度多为 $1.9 \sim 2.1$ g/cm³;孔隙比多为 $0.6 \sim 0.9$。由于膨胀土沉积时代较早,固结状态较好,孔隙比一般较小,干密度较大。干密度愈大,土的膨胀性也愈大。

② 膨胀土的天然含水率多为 16%～32%;饱和含水率 20%～25%,而黏土最大分子持水度为 15%～20%,可见天然状态下的膨胀土中常有少量毛细水和自由水。膨胀土塑限多为 17%～28%,因此,多数天然状态膨胀土处于塑性状态。天然含水率低的膨胀土,一旦吸水则有较大膨胀;反之,近于饱和的膨胀土则不会再有较大膨胀,但是在干燥时将产生较大收缩。

③ 膨胀土中的裂隙既有闭合微裂隙型的原生裂隙,也有大量张开可见的次生裂隙。这些裂隙纵横交错,将土体切割成各种块状的不连续体。裂隙中常有灰白、灰黄色次生黏土充填,形成软弱面。这些分割面和软弱面使膨胀土的土体强度大大降低。根据实测资料,黏聚力 c 一般均小于 0.1 MPa,个别可达 0.3 MPa 左右;内摩擦角多为 15°～20°。而土体抗剪强度要低得多,c 值一般小于 0.05 MPa,不少膨胀土体的 c 值近似于零;φ 值多为几度到十几度,很少超过 20°。

④ 膨胀岩土中新开挖出露的岩土体,在天然含水率的原始结构状态下,其抗剪强度是比较高的。在自然因素作用下,土体长期反复胀缩变形,含水率不断增加,使强度发生衰减。

⑤ 一般黏性土都有一定的吸水膨胀、失水收缩特性,但膨胀土的胀缩性更为突出。

在天然含水率情况下,膨胀土的吸水膨胀量为总体积的 2.44%～14.2%,个别高达 23%以上。失水收缩量为总体积的 14.8%～21.6%。在风干情况下,膨胀土吸水膨胀量一般为 20%～30%,最大达 50%。

⑥ 膨胀岩土在水中崩解的速度与土的起始含水率有密切关系。试验表明,烘干试样崩解最快,几分钟内即完全崩解;天然风干试样一般在 24 h 内崩解;保持天然含水率的试样崩解速度极慢,崩解程度也极不完全,若天然含水率较高时,试样不显示崩解性。

4) 膨胀岩土地区的工程地质问题

（1）膨胀岩土地区的路基

在膨胀岩土地区修筑铁路、公路,无论是路堑还是路堤,边坡变形和基床变形是极普遍而且严重的灾害。随着车辆的增加和行车密度与速度的提高,膨胀岩土体抗剪强度的衰减及基床岩土承载力的降低,容易造成边坡坍塌、滑坡;路基长期不均匀下沉、翻浆冒泥等灾害更加突出,容易造成路基失稳,影响行车安全。

在膨胀岩土地区修筑铁路、公路,首先必须掌握该地区膨胀岩土的工程地质条件,判定膨胀岩土的膨胀类别。然后根据这些资料进行正确的路基设计,确定其边坡形式、高度及坡度,解决好防水保湿的关键问题,保持土中水分的相对稳定。除路面、路基横断面的设计应满足防水保湿的基本要求外,主要的工程措施还有完善各种路基排水设施(保证其排水功能,铺砌、加固以防冲、防渗);采用石灰、水泥等无机结合料改良、加固路基;采取必要的施工措施(如对路基压实、用膨胀岩土填筑路基等提出一定的要求);对路堤及路堑边坡进行防护、加固(如植被防护、路堑坡面快速封闭及其他护坡措施)。

（2）膨胀岩土地区的地基

在膨胀岩土地基上修筑的桥涵及房屋等建筑物,随地基岩土的胀缩变形而发生不均匀变形。因此膨胀土地基问题既有地基承载力问题,又有引起建筑物变形问题。其特殊性在于:地基承载力较低,还要考虑强度衰减,不仅有土的压缩变形,还有湿胀干缩变形。

在膨胀岩土地基上修筑建筑物必须注意建筑物周围的防水排水。建筑场地应尽量选在地形平坦地段,避免挖填方改变岩土层自然埋藏条件。建筑物基础应适当加深,以便相应减小膨胀土的厚度,并增加基础底面以上土的自重,加大基础侧面摩擦力。还可用增加基础附加压力的方法克服土的膨胀。必要时也可以采用换土、土垫层、桩基等。

2.4.4　冻土

冻土是一种由固体土颗粒、冰、液态水和气体四种基本成分所组成的非均质、各向异性的多相复合体。一般情况下,把温度在 0 ℃或 0 ℃以下,并含有冰的各种岩石和土都称作冻土。由于冻土的性质除与影响常规土类性质的颗粒大小、机械成分、密度和含水率有关外,还与导致含冰量发生变化的直接因素——温度密切相关,所以说冻土是一种对温度十分敏感的特殊性土类。由于冻土中冰的存在,使冻土的工程性质与常规土类完全不同,譬如说,它具有相变特性、物质迁移特性、冻胀性、流变性等。自然界中,可根据冻土存在的时间将冻土分为多年冻土(两年或两年以上)、季节冻土(冬季冻结,夏季全部融化)和瞬时冻土(几个小时至数月)。在多年冻土区内,不同成因和面积大小不等的融区制约着多年冻土分布的连续性,因而,多年冻土又有连续分布和不连续分布之分。

我国多年冻土广泛分布在青藏高原、西北高山和东北的北部,季节冻土、瞬时冻土则覆盖大半个中国。冻土的存在和发育制约着寒区经济建设和发展,所以,为了开发冻土区,保证以冻土为地基的工程建筑的稳定性,合理利用自然资源,保护生态环境,冻土研究将具有非常重要的现实意义。

1) 我国多年冻土的分布规律及其影响因素

我国多年冻土面积约 215 万平方公里,占国土总面积的 22.4%,主要分布在东北大小兴安岭和松嫩平原北部及西部高山和青藏高原,在季节冻土区内的一些高山上,也零星分布着多年冻土。

东北多年冻土区位于我国最高纬度,以丘陵山地为主。虽然海拔不高,因受西伯利亚高压影响,成为我国最寒冷的自然区。冻土的平面分布及其厚度明显地受到纬度地带性控制,自西北向东南,由大片连续分布变为岛状分布,多年冻土厚度也由厚变薄。

我国西部高山地区,如祁连山、天山、阿尔泰等山地的多年冻土分布,具有明显的垂直分带性。青藏高原冻土区是世界上低纬度地带,海拔最高,面积最大的多年冻土地区,其范围北起昆仑山,南至喜马拉雅山。由于海拔高,冷期较长,该区有大面积的冻土存在。

我国季节性冻土分布相当广泛,分布于长江流域以北十余个省份。季节性冻土层厚度变化的总趋势是服从于纬度分布规律,从北向南逐渐减薄。然而,在东北及西部山区,更主要是受着多年冻土以及现代冰川、积雪的影响。

2) 冻土的力学性质

(1) 抗压强度

冻土强度主要取决于冻土温度,温度愈低,抗压强度愈高。加荷时间长短,对冻土强度影响也很大:加荷时间愈短,抗压强度愈高;反之,愈低。如瞬间加荷,抗压强度可高达 30～40 MPa;若长期加荷,其抗压强度要小到 1/15～1/10。

(2) 冻结力

土中水冻结时,产生胶结力,将土与建筑物基础胶结在一起,这种胶结力称为冻结力。

冻结力只有在外荷载作用时才表现出来,且其作用方向总是与外荷载的作用方向相反,类似于摩擦力,如图 2-18 所示。在冬季季节冻融层冻胀时,冻结力对建筑物基础起锚固作用;在暖季季节冻融层融化时,冻结力对建筑物基础起承载力的作用。

如图 2-19 所示,在 0 ℃～－10 ℃范围内,冻结力随土的温度降低而增大。

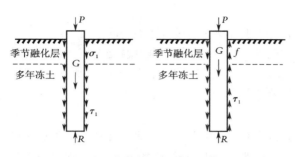

图 2-18　冻结力的锚固作用和承载力作用

P—荷重;G—基础自重;R—基础承载力;

δ_t—切向冻胀力;f—摩擦力;τ_1—冻结力

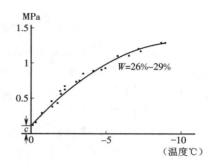

图 2-19　粉质黏土的冻结力
与温度的关系

如图 2-20 所示,冻结力随土的含水量增加而增大,达到一个最大值时土孔隙被冰晶充满,胶结面积亦最大。超过最大值后,含水量继续增加,会使土粒与基础之间冰层加厚,胶结强度变小,直至接近于纯冰的冻结力为止。

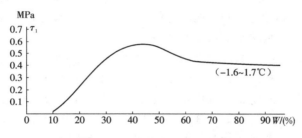

图 2-20　粉质黏土的冻结力与含水量的关系

冻结力的大小,除与土的温度和含水量有关外,还与基础材料表面的粗糙度有关,粗糙度越高,冻结力越大。

（3）冻胀力

冻胀是多年冻土地区的建筑物基础最常遇到的问题之一。

土中水冻结时,体积膨胀。若土粒之间尚有足够的孔隙供冰晶自由生长,则没有冻胀力的反映。一直到含水量大到某一程度后,土中水的冻结才造成土的冻胀。

作用于建筑物上的冻胀力可分为三种(见图 2-21)。

① 基底法向冻胀力(δ_+):一般都很大,可达零点几至一点几兆帕,甚至更大。并非一般建筑物的自重所能克服,只能采取措施,不使其产生。

② 基侧法向冻胀力(δ_-):在热流方向与基础侧面相交时产生,它使建筑物外墙基础产生凹曲变形。

③ 切向冻胀力(τ):由冰的体积膨胀而产生,通过冻结力作

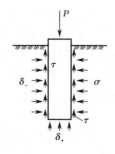

图 2-21　各种冻胀力

$\delta+$—法向冻胀力;τ—切向冻胀力;$\delta-$—基侧法向冻胀力

用于基侧。

④ 融沉:冻土融化下沉是多年冻土地区建筑物基础最常遇到的问题之一。

冻土融化过程中在无外荷作用的情况下,所产生的沉降称为融化下沉。用相对融陷量——融沉系数表示。冻土融化后,在外荷作用下所产生的压缩变形称为融化压缩。用单位荷载下的相对变形量——融化压缩系数表示。

3) 冻土的工程性质

冻土作为构造物地基,在冻结状态时,具有较高的强度和较低的压缩性。但冻土融化后则承载力大为降低,压缩性急剧增高,使地基产生融陷;相反,在冻结过程中又产生冻胀,对地基均为不利。冻土的冻胀和融陷与土的颗粒大小及含水量有关,一般土粒愈粗,含水量愈小,土的冻胀和融陷愈小;反之则愈大。可以根据土质、天然含水量和冻结期间地下水低于冻深的最小距离等对冻土的冻胀性进行分类。

4) 冻土的工程地质问题

(1) 冻胀及冻胀丘

冻胀是指土在冻结过程中,土中水分冻胀成冰,并形成冰层、冰透镜体及多晶体冰晶等形式的冰侵入体,引起土粒间的相对位移,使土体体积膨胀的现象。冻胀的表现是土表层不均匀地升高,常形成冻胀丘及隆岗等。

含有粉黏粒的湿土,在其冻结前后,土体内水分产生重分布的现象。土体内水分重分布情况与冻结时有无地下水补给有关。一种是无地下水补给情况通常称为封闭体系。在封闭体系条件下,冻结过程中水分仅在冻土内产生重分布现象,冻结峰面自上而下地移动,土中水分便向冻结峰面迁移。由于冻结时水分向上部迁移,下部含水率就明显减少。另一种情况,有地下水补给时,通常称为开敞体系。在开敞体系条件下,下卧土体的水分向冻结峰面迁移时,可以得到地下水源补给,整个土体冻结后的含水率比冻结前都有较大幅度地增加。土体中水分向冻结峰面迁移的结果,发生聚冰作用,使土粒和冰分异,形成冰夹层、冰透镜体等而引起土体强烈膨胀。

冻胀丘是指土体由于冻胀隆起而形成的鼓丘。一般是每年的最冷月份隆起,夏季融化时消失,所以叫做季节性冻胀丘。其形成是由于冬季土层由上而下冻结时,缩小了地下潜水的过水断面,使地下水承压。在冻结过程中水向冻结峰面迁移,形成地下冰层。随着冻结深度的增大,当冰层的膨胀力和水的承压力增加到大于上覆土层的强度时,地表发生隆起,因而形成冻胀丘。

(2) 热融滑坍

由于自然营力作用(如河流冲刷坡脚)或人为活动影响(挖方取土)破坏了斜坡上地下冰层的热平衡状态,使冰层融化,融化后的土体在重力作用下沿着融冻界面而滑塌的现象称为热融滑坍。热融滑坍按发展阶段和对工程的危害程度,可分为活动的和稳定的两类。稳定的热融滑坍是那些由于自埋作用(即坍落物质掩盖了坡脚及其暴露的冰层)或人为作用。使滑坍范围不再扩大的热融滑坍。活动的热融滑坍,是因融化土体滑坍使其上方又有新的地下冰暴露,地下冰再次融化产生新的滑坍,其边缘发展到厚层地下冰分布范围的边缘时,也将形成稳定的热融滑坍。

热融滑坍可能使建筑物基底或路基边坡失去稳定性,也可能使建筑物有滑坍物堵塞和掩埋。由于热融滑坍呈牵引式缓慢发展,不致造成整个滑坍体同时失去稳定;且滑坍以向上发展为主,侧向发展很小;滑坍的厚度不大,一般为 1.5～2.5 m,稍大于该地区季节融化层厚度。因而对工程建筑物的危害往往不是恶性的,防治也不太难。

(3) 热融沉陷和热融湖

因气候转暖或人为因素,改变了地面的温度状况,引起季节融化深度加大,导致地下冰或多年冻土层发生局部融化,上部土层在自重和外部压力作用下产生沉陷,这一现象称为热融沉陷。当沉陷面积较大,且有积水时,称为热融湖。热融湖大多数分布在高平原区,地面坡度小于 3 ℃的地方。如在楚玛尔湖高平原及多玛河高平原地区,热融湖分布星罗棋布。

热融沉陷与人类工程活动有着十分密切的关系。在多年冻土地区如铁路、公路、房屋、桥涵等工程的修建,都可能因处理不当而引起热融沉陷。例如,房屋采暖散热使多年冻土融化,在房屋基础下形成融化盘,在融化盘范围内,地基土将会产生较大的不均匀沉陷。在路基工程中,由于开挖,除了原来的天然覆盖层或建成后,路堤上方积水、路堤下渗水都能造成地下冰逐年不断融化,致使路基连年大幅度沉陷以至突陷。若路堤下为饱水黏性土,融化后处于软塑至流动状态,承载力很低,在车辆振动荷载作用下,路堤在瞬时内产生大幅度的沉陷,可造成机车掉道等严重事故。

2.4.5 红土

红土是岩石在热带、亚热带特定的湿热气候条件下,经历了不同程度的红土化作用而形成的一种含较多黏粒,富含铁铝氧化物胶结的红色黏性土、粉土。红土具有较特殊的工程特性,虽然孔隙比较大,含水较多,但却常有偏低的压缩性和较高的强度,是一种区域性特殊土。

1) 红土的形成

① 红土化作用的三个阶段。

第一阶段,碎屑化和黏土化阶段。红土化之前,岩石破碎,矿物大量分解,盐基成分淋失,硅、铝显著分离,出现大量硅铝酸体氧化物,形成一些黏土矿物,铁、铝有所积累,含一定量易溶解的二价铁,风化产物为残积黏性土,呈灰、黄、白色而不是红色,这阶段是红土化作用的准备阶段。

第二阶段,红土化阶段。此阶段除石英外,几乎所有矿物都遭彻底分解,盐基成分基本淋失,形成大量以高岭石为主的黏土矿物,铁、铝大量富集,形成大量红色三价氧化铁和部分三水铝石,风化产物以红色黏性土为主,部分为红、白、黄相间成网纹状。

第三阶段,铝土矿物阶段。红土化后期,黏土矿物继续分解,部分含水氧化物脱水,形成含铝质矿物、铁质矿物和少量高岭石黏土的铝土矿。

② 红土分布地域。

红土分布在北纬 35°到南纬 35°之间。中国主要分布在北纬 32°以南,即长江流域以南地区。红土一般发育在高原夷平面、台地、丘陵、低山斜坡及洼地,厚度多在 5～15

m,有的达到 20～30 m,其发育与下述因素有关。

第一,热带、亚热带季风气候区的高温、多雨、潮湿、干湿季节是红土形成的必备条件,水温高,循环明显,矿化度低,为地下水对岩体的淋滤、水合、水解等化学作用提供了良好的条件。

第二,母岩类型不同,红土的发育程度和速度也不同,其快慢顺序为碳酸盐类岩、基性岩、中酸性岩、碎屑沉积岩和第四纪沉积物。

第三,地形、地貌和新构造运动影响着红土的发育厚度,在地形平缓的台地、低丘陵区等比较稳定的地区,红土难于保存;在地壳下降地区,红土发育不完整。

③ 红土层次。

我国红土完整的剖面,自上而下包括三个层次。

第一层次,均质红土和网纹红土。黏土矿物以高岭石为主,含针铁矿、赤铁矿和三水铝石,表面红土化程度最高,以红色为主,称为均质红土;下段为红、白、黄相间的网纹状红土。此层即一般典型红土,俗称"红层"。

第二层次,杂色黏性土。黏土矿物以高岭石和伊利石为主,两者含量接近,含部分针铁矿,一般不含三水铝石,颜色浅,以黄色为主,掺夹部分红色土,红土化程度很低,俗称"黄层"。

第三层次,一般残积土。黏土矿物以伊利石、蒙脱石为主,为黏粒含量较少的黏性土或砂砾质土。

2) 红土的分类

按物质来源不同,有两类红土:一类是各种岩石的残积物(局部坡积物),经红土化作用而形成的残积红土。另一类是非残积成因的堆积物(冲积、洪积、冰积)经红土化作用而形成的网纹红土。残积红土的特性与母岩关系密切,是各类岩石长期风化残积的产物,其中有一种粒度较细,石英含量较少,塑性较强,有一定的胀缩性,如碳酸盐岩类、玄武岩类、泥质岩类形成的红黏土,以及经再搬运形成的次生红黏土;另一种粒度较粗,石英含量多,塑性较弱,有弱胀缩性,如碎屑沉积岩、花岗岩类形成的含砂砾红土。网纹红土因具有明显的网纹状结构而得名,由于形成年代不同,其工程特性差别较大,中更新世及其以前形成的网纹红土,胶结好,强度高,是最常见的典型网纹红土;晚更新世及其以后形成的网纹红土,胶结弱,红土化程度微弱,其特性与一般土接近,不应属于特殊土。

综合成因、年代、母岩特征等因素,红土分为以下五种。

① 碳酸盐岩形成的典型红黏土。这类红黏土是指覆盖于碳酸盐岩类基岩上的棕红、褐黄等色的高塑性黏土,其液限一般大于 50%。经流水再搬运后仍保留红黏土的基本特征,液限大于 45% 的土称为次生红黏土,在相同物理指标的情况下,其力学性能低于红黏土。红黏土及次生红黏土广泛地分布于我国的云贵高原、四川东部、广西、粤北及鄂西、湘西等地区的低山、丘陵地带顶部和山间盆地、洼地、缓坡及坡脚地段,其分布范围达 108 万平方公里。

云贵高原的三分之二以上地区分布着红黏土。红黏土的厚度变化与原始地形和下伏基岩面的起伏密度相关。分布在台地和山坡的厚度较薄,在山麓则厚度较厚;当下伏基岩的溶沟、石芽等较发育时,上覆红黏土的厚度变化相差较大,咫尺之间相差可达数米甚至十多米。红黏土的厚度一般在 5~15 m,最厚达 30 m。

② 玄武岩形成的红黏土:玄武岩出露区的红黏土分布在广东雷州半岛和海南岛北部(简称琼雷地区),系第四纪中—晚更新世期间形成。多期大面积喷发的橄榄玄武岩,在热带湿热气候条件下,经强烈的风化作用而形成厚薄不等的风化壳,其表层是经红土化作用的红色黏性土,就是一般所说的玄武岩风化残积红黏土,其分布面积近 5 000 平方公里。云南东部、中部分布着二叠纪玄武岩,南方其他地方也零星分布着玄武岩,其表层也形成风化残积红黏土。风化残积红土经再搬运后,仍保留着红土基本特征的红色黏土,称为次生红黏土。琼雷地区的分布厚度为 2~20 m。云南玄武岩分布区的风化壳可达二十余米,但红土层下为红土化程度较低的棕黄色黏性土。湖南益阳的玄武岩风化壳可达 50 m,棕红、紫红色残积红黏土层厚 10~30 m。

③ 花岗岩形成的红土:花岗岩广泛分布于我国南方各地,约占赣、湘、桂、浙、闽、粤、琼诸省面积的 1/6,滇、皖也有少量分布。南方花岗岩以燕山期中—粗粒黑云母花岗岩为主,也有部分中—细二长花岗岩和花岗闪长岩,在热带、亚热带的湿热气候条件下,遭受了长期而强烈的风化作用,形成巨厚的红色风化壳表层,称为花岗岩残积红土。它主要形成于上更新世至晚更新世期间,尤以中更新世的作用最为强烈,全新世以来直至目前仍继续进行着红土化作用。残积红土主要分布于丘陵和台地,一般厚 2~20 m,尤以广东沿海的厚度最大。

④ 红层出露区红土:在中国南方浙、赣、闽、粤、桂等地,零星分布着白垩纪至下第三纪的中生代红层,受构造体系控制,形成一系列沿北东方向为主的串珠状断陷盆地,沉积物是以湖相、河流相、滨海相为主的陆相红色碎屑岩建造,产状平缓,倾角 10°~25°,岩相受局部沉积环境的影响,变化很大,岩性有砾岩和砂砾岩、砂岩、粉砂岩、黏土岩等,胶结物包括硅质、钙质、泥质等,混杂着游离的红色氧化铁。红层形成以后,尤其是第四纪更新世期间,遭受了强烈的化学风化作用(包括红土化作用),形成厚度变化大,粒度各异,性质多样的残积红土。江西红土厚 1~10 m,广州红土一般厚 1~15 m,个别可达 20 m。

⑤ 中更新世网纹红土:网纹红土是第四纪沉积物在高温、湿润气候条件下,受特殊的地球化学改造作用(红土化作用)而形成的红色黏性土,具有红、白、黄色相间的网纹状结构。

网纹红土主要分布于湘、赣、鄂南、皖南等长江流域中下游地区,浙、闽、粤等地局部沿河流也有零星分布,主要形成于中更新世。河流冲积相网纹红土与其下伏的砂砾石层组成双层构造,一般沿河流高阶地分布,厚度为 6~15 m,常形成红土缓丘或相对高差为数米的小波状平原,在洞庭湖区的局部因新构造运动下降而处于埋藏状态。某些坡积、洪积相网纹红土混杂有砾石,分布于山麓地带。某些洼地可能有局部再搬运的次生红土分布。

3) 红土的工程性质

(1) 一般红土的基本特性

① 液限较高,含水较多,饱和度常大于 80%,土常处于硬塑至可塑状态。

② 孔隙率变化范围大,一般孔隙比较大,尤其是残积红土,孔隙比常超过 0.9,甚至达 2.0。先期固结压力和超固结比很大,除少数软塑状态红土外,均为超固结土,这与游离氧化物胶结有关。一般常具有中等偏低的压缩性。

③ 强度变化范围大,一般较高,黏聚力一般为 10～60 kPa,内摩擦角为 10°～30°或更大。

④ 膨胀性极弱,但某些土具有一定的收缩性,这与红土的粒度、矿物、胶结物等情况有关,某些红土化程度较低的"黄层"收缩性较强,应划入膨胀土范畴。

⑤ 浸水后强度一般会降低;部分含粗粒较多的红土,湿化崩解明显。

综上所述,红土是一种处于饱和状态,孔隙比较大,以硬塑和可塑状态为主,具中等压缩性,强度较高的红黏土,具有一定的收缩性。

(2) 其他特征

其他类型的红土,除具有一般红土的基本特性外,各有一些特征。玄武岩残积红黏土的粒度很细,黏粒含量较多(一般为 30%～70%),但团聚结构明显,团粒很多,具有明显的"假粉性",外观似粉质土;其抗水性差,经水浸泡后力学强度急剧降低。花岗岩区红土中含较多粗粒土,当砾粒含量大于 20%时为砾质黏性土,砾粒含量小于 20%时为砂质黏性土,不含砾粒时为黏性土;宏观结构以团块状和斑状结构为主,裂隙较少,无分选性,层理不清,微观结构以凝块状和团粒状结构为主;土的压实性能较差。红层残积红土的颗粒组成变化幅度随母岩不同而有明显差别,除石英颗粒及部分岩屑外,大部分物质已完全风化成红土,表层裂隙较密集,破坏土体的完整性,地下水位以上的红土以硬塑和可塑状态为主,地下水位以下 1～2 m 的部分红土或残积土可能处于软塑状态;砂岩、砾岩形成的红土颗粒粗、塑性低,孔隙比小,内摩擦角较大,无胀缩性,但可能有湿化性;泥岩、粉砂岩形成的红土粒细、黏粒多、塑性高、内摩擦角小、强度低、压缩性较高,有些可能具有弱到中等胀缩性。中更新世网纹状红土的土质紧密,抗水能力强,浅层常有风化裂隙,深层有时有平直密闭的裂隙;在垂直剖面上,自上而下红土化强度一般由强转弱,红色减少,黄、白色增多,大致可分为红层、红白层、黄白层、黄层逐渐过渡,但界限不很清晰;颗粒组成反映了河流沉积的特点,上部为黏土,下部为粉质黏土,近砂砾层处粒度变粗,塑性低。

4) 红土地区工程建设注意事项

红土一般强度较高、压缩性较低、工程性能较好,许多情况下可以直接作为路堤及其他一些结构物的天然地基。但红土也有一些工程地质特性会影响地基的整体均匀性、强度和稳定性,这些影响因素主要有红土层在水平和垂直方向的厚度及物理力学指标的变化,土层中的石芽、溶洞、土洞、裂隙及土的胀缩性,浸水软化特性,压实特性等。

由于这些因素会给道路及其他工程建筑的勘察、设计工作造成困难,因此需加以注意:
① 根据红土层在深度方向及水平方向物理力学性质的变化划分为不同的土质单元,以
确定地基承载力及基础埋置深度;② 进行变形(尤其是不均匀沉降)及稳定性(尤其是
填方或挖方边坡的稳定性)验算;③ 采取保温、保湿措施防止土的收缩,采取防护措施
(如坡面防护、设置支挡或分级放坡等)控制裂隙的发生和发展;④ 红土用作填筑材料
时,采取对填筑土体的压实控制和防止表面失水(覆盖保护)等措施。

2.4.6　盐渍土

盐渍土是当地下水沿土层的毛细管升高至地表或接近地表时,经蒸发作用水中盐
分分离出来聚集于地表或地表下土层中。当土层中易溶盐的含量大于 0.3% 时,这种
土称为盐渍土。

盐渍土易于识别,土层表面残留着薄薄的白色盐层,地面常常没有植物覆盖,或仅
生长着特殊的盐区植物,在探井壁上可见到盐的白色结晶,从探井剖面看,土层表面含
易溶盐最多,其下为盐化潜水。地面以下深 $1\sim2$ m 的潜水,盐渍作用最强,通常盐渍土
中潜水成分与盐土中所含盐类的成分保持着一定的关系。

1) 盐渍土的分布

盐渍土在中国分布较广,西北地区的青海、新疆、宁夏等省区和东北地区的吉林省
白城地区,由于气候干燥、内陆湖泊较多,在盆地到高山区段往往形成盐渍土。滨海地
区,由于海水侵袭也常形成盐渍土。在平原地带,由于河床淤积或灌溉等原因也常使土
壤盐渍化形成盐渍土。

盐渍土的厚度一般不大。平原及滨海地区通常分布在地表以下 $2.0\sim4.0$ m,其厚
度与地下水埋深、土的毛细作用上升高度及蒸发作用影响深度(蒸发强度)有关。内陆
盆地的盐渍土厚度有的可达几十米,如柴达木盆地中盐湖区的盐渍土厚度达三十米以
上。

2) 盐渍土的分类

(1) 按形成条件分类

盐渍土按形成条件分类可分为盐土、碱土和胶碱土等类型。

① 盐土:以含有氯盐及硫酸盐为主的盐渍土称为盐土。盐土通常是在矿化了的地
下水位很高的低地内形成的,盐分由于毛细管作用,经过蒸发而聚集在土的表层。在海
滨,由于海水浸渍也可以形成盐土。盐土也在草原和荒漠中的洼地内形成,由于带有盐
分的地表水流入洼地,经过蒸发而形成盐土。干旱季节时,盐土表面常有盐霜或盐壳出
现。

② 碱土:碱土的特点是在表土层中含有较多的碳酸钠和重碳酸钠,不含或仅含有
微量的其他易溶盐类,黏土胶体部分地为吸附性钠离子所饱和。碱土通常具有明显的
层次,表层为层状结构的淋溶层,下层为柱状结构的淀积层。在深度 $40\sim60$ cm 的土层
内含易溶盐最多,同时也聚积有碳酸钙和石膏。碱土可由盐土因地下水位降低而形成,

或由于地表水的渗入多于土中水的蒸发而形成。碱土在水中的溶液具有碱性反应,碱土与盐土常常共生和相互交替。盐碱土多分布在草原和河流或湖泊的阶地上以及平原的小盆地中。我国的黄河中下游阶地,以盐碱土分布广而闻名。盐碱土表层的植物生长很稀疏,常生长着黑艾蒿等特种草类,与周围的草完全不同,是识别盐碱土的一种标志。

③ 胶碱土:胶碱土又称龟裂黏土,生成于荒漠或半荒漠的地形低洼处,大部分是黏性土或粉性土,表面平坦,不长植物。干燥时非常坚硬,干裂成多角形。潮湿时立即膨胀,裂缝挤紧,成为不透水层,非常泥泞。胶碱土的整个剖面内,易溶盐的含量均较少,盐类被淋溶至 0.5 m 以下的地层内,而表层往往含有吸附性的钠离子。

（2）按含盐成分划分

盐渍土的分类如表 2-10 所示。

表 2-10　盐渍土按含盐成分分类表

盐渍土名称	Cl^-/SO_4^{2-}	$CO_3^{2-}+HCO_3^-/Cl^-+SO_4^{2-}$
氯盐渍土	>2	
亚氯盐渍土	2～1	
亚硫酸盐渍土	1～0.3	
硫酸盐渍土	<0.3	
碳酸盐渍土		>0.3

注:离子的含量以 100 g 干土内的毫克当量计。

（3）按土层中所含盐量划分

当土中含盐量超过一定值时,土的工程性质就有一定影响,所以按含盐量(%)来分类是对按含盐性质分类的补充,分类标准如表 2-11 所示。

表 2-11　盐渍土按盐渍化程度分类表

盐渍土名称	土层的平均含盐量/(%)		
	氯盐及亚氯盐	硫酸盐及亚硫酸盐	碱性盐
弱盐渍土	0.3～1.0		
中盐渍土	1.0～5.0	0.3～2.0	0.3～1.0
强盐渍土	5.0～8.0	2.0～5.0	1.0～2.0
超盐渍土	>8.0	>5.0	>2.0

3）盐渍土的工程性质

① 盐结晶的膨胀性(盐胀性):硫酸盐沉淀结晶时,体积增大,脱水时体积缩小。干

旱地区日温差较大,由于温度的变化,硫酸盐的体积时缩时胀,致使土体结构疏松。在冬季温度下降幅度较大,便产生大量的结晶,使土体剧烈膨胀。一般认为含量在 2% 以内时,膨胀带来的危害性较小,高于这个含量则膨胀量迅速增加。

碳酸盐含大量的吸附性阳离子,遇水便与胶体颗粒相作用,在胶体颗粒和黏土颗粒周围形成结合水薄膜,不仅使土颗粒间的内聚力减小,而且引起土体膨胀。如 Na_2CO_3 的含量超过 0.5% 时,其膨胀量即显著增大。

② 盐渍土的力学性质:在一定含水量的条件下,因土粒中含有盐分,使土粒间的距离增大,而内聚力及内摩擦角则随之减小,土体的强度降低。因此,土在潮湿状态时,土中的含盐量愈大,则其强度愈低。当含盐量增加到某一程度后,盐分能起胶结作用时,或土中含水量减小,盐分开始结晶,晶体充填于土孔隙中起骨架作用时,则土的内聚力及内摩擦角增大,其强度反而比不含盐的同类土的强度高。因此盐渍土的强度与土的含水量关系密切,含水量较低且含盐量较高时,土的强度就较高,反之较低。

③ 盐渍土的溶陷性和水稳性:盐渍土不仅遇水发生膨胀,易溶盐遇水还会发生溶解,造成地基在土自重压力作用下产生沉陷。溶陷性指标的测定,可按湿陷性土的湿陷试验方法进行。

水对盐渍土的稳定性影响很大,在潮湿的情况下,一般均表现为吸湿软化,使稳定性降低。

④ 盐渍土的压实性:当土中含盐量增大时,其最大密度逐渐减小,当含盐量超过一定限度时,就不易达到规定的标准密度。如果需要以含盐量较高的土作为填料,就需要加大夯实能量。硫酸盐渍土的含盐量增加到接近 2%、碳酸盐渍土的含盐量超过 0.5% 时,土的密度显著降低。氯盐渍土中的盐类晶体填充在土的孔隙中,能使土的密度增大,但当土湿化后,盐类溶解,土的密度就降低。

⑤ 盐渍土中的有害毛细水作用:盐渍土中的有害毛细水上升能直接引起地基土的浸湿软化和次生盐渍化,进而使土的强度降低,产生盐胀、冻胀等病害。影响毛细水上升高度和上升速度的因素,主要是土的粒度成分、土的矿物成分、土颗粒的排列和孔隙的大小,以及水溶液的成分、浓度、温度等。土的粒度成分对毛细水上升高度的影响最为显著,一般来说,颗粒愈细上升高度愈高。盐分含量对毛细水上升高度也有影响,主要因素是盐的含量和盐的类型,盐分对毛细水上升高度有着正反两个方面的影响:一方面,水中含盐量可以提高其表面张力,毛细水上升高度随着表面张力增大而增大;另一方面,水中盐分又使其溶液的相对密度增大,并使颗粒表面的分子水膜厚度增大,从而增加了毛细水上升的阻力,使毛细水的上升值减小。当矿化度较低时,前种情况占优势,反之则后一种影响占优势。

2.4.7　填土

填土是指在一定的社会历史条件下,由于人类活动而形成的土。由于我国幅员广阔,历史悠久,因此在我国大多数古老城市的地表面,广泛覆盖着各种类别的填土层。这种填土层无论是从堆填方式、组成成分,还是从分布特征及其工程性质等方面,均表现出一定的复杂性。

1) 填土的分类

对填土主要是根据其组成物质和堆填方式形成的工程性质的差异,划分为素填土、杂填土和冲填土三类。经分层压实的,称为压实填土。

（1）素填土

主要由碎石、砂土、粉土或黏性土等一种或几种材料组成的填土,其中不含杂质或杂质很少。按其组成物质可分为碎石素填土、砂性素填土、粉性素填土和黏性素填土。

（2）杂填土

杂填土为含有大量建筑垃圾、工业废料或生活垃圾等杂物的填土。按其组成物质成分和特征可分为以下几种。

建筑垃圾土:主要为碎砖、瓦砾、朽木等建筑垃圾夹土石组成,有机质含量较少。碎砖、石、砂等含量愈多,土质愈松散。

工业废料土:由现代工业生产的废渣、废料,诸如矿渣、煤渣、电石渣等以及其他工业废料夹少数土类组成。

生活垃圾土:由大量从居民生活中抛弃的废物,诸如炉灰、菜皮、陶瓷片等杂物夹土类组成。一般含有机质和未分解的腐殖质较多,组成物质混杂、松散。

（3）冲填土

冲填土(亦称吹填土)系由水力冲填泥砂形成的沉积土,它是我国沿海一带常见的人工填土之一,主要是由于在整理和疏通江河航道,有计划地用挖泥船,通过泥浆泵将泥砂夹大量水分,吹送至江河两岸而形成一种填土。在我国长江、上海黄浦江、广州珠江等河流两岸及滨海地段,都分布有不同性质的冲填土。

（4）压实填土

经分层压实的填土称为压实填土。

2) 填土的工程特性及工程地质问题

填土的性质与天然沉积土比较起来有很大不同。由于填土的埋积条件、堆填时间、特别是物质来源和组成成分的复杂和差异,造成填土的性质很不均匀,分布和厚度变化上缺乏规律性,带有极大的人为偶然性。一般是任意堆填,未经充分压实,故土质松散,空洞、孔隙极多。因此,填土的最基本特点是不均匀性、低密实度、高压缩性和低强度,有时具有湿陷性。现对以上各种填土的工程特性及工程地质问题分别叙述如下。

（1）素填土

素填土的工程性质取决于它的密实度和均匀性,在堆填过程中,未经人工压实者,一般密实度较差,但堆积时间较长,由于土的自重压密作用,也能达到一定密实度。如堆填时间超过 10 年的黏性土,超过 5 年的粉土,超过 2 年的砂土,均具有一定的密实度和强度,可以作为一般建筑物的天然地基。

素填土地基的不均匀性,反映在同一建筑场地内,填土的各指标(干重度、强度、压缩模量等)一般均具有较大的分散性,因而防止建筑物不均匀沉降问题是利用填土地基的关键。

（2）杂填土

杂填土颗粒成分复杂,有天然土的颗粒、有碎砖、瓦片、石块以及人类生产、生活所抛弃的各种垃圾。从化学性质来说,某些杂填土颗粒是稳定的,如其中的天然土颗粒;而另一些成分则是不稳定的,如某些岩石碎块的风化,或炉渣的崩解以及有机质的腐烂等。从土颗粒的物理力学性质来说,一般天然土颗粒强度大于土的结构强度很多倍,地基承载力受土的结构强度控制,土颗粒不致遭受破坏,即使个别颗粒破坏,其土的孔隙比的改变率比由于土颗粒破坏所产生的影响大得多,因此对一般天然地基土不考虑颗粒变形问题,而对杂填土则应考虑颗粒本身强度,如炉渣之类工业垃圾,颗粒本身多孔质轻,在不很高的压力下即可能破碎;而含大量瓦片的杂填土,除瓦片间空隙很大,可压密外,当压力达到一定程度时,往往由于瓦片的破坏而引起建筑物的沉陷。

由于杂填土颗粒成分复杂,排列又无规律,造成杂填土密实程度的不均匀性。而瓦砾、石块、炉渣间常有较大空隙,且充填程度不一,这更加剧了杂填土密实程度的不均一。

杂填土的分布和厚度变化,不像自然沉积土有一定规律性,且往往变化悬殊,但杂填土的分布和厚度变化一般与填积前的原始地形密切相关。

就其变形特点而言,杂填土往往是一种欠压密土,一般具有较高的压缩性。对部分新的杂填土,除正常荷载作用下的沉降外,还存在自重压力下沉降及湿陷变形的特点,杂填土在自重下的沉降稳定速度决定于很多因素,如杂填土的颗粒大小、级配、填土厚度、降雨及地下水情况以及外部荷载情况等;对生活垃圾土还存在因进一步分解腐殖质而引起的变形。干或稍湿的杂填土一般具有浸水湿陷性,杂填土形成时间短,结构松散,这是引起浸水湿陷和变形大的主要原因。其次当杂填土中含可溶盐较多,对杂填土浸水湿陷也有一定影响。

杂填土的物质成分异常复杂,不同物质成分直接影响土的工程性质。当建筑垃圾土的组成物以砖块为主时,则优于以瓦片为主的土。建筑垃圾土和工业废料土,在一般情况下优于生活垃圾土。因生活垃圾土物质成分杂乱,含大量有机质和未分解腐殖质,各种有机质的腐化速度彼此不同,加以埋藏条件不同,地下水情况各异,难以确定其中的复杂过程,但是当填土中腐殖质主要部分是半分解或未分解的植物遗体,且仅仅经过了短时间的腐化,或当杂填土中腐殖量过大时,不仅影响沉降稳定的时间,而且具有很大的压缩性和很低的强度。

（3）冲填土

冲填土的颗粒组成随泥砂来源而变化,有砂粒也有黏粒和粉粒。在吹填的出口外,沉积的颗粒较粗,甚至有石块,顺着出口向外围则逐渐变细。在冲填过程中由于泥砂来源的变化,则会造成在纵横方向上的不均匀性,土层多呈透镜体状或薄层状构造。并常形成 1/1000 左右的坡度,砂性较重的土,坡度亦较大。

冲填土的含水率大,当为黏性土或粉土时,一般大于液限,透水性较弱,排水固结差,一般呈软塑或流塑状态。特别是当黏粒含量较多时,水分不易排出,土体形成初期呈流塑状态,后来土层表面虽经蒸发干缩龟裂,但下面土层由于水分不易排出,仍处于流塑状态,稍加扰动即发生触变现象。因此冲填土多属未完成自重固结的高压缩性软土,土的结构需要有一定时间进行再组合,土的有效应力要在排水固结条件下才能提高。

土的排水固结条件,也决定于原始地面的形态。如原地面高低不平或局部低洼,冲填后土内水分不易排出,长时间仍处于饱和状态,如冲填于易排水地段或采取排水措施时,则固结进程加快。

冲填土一般比同类自然沉积饱和土的强度低,压缩性高。冲填土的工程性质与其颗粒组成、均匀性、排水固结条件以及冲填形成的时间均有密切关系。

(4) 压实填土

压实填土的工程性质,取决于填土的均匀性,压实时的含水率和密度,以及压实时质量检验情况等。利用压实填土作地基时,不得使用淤泥、耕土、冻土、膨胀性土以及有机物含量大于 5% 的土作为填料,当填料内含有碎石土时,其粒径一般不大于 200 mm。若填料的主要成分为易风化的碎石土时,应加强地面排水和表面覆盖等措施。

【思考题】

2-1 冲积物与洪积物的异同点,残积物与坡积物的异同点。

2-2 风积土的类型和主要工程性质。

2-3 试述土的分类原则和土的工程分类。

2-4 土的孔隙度和孔隙比有何区别和联系,在工程应用中有何意义?

2-5 试说明土的液限和塑限的意义。

2-6 土的基本物理性质指标的定义及其相互换算关系。

2-7 土的压缩性和抗剪强度指标的含义及计算式。

2-8 试说明无黏性土和黏性土在抗剪强度指标上的区别。

2-9 我国特殊性岩土的主要类型及其各自的典型特征。

第3章 地质构造

组成地壳的地质体在构造应力长期作用下,发生变形破坏所遗留下来的各种构造形迹,称为地质构造。它主要包括褶皱(背斜、向斜等)、断层(正断层、逆断层等)、裂隙(节理、劈理)等。地质构造的规模可以很大,也可以很小。如大的可达几百公里至上千公里的褶皱、断裂破碎带;小的则极为细微,可在手标本上出现。无论规模大小,它们都是构造运动造成的永久变形和错位的踪迹。

在漫长的地质历史演化中,地壳经历了多次大的构造运动,形成了全球复杂多变的大地构造格局。在某一区域内,往往有不同规模不同类型的构造体系形成,并互相干扰、互相切割,使区域内地质构造复杂化。

3.1 地质年代

在地壳中已发现的最老的岩石年龄约 40 亿年,此前地壳已开始形成。在这漫长的地质历史长河中,地壳经历了不断变化的过程,这一变化过程在整个地壳历史中可分为若干个发展阶段,即若干个时间段落。地壳发展的时间段落称为地质年代。要了解一个地区的地质构造,地层的相互关系,以及阅读地质资料和地质图件时,必须具备地质年代的知识。

3.1.1 确定地质年代的方法

由两个平行或近于平行的界面(岩层面)所限制的同一岩性组成的层状岩石,称为岩层。

岩层是沉积岩的基本单位而没有时代含意。而地层和岩层不同,它有时代含义。在地质学中,把某一地质时代形成的一套岩层(不论是沉积岩、火山碎屑岩还是变质岩)称为那个时代的地层。

确定地层地质年代有两种方法:一种是相对地质年代,另一种是绝对地质年代。绝对地质年代由距今多少年前来表示,是通过岩石样品所含放射性同位素进行测定,得到所谓"绝对"地质年龄。在地质工作中,常应用地层的相对地质年代。

1) 相对地质年代确定法

(1) 沉积岩地层相对年代的确定方法

地层的相对年代主要是根据地层的上下层序、地层中的化石、岩性变化和地层之间的接触关系等来确定的。

① 地层层序法。正常的地层是老的先沉积在下,而新的后沉积在上。地层这种新老的上下覆盖关系,称为地层的层序定律。常利用地层层序法来确定其相对地质

年代。但在剧烈构造运动中地层发生倒转的情况下,这一方法就不能应用了。

② 古生物比较法。古生物化石是古代生物保存在地层中的遗体或遗迹,如动物的外壳、骨骼、角质层和足印,植物的枝、干、叶等。地球上自有生物出现以来,每一个地质时期有相应的生物繁殖。随着时间的推移,生物的演化是由简单到复杂,由低级到高级,在某一地质时期绝灭了的种属不能再出现。这一规律称为生物演化的不可逆性。因此,新地层内的生物化石的种类和组合,往往不同于老地层内的生物化石的种类和组合。通常利用那些演化快、生存短、分布广泛的生物化石,又称标准化石来确定地层的相对年代。

③ 标准地层对比法。不同地质时代的沉积环境不同,因而不同地质时期形成的沉积岩,其岩性特征有很大的差异。只有在同一地质时期、相同的沉积环境,形成的沉积岩才具有相似的岩性特征。因此,可以用地层的岩性变化来划分和对比地层。一般是利用已知相对年代的,具有某种特殊性质和特征的,易为人们辨认的"标志层"来进行对比。例如,我国华北和东北的南部,奥陶纪地层是厚层质纯的石灰岩;广西、湖南一带的泥盆纪早期地层为紫红色的砂岩等都可以作为"标志层"。还可利用地层中含燧石结核的灰岩、冰碛层、硅质层、碳质层等特征来定"标志层"。标准地层对比法,一般用于地质年代较老而又无化石的"哑地层"。对含有化石的地层,可与古生物比较法结合运用,相互印证。

④ 地层接触关系。是根据不同地质年代的地层之间的接触关系,来确定其相对年代。地层之间的接触关系有:整合接触、平行不整合(假整合)接触、角度(斜交)不整合接触(见图3-1)。

整合接触:在地壳长期下降情况下,沉积物在沉积盆地中一层一层沉积下来,不同时代的地层是连续沉积的,中间没有间断。这种地层之间的接触关系,称为整合接触。

平行不整合接触(假整合):当地壳由长期下降的状态转变为上升时,早先形成的地层露出水面,不仅不再接受沉积,而且还遭受到风化剥蚀,形成高低不平的侵蚀面;其后地壳再次下降,原来的侵蚀面上又沉积了一套新地层。这样,新老两套地层的岩层面大致平行,但它们之间存在着一个侵蚀面,称为不整合面,并缺失一部分地层,反映沉积作用曾发生过间断。新老地层之间的这种接触关系叫做平行不整合(假整合)接触。

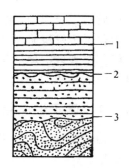

图3-1 地层接触关系
1—整合;2—平行不整合;
3—角度不整合

角度(斜交)不整合接触:当地壳由下降转为上升的过程中,早先形成的地层因地壳剧烈运动而产生褶皱和断裂时,岩层便产生倾斜。当这套地层露出水面后经过风化剥蚀,再次下降接受新的沉积。新老两套地层之间不但有地层缺失,而且不整合面上下两套地层的岩层产状呈角度相交。这种接触关系叫做角度(或斜交)不整合接触。

(2)岩浆岩相对地质年代的确定方法

岩浆岩不含古生物化石,也没有层理构造。岩浆岩的相对地质年代,是通过它与地层的接触关系以及不同时期的岩浆岩侵入体之间穿插关系来确定的。

① 岩浆岩与地层的接触关系：根据岩浆岩侵入体与周围已知地质年代的地层的接触关系，来确定岩浆岩形成的相对地质年代。

侵入接触：岩浆侵入到地层之中，常使围岩发生热力变质现象。侵入接触关系，说明岩浆侵入体形成的地质年代晚于被侵入地层的地质年代〔见图 3-2(a)〕。

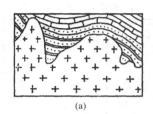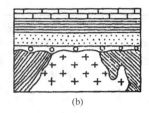

图 3-2　岩浆岩与地层的接触关系
(a) 侵入接触；(b) 沉积接触

沉积接触：岩浆岩形成之后，经过长期风化剥蚀，形成风化剥蚀面后，该地区下降接受沉积而形成一套新地层，地层底部往往有一层底砾岩，其砾石成分由下部岩浆岩组成。

沉积接触关系说明岩浆岩侵入体形成的地质年代早于上覆地层的地质年代〔见图 3-2(b)〕。

② 岩浆岩之间的穿插关系：若不同时期的岩浆岩侵入体相接触，时代新的侵入体呈岩株、岩脉穿插到时代较老的侵入体内。

2）同位素地质年龄确定法

同位素地质年龄是表示岩石形成到现在的实际年龄，即所谓的"绝对"年龄。它是根据岩石中所含的放射性同位素和它的蜕变产物（稳定同位素）的相对含量来测定。当岩石和矿物形成时，一些放射性同位素就含在里面。

从这时起，这些放射性同位素就以恒定的速度蜕变成稳定的同位素。例如，U^{235}—Pb^{207}，1 g 铀在一年内可以蜕变出 7.4×10^{-9} g 铅，根据含铀矿物或岩石中的铅铀比率，即可测出该含铀矿物的岩石的实际形成的地质年代。同位素地质年龄测定，主要用来确定不含化石的古老地层和岩浆岩的年龄。

3.1.2　地质年代及地层单位

1）地质年代及地层单位的划分

在地壳演化的漫长历史过程中，地质环境和生物种类经历了多次巨变。在不同地质时代相应地形成不同的地层，故地层是地壳在各地质时代里变化的真实记录。根据地层形成顺序、岩性变化特征、生物演化阶段、构造运动性质和古地理环境等因素，把地质年代划分为隐生宙、显生宙两大阶段；宙以下分代，隐生宙分为太古代和元古代，显生宙分为古生代、中生代和新生代；代以下分纪；纪以下分世。相应于每个地质年代单位即宙、代、纪、世，所形成的地层单位是宇、界、系、统。如古生代形成的地层叫古生界。

宙（宇）、代（界）、纪（系）、世（统）是国际统一规定的地质年代名称和地层划分单位。

2) 地质年代表

地质年代表见表 3-1。

表 3-1 地质年代表

相对年代				绝对年龄(百万年)	生物开始出现时间		主要特征
宙(字)	代(界)	纪(系)	世(统)		植物	动物	
显生宙(字)	新生代(界)Kz	第四纪(系)Q	全新世(统)Q_4 更新世(统)Q_{1-3}	0.02		←现代人	各种近代堆积物,冰川分布、黄土生成
		第三纪(系)R	晚第三纪(系)N	上新世(统)N_2 中新世(统)N_1	1.5±0.5		←古猿	主要成煤期,哺乳动物、鸟类发展;被子植物盛
			早第三纪(系)E	渐新世(统)E_3 始新世(统)E_2 古新世(统)E_1	37±2			
	中生代(界)Mz	白垩纪(系)K	晚(上) 白垩世(统)K_2 早(下) K_1	67±3	←被子植物	←哺乳类	后期地壳运动强烈,岩浆活动,海水退出大陆;恐龙时代;裸子植物盛;华北为陆地,华南为浅海,鱼类、两栖类盈,成煤时代
		侏罗纪(系)J	晚(上) J_3 中(中)侏罗世(统)J_2 早(下) J_1	137±5			
		三叠纪(系)T	晚(上) T_3 中(中)三叠世(统)T_2 早(下) T_1	195±5			
	古生代(界)	晚古生代(界)Pz^2	二叠纪(系)P	晚(上) 二叠世(统)P_2 早(下) P_1	230±10		←爬行类	
			石炭纪(系)C	晚(上) C_3 中(中)石炭世(统)C_2 早(下) C_1	285±10			
			泥盆纪(系)D	晚(上) D_3 中(中)泥盆世(统)D_2 早(下) D_1	350±10	←裸子植物	←两栖类	
		早古生代(界)Pz^1	志留纪(系)S	晚(上) S_3 中(中)志留世(统)S_2 早(下) S_1	405±10	←蕨类植物	←鱼类	后期地壳运动强烈,大部处浅海环境,华北缺 O_3－S 地层;无脊椎动物时代
			奥陶纪(系)O	晚(上) O_3 中(中)奥陶世(统)O_2 早(下) O_1	440±10		←无颌类	
			寒武纪(系)∈	晚(上) $∈_3$ 中(中)寒武世(统)$∈_2$ 早(下) $∈_1$	500±10			
隐生宙(字)	元古代(界)Pt	震旦纪(系)Z	晚(上) 震旦世(统)Z_2 早(下) Z_1	570±15		←无脊椎动物	海侵广泛原始单细胞生物时代,晚期构造运动强烈
	太古代(界)Ar			2 500±		←菌藻类	
地球初期发展阶段				4 000 / 4 600		无生物	

* 表中同位素年龄系据 1967 年国际地质年代委员会推荐数值。

3.2　岩层产状及其测定

3.2.1　水平岩层和倾斜岩层

沉积岩在形成过程中,除沉积盆地边缘或盆地底部突起部分外,大部分沉积岩层的原始形态呈水平或近于水平。在没有遭受强烈的水平运动,而只受地壳升降运动的情况下,它仍然保持其水平状态,这种岩层称水平岩层。但绝对水平的岩层几乎是不存在的。一方面是由于岩层形成时,不可能是绝对水平的;另一方面,即使只受升降运动影响,岩层也会出现局部差异而改变其水平状态。习惯上,把倾角小于 5°的岩层称为水平岩层。

沉积岩层由于地壳运动(主要是水平运动)的影响,改变了原始状态,形成倾斜岩层。如果岩层向一个方向倾斜,倾角又近于相等则称单斜岩层。单斜岩层往往是褶曲的一翼、断层的一盘,或是由局部地层不均匀升降所引起的。

3.2.2　岩层产状

岩层产状是指岩层在地壳中的空间方位和产出状态。倾斜岩层的产状,是用岩层层面的走向、倾向和倾角三个要素来表示的(见图3-3)。

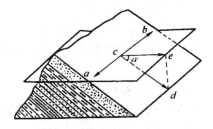

图 3-3　岩层产状要素

ab—走向;cd—倾斜线;
ce—倾向;α—倾角

1) 走向

岩层层面与水平面的交线称该岩层的走向线(见图 3-3 中 ab 线),走向线所指的方向即走向。走向线是直线,两头各指一方,例如一头指向南,另一头则指向北,该岩层的走向为南北向。

2) 倾向

在岩层层面上垂直岩层走向线的射线称岩层的倾斜线(见图 3-3 中 cd 线),倾斜线在水平面上的投影,即倾向线(见图 3-3 中 ce 线),倾向线所指的方向,即岩层的倾向。由于倾向线是射线,岩层的倾向只有一个方向。

3) 倾角

岩层层面与水平面之间的二面角,即倾斜线和倾向线的夹角 α(见图3-3),称为岩层的倾角。可见,当 $\alpha=0°$ 时,为水平岩层;当 $\alpha=90°$ 时,为直立岩层;当 $0°<\alpha<90°$ 时,为倾斜岩层。

3.2.3 岩层产状的测定及表示方法

1) 岩层产状的测定

岩层产状要素在现场是用地质罗盘直接测定其走向、倾向、倾角。其测定方法如下：

（1）选择岩层层面

测量前先正确选择岩层层面，不要将节理面误认为岩层层面，另外注意确定岩层的真正露头，而不是滚石；选择的岩层层面要平整，且层面产状具有代表性。

（2）测岩层走向

将地质罗盘的长边（即罗盘的刻度的南北方向）紧贴岩层层面，并使罗盘水平，读罗盘的南针或北针所指的方位角即为所测的岩层走向。

（3）测岩层倾向

将罗盘的短边紧贴岩层层面，并使罗盘水平。读罗盘北针所指的方位角即为所测的岩层倾向。

（4）测岩层的倾角

将罗盘的长边的面沿着最大倾斜方向紧贴岩层层面，并旋转倾角指示针使垂直气泡居中（或放松倾斜悬锤），此时倾角指示针所指的下刻度盘的度数即为所测岩层的倾角。

2) 岩层产状的表示方法

在地质图上，岩层的产状常用符号"├30"表示，长线表示岩层的走向，与长线垂直的短线表示岩层的倾向，数字表示岩层的倾角。

在文字记录中，岩层产状有两种表示方法：

（1）方位角表示法

岩层产状记录中最常用的方法。一般只记倾向和倾角。如 $200°\angle 30°$，表示某岩层的倾向为 SW200°，倾角为 30°，其走向可用倾向加减 90°计算得出：290°或 110°。

（2）象限角表示法

以南、北的方向作为标准，记为 0°，一般记录走向、倾向、倾角。如 N40°E/30°SE，即表示某岩层走向为北偏东 40°，倾角为 30°，倾向南东。

目前，象限角表示法很少被应用，通常都采用方位角表示法。

3.3 褶皱构造

3.3.1 褶皱现象

地壳中的岩层在褶皱运动作用下，发生一系列向上和向下的波状弯曲，并保持其连续完整性的变形，称为褶皱构造，简称褶皱。褶皱规模大小相差悬殊，巨大的褶皱可延伸达数十至数百公里,而小的褶皱可在手标本上见到。

褶曲是褶皱中的一个弯曲,即褶皱的基本单位,由一系列的褶曲组成褶皱。褶曲有两种基本形态。

(1) 背斜

组成背斜的岩层向上弯曲,其中心部位由相对较老地层组成,两侧由较新地层组成,两翼岩层倾向相背,故称背斜。背斜经风化剥蚀后,组成背斜的地层在地面的分布规律是:从中心至两侧地层由老至新呈对称重复出现。

(2) 向斜

组成向斜岩层向下弯曲,其中心部位由相对较新地层组成,两侧由较老地层组成,两翼岩层倾向相向,故称向斜。向斜经风化剥蚀后,组成向斜的地层在地面的分布规律是:从中心至两侧,地层由新至老呈对称重复出现。

地质剖面图上显示的背斜与向斜如图 3-4 所示。

图 3-4　地质剖面图上的背斜与向斜

3.3.2　褶曲要素

为了表示和描述褶曲的空间形态,习惯上把褶曲的各个组成部分称为褶曲要素(见图 3-5)。

核部:指褶曲的中心部分,有时也称轴部。

翼部:指核部两侧的岩层。

轴面:平分褶曲为两部分的一个假想面,称轴面。它可以是平面,也可以是曲

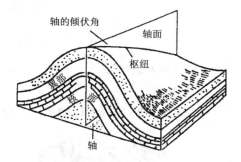

图 3-5　褶曲要素示意图

面,其产状随褶曲的形态而变化,可以是直立的、倾斜的或平卧的。

轴:轴面与水平面的交线,称为褶曲的轴。轴总是一条水平线,它表示褶曲纵向延伸方向。当轴面是平面时,轴为水平直线;轴面为曲面时,轴为一水平曲线。

枢纽:是指轴面与岩层层面的交线。枢纽可以是直线或曲线;其产状有水平的、倾斜的、直立的、也有波状起伏的。

3.3.3　褶曲的形态分类

褶曲具有各种不同的形态,通常是根据褶曲要素的变化,从不同的侧面对褶曲形态进行分类。最常见的是以褶曲的轴面和枢纽的产状变化进行分类。

1) 按轴面的产状分类

(1) 直立褶曲

直立褶曲的轴面直立,两翼岩层倾向相反倾角大致相等,为典型对称褶曲见〔图3-6(a)〕。

(2) 倾斜褶曲

倾斜褶曲轴面倾斜,两翼岩层倾向相反,倾角不等〔见图3-6(b)〕。

(3) 倒转褶曲

倒转褶曲轴面倾斜,两翼岩层倾向相同,其中一翼岩层的层序正常,另一翼岩层的层序倒转〔见图3-6(c)〕。

(4) 平卧褶曲

平卧褶曲又称横卧褶曲,褶曲轴面近于水平。一翼伏于另一翼之上,故有上下翼之分,下翼岩层的层序倒转〔见图3-6(d)〕。

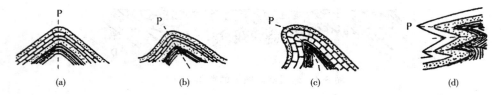

图 3-6　按轴面产状划分的褶曲类型

(a) 直立背斜;(b) 倾斜背斜;(c) 倒转背斜;

(d) 平卧褶曲 P 代表轴面

2) 按枢纽产状分类

(1) 水平褶曲

褶曲枢纽水平,两翼岩层的走向平行,呈不封闭状态〔见图3-7(a)〕。

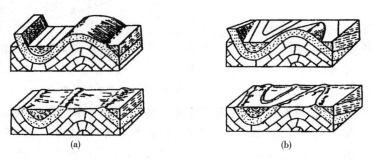

图 3-7　水平褶曲和倾伏褶曲示意图

(a) 水平褶曲;(b) 倾伏褶曲

(2) 倾伏褶曲

褶曲枢纽倾斜,两翼岩层的走向不平行,并逐渐汇合形成弧形转折端〔见图3-7(b)〕。倾伏背斜的轴自弧形开口端向封闭端倾伏,而形成外倾转折;倾伏向斜的轴自封闭端向弧形开口端倾伏,形成内倾转折。

3.3.4　褶皱构造的野外识别

由于遭受地面风化剥蚀的破坏,现存的褶皱其外观会发生很大变化,往往残缺不全,再加上浮土层的覆盖,在野外识别褶皱会有一定的困难。为识别褶皱的构造形态,一般是对地层分布规律、地层层序、岩性及露头产状特征,进行系统测量、分析,最终得出其全貌。

首先可采用路线穿越法观察全区的地层出露规律,在垂直岩层

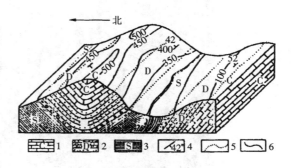

图 3-8　某地褶皱构造立体示意
1—石炭系;2—泥盆系;3—志留系;4—岩层产状;
5—岩层界线;6—地形等高线

走向方向上进行观察,了解岩层产状变化和新老地层的分布特征。若地层呈现有规律的对称重复,则说明该区必有褶皱。例如某地地质构造立体示意图(见图 3-8),区内岩层走向近东西方向,从南往北进行观察,发现以志留系(S)和石炭系(C)地层为两个对称中线,两侧地层分别呈对称重复出现,故该地区内有两个褶曲。

在确定有褶曲后,可进一步观察新老地层分布规律。该区南部以志留系地层为中心,两侧依次为泥盆系(D)和石炭系地层,故为背斜。该区北部以石炭系地层为中心,两侧依次为泥盆系和志留系地层,故为向斜。根据路线剖面观察中所测得的岩层产状,结合各类褶曲的基本特征,可确定该向斜为直立水平向斜,前斜为倒转水平背斜。

3.4　断裂构造

地壳中的岩石受到构造应力作用将产生变形并达到一定程度,其连续性和完整性受到破坏,将产生破裂或沿破裂面发生位移而形成断裂构造。断裂构造是地壳中常见的地质构造,断裂构造发育地区,常成群分布,形成断裂带。根据断裂两侧岩块沿断裂面有无明显位移,断裂构造分为两大类:节理和断层。

3.4.1　节理

节理就是岩石中的裂缝,沿破裂面没有明显的位移,有时也称裂隙。节理的产状和岩层一样,用走向、倾向和倾角三要素来表示。

节理的规模相差悬殊,小的长仅几厘米,长的达数米至数十米,节理面可以是平坦的,也可以是不平坦的。自然界岩体中的节理如图 3-9 所示。

1)节理的类型

根据节理的成因,可分为原生节理、构造节理和次生节理。

图 3-9 自然界岩体中的节理

（1）原生节理

原生节理是指岩石在形成过程中所产生的节理，如玄武岩中的柱状节理。

（2）构造节理

构造节理是岩石受构造应力作用产生的。分布极广泛，具有明显的方向性和规律性，是岩层中主要的破裂结构面，对地下水活动和工程建筑影响极大。按其力学成因，可分为剪节理和张节理。

① 剪节理：当岩石所受最大剪应力达到并超过岩石的抗剪强度时，则产生剪节理。因此，剪节理往往与最大剪应力作用方向一致，且常成对出现，称为共轭"X"节理。剪节理一般是闭合的，节理面平坦光滑，常有滑动擦痕和擦光面；剪节理的产状稳定，沿走向和倾向延伸较远；在砾岩或粗砂岩中，剪节理能较平整地切割砾石和粗砂碎屑。

② 张节理：是岩石受拉张应力作用而形成的裂隙。张节理的主要特征：其裂口是张开的，呈上宽下窄的楔形；多发育于脆性岩石中，尤其在褶曲转折端等拉张应力集中的部位；张节理面粗糙不平，产状不稳定，沿其走向和倾向都延伸不远即行尖灭；一般无滑动擦痕和摩擦镜面，因张节理常是追踪剪节理发育而呈锯齿状；当其发育于砾岩中时，常绕过砾石，其裂面明显凸凹不平。

此外，根据节理产出特征还分出一类——劈理。岩石中平行、密集的微小构造裂隙，称为劈理。劈理面的间距一般仅几毫米至几十毫米，常按一定方向把岩石切割成平行的薄板或薄片状，容易和岩石的层状或板状构造相混淆；多数情况下，劈理和层面不一致。劈理往往只发育于构造变动强烈、应力集中的地段，如褶皱的两翼、大断层的两侧等。

劈理的存在使岩石强度大大降低，极易风化成碎片，透水性增大，对工程建筑极为不利。

③ 次生节理:由于岩体受卸荷、风化、地下水等次生作用而产生的裂隙,如沿沟壁岸坡发育的卸荷裂隙,岩体近地面表层广泛发育的风化裂隙等。次生节理分布零乱,没有规律性,破坏岩体的完整,使岩石多成碎块。

2)节理的工程地质评价

地壳中广泛发育的节理,对岩体的强度和稳定性均有不利的影响:破坏了岩体的完整性,水易沿裂隙渗入,加速岩石的风化,降低了基岩的承载力,增大岩石渗透性等。如人工开挖边坡容易发生崩塌和塌方。地下开挖中,岩体中的节理裂隙影响爆破作业效果,并使地下工程的围岩失稳。因此,在节理裂隙发育地区,应对其进行深入的调查研究,详细论证它对工程建筑的不利影响,采取相应处理措施,以保证工程建筑的安全和正常使用。

3)节理调查、统计和表示方法

为了弄清工程场地节理分布规律及其对工程岩体稳定性的影响,在进行工程勘察时,都要对节理裂隙进行现场详细调查和室内资料整理工作,并用统计图表形式把岩体裂隙的分布情况表示出来。

(1)节理的现场调查

构造节理主要作为褶皱和断裂构造的伴生构造产出。所以,在进行节理的调查之前需要先了解调查区的构造轮廓和构造应力场的特征。

节理的现场调查:首先是根据调查工作的性质和任务确定调查的范围和详细程度。一般在进行 1∶50 000 到 1∶10 000 的地质测绘时,每平方公里内设置 4～6 个观测点,在构造复杂地段要加密。在大比例尺测绘和水工建筑勘察中,还要结合建筑物的位置,选择有代表性地段,进行详细测量。

在每一观测点上,应确定其地理位置、构造部位、地层岩性产状,再观测节理产状、节理面的性质、裂隙宽度、节理密度、节理的组数和相互的穿插关系,以及节理内充填物和含水情况等,并由此鉴定各组节理的成因类型。水工建筑勘察中还应着重调查缓倾斜节理在不同部位的发育情况。每一测点的测量统计面积应视节理发育程度而定,一般取 1～4 m²,观测统计包括节理类型、产状(走向、倾向、倾角)、规模(长度、宽度、深度)、充填胶结情况、节理面性质、条数等,并按记录表格(见表 3-2)进行登记,典型测点处要进行拍照。

表 3-2　节理现场测量记录表

编号	节 理 产 状			长度	宽度	条数	填充情况	裂隙成因类型
	走向	倾向	倾角					
1	NW307°	N37°E	18°			22	裂隙面夹泥	扭性裂隙
2	NW332°	N62°E	10°			15	裂隙面夹泥	扭性裂隙
3	N7°E	NW277°	80°			2	裂隙面夹泥	张性裂隙

（2）节理观测资料的室内整理

现场调查统计资料，到室内工作阶段要进行整理，并用各种统计图把它表示出来，以便对比分析。统计图种类很多，常采用节理玫瑰图和等密图等来表示。也可以用计算机来处理大量的现场观测数据，并做出各种统计图。

节理玫瑰图能较直观反映出节理的产状和分布情况，且作图简单容易，常被广泛应用。

节理玫瑰图有两类，一类是用节理走向编制，另一类用节理倾向编制。下面简要介绍节理走向玫瑰图的作用方法。

首先将现场测量统计的节理数据的走向按5°或10°为一区间进行分组，统计每组节理的条数和计算每组节理的平均走向。再作任意大小的半圆（见图3-10），沿圆周标上北、东、西三个方向，并按方位角划分出刻度，用以表示节理的走向；按每组节理的平均走向和条数投图：自半圆中心沿径向引辐射线段，该线段的方向代表每组节理的平均走向的方位，线段长度（按比例）代表相应组的节理条数；最后把相邻组的线段端点用直线连接起来，若相邻组内没有线段，则需连回圆心，即做成了走向玫瑰图（见图3-10）。

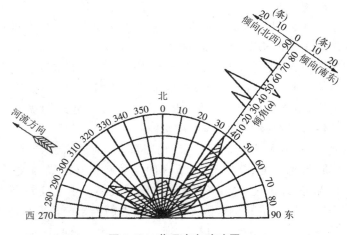

图 3-10　节理走向玫瑰图

为了表示最发育一组节理倾斜、倾角，可在走向玫瑰图上沿最发育一组节理的平均走向方向上，沿径向引一延长线，并将其等分成90°，用来表示节理的倾角；再在该线顶端再作一垂直线，其长度按比例代表节理的条数，其所指的方向代表节理的倾向；将该组节理按倾向再分组，根据节理倾向和条数投出各点，每组分画成三角形，这就完成了最发育一组节理倾向和倾角图（见图3-10）。

另外，在该图上还可标出河流及公路延伸方向，可分析节理与公路关系。从图3-10中可看出，以垂直河流方向的节理最发育，且倾向河流下游者居多，据此可了解勘察区岩体节理裂隙的发育规律。

裂隙的发育程度,在数量上有时用裂隙率表示。裂隙率是指岩石中裂隙的面积与岩石总面积的百分比。裂隙率越大,表示岩石中的裂隙越发育。反之,则表明裂隙不发育。工程地质常用的裂隙发育程度的分级如表 3-3。

表 3-3　裂隙发育程度的分级

发育程度等级	基 本 特 征	附 注
裂隙不发育	裂隙 1～2 组,规则,构造型,间距在 1 m 以上,多为密闭裂隙。岩体被切割成巨块状	对基础工程无影响,在不含水且无其他不良因素时,对岩体稳定性影响不大
裂隙较发育	裂隙 2～3 组,呈 X 型较规则,以构造型为主,多数间距大于 0.4 m,多为密闭裂隙,部分为微张裂隙,少有填充物。岩体被切割成大块状	对基础工程影响不大,对其他工程可能产生相当影响
裂隙发育	裂隙 3 组以上,不规则,以构造型或风化型为主,多数间距小于 0.4 m,大部分为张开裂隙,部分有填充物。岩体被切割成小块状	对工程建筑物可能产生很大影响
裂隙很发育	裂隙 3 组以上,杂乱,以风化型和构造型为主,多数间距小于 0.2 m,以张开裂隙为主,一般均有填充物。岩体被切割成碎石状	对工程建筑物产生严重影响

注:裂隙宽度<1 mm 为密闭裂隙,1～3 mm 为微张裂隙,3～5 mm 为张开裂隙,>5 mm 为宽张裂隙。

3.4.2　断层

断层是一种有明显位移的断裂构造。断层在地壳分布很广泛,种类繁多,形态各异,规模大小悬殊。小的断层延长只有几米,相对位移只有几厘米,大的断层可延伸数百公里至上千公里,深度甚至可切穿地壳至上地幔,影响范围很广。断层破坏了岩体的连续完整性,它不仅对岩体的稳定性和渗透性、地震活动和区域稳定都有重大的影响,而且是地下水运动的良好通道和汇聚场所。在规模较大的断层附近或断层发育地区,常赋存有丰富的地下水资源。

1)断层要素

习惯上把断层的各个组成部分叫做断层要素。

(1)断层面

断层面是一个破裂面,把岩体分为两个断块,断块沿着断层面发生显著位移。断层面可以是平面,也可以是弯曲或波状起伏的曲面。断层面的产状的表示和岩层面一样,即用走向、倾向和倾角表示。有些大的断层,断层面由许多破裂面所组成的破裂带,甚至是一个破碎带。

（2）断层线

断层线是指断层面与地面的交线，实际上就是断层面在地表的出露线，是地质界线之一。断层线随断层面的倾斜、形态及地面起伏情况不同，有时呈直线，有时呈曲线。断层线的延伸方向代表断层的走向。

（3）断盘

被断层面分开的两侧岩块称断盘。当断层面倾斜时，位于断层面上方的叫上盘，位于断层面下方的叫下盘。当断层面近于直立时，没有上下盘之分，则以断层所处相对方位称谓，如东盘、西盘。根据两盘相对位移关系，分为上升盘、下降盘。

（4）断距

断层两盘沿断层面相对位移的距离称为断距。

2）断层的基本类型

断层的分类方法很多，所以不同类型的断层名称也很多。通常是以断层两盘相对位移关系、断层走向与褶曲轴向的关系进行分类。

（1）按断层两盘相对位移方向分类

按断层两盘相对位移方向分类可分为正断层、逆断层和断层平移断层。

① 正断层：是指上盘沿断层面相对下降，下盘相对上升的断层〔见图 3-11（a）〕。正断层是在重力作用或水平张力作用下形成的，在垂直于拉张应力的方向上发育。其断层线较平直，断层面倾角较陡，一般大于 45°。

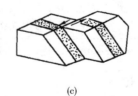

(a)　　　　　　　　(b)　　　　　　　　(c)

图 3-11　断层的基本类型

（a）正断层；（b）逆断层；（c）平移断层

② 逆断层：指上盘沿断层面相对上升，下盘相对下降的断层〔见图 3-11（b）〕。逆断层一般是受水平压力作用下沿剪裂面形成的，常与褶皱构造相伴生。逆断层的倾角变化很大，断层面倾角大于 45°的称冲断层；介于 25°～45°之间称逆掩断层；小于25°的称辗掩断层。逆掩断层和辗掩断层的规模一般很大，往往是区域性的大断层。

③ 平移断层：是指断层两盘沿断层面走向产生相对水平位移的断层〔见图 3-11（c）〕。平移断层是在水平剪切应力作用下形成的，其断层面倾角很陡，常近于直立，断层线平直延伸远，断层面上常有近于水平的擦痕。

正断层、逆断层、平移断层是受单向应力作用而产生的，是断层的三个基本类型。野外常见到平移断层和正断层或逆断层的过渡类型，分别称为平移正断层、平移逆断层或正平移断层、逆平移断层等。

一次大的构造运动，往往形成几组断层，以一定的排列组合方式出现，如一系列大致平行的断层组合而成的阶梯状断层、地垒、地堑（见图 3-12）以及叠瓦式断层（见图 3-13）。

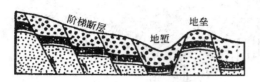

图 3-12 阶梯状断层、地垒和地堑剖面示意图

图 3-13 叠瓦式断层剖面示意图

（2）按断层走向与褶曲轴划分

断层可分为纵断层、横断层和斜断层。

① 纵断层：指断层走向与褶曲轴方向一致的断层，即断层大致沿褶曲轴方向延伸。

② 横向断层：指断层走向与褶曲轴方向正交的断层，即断层沿横切褶曲轴方向延伸。

③ 斜向断层：指断层走向与褶曲轴方向斜交的断层，即断层沿斜切褶曲轴方向延伸。

3）断层的工程地质评价

由于岩层发生强烈的断裂变动，致使岩体裂隙增多、岩石破碎、风化严重、地下水发育，从而降低了岩石的强度和稳定性，对工程建筑造成了种种不利的影响。因此，在公路工程建设中，如确定路线布局、选择桥位和隧道位置时，要尽量避开大的断层破碎带。

在研究路线布局，特别在安排河谷路线时，要特别注意河谷地貌与断层构造的关系。当路线与断层走向平行，路基靠近断层破碎带时，由于开挖路基，容易引起边坡发生大规模坍塌，直接影响施工和公路的正常使用。在进行大桥桥位勘测时，要注意查明桥基部分有无断层存在及其影响程度如何，以便根据不同情况，在设计基础工程时采取相应的处理措施。

在断层发育地带修建隧道，是最不利的一种情况。由于岩层的整体性遭到破坏，加上地面水或地下水的侵入，其强度和稳定性都很差，容易产生洞顶坍落，影响施工安全。因此，当隧道轴线与断层走向平行时，应尽量避免与断层破碎带接触。隧道横穿断层时，虽然只有个别段落受断层影响，但因地质及水文地质条件不良，必须预先考虑措施，保证施工安全。特别当断层破碎带规模很大，或者穿越断层带时，会使施工十分困难，在确定隧道平面位置时，要尽量设法避开。

4）断层的野外识别

在野外若能直接见到断层面，可以肯定断层的存在。但是断层面往往不易直接观察到，需要寻找一些其他标志来识别断层的存在。

（1）地貌标志

由于断层造成岩石的破碎,容易被流水等剥蚀和切割。因此,断层通过的地方常表现为洼地或河谷,但也不能认为"逢沟必断"。一般在山岭地区,沿断层破碎带侵蚀下切而形成沟谷或峡谷地貌;以及山脊被错断、错开,河谷跌水瀑布,河谷方向发生突然转折等,很可能是断层错动在地貌上的反映。时代较新的断层在地貌上常形成悬崖陡壁(断层崖),断层崖经风化剥蚀,则会形成断层三角面地貌(见图 3-14)。

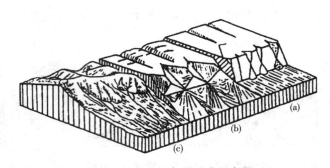

图 3-14 断层三角面形成示意图

(a) 断层面剥蚀成冲沟;(b) 冲沟扩大,形成三角面;
(c) 继续侵蚀,三角面消失

(2) 构造标志

断层在形成过程中,由于断层两盘岩块相互挤压、错动而形成伴生构造,如岩层牵引弯曲、断层角砾、糜棱岩、断层泥和断层擦痕等。

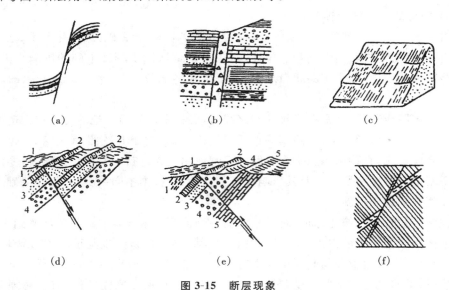

图 3-15 断层现象

(a) 岩层牵引弯曲;(b) 断层角砾;(c) 断层擦痕;(d) 地层重复;(e) 地层缺失;(f) 岩脉错断

牵引弯曲〔见图 3-15(a)〕,是断层面两侧岩层因相对错动,受牵引而形成的弯曲,多形成于页岩、片岩等柔性层中。当断层两盘受强烈挤压,并相对错动,有时沿断层面岩石被研磨成细泥,称为断层泥;若被研碎成大小不一的角砾,则称为断层角砾〔见图 3-15(b)〕。断层两盘相对错动时,在断层面留下一条条彼此平行密集的槽纹,称为断层的擦痕〔见图 3-15(c)〕。顺擦痕方向,手感光滑的方向即为对盘错动方向。

（3）地层标志

地层标志是确定断层存在的可靠证据。如地层发生重复〔见图 3-15(d)〕，或地层缺失〔见图 3-15(e)〕，岩脉或矿脉被错断〔见图 3-15(f)〕。

此外，如泉水、温泉呈线状出露，有可能存在断层；褶皱构造被断层横切时，断层面两侧核部地层出露宽度不同，即褶曲核部地层宽窄突然变化，也是识别断层存在的标志。

3.5 活断层

活断层是指现在正在活动或在量近地质时期（全新世，1 万年）发生过活动的断层。由于它对工程建设地区稳定性影响大，所以是区域稳定性评价的核心问题。

活断层对工程建筑物的影响是通过断裂的蠕动、错动和地震对工程造成危害。活断层的蠕动及伴生的地面变形，直接损害断层上及附近的建筑物。例如，宁夏石嘴山红果子沟明代（约 400 年）长城错动就是活断层蠕动造成。长城边墙水平错开 1.45 m（右旋），且西升东降垂直断距约 0.9 m。断层蠕动还会导致地面产生地裂缝，如西安地裂斜缝贯通西安市共有 9 条，最长者可达 10 km 以上。该地裂缝发现于 1959 年，至今仍在活动，使大量建筑物开裂、道路变形，并切断地下管线、多次穿越陇海铁路线。地震缝发育不受地貌单元影响，有的地方见到地裂缝向深处延伸与基岩断裂一致。西安地裂缝大多研究者认为是由于长安临潼断裂的张性蠕动引起。活断层发震错动并伴有地表断裂会对工程造成危害。

例如，1976 年 7 月 28 日我国唐山地震时，产生长达 8 km 的地表错动。它呈北 30°东方向由市区通过，最大水平错距 3 m，垂直断距 0.7～1 m。错开了道路、房屋、水泥地面等一切建筑物（见图 3-16）。

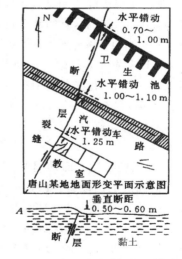

图 3-16 唐山地震地面断层错动

3.5.1 活断层的特性

1）活断层的活动方式图

活断层的活动方式可以分为蠕滑和黏滑两种形式。蠕滑是一个连续的滑动过程，因其只发生较小的应力降，因而不可能有大地震相伴随。这种方式活动的断层仅伴有小震或无地震活动。黏滑活动则是断层发生快速错动，在突发快速错动前断层呈闭锁状态，往往没有明显的位移发生。在同一条断裂带的不同区段可以有不同的活动方式。例如黏滑运动的断层有时也会伴有小的蠕动，而大部分地段以蠕动为主的断层，在其端部也会出现黏滑，产生大地震。由于活断层错动速率相当缓慢,所以不能采用一般的观测方法,通常用定期的形变测量来取得它的活动标志。活断层平均水平位移量与垂直位移量之比能反映块体运动状态。例如,根据80年代初对西安南郊地裂缝所进行形变观测,在其东段断层两侧水平运动分量与垂直运动分量的比值在1/2.98与1/2.61之间,地裂缝运动性质以正断层为主。反映了最大主压应力轴垂直,引张轴(南北向)和中间应力轴均呈水平;又如中国西北部,北北西向的可可托—二台断裂,地震时断层具有右旋逆冲走滑性质,最大水平错距与最大垂直断距比值为6,地质法所得水平与垂直方向运动速率比为7.6,水平方向走滑分量特大,是大型走滑断层所具有的特点。

2)活断层的规模及活动速率

断层的规模包括其长度和切割深度,它能反映其能量和破坏力。据邓起东等(1987)统计:我国 M(震级)≥8级大震,有关断裂长度约超过500 km,有些超过1 000 km;M＝7～7.9级地震,有关断裂长度达100 km以上;M＝6～6.9级地震,有关断裂长度＞10 km。通过地震观测得到的震源深度代表断层错动的位置,所以它小于断层切割深度。根据中国各地区地震震源深度的统计(李兴唐,1991),大多数地震震源深度比沉积盖层厚度大(多数地区沉积盖层厚度为3～5 km)。M≥6级地震震源深度都在地壳下部或震源深度都在10 km以上,最深达570 km。

活断层的活动速率是断层活动性强弱的重要标志。世界范围统计资料表明,活断层活动速率一般为每年不足1毫米到几毫米,最强的也仅有几十毫米。

我国沿贺兰山、六盘山和青藏高原东缘为一条近南北方向的活动构造带。它不仅是东、西两侧地形的分界线,也是重要的构造分界线。我国大陆活断层水平滑动速率,在南北构造线两侧具有不同特点。南北构造线以西的断层两盘相对位移速率每年多在6 mm以上,有的甚至可达10 mm以上。例如云南东川(位于小江活动断裂带)1956年至1965年累积滑动位移量达10 cm,平均每年大于10 mm,并于1966年2月5日发生6.5级地震。南北构造线以东地区,活断层两盘相对位移速率多在每年5 mm以下,有些断层则在每年0.1～1 mm之间,如京津地区一些活断层,活动速率为每年0.24～0.27 mm。

断层滑动速率不仅是断层活动性强弱的标志,而且也是计算大地震重复周期的重要参数。

3)活断层重复活动周期

活断层的活动方式以黏滑为主时,往往是间断性地产生突然错动。两次突然错动之间的时间间隔也就是地震重复周期。确定活断层突发错动事件的重复周期可以通过取得某一断层多次古地震事件及其年代数据来进行。相邻两次发震的时间即为重复周期。此方法称古地震法。表3-4列出了我国部分活断层的大震重复周期,主要是用古地震法获得的。

表 3-4 我国部分活动断裂的强震重复周期(据罗国煜等,1992)

活动断裂名称	最近一次地震名称(年)	重复周期	震级	参考文献
新疆喀什河断裂	新疆尼勒克地震	2 000~2 500 年	8.0	冯先岳(1987)
新疆二台断裂	新疆富蕴地震	约 3 150 年	8.0	戈澎漠等(1986)
山西霍山山前断裂	山西洪洞地震	5 000 年左右	8.0	孟宪梁等(1985)
宁夏海原南西华山北麓断裂	海原地震	约 1 600 年	8.5	程绍平等(1984)
河北唐山	唐山地震	约 7 500 年	7.8	王挺梅等(1984)
云南红河断裂北段		150±50 年	6~7	虢顺民等(1984)
四川鲜水河断裂	四川炉霍地震	约 50 年	7.9	
郯庐断裂中南段	郯城地震	3 500 年	8.5	林伟凡等(1987)

3.5.2 活断层评价

活断层因其未来具有活动的可能性,会以发震、错动或蠕动等方式对工程建设场地稳定性产生影响,所以活断层评价实质上是区域稳定性评价的核心问题。我国学者罗国煜(1992)根据多年实践,认为应从活动性断裂中依据一系列指标划分出优势活动性断裂,并分为两类:①区域优势活动性断裂,是常以发震形式影响工程场地稳定性的断裂;②场区优势活动性断裂,是常以错动和蠕动等方式影响场地稳定性的断裂。这一理论和方法得到广泛支持和应用。

活断层评价一般需首先了解工程场地及其附近是否存在活断层,以及活断层的规模、产状特征,活断层活动时代(其中最晚一次活动的时代最为重要),活断层活动性质(黏滑、蠕滑)、活动方式(走滑、倾滑)、活动速率等特征。还要了解和评价断层地震危险性,即是否为发震断裂,其最大震级及复发周期。

活断层发震造成工程震害,就其原因和特点来看,主要有两方面:地震振动破坏和地面破坏。

1) 地震振动破坏及对策

地震振动破坏程度取决于地震强度、场地条件和建筑物抗震性能。工程地质研究的重点是场地条件对工程的危害性。

地震振动破坏取决于工程场地在未来地震造成的地表影响范围或影响场中的位置,或震中距等一系列因素。当活断层发震时,其影响场中各点烈度大小可用下式表示:$I = f(M、H、\Delta、\alpha \cdots)$,式中 f 表示烈度(I)、震级(M)、震源深度(H)、震中距(Δ)及地质地形条件(α)等综合因素的函数。由于这些因素的复杂性和不确定性,目前难以直接进行求解。而是用烈度衰减经验公式,通常是采取若干有仪器观测结果的地震资料,测量每条等轴线长半轴(a)及短半轴(b)的长度,用二元回归分析得出烈度衰减的经验公式。或是根据历史地震等震线所得的平均衰减曲线(震级、烈度与震中距关系曲线)查找。

国内外地震灾害统计资料表明,场地地形地质条件会引起地震震害或烈度发生变化。地震震害与震级大小、场地条件和建筑物抗震性能三方面因素有关。工程地质着重研究场地条件对地震烈度的影响,又称做工程场地地震效应研究。主要反映在以下方面。

① 地质构造条件。就稳定而言,地块优于褶皱带,老褶皱带优于新褶皱带,隆起区优于凹陷区。非发震活断层往往形成高烈度异常区,而老断裂构造无加重震害趋势。

② 地基特性。在震中距相同情况下,基岩上的建筑物比较安全。就土而言,土的成因有很大影响,抗震性能顺序是洪积物＞冲积物＞海、湖积物及人工填土。软硬土层结构不同,烈度影响也不相同。硬土层在上部时,厚度愈大震害愈轻;软土层在上部时,厚度愈大则震害愈重。

③ 砂土地基液化。疏松的砂性土,特别是粉细砂,被水饱和时,在受到地震的情况下,砂体达到液化状态,丧失承载能力。

④ 孤立突出的地形使震害加剧,低洼沟谷使震害减弱。

⑤ 地下水埋藏愈浅,地震烈度增加愈大。

3.5.3　地面破坏及对策

在某些大地震,例如唐山地震中,由地震引起地裂、地表形变破坏是超过地震振动破坏的主要破坏类型。由于这种破坏位错量大并且是瞬时发生的,工程措施难以抵御它的破坏,所以要避开一段距离。即使是不发震的活断层,工程也应避开,更不能跨越其上,以防断层位移错动或蠕动,对工程造成影响。

继 1959 年西安发现地裂缝,1963 年以来我国东部不少地区相继发现地裂缝。地裂缝按其成因主要有两类。

(1)构造地裂缝

构造地裂缝可以指示深部发震断裂或蠕动断裂方向。构造成因地裂缝不受地形、土体性质和其他自然条件控制,延伸稳定、活动性强、规模大。在强地震区等现今构造活动带常常出现地裂缝。

(2)非构造地裂缝

非构造地裂缝与地基液化、抽取地下水等有关。

工程避开活断层和地震危险区,应从烈度衰减规律出发,即顺断层走向烈度衰减缓慢,而垂直时衰减快。所以工程布局应垂直活断层并离开一段距离。以下规定可供参考:地裂缝处每边要离开 100~200 m,活断层要离开 1 km,核电站 8 km 范围内不允许有长 1.5 km 的活断层。汤森鑫(1999)提出对于重大工程(主要指一线工程)活动断裂安全距离,如表 3-5 所示。

表 3-5 活动断裂安全距离

设防烈度	覆盖厚度	建筑安全距离
8°～9°	＞100～300 m	避开断裂交汇处及断裂破碎带 100～500 m
	覆盖薄或基岩出露	活动断裂窄,岩体较完整,避开活断层和震中区 300～800 m
		有多条活动断裂,破碎带宽,岩体完整性差 1 000～3 000 m
7°	覆盖厚＞30 m	可不考虑活断层在地震时发生断裂对工程的影响
	≤30 m	应避开活动断裂带进行工程建设

3.6 地质图及其阅读

地质图是用规定的图例符号和颜色来反映一个地区地质现象和地质条件的图件。它是依据野外实测的地质资料,按一定比例投影在地形底图上编制而成的,是工程勘察工作的主要成果之一。工程建设中的规划、设计和施工阶段,都需要以工程勘察资料为依据,而地质图是综合了各项勘察资料编绘而成的,是生产直接可以利用的重要图件资料。

3.6.1 地质图的种类

地质图的种类繁多,由于经济建设目的不同,其反映地质内容也各有所侧重。工程建设中常用的地质图有如下几种。

(1)普通地质图

普通地质图是表示某地区地形、地层岩性和地质构造条件的基本图件。它是把出露于地表的不同地质时代的地层分界线、主要构造线等地质界线投影在地形图上,并附有一两个典型的地质剖面图和综合地层柱状图。普通地质图是编绘其他地质图的基本图件,它能提供建筑地区地层岩性和地质构造等基础资料。普通地质图又称地形地质图。

(2)地貌及第四纪地质图

地貌及第四纪地质图是根据一个地区的第四系地层的成因类型、岩性及其形成时代,地貌的类型、形态特征而编制的综合图件。

(3)工程地质图

工程地质图是根据工程地质条件编制而成的,它是在相应比例尺的地形图上表示各种工程勘察成果的综合图件。为满足某项工程建筑需要而编制的工程地质图称为专门工程地质图。

（4）水文地质图

水文地质图是表示一个地区水文地质条件和地下水形成、分布规律的地质图件。为满足某项工程建筑需要而编制的水文地质图称为专门水文地质图。

（5）地质剖面图及地层柱状图

地质剖面图及地层柱状图是指在平面地质图的基础上，为了更清楚地反映一个地区地表以下一定深度范围内的各种地质现象而编制的垂直方向的地质图件。它们常与平面地质图配合使用。

上述各类地质图都应包括：图名、图例、比例尺、方向和责任表等。其中图例严格要求自上而下或自左而右，地层从新到老进行排列；先地层、岩浆岩，后地质构造等。

比例尺是反映图件精度的指标，比例尺越大图件的精度越高，对所反映的内容越详细、越准确。地质图按比例尺可分为小比例尺地质图（小于 1：20 万～1：100万）、中比例尺地质图（1：5 万～1：10 万）、大比例尺地质图（大于 1：1 000～1：25 000）。

责任表中要说明地质图的编制单位、编审人员、资料来源和成图日期等。

3.6.2 不同产状岩层或地质界面在地质图上的表现

各种产状的岩层或地质界面，因受地形影响，反映在地形地质图上的表现情况也各不相同，其露头形状的变化受地势起伏和岩层倾角大小的控制。

1）水平岩层在图上的表现

如果地形有起伏，则水平岩层或水平地质界面的出露界线是水平面与地面的交线，此线位于一个水平面上，故水平岩层的露头形态无论是在地面上还是在地质图上，都是一条弯曲的、形状与地形等高线一致或重合的等高线（图 3-17A、B、C、D 即表示水平岩层或地质界面）。在地势高处出露新岩层，在地势低外出露老岩层。若地形平坦，则在地质图上，水平岩层表现为同一时代的岩层成片出露。

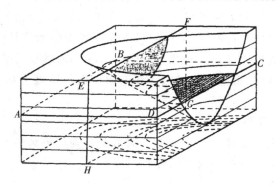

图 3-17 水平岩层与直立岩层的露头在平面图上的形态

2）直立岩层在图上的表现

直立岩层的岩层面或地质界面与地面的交线位于同一个铅直面上，露头各点连线的水平投影都落在一条直线上,因此,无论地形平坦或有起伏,直立岩层的地质界线在图上永远是一条切割等高线的直线(图 3-17 中的 E、F、G、H 即表示直立岩层或地质界面)。

3) 倾斜岩层在图上的表现

倾斜岩层面或其他地质界面的露头线,是一个倾斜面与地面的交线,它在地形地质图上和地面上都是一条与地形等高线相交的曲线(见图 3-18~图 3-20)。在地形复杂地区,岩层露头或地质界面,在平面图上呈现许多 V 字形或 U 字形,由于岩层产状的不同,在地形地质图上 V 字形的特点也各不相同。

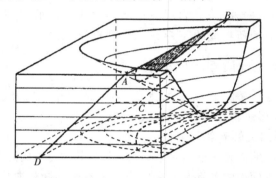

图 3-18 岩层倾向与地面坡向相反时的露头形态

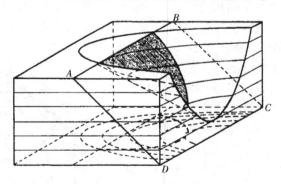

图 3-19 岩层倾向与坡向相同,岩层倾角大于地面坡度时的露头形态

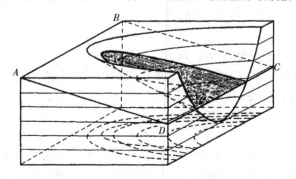

图 3-20 岩层倾向与坡向相同,岩层倾角小于地面坡度时的露头形态

① 当岩层或地质界面的倾向与地面坡向相反时(见图3-18),岩层露头或地质界面露头线的弯曲方向与等高线一致,在河谷中V字形的尖端指向河谷上游。

② 当岩层或地质界面的倾向与地面坡向一致时,若岩层倾角大于地面坡度,则岩层或地质界面露头线的弯曲方向与地形等高线的弯曲方向相反,且岩层或地质界面的露头,在河谷中形成尖端指向下游的V字形(见图3-19)。

③ 当岩层或地质界面倾向与坡向一致,倾角小于地面坡度时,则岩层或地质界面露头线的弯曲与地形高线弯曲相似。岩层露头在河谷中形成尖端指向上游的V字形(见图3-20),与图3-18图形相似,不同之处:图3-20中的V字形地质界线较等高线狭窄,而且自山里向外,可见岩层或地质界面所切割的等高线逐次降低。而图3-18中岩层或地质界面所形成的V字形露头则较开阔。

3.6.3 地质构造在地质图上的表现

各种地质构造在地质图上,是通过地层界线、地层年代符号、岩性符号和地质构造符号等,反映出其形态特征和分布情况。

1) 褶曲在地质图上的表现

如果褶曲形成后地面还未受侵蚀,那么地面上露出的是成片当地最新地层,这时只能根据地质图上所标出的各部分岩层的产状要素来判断褶曲构造。但这种情况是极少见的。大部分地区褶曲构造形成后,地表都已受到了侵蚀,因此构成褶曲的新老地层都有部分露出地表,则在地质图上主要根据地层分布的对称关系和新老地层的相对分布关系来判断褶曲构造。

(1) 水平褶曲在地质图上的表现

枢纽产状为水平的背斜和向斜,在地形平坦条件下,它们的两翼地层在地质图上都呈对称的平行条带出露(见图3-21),核部只有一条单独出现的地层,对于背斜来说,核部地层年代较老,两翼则依次出现较新地层(见图3-21中左)。向斜则相反,核部地层年代较新,而两翼则依次为较老地层(见图3-21中右)。

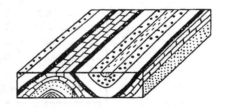

图3-21 枢纽水平的褶曲在地质图上的表现(地形平坦条件下)

(2) 倾伏褶曲在地质图上的表现

倾伏褶曲在地形平坦条件下,其两翼地层在地质图上也呈对称出露,但不是平行条带,而是抛物线形(见图3-22)。若判断其为倾伏背斜还是倾伏向斜,也要根据核部和两翼地层的相对新老关系来判断。

上述特征是在地形平坦条件下,若地形有较大的起伏,情况就复杂了,原来是平行的地层界线变得弯弯曲曲,原来是近于抛物线的地层界线变得不规则了,但地层的新老对称关系不变。此外,短轴褶曲的两翼地层在地质图上也成对称状,其形状近于长椭圆形,判断是短轴背斜还是短轴向斜,同样是根据地层的新老关系进行判断。

2) 断层在地质图上的表现

断层在地质图上用断层线表示。由于断层倾角一般较大,所以断层线在地形地质图上通常是直线或曲率小的曲线。但大部分地质图上都用一定的符号表示出断层的类型和产状要素。因此,根据符号就可以在地质图上认识断层。在没有用符号表示断层的产状及类型的地质图上,需要判断其产状要素及两盘相对位移方向。

由于断层两盘相对位移,在地质图上断层线两侧总是存在地层的中断、重复、缺失或宽窄变化,如图 3-15(d)、图 3-15(e)、图 3-23 所示。但断层切割地层的关系较复杂,有断

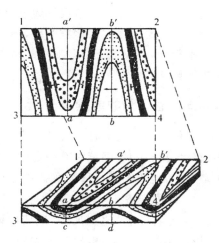

图 3-22　倾伏褶曲在地质图上的表现
（地形平坦条件下）

层走向大致平行地层走向,也有断层走向和地层走向垂直或斜交。因此,利用断层线两侧地层的中断、重复、缺失、宽窄变化来分析断层的性质和产状要素时,一定要根据具体情况细心加以判断,必要时作图切剖面进行分析。

3.6.4　地层接触关系在地质上的表现

本章第一节已介绍过,新老地层之间有三种接触关系：整合、假整合（平行不整合）、不整合（斜交不整合）,如图 3-23 所示。在地质平面图上的表现,如图 3-24 所

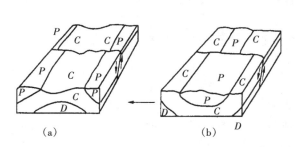

图 3-23　断层造成褶皱核部地层的宽窄变化示意图
（a）核部上盘变宽,下盘变窄;
（b）核部上盘变窄,下盘变宽

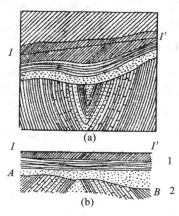

图 3-24　不整合接触在地质图上的表现
（a）平面图;（b）剖面图
1—新岩层;2—挤压成褶皱的古老岩系
A—B 为不闭合面

示:整合岩层产状一致,地层界线彼此接触是各时代地层连续无缺,平行作带状分布。平行不整合是上下岩层产状一致,地变窄.下盘变宽层界线彼此平行,但有地层缺失。斜交不整合,不仅上下两套地层的地质年代不连续,缺失了地层,而且上下岩层产状呈角度斜交。

3.6.5　地质图的阅读与分析

任何图件都是某种工程或工艺的语言,地质图件也不例外,由于地质图的线条多、符号复杂,初次阅读时有一定的困难。如果能按照一定的读图步骤,由浅入深,循序渐进,对地质图进行仔细观察和全面分析,经过反复练习,读懂地质图并不难。

1) 读图步骤

① 先看图名、比例尺,对地质图幅所包括的地区建立整体概念;并了解图幅位置,识别图的方位,一般以指北箭头为依据。若没有则可根据一般图的上方指向正北,或根据坐标数值向东、向北增大的规律来定出图的方位。

② 读图例。地质图的图例绘在图框的右侧,自上而下按有新到老的年代顺序,列出图中所有地层符号、地质构造符号。熟悉这些图例,就可对图中所出现的地质情况进行分析。看图例时要特别注意地层之间是否存在地层缺失现象。一套完整的地质图,除地形地质图(主图)外,还附有一张综合地层柱状图和1~2张地质剖面图,并标有图例,不同地质时代地层的岩性用一定的花纹图案表示。

③ 正式读图时先分析图内地形,通过地形等高线与河流水系的分布特点,了解区内山川形势和地形起伏情况。

④ 对照图例,阅读地层的分布、产状、新老关系及其与地形的关系;熟悉了地层的空间分布后,可根据地层的新老关系来分析区内褶皱构造的发育情况、构造线方向等;然后对区内断裂构造进行分析,如断层的性质,断层与地层、断层与褶曲以及断层之间的切割关系等。

⑤ 若区内有岩浆岩出露,应弄清岩浆活动的时代,侵入或喷发的顺序,然后根据岩浆岩体产出及形态特征,确定其产状。

在以上读图过程中,要参考地质图的主要附图——综合地层柱状图和地质剖面图,以帮助分析区内地质构造等特征。

2) 读图实例

现以太阳山地区地质图作为读图实例。

太阳山地区地质图件有综合地层柱状图(见图 3-25)、地形地质图(见图 3-26)及 $A—B$ 地质剖面图(见图 3-26)。读图分析如下。

1:15 000

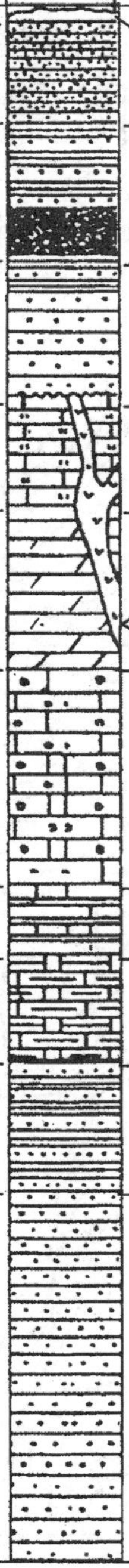

地层			地层代号	厚度/m	岩性符号	序号	岩性简述	化石	地貌	水文
界	系	统	阶									

界	系	统	阶	地层代号	厚度/m		序号	岩性简述	化石	地貌	水文
新生界	第四系			Q	0~20		11	河流淤积,卵石及砂子		有时构成阶地	
	白垩系			K	155		10	砖红色粉砂岩,胶结物为钙质,有交错层	鱼化石		裂隙水
中生界	侏罗系	上统		J₃	135 30 75		9	煤系:黑色页岩为主,夹有灰白色细粒砂岩,中下部有可采煤系一层厚 50 m		常成陡崖	
		中统		J₂	233		8	浅灰色中粒石英砂岩,间或夹有薄层绿色页岩,砂岩具有洪流之交错层	Halobia Spirifer		
	三叠系	上统		T₃	180		7	灰白色白云质灰岩,夹有紫色泥岩一层厚 5 m 灰岩中有缝合线构造		风化后成平缓山坡	在顶部岩层面有水渗出
		中统		T₂	265		6	紫红色泥灰岩中夹鲕状石灰岩互层			
								灰绿岩岩干部		呈凹地	
古生界	二叠系	上统		P₂	356		5	浅灰色豆状石灰岩夹有页岩	Lyhonia Oldhamina Iaral eletes Gallowa inella	在顶部顺层有溶洞出现	
		下统		P₁	110		4	暗灰色纯灰岩	Miselina Cryptospirifer		
	石炭系	上统		C₃	176		3	浅灰色石灰岩,有燧石结核排列成层			
		中统		C₂	210		2	黑色页岩夹细砂岩			
		下统		C₁	600		1	灰白色石英砂岩,中夹页岩及煤线			

角度不整合（T₃与J₂之间）
平行不整合（P₂与T₂之间）

图 3-25 太阳山地区综合地层柱状图

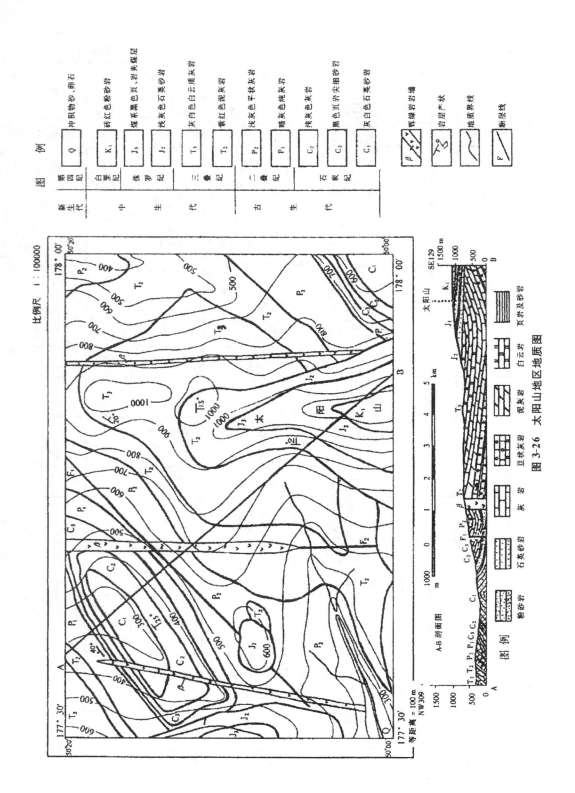

图3-26 太阳山地区地质图

区内最高点为太阳山,高程约 1 100 米,山脊呈南北向,北面山峰也超过 1000 米。区内有三条河谷,最大的河谷在西南部,高程约 300 m,河谷两岸有较宽的第四纪冲积物分布,从北东向西南流。其次是西北和东北部的河谷,均从南向北流。区内地势以太阳山脉(南北向)最高.其两侧(东、西部)逐渐变低。

区内出露的地层有石炭系(C)、二叠系(P)、中上三叠系(T_{2-3})、中上侏罗系(J_{2-3})、下白垩系(K_1)及第四系(Q)。图中石炭系与二叠系地层间没有缺失地层,其岩层产状一致,为整合接触;二叠系与三叠系地层之间岩层产状一致,但缺失下三叠系地层,两者为平行不整合接触;图中的侏罗系与石炭系、二叠系、三叠系中上统三个地质年代较老的地层接触,其岩层产状斜交,为角度不整合接触;下白垩系与侏罗系地层之间岩层产状一致,没有缺失地层,为整合接触;第四系与老地层之间均为角度不整合接触;辉绿岩是沿三条近南北向的张性断裂侵入到石炭系、二叠系及中上三叠系地层中,因此区内出露的三条辉绿岩岩墙或岩脉与石炭系、二叠系、中上三叠系地层为侵入接触,而与中上侏罗系及下白垩系之间为沉积接触。因此,辉绿岩的形成地质时代,应为三叠纪以后,中侏罗纪之前。区内缺失下侏罗系(J_1)地层,且上三叠系(T_3)与中侏罗系(J_2)地层间呈角度不整合接触,所以在早侏罗世(J_3)时期,本地的灰白色石英砂岩组成,两翼对称分布的是石炭系中统(C_2)、石炭系上统(C_3)、二叠系下统(P_1)、二叠系上统(P_3)、三叠系中统(T_2)、三叠系上统(T_3)地层。两个短轴背斜之间开阔地带则以三叠系上统(T_3)灰白色白云质灰岩为核部的向斜,两翼对称分布的是 T_2、P_2、P_1、C_3、C_2、C_1 地层,两翼岩层倾角平缓,为 20°左右。因此,该向斜为一舒缓大向斜,其核部的灰白色白云质灰岩分布面积很大,约占三十平方公里。

此外,由侏罗系中统(J_2)、侏罗系下统(J_1)、白垩系上统(K_3)地层构成南北向的向斜,其轴向和太阳山山脊一致,核部由白垩系下统(K_1)砖红色粉砂岩组成,两翼对称分布 J_3、J_2 地层,两翼岩层倾角只有 10°,呈很平缓的向斜覆盖在其底褶皱上。区内有两组断裂:一组为 NE—SW 走向,如 F_1 断裂,和区内基底褶皱轴向一致,其倾角近于直立,断裂面两侧岩层无明显位移;另一组为三条南北走向张性断裂,均被辉绿岩浆侵入而形成辉绿岩墙或岩脉,只有中间一条断裂尚保留了一段(F_2)没有被辉绿岩所侵入。从图上明显看出辉绿岩墙被 F_1 断裂所切割,则 F_1 断裂形成时间晚于 F_2 断裂。F_1、F_2 两组断裂切割了上三叠系(T_3)地层,而没有切割中侏罗系(J_2)地层。因此,F_1、F_2 断裂都形成于早侏罗世(J_1),但 F_2 断裂早于 F_1 断裂 。

【思考题】

3-1 地质年代划分的基本方法和相对地质年代划分结果。

3-2 褶皱的基本类型、特征和工程地质意义。

3-3 断层的基本类型、特征和工程地质意义。

3-4 什么是活断层?它具有哪些特征,或对工程建设如何影响?

3-5 如何阅读地质图?

第4章　地　　貌

　　由地球内、外营力的长期作用,在地壳表面形成的各种不同成因、不同类型、不同规模的起伏形态,称为地貌。地貌学是专门研究地壳表面各种起伏形态的形成、发展和空间分布规律的科学。

　　应当指出,随着地貌学的发展,人们对地形和地貌两个词已分别赋予了不同的含义。地形一词,通常用来专指地表即成形态的某些外部特征,如高低起伏、坡度大小和空间分布等,它既不涉及这些形态的地质结构,也不涉及这些形态的成因和发展,一般只用等高线把这些形态特征表示出来就行了,地形图通常反映的就是这方面的内容。地貌一词则含义广泛,它不仅包括地表形态的全部外部特征,如高低起伏、坡度大小、空间分布、地形组合及其与邻近地区地形形态之间的相互关系等,而且更为重要的是,还包括运用地质动力学的观点,分析并研究这些形态的成因和发展。这些内容单靠地形图来表达无疑是困难的,因此就必须借助于地貌图(见图4-1)。从图4-1可以看出,地貌图是按照规定的图例和一定的比例尺,将各种地貌表示在平面图上的一种图件,它和地质图一样,通常也是以地形图为底图,因此有了阅读地形图和地质图的基础知识,阅读地貌图并不难。

　　地貌条件与工程建设有着密切的关系。特别是公路、铁路等建筑在地壳表面的线型建筑物,因它们常常穿越不同的地貌单元,在工程勘察设计、桥隧位置选择等方面,经常都会遇到各种不同的地貌问题。因此,地貌条件便成为评价工程地质条件的重要内容之一。为了处理好工程建筑物与地貌条件之间的关系,提高勘察设计质量,就必须学习和掌握一定的地貌知识。

4.1　地貌概述

4.1.1　地貌的形成和发展

1) 地貌形成和发展的动力

　　地壳表面的各种地貌都在不停地形成和发展变化着,促使地貌形成和发展变化的动力,是内、外力地质作用。

　　内力作用形成了地壳表面的基本起伏,对地貌的形成和发展起着决定性的作用。内力作用这里主要指的是地壳的构造运动和岩浆活动,特别是构造运动,它不仅使地壳岩层受到强烈的挤压、拉伸或扭动,形成一系列褶皱带和断裂带,而且还在地壳表面造成大规模的隆起区和沉降区,使地表变得高低不平,隆起区将形成大陆、高原、山

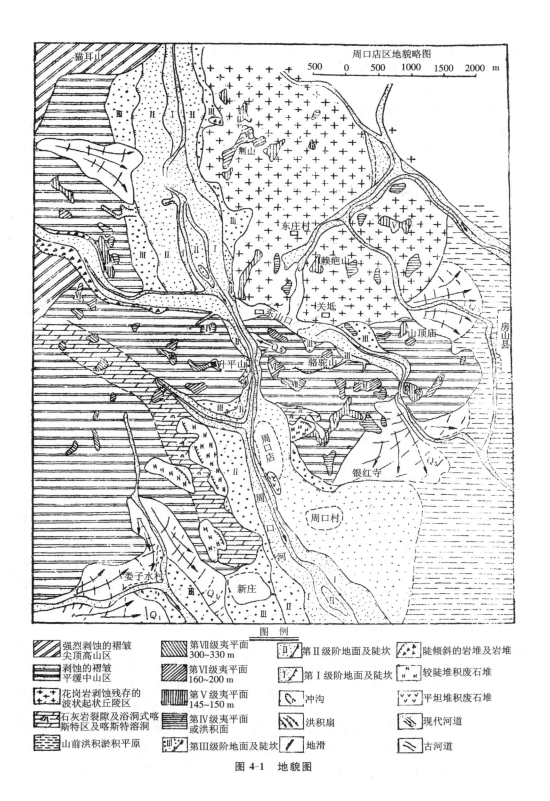

图 4-1　地貌图

图　例

强烈剥蚀的褶皱尖顶高山区	第Ⅶ级夷平面 300~330 m	第Ⅱ级阶地面及陡坎	陡倾斜的岩堆及岩堆
剥蚀的褶皱平缓中山区	第Ⅵ级夷平面 160~200 m	第Ⅰ级阶地面及陡坎	较陡堆积废石堆
花岗岩剥蚀残存的波状起状丘陵区	第Ⅴ级夷平面 145~150 m	冲沟	平坦堆积废石堆
石灰岩裂隙及浴洞式喀斯特区及喀斯特溶洞	第Ⅳ级夷平面或洪积面	洪积扇	现代河道
山前洪积淤积平原	第Ⅲ级阶地面及陡坎	地滑	古河道

岭,沉降区就形成海洋、平原、盆地。此外,地下岩浆的喷发活动,对地貌的形成和发展也有一定的影响。裂隙喷发形成的熔岩盖,覆盖面积可达数百以至数十万平方公里,厚度可达数百、数千米,内蒙古的汉诺坝高原就是由熔岩盖形成高原的一个例子。内力作用不仅形成了地壳表面的基本起伏,而且还对外力作用的条件、方式和过程产生深刻的影响。例如,地壳上升,侵蚀、剥蚀、搬运等作用增强,堆积作用变弱;地壳下降,则堆积作用增强,侵蚀、剥蚀、搬运等作用变弱;不仅河流的侵蚀、搬运和堆积作用如此,其他外力作用如暂时性流水、地下水、湖、海、冰川等的地质作用也均是如此。

外力作用则对内力作用所形成的基本地貌形态,不断地进行雕塑、加工,使之复杂化。外力作用根据其作用过程,可分为风化作用、剥蚀作用、搬运作用、堆积作用和成岩作用。此外,还可根据其动力性质分为风化作用、重力作用、风力作用、流水作用、冰川作用、冻融作用、溶蚀作用等。从这些外动力作用总的结果来说,也都在各自不断地进行着剥蚀、搬运和堆积的过程。也就是说,它们各自都在把由内力作用所造成的隆起部分进行剥蚀破坏,同时把破坏了的碎屑物质搬运堆积到由内力作用所造成的低地和海洋中去。因此外力作用的总趋势是:削高补低,力图把地表夷平。但是,如同内力作用不断造成地表的上升或下降会不断地改变地壳已有的平衡,从而引起各种外力作用的加剧一样,当外力作用把地表夷平后,也会改变地壳已有的平衡,从而又为内力作用产生新的地面起伏提供条件。

由此可见,地貌的形成和发展是内、外力作用不断斗争的结果。由于内、外力作用始终处于对立统一的发展过程之中,因而在地壳表面便形成了各种各样的地貌形态。现在看到的各种地貌形态,就是地壳在内、外力作用下发展到现阶段的形态表现。

2) 地貌形成、发展的规律和影响因素

地貌的形成和发展虽然错综复杂,但却有其一定的规律。首先,它决定于内、外力作用之间的量的比例关系。例如,在内、外力作用这一矛盾斗争中,如果内力作用使地表上升的上升量,大于外力作用的剥蚀量,则地表就会升高,最后形成山岭地貌;反之,如果内力作用使地表上升的上升量,小于外力作用的剥蚀量,则地表就会降低或被削平,最后形成剥蚀平原。同样,如果内力作用使地表下降的下降量,大于外力作用所造成的堆积量,则地表就会下降,形成低地;反之,如果内力作用使地表下降的下降量,小于外力作用所能造成的堆积量,则地表就会被填平甚至增高,形成堆积平原或各种堆积地貌。

此外,地貌也取决于地貌水准面。当内力作用造成地表的基本起伏后,如果地壳运动由活跃期转入宁静期,此时内力作用变弱,但外力作用并没有因内力作用的变弱而变弱,它仍在继续作用着,长此下去,最终将会把地表夷平,形成一个夷平面,这个夷平面就是高地被削平、凹地被填充的水准面,所以也称为地貌水准面。例如河流侵蚀基准面,就是地貌水准面的一种。由于地貌水准面是外力作用力图最终达到的剥蚀界面,故在此过程中,由外力作用所形成的各种地貌,其形成和发展将无不受它的控制。地貌水准面并非一个，一般认为有多少种外力作用，就有多少相应的地貌水准面，这些地貌水准面可以是单因素的，但在更多情况下则常常是多种因素互相组合的，因为在同一地区各种外力作用常常是同时进行的。地貌水准面有局部地貌水准面和基本地貌水准面之分。如果地貌水准面不与海平面发生联系，则它只能控制局部地区地貌的形成和发展，这种地貌水准面称为局部地貌水准面。如果地貌水准面和海平面发生联系，那么海平面就成为控制整个地区地貌形成和发展的地貌水准面，所以海平面也称为基本地貌水准面。当某一地区地貌的发展达到它的地貌水准面时，特别是当有许多河流穿插切割时，地表就会变成波状起伏的侵蚀平原，称为准平原。当准平原形成后，如果地壳运动由相对宁静期转入活跃期，则由于该地区地壳上升或海平面相对下降，就会使准平原遭到破坏，所以现在很难看到完整无缺的准平原，一般所看到的多是古准平原的残余。但这充分说明，地貌的发展是能够而且力图达到它的地貌水准面的。

地貌的形成和发展除受上述规律制约外，还受地质构造、岩性、气候条件等因素的影响。外力作用改造地表形态的能力，常常是与地质构造和岩石性质相联系的。地质构造对地貌的影响，明显地见于山区及剥蚀地区，例如各种构造破碎带常常是外力作用表现最强烈的地方，而单斜山，桌状山（见图 4-2）等也多是

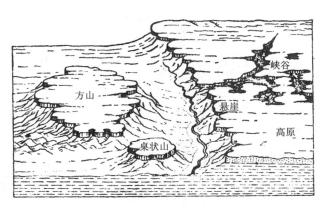

图 4-2　方山和桌状山

岩层产状在地貌上的反映。岩性不同，其抵抗风化和剥蚀的能力也就不同，软者剥蚀，强者突出，从而形成不同的地貌。影响岩石抵抗风化和剥蚀能力的主要因素，是由岩石成分、结构和构造等所决定的岩石的坚硬程度。气候条件对地貌形成和发展的影响也是显著的，例如，高寒的气候地带常形成冰川地貌，干旱地带则形成风沙地貌，等等。此外，除重力作用外，任何一种外力作用所形成的地貌，也都在一定程度上受到气候条件的影响。

4.1.2　地貌的分级与分类

1）地貌分级

不同等级的地貌其成因不同，形成的主导因素也不同。地貌等级一般划分为下列四级。

① 巨型地貌：如大陆与海洋，大的内海及大的山系。巨型地貌几乎完全是由内

力作用形成的,所以又称为大地构造地貌。

② 大型地貌:如山脉、高原、山间盆地等,基本上也是由内力作用形成的。

③ 中型地貌:如河谷以及河谷之间的分水岭等,主要是由外力作用造成的。内力作用产生的基本构造形态是中型地貌形成和发展的基础,而外部形态则取决于外力作用的特点。

④ 小型地貌:如残丘、阶地、沙丘、小的侵蚀沟等,基本上受着外力作用的控制。

2) 地貌的形态分类

地貌的形态分类,就是按地貌的绝对高度、相对高度以及地面的平均坡度等形态特征进行分类。表 4-1 是山地和平原的一种常见的分类方案。

表 4-1　地貌的形态分类

形态分类		绝对高度/m	相对高度/m	平均坡度/(°)	举　　例
山地	高　山	>3 500	>1 000	>25	喜马拉雅山、天山
	中　山	3 500~1 000	1 000~500	10~25	大别山、庐山、雪峰山
	低　山	1 000~500	500~200	5~10	川东平行岭谷、华蓥山
	丘　陵	<500	<200		闽东沿海丘陵
平原	高　原	>600	>200		青藏、内蒙古、黄土、云贵高原
	高平原	>200			成都平原
	低平原	0~200			东北、华北、长江中下游平原
	洼　地	低于海平面高度			吐鲁番洼地

顺便指出,在表 4-1 中,公路选线人员常习惯性地把丘陵进一步划分为重丘和微丘。其中相对高度大于 100 m 的叫重丘,小于 100 m 的叫微丘。

3) 地貌的成因分类

目前还没有公认的地貌成因分类方案,根据公路工程的特点,这里只介绍以地貌形成的主导因素作为分类基础的方案,这个方案比较简单实用。

(1) 内力地貌

内力地貌即以内力作用为主所形成的地貌,它又可分为以下几种。

① 构造地貌:指由地壳的构造运动所造成的地貌,其形态能充分反映原来的地质构造形态。如高地符合于构造以隆起和上升运动为主的地区,盆地符合于构造以凹陷和下降运动为主的地区。又如褶皱山、断块山等。

② 火山地貌:指由火山喷发出来的熔岩和碎屑物质堆积所形成的地貌,如熔岩盖、火山锥等。

(2) 外力地貌

外力地貌即以外力作用为主所形成的地貌,根据外动力的不同又可分为以下几种。

① 水成地貌：以水的作用为地貌形成和发展的基本因素。水成地貌可分为面状
洗刷地貌、线状冲刷地貌、河流地貌、湖泊地貌与海洋地貌等。

② 冰川地貌：是以冰雪的作用为地貌形成和发展的基本因素。冰川地貌又可分
为冰川剥蚀地貌与冰川堆积地貌，前者如冰斗、冰川槽谷等，后者如侧碛、终碛等。

③ 风成地貌：以风的作用为地貌形成和发展的基本因素。风成地貌又可分为风
蚀地貌与风积地貌，前者如风蚀洼地、蘑菇石等，后者如新月形沙丘、沙垄等。

④ 岩溶地貌：可溶岩地区以地表水和地下水的溶蚀作用为地貌形成和发展的基
本因素。其所形成的地貌如溶沟、石芽、溶洞、峰林、地下暗河等。

⑤ 重力地貌：以重力作用为地貌形成和发展的基本因素。其所形成的地貌如崩
塌、滑坡等。

此外，还有黄土地貌、冻土地貌等。

4.2　山岭地貌

4.2.1　山岭地貌的形态要素

山岭地貌的特点是它具有山顶、山坡、山脚等明显的形态要素。

山顶是山岭地貌的最高部分。山顶呈长条状延伸时叫山脊，山脊标高较低的鞍
部称为垭口。山顶的形状与岩性和地质构造等条件有着密切关系。一般来说，山体
岩性坚硬、岩层倾斜或因受冰川的刨蚀时，多呈尖顶〔见图 4-3(a)〕；在气候湿热、风
化作用强烈的花岗岩及其他松软岩石分布地区，多呈圆顶〔见图 4-3(b)〕；在水平岩
层或古夷平面分布地区，则多呈平顶〔见图 4-3(c)〕。典型的方山，桌状山就都是平顶
山(见图 4-3)。

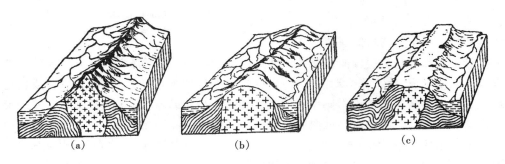

图 4-3　山顶的各种形态

(a) 尖顶；(b) 圆顶；(c) 平顶

山坡是山岭地貌的重要组成部分。

山坡的形状有直线形、凹形、凸形以及复合形等各种类型，这取决于新构造运动、

岩性、岩体结构以及坡面剥蚀和堆积的演化过程等因素。

山脚是山坡与周围平地的交接处。由于坡面剥蚀和坡脚堆积,使山脚在地貌上一般并不明显,在那里通常有一个起着缓坡作用的过渡地带(见图 4-4),它主要是由一些坡积裙、冲积锥、洪积扇以及岩堆、滑坡堆积体等流水堆积地貌和重力堆积地貌组成。

图 4-4　山前缓坡过渡地带

4.2.2　山岭地貌的类型

1) 形态分类

山岭地貌最突出的特点,是它具有一定的海拔高度、相对高度和坡度,故其形态分类一般多是根据这些特点进行划分的。常用的分类方案如表 4-1。

2) 成因分类

根据上节所述的地貌成因分类方案,山岭地貌的成因类型可以分为如下几类。

(1) 构造变动形成的山岭

①单面山。

这是由单斜岩层构成的沿岩层走向延伸的一种山岭〔见图 4-5(a)〕。它常常出现在构造盆地的边缘和舒缓的穹窿、背斜和向斜构造的翼部,其两坡一般不对称。

图 4-5　单面山山岭
(a) 单面山;(b)猪背岭一;(c) 猪背岭二

坡一般不对称。与岩层倾向相反的一坡短而陡,称为前坡。前坡由于多是经外力的剥蚀作用所形成,故又称为剥蚀坡,与岩层倾向一致的一坡长而缓,称为后坡或构造坡。如果岩层倾角超过 $40°$,则两坡的坡度和长度均相差不大,其所形成的山岭外形很像猪背,所以又称猪背岭〔见图 4-5(b)、(c)〕。

单面山的前坡(剥蚀坡),由于地形陡峻,若岩层裂隙发育,风化强烈,则容易产生崩塌,且其坡脚常分布有较厚的坡积物和倒石堆,稳定性差,故对敷设线路不利。后坡(构造坡)由于山坡平缓,坡积物较薄,故常常是敷设线路的理想部位。不过在岩层倾角大的后坡上深挖路堑时,应注意边坡的稳定问题,因为开挖路堑后,与岩层倾向一致的一侧,会因坡脚开挖而失去支撑,特别是当地下水沿着其中的软弱岩层渗透时,容易产生顺层滑坡。

②褶皱山。

这是由褶皱岩层所构成的一种山岭。在褶皱形成的初期,往往是背斜形成高地,向斜形成凹地,地形是顺应构造的,所以称为顺地形。但随着外力剥蚀作用的不断进行,有时地形也会发生逆转现象,背斜因长期遭受强烈剥蚀而形成谷地,而向斜则形成山岭,这种与地质构造形态相反的地形称为逆地形。

③断块山。

这是由断裂变动所形成的山岭。它可能只在一侧有断裂,也可能两侧均为断裂所控制。断块山在形成的初期可能有完整的断层面及明显的断层线,断层面构成了山前的陡崖,断层线控制了山脚的轮廓,使山地与平原或山地与河谷间的界线相当明显而且比较顺直。以后由于剥蚀作用的不断进行,断层面便可能遭到破坏而后退。此外,在第二章中已经指出过,由断层面所构成的断层崖,也常受垂直于断层面的流水侵蚀,因而在谷与谷之间就形成一系列断层三角面(见图 3-14),它常是野外识别断层的一种地貌证据。

④褶皱断块山。

上述山岭都是由单一的构造形态所形成,但在更多情况下,山岭常常是由它们的组合形态所构成,由褶皱和断裂构造的组合形态构成的山岭,称为褶皱断块山。

（2）火山作用形成的山岭

火山作用形成的山岭,常见者有锥状火山和盾状火山。锥状火山是多次火山活动造成的,其熔岩黏性较大,流动性小,冷却后便在火山口附近形成坡度较大的锥状外形。盾状火山则是由黏性较小、流动性大的熔岩冷凝形成,故其外形呈基部较大、坡度较小的盾状。

（3）剥蚀作用形成的山岭

这种山岭是在山体地质构造的基础上,经长期外力剥蚀作用所形成的山岭。例如,地表流水侵蚀作用所形成的河间分水岭,冰川刨蚀作用所形成的刃脊、角峰,地下水溶蚀作用所形成的峰林等,都属于此类山岭。由于此类山岭的形成系以外力剥蚀作用为主,山体的构造形态对地貌形成的影响已退居不明显地位,所以此类山岭的形态特征主要决定于山体的岩性、外力的性质以及剥蚀作用的强度和规模。

4.2.3　垭口与山坡

在山区公路、铁路等勘察中,经常会遇到选择过岭垭口和展线山坡的问题,这里专门对它们进行一些讨论。

1）垭口

山岭垭口是在山岭地质构造的基础上经外力剥蚀作用而形成的。山岭的岩性、地质构造和外力作用的性质、强度决定了垭口地貌的特点及其工程地质条件。根据垭口形成的主导因素,可以将垭口归纳为如下三个基本类型。

（1）构造型垭口

这是由构造破碎带或软弱岩层经外力剥蚀所形成的垭口。其常见者有下列三种。

①**断层破碎带型垭口**(见图 4-6)。这种垭口的工程地质条件比较差。由于岩体破碎严重,不宜采用隧道方案,如采用路堑,也需控制开挖深度或考虑边坡防护,以防止边坡发生崩塌。

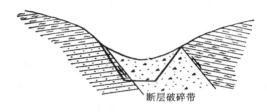

图 4-6　断层破碎带型垭口

②**背斜张裂带型垭口**(见图 4-7)。这种垭口虽然构造裂隙发育,岩层破碎,但工程地质条件较断层破碎带型为好,这是因为两侧岩层外倾,有利于排除地下水,有利于边坡稳定,一般可采用较陡的边坡坡度。

③**单斜软弱层型垭口**(见图 4-8)。这种垭口主要由页岩、千枚岩等易于风化的软弱岩层构成。两侧边坡多不对称,一坡岩层外倾可略陡一些。由于岩性松软,风化严重,稳定性差,故不宜深挖,否则须放缓边坡并采取防护措施。

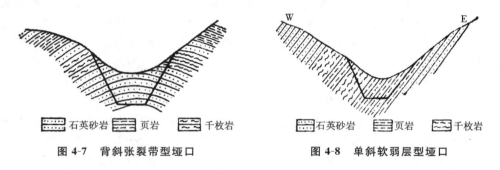

图 4-7　背斜张裂带型垭口　　　　**图 4-8　单斜软弱层型垭口**

(2)**剥蚀型垭口**

这是以外力强烈剥蚀为主导因素所形成的垭口,其形态特征与山体地质结构无明显联系。此类垭口的共同特点是松散覆盖层很薄,基岩多半裸露。垭口的肥瘦和形态特点主要取决于岩性、气候以及外力的切割程度等因素。岩石坚硬而切割较深时,垭口多瘦薄;反之,则肥厚。由石灰岩等构成的溶蚀性垭口也属于这种类型,在开挖路堑或隧道时需注重溶洞等的不利影响。

(3)**剥蚀—堆积型垭口**

这是在山体地质结构的基础上,以剥蚀和堆积作用为主导因素所形成的垭口。其开挖后的稳定条件主要决定于堆积层的工程地质条件。这类垭口外形浑缓,垭口宽厚,松散堆积层的厚度较大,有时还发育有湿地或高地沼泽,工程地质条件较差,故不宜降低过岭标高,通常多以低填或浅挖的断面形式通过。

2）山坡

山坡是山岭地貌形态的基本要素之一,不论越岭线或山脊线,路线的绝大部分都是设置在山坡或靠近岭顶的斜坡上的。所以在路线勘察中总是把越岭垭口和展线山坡作为一个整体通盘考虑的。

自然山坡是在长期地质历史过程中逐渐形成的。山坡的形态特征是新构造运动、山坡的地质结构和外动力地质条件的综合反映,对线路的建筑条件有着重要的影响。

山坡的外形包括山坡的高度、坡度及纵向轮廓等。山坡的外部形态是各种各样的,这里根据山坡的纵向轮廓和山坡的坡度,将山坡简略地概括为下面几种类型。

（1）按山坡的纵向轮廓分类

①直线形坡。在野外见到的直线形山坡,一般包括三种情况。一种是山坡岩性单一,经长期的强烈冲刷剥蚀,形成纵向轮廓比较均匀的直线形山坡,这种山坡的稳定性一般较高;另一种是由单斜岩层构成的直线形山坡,这种山坡在单面山部分曾经指出过,其外形在山岭的两侧不对称,一侧坡度陡峻,另一侧则与岩层层面一致,坡度均匀平缓,从地形上看,有利于布设线路,但开挖路基后遇到的均系顺倾向边坡,在不利的岩性和水文地质条件下,很容易发生大规模的顺层滑坡;第三种情况是由于山体岩性松软或岩体相当破碎,在气候干寒,物理风化强烈的条件下,经长期剥蚀碎落和坡面堆积而形成的直线形山坡,这种山坡在青藏高原和川西峡谷比较发育,其稳定性最差。

②凸形坡〔见图 4-9(a)、(b)〕。这种山坡上缓下陡,坡度渐增,下部甚至呈直立状态,坡脚界线明显。这类山坡往往是由于新构造运动加速上升,河流强烈下切所造成。其稳定条件主要决定于岩体结构,一旦发生山坡变形,则会形成大规模的崩塌。

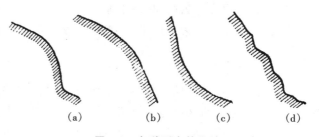

图 4-9　各种形态的山坡
(a)凸形坡一;(b) 凸形坡二;(c) 凹形坡;(d) 阶梯形坡

③凹形坡〔见图 4-9(c)〕。这种山坡上部陡,下部急剧变缓,坡脚界线很不明显。山坡的凹形曲线可能是新构造运动的减速上升所造成,也可能是山坡上部的破坏作用与山麓风化产物的堆积作用相结合的结果。分布在松软岩层中的凹形山坡,不少都是在过去特定条件下由大规模的滑坡、崩塌等山坡变形现象形成的,凹形坡面往往就是古滑坡的滑动面或崩塌体的依附面。从近年来我国地震后的地貌调查统计资料中可以明显看出,凹形山坡在各种山坡地貌形态中是稳定性比较差的一种。

④阶梯形坡〔见图 4-9(d)〕。阶梯形山坡有两种不同的情况,一种是由软硬不同

的水平岩层或微倾斜岩层组成的基岩山坡,由于软硬岩层的差异风化而形成阶梯状的山坡外形。这种山坡的稳定性一般比较高,另一种是由于山坡曾经发生过大规模的滑坡变形,由滑坡台阶组成的次生阶梯状斜坡。这种斜坡多存在于山坡的中下部,如果坡脚受到强烈冲刷或不合理的切坡,或者受到地震的影响,可能引起古滑坡复活,威胁建筑物的稳定。

(2) 按山坡的纵向坡度分类

按山坡的纵向坡度,坡度小于 15°的为微坡,介于 16°~30°之间的为缓坡,介于 31°~70°的为陡坡;山坡坡度大于 70°的为垂直坡。

从路线角度来讲,山坡稳定性高,坡度平缓,对布设线路无疑是有利的。特别对越岭线的展线山坡,坡度平缓不仅便于展线回头,而且可以拉大上下线间的水平距离,既有利于路基稳定,又可减少施工时的干扰。但平缓山坡特别是在山坡的一些拗洼部分,一则通常有厚度较大的坡积物和其他重力堆积物分布,再则坡面径流容易在这里汇聚,当这些堆积物与下伏基岩的接触面因开挖而被揭露后,遇到不良水文地质情况,很容易引起堆积物沿基岩顶面发生滑动。

4.3 平原地貌

平原地貌是在地壳升降运动微弱或长期稳定的条件下,经外力作用的充分夷平或补平而形成的。其特点是地势开阔平缓,地面起伏不大。

按高程,平原可分为高原、高平原、低平原和洼地(见表 4-1)。

按成因,平原可分为构造平原、剥蚀平原和堆积平原。

4.3.1 构造平原

此类平原主要是由地壳构造运动所形成,其特点是地形面与岩层面一致,堆积物厚度不大。构造平原又可分为海成平原和大陆拗曲平原,前者是由地壳缓慢上升海水不断后退所形成,其地形面与岩层面一致,上覆堆积物多为泥沙和淤泥,并与下伏基岩一起微向海洋倾斜;后者是由地壳沉降使岩层发生拗曲所形成,岩层倾角较大,平原面呈凹状或凸状,其上覆堆积物多与下伏基岩有关。

由于基岩埋藏不深,所以构造平原的地下水一般埋藏较浅。在干旱或半干旱地区如排水不畅,常易形成盐渍化。在多雨的冰冻地区则常易造成道路的冻胀和翻浆。

4.3.2 剥蚀平原

此类平原系在地壳上升微弱的条件下,经外力的长期剥蚀夷平所形成,其特点是地形面与岩层面不一致,上覆堆积物常常很薄,基岩常常裸露地表,只是在低洼地段有时才覆盖有厚度稍大的残积物、坡积物、洪积物等。按外力剥蚀作用的动力性质不同,剥蚀平原又可分为河成剥蚀平原、海成剥蚀平原、风力剥蚀平原和冰川剥蚀平原。

其中较为常见的是前面两种剥蚀平原。河成剥蚀平原是由河流长期侵蚀作用所造成的侵蚀平原,亦称准平原,其地形起伏较大,并向河流上游逐渐升高,有时在一些地方则保留有残丘。海成剥蚀平原系由海流的海蚀作用所造成,其地形一般极为平缓,微向现代海平面倾斜。

剥蚀平原形成后,往往因地壳运动变得活跃,剥蚀作用重新加剧,使剥蚀平原遭到破坏,故其分布面积常常不大。剥蚀平原的工程地质条件一般较好。

4.3.3 堆积平原

此类平原是在地壳缓慢而稳定下降的条件下,经各种外力作用的堆积填平所形成,其特点是地形开阔平缓,起伏不大,往往分布有厚度很大的松散堆积物。按外力堆积作用的动力性质不同,堆积平原又可分为河流冲积平原、山前洪积冲积平原、湖积平原、风积平原和冰碛平原,其中较为常见的是前面三种。

河流冲积平原是由河流改道及多条河流共同沉积所形成。它大多分布于河流的中、下游地带,因为在这些地带河床常常很宽,堆积作用很强,且地面平坦,排水不畅,每当雨季洪水易于泛滥,其所携带的大量碎屑物质便堆积在河床两岸,形成天然堤。当河水继续向河床以外广大面积淹没时,流速锐减,堆积面积愈来愈大,堆积物愈来愈细,久而久之,便形成广阔的冲积平原。

河流冲积平原地形开阔平坦,是工程建设的良好条件,对公路、铁路选线也十分有利。但其下伏基岩往往埋藏很深,第四纪堆积物很厚,且地下水一般埋藏较浅,地基土的承载力较低,在冰冻潮湿地区道路的冻胀翻浆问题比较突出。此外,还应注意,为避免洪水淹没,路线及建筑物应设在地形较高处,而在淤泥层分布地段,还应注意其对地基的强度和稳定性的影响。

山前洪积冲积平原的成因及洪积冲积物的特征,详见前面 2.1 节。

湖积平原是由河流注入湖泊时,将所挟带的泥沙堆积湖底使湖底逐渐淤高,湖水溢出、干涸所形成。其地形之平坦为各种平原之最。

湖泊平原中的堆积物,由于是在静水条件下形成的,故淤泥和泥炭的含量较多,其总厚度一般也较大,其中往往夹有多层呈水平层理的薄层细砂或黏土,很少见到圆砾或卵石,且土颗粒由湖岸向湖心逐渐由粗变细。

湖泊平原地下水一般埋藏较浅。其沉积物由于富含淤泥和泥炭,常具可塑性和流动性,孔隙度大,压缩性高,故承载力很低。

4.4 河谷地貌

4.4.1 河谷地貌的形态要素

河谷是在流域地质构造的基础上,经河流的长期侵蚀、搬运和堆积作用逐渐形成和发展起来的一种地貌。由于线路沿河谷布设,可使路线具有线型舒顺、纵坡平缓、工程量小等优点,所以河谷通常是山区公路、铁路争取利用的一种有利的地貌类型。

典型的河谷地貌,一般都具有如图 4-10 所示的几个形态部分。

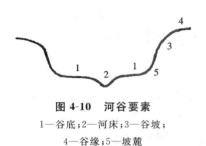

图 4-10 河谷要素
1—谷底;2—河床;3—谷坡;
4—谷缘;5—坡麓

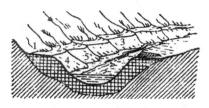

图 4-11 河流阶地要素图
1—阶地后缘;2—阶地面;3—阶地前缘;
4—阶地斜坡;5—阶地坡麓

1) 谷底

谷底是河谷地貌的最低部分,地势一般比较平坦,其宽度为两侧谷坡坡麓之间的距离。谷底上分布有河床及河漫滩。河床是在平水期间为河水所占据的部分。河漫滩是在洪水期间才为河水淹没的河床以外的平坦地带。其中每年都能为洪水淹没的部分称为低河漫滩,仅为周期性多年一遇的最高洪水所淹没的部分称为高河漫滩。

2) 谷坡

谷坡是高出于谷底的河谷两侧的坡地。谷坡上部的转折处称为谷缘,下部的转折处称为坡麓或坡脚。

3) 阶地

阶地是沿着谷坡走向呈条带状分布或断断续续分布的阶梯状平台(见图 4-11)。阶地可能有多级,此时,则从河漫滩向上依次称为一级阶地、二级阶地、三级阶地等。每一级阶地都有阶地面、阶地前缘、阶地后缘、阶地斜坡和阶地坡麓等要素(见图 4-11)。阶地面就是阶地平台的表面,它实际上是原来老河谷的谷底,它大多向河谷轴部和河流下游微作倾斜。阶地面并不十分平整,因为在它的上面,特别是在它的后缘,常常由于崩塌物、坡积物、洪积物的堆积而呈波状起伏。此外,地表径流也对阶地面起着切割破坏作用。阶地斜坡是指阶地面以下的坡地,是河流向下深切后所造成。阶地斜坡倾向河谷轴部,并也常为地表径流所切割破坏。

在通常情况下,阶地面有利于布设线路,但有时为了少占农田或受地形等限制,也常在阶地坡麓或阶地斜坡上设线。

还应指出,并不是所有的河流或河段都有阶地,由于河流的发展阶段以及河谷所处的具体条件不同,有的河流或河段并不存在阶地。

4.4.2 河谷地貌的类型

1) 按发展阶段分类

河谷的形态是多种多样的,按其发展阶段可分为未成形河谷、河漫滩河谷和成形河谷三种类型。

（1）未成形河谷

未成形河谷也叫 V 字形河谷。在山区河谷发育的初期，河流处于以垂直侵蚀为主的阶段，由于河流下切很深，故常形成断面为 V 字形的深切河谷。其特点是两岸谷坡陡峻甚至壁立，基岩直接出露，谷底较窄，常为河水充满，谷底基岩上缺乏河流冲积物。

（2）河漫滩河谷

河漫滩河谷断面呈 U 字形。它是河谷经河流侵蚀，谷底拓宽发展而形成的。其特点是谷底不仅有河床，而且有河漫滩，河床只占据谷底的最低部分。

（3）成形河谷

成形河谷是河流经历了比较漫长的地质时期后，具有复杂形态的河谷。阶地的存在就是成形河谷的显著特点。

2）按河谷走向与地质构造的关系分类

按河谷走向与地质构造的关系，可将河谷分为以下几类。

（1）背斜谷

它是沿背斜轴伸展的河谷，是一种逆地形。背斜谷多为沿张裂隙发育而成，虽然两岸谷坡岩层反倾，但因纵向构造裂隙发育，谷坡陡峻，故岩体稳定性差，容易产生崩塌。

（2）向斜谷

它是沿向斜轴伸展的河谷，是一种顺地形。向斜谷的两岸谷坡岩层均属顺倾，在不良的岩性和倾角较大的条件下，容易发生顺层滑坡等病害。向斜谷一般都比较开阔。

（3）单斜谷

它是沿单斜岩层走向伸展的河谷。单斜谷在形态上通常具有明显的不对称性，岩层反倾的一侧谷坡较陡，顺倾的一侧谷坡较缓。

（4）断层谷

它是沿断层走向延伸的河谷。河谷两岸常有构造破碎带存在，岸坡岩体的稳定取决于构造破碎带岩体的破碎程度。

（5）横谷与斜谷

上面四种构造谷，其共同点是河谷的走向与构造线的走向一致，也可以把它们称为纵谷。横谷与斜谷就是河谷的走向与构造线的走向大体垂直或斜交，它们一般是在横切或斜切岩层走向的横向或斜向断裂构造的基础上，经河流的冲刷侵蚀逐渐发展而成的，就岩层的产状条件来说，它们对谷坡的稳定性是有利的，但谷坡一般比较陡峻，在坚硬岩石分布地段，多呈峭壁悬崖地形。

4.4.3 河流阶地

1）阶地的成因

河流阶地是在地壳的构造运动与河流的侵蚀、堆积作用的综合作用下形成的。当河漫滩河谷形成之后，由于地壳上升或侵蚀基准面相对下降，原来的河床或河漫滩便受到下切，而没有受到下切的部分就高出于洪水位之上，变成阶地。于是河流又在新的水平面上开辟谷地。此后，当地壳构造运动处于相对稳定期或下降期时，河流纵剖面坡度变小，流水动能减弱，河流垂直侵蚀作用变弱或停止，侧向侵蚀和沉积作用增强，于是又重新拓宽河谷，塑造新的河漫滩。在长期的地质历史过程中，如地壳发生多次升降运动，则引起河流侵蚀与堆积交替发生，从而在河谷中形成多级阶地。因此，河流阶地的存在就成为地壳新构造运动的有力证据。不难理解，紧邻河漫滩的一级阶地形成的时代最晚，依次向上，阶地的形成时代愈早。

2）阶地的类型

由于构造运动和河流地质过程的复杂性，河流阶地的类型是多种多样的。一般可以将它分为下列三种主要类型。

（1）侵蚀阶地（见图 4-12）

侵蚀阶地主要是由河流的侵蚀作用形成的，多由基岩组成，所以又叫基岩阶地。

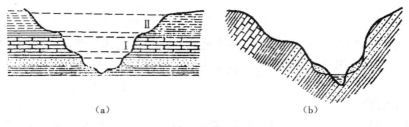

（a）   （b）

图 4-12　侵蚀阶地

（a）水平岩层上的侵蚀阶地；（b）倾斜岩层上的侵蚀阶地

（2）堆积阶地（见图 4-13）

堆积阶地是由河流的冲积物组成的，所以又叫冲积阶地或沉积阶地。当河流侧向侵蚀拓宽河谷后，由于地壳下降，逐渐有大量的冲积物发生堆积，待地壳上升，河流在堆积物中下切，因而形成了堆积阶地。

第四纪以来形成的堆积阶地，除下更新统的冲积物具有较低的胶结成岩作用外，一般的冲积物都呈松散状态，容易遭受河水冲刷，影响阶地稳定。

堆积阶地根据形成方式可分为以下几种。

① 上迭阶地〔见图 4-13（a）〕：河流在切割河床堆积物时，切割的深度逐渐减小，侧向侵蚀也不能达到它原有的范围，这种形式的堆积阶地称为上迭阶地。

② 内迭阶地〔见图 4-13（b）〕：河流切割河床堆积物时，切割的深度超过了原有堆积物的厚度，甚至切割了基岩，这种形式的堆积阶地称为内迭阶地。

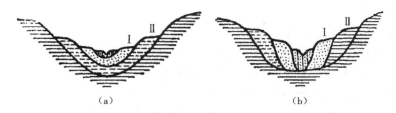

图 4-13 堆积阶地

（a）上迭阶地；（b）内迭阶地

（3）侵蚀—堆积阶地

这种阶地是在地壳相对稳定，下降和再度上升的地质过程中逐渐形成的。在地壳运动相对稳定阶段，河流的侧蚀形成了宽广的河谷，由于地壳下降而在宽广河谷中形成冲积物的堆积，随着地壳再次上升，河床下切至基岩内部，这样就形成了在阶

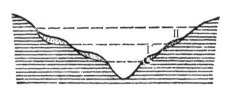

图 4-14 基座阶地

地下部的基岩顶面覆盖有冲积层的侵蚀—堆积阶地。可以看出侵蚀—堆积阶地是由基岩和冲积层两部分组成的，基岩上部冲积物覆盖厚度一般比较小，整个阶地主要由基岩组成，所以又称为基座阶地（见图 4-14）。

从上述情况可以看出，河谷地貌是山岭地区向分水岭两侧的平原作缓慢倾斜的带状谷地，由于河流的长期侵蚀和堆积，成形的河谷一般都有不同规模的阶地存在。它一方面缓和了山谷坡脚地形的平面曲折和纵向起伏，另一方面又不易遭受山坡变形和洪水淹没的威胁。这些特点有利于线路平纵面设计和减少工程量，容易保证路基稳定，所以对公路和铁路工程建设来说，阶地在通常情况下是河谷地貌中敷设线路的理想部位。当有几级阶地时，除考虑过岭标高外，一般以利用一、二级阶地敷设路线为好。

上述都是顺着河流方向延伸的阶地，也称为纵阶地。此外，还有与河流方向垂直的阶地，称为横阶地。严格地说，横阶地并不能算作阶地，它只不过是河谷一种具有一定高差的跌水或瀑布地形，不过人们习惯如此称呼。高差很大的横阶地，多由横贯河谷垂直断距很大的断裂构造形成，此外如河床岩性软硬不同，由于河流的差异侵蚀，也能形成一些高差不大的横向阶地。横向阶地在河谷中的分布不具普遍性，只有在一定的岩性和构造条件下才能形成，且多出现在山区河谷或河流的上游部分。横阶地对沿河线路的纵坡设计是一种障碍，因为地势突然升高，坡度过分集中，如不及早提坡，就要增大局部路线纵坡，这对线路的纵坡设计显然是不利的。

【思考题】

4-1　地貌分级与分类的基本原则及其划分结果。

4-2　垭口的基本类型和各自的工程地质特征。

4-3　山坡的基本类型和各自的工程地质特征。

4-4　河流阶地的成因、类型和与工程建设间的关系？

第5章　地　下　水

　　地下水是赋存并运移于地表以下的岩石和土孔隙、裂隙或岩溶洞隙中的水。地下水的分布极其广泛,它和人类的生产和生活密切相关。地下水常为农业灌溉、城乡人民生活及工矿企业用水提供良好的水源。因此,地下水是宝贵的自然资源。一些含特殊组分的地下水称为矿泉水,具医疗保健作用;含盐量多的地下水如卤水,可提供化工原料;地下热水可用作取暖和发电。

　　地下水是地质环境的重要组成部分,对环境及建筑物地基的稳定性均产生影响。基坑工程、地下工程施工时,若大量涌入地下水可造成施工困难;地下水可使地基软化降低其承载力;地下水常常是滑坡、地面沉降和地面塌陷等灾害的主要原因;承压地下水存在时,地下建筑以及深基坑设计、施工必须考虑抗浮问题。地下水若不加治理将影响地下建筑的使用。因此,为确保土木工程建设的稳定与安全,查明地下水的形成、埋藏、分布、运动等规律十分必要。

5.1　地下水的基本概念

5.1.1　地下水的形成

1) 自然界中水的分布

　　地球上的水广泛地存在于大气圈、地表和地壳中。其中大气圈中的水降落到地面称为大气降水;地表上江、河、湖、海中的水称为地表水;埋藏在地表下岩土孔隙、裂隙或溶隙中的水称为地下水。陆地上大部分淡水都埋藏在地表以下。

　　根据联合国教科文组织资料显示,地球浅部圈层中水的总体积约为 3.86×10^8 km³。若将这些水均匀平铺在地球体表面,水深约为 2 718 m。但其中咸水约占 97.47%,淡水只占 2.53%。

2) 自然界中水的循环

　　自然界的水包括大气水、地表水和地下水,它们彼此密切联系,不断相互转化。这种彼此转化的过程就是自然界的水循环。由于太阳热能和重力作用,发生于大气水、地表水和地壳浅部地下水之间的水循环是受水文、气象因素制约的,因此称为水文循环。

　　在太阳热能和重力作用下,海洋中水分蒸发成为水汽,进入海洋上空或被气流带至陆地上空,在适宜的条件下形成降水,降落在海洋中或降落到地表。地表降水汇集于低处,成为河流、湖泊等地表水。另一部分渗入地下,形成地下水。形成地表水的那部分水分有的重新蒸发成为水汽,返回大气圈;有的渗入地下,形成地下水;其余部分则流入海洋。渗入地下的水,部分通过地面蒸发返回大气圈;部分被植物吸收,通过叶面蒸发返回大气圈;其余部分则形成地下径流。地下径流或者直接流入海洋,或者经排泄成为地表水,然后返回海洋。水分从海洋经陆地,最终返回海洋(见图 5-1)。

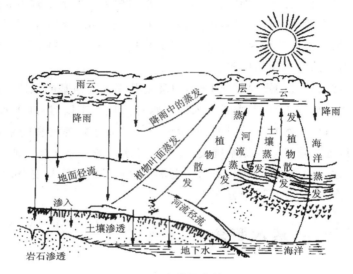

图 5-1　自然界水循环

通常发生于海洋与陆地之间的水循环称为大循环。而在陆地或海洋表面蒸发的水分,又重新降落回到陆地或海洋表面,这种局部的水循环称为小循环。自然界的水循环是由大循环与小循环组成的复杂的水循环过程。

水在自然界中的循环反映了地球水分不断转化的过程,蒸发、降水和径流是这一过程的主要环节。水循环把地球各圈层的水联系起来,从而保持其各自的相对稳定状态。水是十分重要的自然资源,水循环赋予水独有的特征,就是其再生性。通过水分循环,每年有 47 000 km³ 的水从海洋转移到陆地,成为可供人类利用的淡水资源。

3) 地下的水文循环

参加水循环的部分水量,通过大气降水或地表径流最终可以转换为地下水。地下水从大气降水、地表水、人工补给等各种途径获得补给后,在含水层中流过一段路程,然后又以泉、蒸发、人工排泄等形式排出地表。地下水的补给、径流与排泄过程称为地下水的循环,这种循环导致地下水水位与水量等变化。

地下水与大气水、地表水是统一的,共同组成地球水圈,它在岩土空隙中不断运动,参与全球性陆地海洋之间的水循环,只是其循环速度比大气水、地表水慢得多。

地壳浅表部水分如此往复不已地循环转化,是维持生命繁衍与人类社会发展的必要前提。一方面,水通过不断转化而使水体得以净化;另一方面,水通过不断循环水量得以更新再生;水作为资源不断更新再生,可以保证在其再生速度水平上的持续利用。虽然大气水总量较小,但是循环更新一次只要 8 天,河水更新期是 16 天,海洋水全部更新一次则需要 2 500 年。地下水根据其不同埋藏条件,更新的周期由几个月到若干万年不等。

水循环赋予水强大的功能,不断地塑造和改变地球表面,同时也给人类的生存发展带来影响,许多地质灾害都与地下水有关。

5.1.2　地下水的赋存

地下水存在于岩土的空隙之中,地壳表层 10 km 以上范围内,都或多或少存在着空隙,特别是浅部 1~2 km 范围内,空隙分布较为普遍。岩土的空隙既是地下水的储存场所,又是地下水的渗透通道,空隙的多少、大小及其分布规律,决定着地下水分布与渗透的特点。

1) 岩土的空隙

岩土的空隙根据成因不同,可分为孔隙、裂隙和溶隙三大类(见图 5-2)。

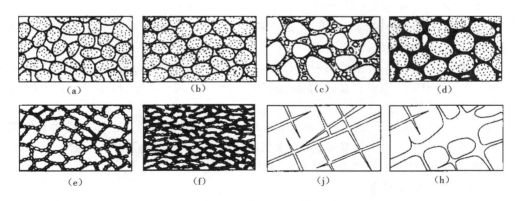

图 5-2　岩土中的空隙

(a) 分选良好,排列疏松的砂;(b) 分选良好,排列紧密的砂;(c) 分选不良的,含泥、砂的砾石;

(d) 经过部分胶结的砂岩;(e) 具有结构性孔隙的黏土;(f) 经过压缩的黏土;

(g) 具有裂隙的岩石;(h) 具有溶隙及溶穴的可溶岩。

(1) 孔隙

松散土(如黏性土、粉土、砂土、砾石等)中颗粒或颗粒集合体之间存在的空隙,称为孔隙〔见图 5-2 中(a)~(f)〕。孔隙发育程度用孔隙度(孔隙率)表示。参见本书 2.3.2 节相关内容。

几种典型松散土的孔隙度的参考值,如表 5-1 所示。

表 5-1　典型松散土孔隙度的参考值

名　称	砾石	砂	粉砂	黏土
孔隙度范围/(%)	25～40	25～50	35～50	40～70

（2）裂隙

坚硬岩石受地壳运动及其他内外地质作用的影响产生的空隙,称为裂隙〔见图5-2 中(g)〕。裂隙发育程度用裂隙率(K_t)表示,所谓裂隙率是裂隙体积(V_t)与包括裂隙体积在内的岩石总体积(V)的比值,用小数或百分数表示,即

$$K_t = \frac{V_t}{V} \quad \text{或} \quad K_t = \frac{V_t}{V} \times 100\% \tag{5-1}$$

（3）溶隙

可溶岩石灰岩、白云岩等中的裂隙经地下水流长期溶蚀而形成的空隙称溶隙〔见图 5-2 中(f)〕,这种地质现象称为岩溶(喀斯特)。

溶隙的发育程度用溶隙率(K_t)表示,所谓溶隙率(K_k)是溶隙的体积(V_k)与包括溶隙在内的岩石总体积(V)的比值,用小数或百分数表示,即

$$K_k = \frac{V_k}{V} \quad \text{或} \quad K_t = \frac{V_k}{V} \times 100\% \tag{5-2}$$

2）含水层与隔水层

岩土中含有各种状态的地下水,由于各类岩土的水理性质不同,可将各类岩土层划分为含水层和隔水层。

所谓含水层,是指能够给出并透过相当数量重力水的岩土层。构成含水层的条件,一是岩土中要有空隙存在,并充满足够数量的重力水;二是这些重力水能够在岩土空隙中自由运动。

隔水层是指不能给出并透过水的岩土层。隔水层还包括那些给出与透过水的数量是微不足道的岩土层,也就是说,隔水层有的可以含水,但是不具有允许相当数量的水透过自己的性能,例如黏土层就是这样的隔水层。

3）地下水的赋存形式

根据水在空隙中的物理状态、水与岩土颗粒的相互作用等特征,一般将水在空隙中存在的形式分为五种,即气态水、结合水、重力水、毛细水、固态水。详细内容可参见本书 2.3.1 节相关内容。

5.1.3　岩土的水理性质

岩土与水作用时表现出来的性质称为水理性质。岩土的水理性质包括容水性、持水性、给水性、透水性及毛细管性等。岩土的水理性质受岩土空隙大小的控制,并与水在岩土中的赋存形式有密切关系。

1）容水性

岩土空隙能够容纳一定数量水体的性质称为容水性。容水性常用容水度表示,

其值为岩土中容纳的水的体积与岩土总体积之比。

当岩土空隙被水充满时,水的体积就等于空隙体积,此时容水度在数值上等于孔隙度、裂隙率或溶隙率。大部分情况下容水度比它们小,因为有些空隙不相连通,以及空隙中有被水封闭的气泡存在;但对于具有膨胀性的黏土来说,由于充水后会发生膨胀,容水度会大于原来的孔隙度。

2) 持水性

依靠分子引力在岩土空隙中能保持一定水量的性质称为持水性。持水性在数量上用持水度表示。其值为靠分子引力保存于岩土中的水的体积与岩土总体积之比。持水度的大小主要决定于岩土颗粒的大小。颗粒越小,表面静电吸附能力就越大,所吸附的结合水膜就越厚,持水度就越大。

3) 给水性

岩土在重力作用下能自由排出一定水量的性能称为给水性。给水性在数量上用给水度表示,其值为能自由流出的水的体积与岩土总体积之比。

不同的岩土给水度不同,松散沉积物中颗粒愈粗给水度愈大,直到接近于它的容水度,因为它们是弱持水或不持水的,如表 5-2 所示。颗粒非常细小的泥炭、黏土类岩土,虽然容水度很大,但持水度也很大,因此给水度很小,有的实际上可认为给水度为零。

岩土的容水度、持水度与给水度三者之间有着密切关系,即给水度等于容水度减去持水度,而最大给水度为饱和容水度减去最大持水度。

表 5-2 常见岩土的给水度

岩土名称	砾石	粗砂	中砂	细砂	粉砂	粉土
给水度/(%)	35～30	30～25	25～20	20～15	15～10	14～8

4) 透水性

岩土的透水性是指岩土允许水透过的性质。衡量岩土透水性的指标是渗透系数。岩土透水性主要与空隙的大小有关,岩土颗粒愈松散,愈均匀,岩土颗粒之间的空隙直径便愈大,地下水流受阻力较小,从中透过的能力愈强。细颗粒土由于结合水占据了大部分空隙,粒间孔隙较小,地下水流动阻力较大,因而透水能力差,甚至水流不能通过,成为不透水层。

5.2 地下水的物理性质与化学成分

地下水的水质包括地下水的物理性质和化学成分,它们明显地受周围自然地理环境、地质条件和水文地质条件所控制。因此,在空间上和时间上皆表现出较大差异,即地下水物理性质及化学成分随空间和时间的变化而变化。

无论是利用地下水或是防治地下水的危害,都需要研究地下水的性质。例如:利用地下水作供水水源时,不同部门对水质有不同的要求;对各种工程建筑进行工程勘察评价时,需要了解水质对建筑物是否具有腐蚀性;通过对水质的了解,有助于查清地下水的分布、形成和运动规律等。

5.2.1 地下水的物理性质

地下水的物理性质通常是指地下水的温度、颜色、透明度、气味、味道等。

1)温度

地下水的温度变化主要是受气温和地温的影响,尤其是地温。

地壳按热力状态从上而下分为变温带、常温带、增温带。变温带的地温受气温的控制呈周期性的昼夜变化和年变化,随着深度的增加,变化幅度很快变小。气温的影响趋于零的深度叫常温带,常温带的地温一般略高于所在地区的年平均气温 $1\sim2$ ℃,在概略计算时可用所在地区的年平均气温来代表常温带的温度。常温带的深度在低纬度地区为 $5\sim10$ m,中纬度地区在 $10\sim20$ m,有些地区可达 30 m 左右。常温带以下的地温,主要受地球内部热力影响,随着深度的增加而有规律地升高,称为增温带。

由于气温和地温差异使各地区的地下水温度相差很大,在寒带和终年积雪的高山地带(冻土地区),浅层地下水的温度最低可达 -5 ℃左右。而在新火山活动的局部地区地下水温度则很高,甚至可超过 100 ℃。地下水按水温分类,如表 5-3 所示。

表 5-3 地下水按水温的分类 单位:℃

过冷水	冷水	温水	热水	过热水
<0	$0\sim20$	$21\sim42$	$43\sim100$	>100

2)颜色

通常地下水是无色的,但含有某些化学成分也会带有各种颜色。例如:当水中含氧化铁较高时,常呈褐红色;含亚铁较高时,常呈浅蓝绿色;含硫化氢较高时,常呈翠绿色;含腐殖质较高时,常呈淡黄色等。显然水颜色的深浅与上述化学成分有关。

3)透明度

地下水一般是无色透明的,但当地下水含有一定数量的固体颗粒、胶体成分或其他悬浮物质时,就会出现浑浊现象。通常将地下水的透明度划分为四级,即透明的、微浑浊的、浑浊的和极浑浊的。

4)味道

通常低矿化度水是淡而无味的,但当水中含某些盐分或某种气体、有机质等成分时,也会使地下水带有某种特殊味道。例如:含钠、镁的硫酸盐较高的水带有苦涩味;含氯化钠较高的水带有咸味;含二氧化碳气体较高的水具有清凉爽口的感觉;含有机质较高的水带有甜味(不宜饮用)等。

5) 气味

一般地下水是无臭的,但当水中含有某种特殊气体或有机质成分时,地下水会带有某种气味。例如:含硫化氢气体的水,常带有臭鸡蛋气味;含亚铁成分较高的水,常有铁腥气味等。

6) 相对密度

地下水的相对密度取决于所含化学成分的含量。纯净地下水的相对密度为 1,当水中溶解的化学成分较多时,相对密度可达 $1.2\sim1.3$。

综上所述,地下水的物理性质与其所含化学成分及其所存在的环境条件密切相关。实际工作中,常常通过物理性质来推断其所含化学成分和形成与存在的环境条件。

5.2.2 地下水的化学成分和主要化学性质

1) 地下水的化学成分

地下水在循环和储存的过程中,不断与周围岩土发生化学作用,形成了地下水的化学成分,同时其化学成分也在不断演化。地下水与周围岩土发生的化学作用称为地下水化学成分的形成作用,这些作用包括溶滤作用、浓缩作用、脱硫酸作用、脱碳酸作用、阳离子的交替吸附作用、混合作用以及人类活动在地下水化学成分形成中的作用。因此地下水并非纯水,而是化学成分十分复杂的天然溶液,其中含有各种气体、离子、胶体物质、有机质以及微生物等。

(1) 地下水中主要气体成分

地下水中的主要气体有氧气、氮气、硫化氢和二氧化碳等。一般每升水中含几毫克至几十毫克。这些气体的存在,在一定程度上,可用以指示地下水所处的水文地球化学环境。此外有些气体的含量直接影响到某些盐类的溶解度等,因而这些气体是不可忽视的。

① 氧气(O_2)与氮气(N_2):地下水中的 O_2 和 N_2 主要来源于大气。它们随同大气降水及地表水补给地下水。因此,通过渗入补给的地下水,其 O_2 和 N_2 的含量较大。

地下水中氧的含量多,表明地下水所处的地球化学环境是氧化环境,有利于氧化反应的进行。O_2 的化学性质远比 N_2 活泼,因此在较封闭的环境里,O_2 将被耗尽而只留下 N_2。因此 N_2 的单独存在,则说明地下水处于还原环境。

② 硫化氢(H_2S):H_2S 气体通常存在于还原环境中。在封闭缺氧的条件下,当存在有机质时,由于微生物作用,SO_4^{2-} 将被还原生成 H_2S,多见于深层地下水中。

③ 二氧化碳(CO_2):CO_2 在地下水中的分布极其广泛,几乎所有中、酸性地下水均含有数量不等的 CO_2。地下水中 CO_2 的来源很复杂,主要有两个来源:在地壳浅处可来自大气,也可以来自土壤中的生物化学作用;在地壳深处或火山活动地区多为碳酸盐类岩石,经高温分解作用(变质作用)生成后进入。

（2）地下水中主要的离子成分

地下水中含有数十种离子成分,其中分布最广、含量较多的离子共 7 种:氯离子(Cl^-)、硫酸根离子(SO_4^{2-})、重碳酸根离子(HCO_3^-)、钠离子(Na^+)、钾离子(K^+)、钙离子(Ca^{2+})及镁离子(Mg^{2+})。这些离子之所以在地下水中占主要成分,其原因是 O_2、Ca、Mg、Na、K 等元素在地壳中的含量高,且较易溶于水,有些元素如 Cl^- 与以 SO_4^{2-} 形式出现的 S 虽然在地壳中含量并不高,但极易溶于水。而其他元素如 Si、Al、Fe 等,虽然在地壳中含量很大,但由于其难溶于水,因而地下水中含量通常不大。

一般情况下,随着总矿化度(总溶解固体)的变化,地下水中占主要地位的离子成分也随之发生变化。低矿化水中常以 HCO_3^- 及 Ca^{2+}、Mg^{2+} 为主;高矿化水则以 Cl^- 及 Na^+ 为主;中等矿化的地下水中,阴离子常以 SO_4^{2-} 为主,阳离子以 Na^+ 或 Ca^{2+} 为主。形成此规律的主要原因在于水中盐类的溶解度不同(见表5-4)。

表 5-4　地下水中常见盐类的溶解度(0 ℃)　　　　　　　　单位:g/L

盐　　类	溶　解　度	盐　　类	溶　解　度
NaCl	350	$MgSO_4$	270
KCl	290	$CaSO_4$	1.9
$MgCl_2$	558.1(18 ℃)	Na_2CO_3	193.9(18 ℃)
$CaCl_2$	731.9(18 ℃)	$MgCO_3$	0.1
Na_2SO_4	50	$CaCO_3$	0.02

由表 5-4 可知,氯盐的溶解度最大,其次是硫酸盐,碳酸盐较小。钙的硫酸盐、钙和镁的碳酸盐溶解度最小。当水的矿化度由小变大时,钙、镁的碳酸盐极易达到饱和而从水中析出,继续增大时,钙的硫酸盐也饱和析出。因此,高矿化水中只有氯离子和钠离子占优势。

① 氯离子(Cl^-):氯离子(Cl^-)在地下水中普遍存在,且含量一般较高。地下水中 Cl^- 主要来源于沉积岩中盐岩或其他氯化物的溶解、岩浆岩中含氯矿物的风化溶解、沿海地区海水的渗入等。此外,人为的污染(工业废水和生活污水)也会使污染区地下水 Cl^- 含量增高。由于 Cl^- 不能被植物及细菌摄取,不能被土粒表面吸附,以及氯盐溶解度大,不易沉淀析出等缘故,因而是地下水中最稳定的离子。

② 硫酸根离子(SO_4^{2-}):在高矿化水中 SO_4^{2-} 的含量仅次于 Cl^-,每升可达数克,个别每升可高达数十克;低矿化水中每升为数毫克至数百毫克。地下水中 SO_4^{2-} 主要来源于石膏或其他含硫酸盐的沉积岩的溶解。其次来自天然硫或硫化物。另外,人为污染也会使污染区地下水 SO_4^{2-} 含量增高。在城镇中烧煤使大气中增加大量 SO_2,形成腐蚀性很强的"酸雨",补给地下水后也会使地下水中 SO_4^{2-} 明显增加。由于 $CaSO_4$ 的溶解度较小,限制了 SO_4^{2-} 在水中的含量,所以,地下水中的 SO_4^{2-} 远不及 Cl^- 稳定。

③ 重碳酸根离子(HCO_3^-)：重碳酸根离子(HCO_3^-)也是地下水中广泛分布的离子，含量一般不超过 1 g/L，通常在低矿化水中占据阴离子首位。地下水中 HCO_3^- 的来源，首先是含碳酸盐的沉积岩与变质岩（如大理岩）的水解，其次是岩浆岩与变质岩地区铝硅酸盐矿物的风化溶解。

由于 $CaCO_3$ 和 $MgCO_3$ 是难溶于水的，仅当水中有 CO_2 存在时，才会有一定数量溶解于水，水中 HCO_3^- 的含量取决于与 CO_2 含量的平衡关系。

④ 钠离子(Na^+)：钠离子(Na^+)是地下水中居主要地位的阳离子。通常，在低矿化水中 Na^+ 的含量很低，一般每升仅数毫克至数十毫克；高矿化水中，每升可以达到数十克，甚至到百克。其来源与 Cl^- 相同，也有的来自于铝硅酸盐矿物的风化溶解。

⑤ 钾离子(K^+)：钾离子(K^+)在地下水中的含量比 Na^+ 低得多，其原因是 K^+ 易形成难溶于水的水云母、蒙脱石等次生矿物，另外其可被植物吸收，也常被黏土颗粒吸附。K^+ 的来源和分布基本上与 Na^+ 相近。

⑥ 钙离子(Ca^{2+})：钙离子(Ca^{2+})是低矿化地下水中的主要阳离子，一般含量每升不超过数百毫克。在高矿化水中，由于阴离子主要是 Cl^-，而 $CaCl_2$ 的溶解度相当大，故 Ca^{2+} 的绝对含量显著增大，但通常仍远低于 Na^+。Ca^{2+} 的来源与 HCO_3^- 和 SO_4^{2-} 来源相同。

⑦ 镁离子(Mg^{2+})：镁离子(Mg^{2+})在低矿化地下水中含量通常比 Ca^{2+} 少，并不是地下水中的主要离子成分，部分原因是由于地壳组成中 Mg 比 Ca 少，而且也易于被植物吸收。镁离子(Mg^{2+})的来源及其在地下水中的分布与 Ca^{2+} 相近，来源于含镁的碳酸盐类沉积岩。此外，还来自岩浆岩、变质岩中含镁矿物的风化溶解。

（3）地下水中的其他成分

① 次要离子：地下水的次要离子包括 H^+、Fe^{2+}、Fe^{3+}、Mn^{2+}、OH^- 等。

② 微量成分：地下水含有一定的微量组分，如 Br、I、Sr 等。

③ 胶体成分：地下水中以未离解的化合物构成其胶体成分，主要有 $Fe(OH)_3$、$Al(OH)_3$ 及 H_2SiO_3 等，有时可占到相当比例。

④ 有机成分与微生物：地下水的有机成分主要由生物遗体分解产生，常以胶体形式存在。有机质的存在，可使地下水酸度增加。

另外，地下水中还存在各种微生物。如，在氧化环境中存在硫细菌、铁细菌等，在还原环境中存在脱硫酸细菌等。此外，在污染水中，还有各种致病细菌。

2）地下水的主要化学性质

地下水的化学成分及其组合关系，决定了地下水具有一定的化学性质，其中主要是酸碱度、硬度、矿化度、腐蚀性等。地下水的化学成分是通过对水进行化学分析测定的，一般称为水质分析，水质分析可分为简分析、全分析和专项分析。地下水的化学成分与其化学分类、水质评价等均有十分密切的关系。

（1）地下水的酸碱度

地下水的酸碱度指的是水中氢离子（H^+）的浓度，以 pH 值表示。多用 pH 仪测定。自然界中地下水的 pH 值一般在 6.5～8.0 之间，其中酸性地下水对金属和混凝土有腐蚀性。地下水按 pH 值分类，如表 5-5 所示。

表 5-5　地下水按 pH 值分类

水的酸碱度	pH 值	水的酸碱度	pH 值
强酸性水	＜5.0	弱碱性水	8.1～10
弱酸性水	5.0～6.4	强碱性水	＞10
中性水	6.5～8.0		

（2）地下水的硬度

地下水的硬度是指水中 Ca^{2+}、Mg^{2+} 的含量。硬度可进一步区分为总硬度、暂时硬度和永久硬度。水中所含 Ca^{2+}、Mg^{2+} 的总量是总硬度；总硬度包括暂时硬度与永久硬度。其中若把水加热至沸腾，将导致部分碳酸盐沉淀，水中由此失去的那部分 Ca^{2+}、Mg^{2+} 称为暂时硬度；水沸腾后仍留在水中的 Ca^{2+}、Mg^{2+} 含量称为永久硬度。

硬度的表示方法很多，我国目前常用方法有两种：一种为德国度（$H°$），一个德国度相当于每升水中含有 10 mgCaO 的量；另一种为每升水中 Ca^{2+} 和 Mg^{2+} 的毫克当量（meq）数，1 meq/L＝2.8$H°$。地下水按硬度分类见表 5-6。

表 5-6　地下水按硬度的分类

地下水类型	总　硬　度	
	$Ca^{2+} + Mg^{2+}$/(meq/L)	德国度/($H°$)
极软水	＜1.5	＜4.2
软水	1.5～3.0	4.2～8.4
微硬水	3.0～6.0	8.4～16.8
硬水	6.0～9.0	16.8～25.2
极硬水	＞9.0	＞25.2

水的硬度是评价生活用水和工业用水水质是否合乎标准的一项重要指标。许多工业用水不宜硬度过大，同时生活用水的硬度也有一定要求。

（3）地下水的矿化度

地下水中所含离子、分子、化合物的总量（气体成分除外）称为地下水的矿化度，它表示地下水中含可溶盐的多少，一般以 g/L 为单位。确定地下水矿化度一般采用以下两种方法。

① 将一定体积的地下水置于 105～110 ℃条件下蒸干，水中矿物质因沉淀而残

留下来,称量干涸残余物,将其折算为每升水的含量,通常以此量表示地下水矿化度。

②在没有干涸残余物时,也可利用阴、阳离子和其他化合物含量之总和概略表示矿化度。但应注意,在蒸干时有将近一半的重碳酸根离子分解生成 CO_2 及 H_2O 而逸失。所以相加时,HCO_3^- 只取重量的半数。

按地下水矿化度的大小,将地下水进行分类如表 5-7 所示。

表 5-7　地下水按矿化度的分类　　　　　　　　　　　　　　　　单位:g/L

地下水类型	矿化度	地下水类型	矿化度
淡水	<1	盐水	10～50
微咸水	1～3	卤水	>50
咸水	3～10		

矿化度低的淡水可作生活用水、工业用水与农业用水,而盐水、卤水常用来作提炼某些盐类的原料。

5.3　地下水的分类

地下水的分类方法很多,但归纳起来常用的分类方法有两种:一种是根据地下水的某一因素或某一特征进行分类;另一种是根据地下水的若干特征综合考虑进行分类。前一种分类方法一般按地下水的来源、水温、化学成分等特征分类。这种分类有较大的局限性,不能反映各特征间的内在联系。而后一种分类方法是根据地下水的某一主要特征,同时也兼顾到其他特征来进行分类。它比较全面地反映不同类型地下水的规律和特征,因此也称为综合分类法。

综合分类主要考虑地下水的埋藏条件和含水介质(空隙)类型。地下水按埋藏条件分为上层滞水、潜水和承压水;按含水介质(空隙)类型分为孔隙水、裂隙水和岩溶水。

将上述两种分类条件综合起来,可划分为 9 种复合类型的地下水,每种类型都有各自的特征,如表 5-8 所示。

表 5-8　地下水分类表

埋藏条件	含水空隙性质		
	孔隙水	裂隙水	岩溶水
上层滞水	季节性存在于局部隔水层上的重力水	出露于地表的裂隙岩层中季节性存在的水	裸露岩溶化岩层中季节性存在的悬挂水

续表

埋藏条件	含水空隙性质		
	孔隙水	裂隙水	岩溶水
潜　水	上部无连续完整隔水层存在的各种松散岩层中的水	基岩上部裂隙中的无压水	裸露岩溶化岩层中的无压水
承压水	松散岩层组成的向斜、单斜和山前平原自流斜地中的地下水	构造盆地及向斜、单斜岩层中的裂隙承压水,断层破碎带深部的局部承压水	向斜及单斜岩溶化岩层中的承压水

5.3.1 上层滞水、潜水和承压水

1) 上层滞水

（1）上层滞水的概念

上层滞水是包气带中局部隔水层之上具有自由水面的重力水（见图 5-3）。它是大气降水或地表水下渗时,受包气带中局部隔水层的阻隔聚集而成的。

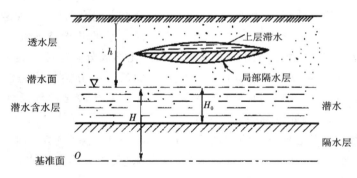

图 5-3　上层滞水及潜水埋藏图

在松散沉积物中,上层滞水分布于砂砾层内的黏性土透镜体之上;在基岩中分布于透水的裂隙岩层或岩溶岩层内的相对隔水夹层(如薄层页岩、泥灰岩等岩体)之上。

（2）上层滞水的特征

上层滞水埋藏浅,分布范围有限,其上无隔水层,具有如下特征。

① 具有自由水面。

② 上层滞水接近地表,补给区和分布区一致,直接接受当地大气降水或地表水的补给,以蒸发的形式排泄。

③ 受季节影响大,动态很不稳定;雨季获得补充,积存一定水量,旱季水量逐渐消耗,甚至干涸。

④ 上层滞水水量不大,季节变化强烈,富水性差,只能用于农村少量人口的供水及小型灌溉供水。

⑤ 上层滞水因接近地表易受污染。

⑥ 工程建设中上层滞水常突然涌入基坑威胁基坑施工安全。

2)潜水

(1)潜水的概念

潜水是埋藏于地表以下第一个稳定隔水层之上的具有自由水面的重力水(见图5-3)。潜水一般多储存在第四系松散沉积物中,也可以存在于裂隙基岩或可溶性基岩中,成为裂隙潜水和岩溶潜水。

潜水面任意一点的高程,称为该点的潜水位(H)。潜水面至地面的距离为潜水的埋藏深度(h)。自潜水面至隔水底板之间的垂直距离为含水层厚度(H_0)。

(2)潜水的特征

根据潜水的埋藏条件,潜水具有以下特征。

① 潜水具有自由水面,仅受大气压力,因此,也称为无压水。在重力作用下可以由水位高处向水位低处渗流,形成潜水径流。

② 潜水的分布区和补给区基本上是一致的。在一般情况下,大气降水、地面水等都可以直接补给潜水。

③ 潜水的动态(如水位、水量、水温、水质等随时间的变化)随季节不同而有明显变化。如雨季降水多,潜水补给充沛,潜水面上升,含水层厚度增大,水量增加,埋藏深度变浅;而在枯水季节则相反。

④ 在潜水含水层之上因无连续隔水层覆盖,一般埋藏较浅,因此容易受到污染。

⑤ 规模大的潜水含水层是很好的供水水源。

⑥ 工程建设中埋深较浅的潜水可能造成施工困难,必要时需采取降水措施。地下室和地下建筑需要采取防水措施。

(3)潜水面的形状及其表示方法

① 潜水面的形状:在自然界中,潜水面的形状因时因地而异,它受地形、地质、气象、水文等各种自然因素和人为因素的影响。一般情况下,潜水面不是水平的,而是向着邻近洼地(如冲沟、河流、湖泊等)倾斜的曲面。

潜水面的形状与地形有一致性,一般地面坡度越陡,潜水面坡度也越大。但潜水面坡度总是小于地面坡度,比地形要平缓得多。

当含水层的透水性和厚度沿渗流方向发生变化时,会引起潜水面形状的改变。在同一含水层中,当岩层的透水性随渗流方向增强或含水层度增大时,则潜水面形状趋于平缓,反之变陡,如图5-4所示。

气象、水文因素会直接影响潜水面的变化,如大气降水和蒸发,可使潜水面上升或下降。在某些情况下,地面水体的变化也会引起潜水面形状的改变。人为修建水库或渠道以及抽取或排除地下水,都会引起地下水位的升高或降低,改变潜水面的形

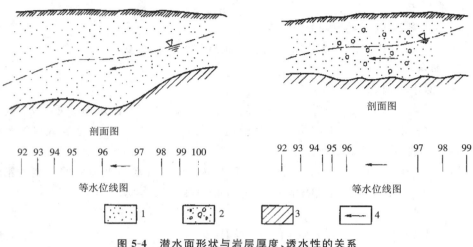

图 5-4　潜水面形状与岩层厚度、透水性的关系

1—砂;2—砾石;3—隔水层;4—潜水流向

状。

② 潜水面的表示方法:常用潜水等水位线图和剖面图的方法清晰地表示潜水面的形状。两种方法常配合使用。

a. 潜水等水位线图:它是指潜水面标高相等各点的连线图,也称为潜水面等高线图〔见图 5-5(a)〕。潜水等水位线图一般在地形图上绘制。其绘制方法与绘制地形等高线图基本相同,即在大致相同的日期内测得潜水面各点(如井、泉、钻孔、试坑等)的水位资料,将水位标高相同的各点连线而成。

因为潜水面时刻都在变化,所以等水位线图要注明测定水位的日期。通过不同时期内等水位线图的对比,有助于了解潜水的动态变化。

b. 剖面图:在具有代表性的剖面方向上,按一定比例尺,根据地形、钻孔、试坑或井、泉的地层柱状图资料,绘制潜水剖面图〔见图 5-5(b)〕,也称为水文地质剖面图。剖面图可以反映出潜水面与地形、含水层岩性及厚度、隔水层底板等的变化关系。

(4) 潜水等水位线图的用途

潜水等水位线图具有重要意义,利用潜水等水位线图可以解决如下问题。

① 确定潜水的流向。因为潜水是沿着潜水面坡度最大的方向流动,所以垂直等水位线从高水位指向低水位的方向,即为潜水的流向,常用箭头表示,如图 5-5 所示。

② 确定潜水的埋藏深度。某地点的地面标高与该点的潜水位标高之差,即为该点的潜水埋藏深度。根据各点的埋藏深度还可以作出潜水埋藏深度图。

③ 确定潜水面的水力坡降。在潜水流向上任取两点得水位差,与水的渗流路径之比,即为潜水的水力坡降。一般潜水的水力坡降很小,常为千分之几至百分之几。

④ 确定潜水与地表水的相互关系。在近河地段等水位线图上可以看出,潜水与

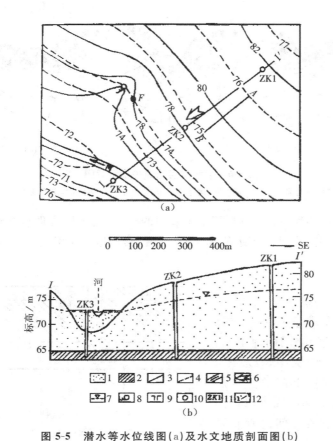

图 5-5 潜水等水位线图(a)及水文地质剖面图(b)

1—砂土；2—黏性土；3—地形等高线；4—潜水等水位线；5—河流及流
向；6—潜水流向；7—潜水面；8—下降泉；9—钻孔(剖面图)；10—钻孔
(平面图)；11—钻孔编号；12—I—I′剖面线

河水有以下关系：潜水补给河水，如图 5-6(a)所示，潜水面倾向河流，多见于河流的中上游山区；河水补给潜水，如图 5-6(b)所示，潜水面背向河流，多见于河流的下游；一岸河水补给潜水，另一岸为潜水补给河水，如图 5-6(c)所示，即潜水面一岸背向河流，另一岸倾向河流。

⑤ 确定含水层的厚度。若在等水位线图上有隔水底板等高线时，则可确定任一点的含水层厚度，其值为潜水位标高与隔水底板标高之差。

⑥ 推断含水层透水性及厚度的变化。潜水自透水性较弱的岩层流入透水性强的岩层时，潜水面坡度由陡变缓，等水位线由密变疏；相反，潜水面坡度便由缓变陡，等水位线由疏变密。潜水含水层岩性均匀，当流量一定时，含水层薄的地方水面坡度变陡，含水层厚的地方水面坡度变缓，相应的等水位线便密集或稀疏。

⑦ 确定泉水出露点和沼泽化的范围。在潜水等水位线和地形等高线高程相等处，是潜水面到达地面的标志，也是泉水出露和形成沼泽的地点。

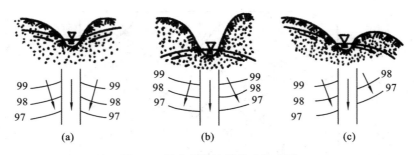

图 5-6 潜水与河流的关系示意图

(a) 潜水补给河流;(b) 河流补给潜水;(c) 左岸潜水补给河流,右岸河流补给潜水

⑧ 确定取水工程位置。根据等水位线图的资料,还可以合理布置给水或排水建筑物的位置,一般应在平行等水位线(垂直于流向)和地下水汇流处,开挖截水渠或打井。

3) 承压水

(1) 承压水的概念

承压水是充满于两个稳定隔水层(或弱透水层)之间的地下水,是一种有压重力水(见图5-7)。

承压水含水层上部的隔水层称为隔水顶板;下部的隔水层称为隔水底板;顶、底板之间的垂直距离称为承压含水层的厚度(M)。在承压水分布区钻孔时,钻穿隔水顶

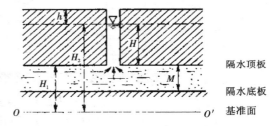

图 5-7 承压水埋藏示意图

H—承压水头;M—含水层厚度;H_2—承压水位标高;
H_1—隔水顶板标高;h—承压水位埋深

板后才能见到水面,此时的水面高程为初见水位(H_1);以后水位不断上升,达到一定高度便稳定下来,该水面高程称为承压水位(即测压水位 H_2)。一般承压水位低于地面的称为负水头,高出地面的称为正水头。承压水在适宜的地形条件下,可以溢出地表甚至自喷,自喷的区域称为自流区。承压水位高出隔水顶板底面的距离称为承压水头(H);地面标高与承压水位的差值称为承压水位埋深;将各点承压水位连成的面称为承压水面。

(2) 承压水的特征

承压水一般埋藏较深,上覆隔水顶板,与外界联系较差。其埋藏条件决定了它与潜水具有不同的特征。

① 承压水具有承压性能,其最重要的特征是没有自由水面。

② 由于隔水顶板的存在,承压水含水层分布区与补给区不一致,补给区常远小于分布区。

③ 承压水动态受气象、水文因素的季节性变化影响不显著,其含水层水量比较

稳定。

④ 承压水不易受到地面污染。

⑤ 规模大的承压水含水层是很好的供水水源,其卫生条件可靠。

⑥ 在工程建设中承压水能引起基坑突涌,破坏基坑的稳定性。

(3)承压水的埋藏类型

承压水的形成主要决定于地质构造。在适宜的地质构造条件下,无论是孔隙水、裂隙水或岩溶水均能构成承压水。适宜形成承压水的蓄水构造(蓄水构造是指适宜蓄存、富集地下水的一种地质构造)大体可分为两类:一类是盆地或向斜蓄水构造,称为承压(或自流)盆地;另一类是单斜蓄水构造,称为承压(或自流)斜地。

① 承压水盆地:按水文地质特征分成补给区、排泄区和承压区三个组成部分(见图 5-8)。

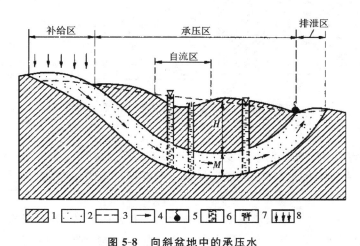

图 5-8 向斜盆地中的承压水

1—隔水层;2—含水层;3—地下水位;4—地下水流向;5—泉(上升泉);

6—钻孔,虚线为进水部分;7—自流孔;8—大气降水补给;

H—承压水头;M—含水层厚度

补给区一般位于盆地边缘地势较高处,含水层出露地表,可直接接受大气降水和地表水的入渗补给;排泄区一般位于盆地边缘的低洼地区,地下水常以泉的形式,排泄于地表。承压区一般位于盆地中部,是含水层被隔水层覆盖的地区,分布范围广,承受静水压力。承压区地形较低洼的部位当承压水位高出地表时可形成自流区。

② 承压水斜地:承压水斜地的形成分三种情况。

第一种是含水层被断层所截而形成的承压斜地。单斜含水层的上部出露地表成为补给区。下部被断层切割,若断层不导水,则向深部循环的地下水受阻,在补给区能形成泉排泄。此时补给区与排泄区在相邻地段。若断层是导水的,断层出露的位置又较低时,承压水可通过断层排泄于地表,此时补给区与排泄区位于承压区的两侧,与承压盆地相似〔见图 5-9(a)、(b)〕。

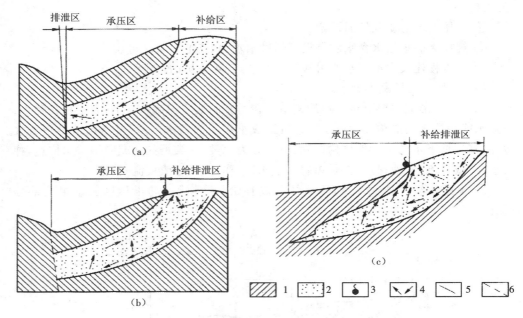

图 5-9 断裂构造及岩相变化形成的承压斜地
1—隔水层;2—含水层;3—泉;4—地下水流向;5—导水断层;6—隔水断层

第二种是含水层岩性发生相变和尖灭、裂隙随深度增加而闭合,使其透水性在某一深度变弱(成为不透水层)形成承压斜地。此种情况与阻水断层形成的承压斜地相似〔见图 5-9(c)〕。

第三种是侵入岩体阻截形成的承压斜地。各种侵入岩体(如花岗岩、闪长岩等),当它们侵入到透水性很强的岩层中并处于含水层下游时,便起到阻水作用而形成承压斜地。

承压水盆地和承压水斜地在我国分布非常广泛。根据其地质年代和岩性的不同,可分为两类:一类是第四系松散沉积物构成的承压水盆地和承压水斜地,广泛地存在于山间盆地和山前平原中;另一类是第四系以前坚硬岩层构成的承压水盆地和承压水斜地。

(4)承压水等水压线图

承压水面上高程相同点的连线,称为承压水等水压线图(见图 5-10)。承压水等水压线图的绘制方法,与潜水等水位线图相似。在某一承压含水层内,将一定数量的钻孔、井、泉(上升泉)的初见水位(或含水层顶板的高程)和稳定水位(即承压水位)等资料,绘在一定比例尺的地形图上,用内插法将承压水位等高的点相连,即得等水压线图。

承压水等水压线图可以反映承压水(位)面的起伏情况。承压水(位)面和潜水面不同,潜水面是一个实际存在的地下水面,而承压水(位)面是一个势面,这个面可以

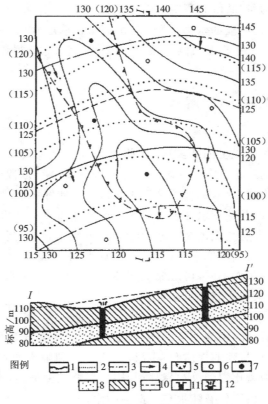

图 5-10 承压含水层等水压线图

1—地形等高线(m);2—含水层顶板等高线(m);

3—等水压线(m);4—地下水流向;5—承压水溢区;

6—钻孔;7—自流井;8—含水层;9—隔水层;

10—承压水位表;11—钻孔;12—自流井

与地形极不吻合,甚至高出地面。只有当钻孔打穿上覆隔水层至含水层顶面时才能测到。因此,承压水等水压线图通常要附以含水层顶板等高线。

(5)承压水等水压线图的用途

根据承压水等水压线图,可以分析确定如下问题。

① 确定承压水的流向。承压水的流向应垂直等水压线,常用箭头表示,箭头指向较低的等水压线。

② 确定承压水位距地表的深度。可由地面高程减去承压水位得到。这个数字越小,开采利用越方便;该值是负值时,表示水会自溢于地表。据此可选定开采承压水的地点。

③ 确定承压含水层的埋藏深度。用地面高程减去含水层顶板高程即得。

④ 确定承压水头的大小。承压水位与含水层顶板高程之差,即为承压水头高度。据此,可以预测开挖基坑和洞室时的水压力。

⑤ 计算承压水某地段的水力坡降,也就是确定承压水(位)面水力坡降。在流向方向上,取任意两点的承压水位差除以两点间的距离,即得该地段的平均水力坡降。

5.3.2 孔隙水、裂隙水、岩溶水

1) 孔隙水

孔隙水存在于松散岩土的孔隙中,这些松散岩土层包括第四系和基岩风化壳。它多呈均匀而连续的层状分布。孔隙水的存在条件和特征取决于岩土的孔隙情况,因为岩土孔隙的大小和多少,不仅关系到岩土透水性的好坏,而且也直接影响到岩土中地下水量的多少,以及地下水在岩土中的运动条件和地下水的水质。一般情况下,颗粒大而均匀,则含水层孔隙也大、透水性好,地下水水量大、运动快、水质好;反之,则含水层孔隙小、透水性差,地下水运动慢、水质差、水量也小。

孔隙水由于埋藏条件不同,可形成上层滞水、潜水或承压水,即分别称为孔隙—上层滞水、孔隙—潜水和孔隙—承压水。

2) 裂隙水

埋藏在坚硬岩石裂隙中的地下水称为裂隙水。它主要分布在山区和第四系松散覆盖层下面的基岩中,裂隙的性质和发育程度决定了裂隙水的存在和富水性。岩石的裂隙按成因可分为风化裂隙、成岩裂隙和构造裂隙三种类型,相应地也将裂隙水分为三种,即成岩裂隙水、风化裂隙水和构造裂隙水。

(1) 成岩裂隙水

成岩裂隙为岩石在形成过程中所产生的空隙,一般常见于岩浆岩中。喷出岩类的成岩裂隙尤以玄武岩最为发育,这一类裂隙在水平和垂直方向上,都较均匀,亦有固定层位,彼此相互连通。侵入岩体中的成岩裂隙,通常在其与围岩接触的部分最为发育。而赋存在成岩裂隙中的地下水称为成岩裂隙水。

喷出岩中的成岩裂隙常呈层状分布,当其出露地表,接受大气降水补给时,形成层状潜水。它与风化裂隙中的潜水相似。所不同的是分布不广,水量往往较大,裂隙不随深度减弱,而下伏隔水层一般为其他的不透水岩层;侵入岩中的裂隙,特别是在与围岩接触的地方,常由于裂隙发育而形成富水带。

成岩裂隙中的地下水水量有时可以很大,在疏干和利用上,皆不可忽视,特别是在工程建设时,更应予以重视。

(2) 风化裂隙水

赋存在风化裂隙中的水为风化裂隙水。风化裂隙是由岩石的风化作用形成的,其特点是广泛地分布于出露基岩的表面,延伸短,无一定方向,发育密集而均匀,构成彼此连通的裂隙体系,一般发育深度为几米到几十米,少数也可深达百米以上。风化

裂隙水绝大部分为潜水,具有统一的水面,多分布于出露基岩的表层,其下新鲜的基岩为含水层的下限。水平方向透水性均匀,垂直方向随深度而减弱。风化裂隙水的补给来源主要为大气降水,其补给量的大小受气候及地形因素的影响很大,气候潮湿多雨和地形平缓地区,风化裂隙水较丰富,常以泉的形式排泄于河流中。

（3）构造裂隙水

构造裂隙是由于岩石受构造运动应力作用所形成的,而赋存于其中的地下水就称为构造裂隙水。由于构造裂隙较为复杂,构造裂隙水的变化也较大,一般按裂隙分布的产状,又将构造裂隙水分为层状裂隙水和脉状裂隙水两类。

层状裂隙水埋藏于沉积岩、变质岩的节理及片理等裂隙中。由于这类裂隙常发育均匀,能形成相互连通的含水层,具有统一的水面,可视为潜水含水层。当其上部被新的沉积层所覆盖时,就可以形成层状裂隙承压水。脉状裂隙水往往存在于断层破碎带中,通常为承压水性质,在地形低洼处,常沿断层带以泉的形式排泄。其富水性决定于断层性质、两盘岩性及次生充填情况。经研究证明,一般情况下,压性断层所产生的破碎带不仅规模较小,而且两盘的裂隙一般都是闭合的,裂隙的富水性较差。当遇到规模较大的张性断层时,两盘又是坚硬脆性岩石,则不仅破碎带规模大,且裂隙的张开性也好,富水性强。当这样的断层沟通含水层或地表水体时,断层带特别是富水优势断裂带兼具贮水空间、集水廊道及导水通道的功能,对地下工程建设危害较大,必须给予高度重视。

3）岩溶水

埋藏于溶隙中的重力水称为岩溶水。岩溶水可以是潜水,也可以是承压水。一般说来,在裸露的石灰岩分布区的岩溶水主要是潜水;当岩溶化岩层被其他岩层所覆盖时,岩溶潜水可能转变为岩溶承压水。

岩溶的发育特点也决定了岩溶水的特征。岩溶水具有水量大、运动快、在垂直和水平方向上分布不均匀的特性,其动态变化受气候影响显著,由于溶隙较孔隙、裂隙大得多,能迅速接受大气降水补给,水位年变幅有时可达数十米。大量岩溶水以地下径流的形式流向低处,集中排泄,即在谷地或是非岩溶化岩层接触处以成群的泉水出露地表,水量可达每秒数百升,甚至每秒数立方米。

在建筑场地内有岩溶水存在,不但在施工中可能会有突然涌水的事故发生,而且对建筑物的稳定性也可能有很大影响。因此,应根据工程勘察结果,进行适当防治。

5.4　地下水的补给、径流和排泄

5.4.1　地下水的补给

含水层从外界获得水量的过程称为补给。补给来源有:大气降水、地表水、含水层之间的补给以及人工补给等。

1）大气降水补给

大气降水是地下水的最主要补给来源,但大气降水补给地下水的数量与降水性质、植物覆盖、地形、地质构造、包气带厚度及岩石透水性等密切相关,一般来说,时间短的暴雨对补给地下水不利,而连绵细雨能大量补给地下水。

2）地表水补给

地表水体指的是河流、湖泊、水库与海洋等,地表水体可能补给地下水,也可能排泄地下水,这主要取决于地表水水位与地下水水位之间的关系。地表水位高于地下水位,地表水补给地下水;反之,地下水补给地表水。

3）含水层之间的补给

深部与浅层含水层之间的隔水层中若有透水的"天窗"或由于受断层的影响,使上下含水层之间产生一定的水力联系时,地下水便会由水位高的含水层流向并补给水位低的含水层。此外,若隔水层有弱透水能力,当两含水层之间水位相差较大时,也会通过弱透水层进行补给。

4）人工补给

人工补给就是借助某些工程措施,将地表水自流或用压力注入地下储水层。

5.4.2 地下水的排泄

含水层失去水量的过程称为排泄。地下水排泄的方式有:蒸发、泉水溢出、向地表水体泄流、含水层之间的排泄和人工排泄等。

1）蒸发

通过土壤蒸发与植物蒸发的形式而消耗地下水的过程叫蒸发排泄。蒸发量的大小与温度、湿度、风速、地下水位埋深、包气带岩性等有关,干旱与半干旱地区地下水蒸发强烈,常是地下水排泄的主要形式。

2）泉

泉是地下水的天然露头,是地下水排泄的主要方式之一。当含水层通道被揭露于地表时,地下水便溢出地表形成泉。山区地形受到强烈的切割,岩石多次遭受褶皱、断裂,形成地下水流向地表的通道,因而山区常有丰富的泉水;而平原地区由于地势平坦,地表切割作用微弱,故泉的分布不多。按照补给含水层的性质,可将泉水分为上升泉与下降泉两大类。上升泉由承压含水层补给,下降泉由潜水或上层滞水补给。

3）向地表水泄流

当地下水位高于河水位时,若河床下面没有不透水岩层阻隔,那么地下水可以直接流向河流补给河水。

4）含水层之间的排泄

一个含水层通过"天窗"、导水断层、越流等方式补给另一个含水层。对后一个含水层来说是补给,而对前一个含水层来说是排泄。

5）人工排泄

抽取地下水作为供水水源或基坑抽水降低地下水位等，都是地下水的人工排泄方式。

5.4.3 地下水的径流

地下水由补给区流向排泄区的过程称为径流。地下水径流包括径流方向、径流速度与径流量。径流的强弱程度直接影响含水层的水量以及地下水的化学成分。

地下水补给区与排泄区的相对位置与高差决定着地下水径流的方向与径流速度。含水层的补给条件与排泄条件愈好、透水性愈强，则径流条件愈好。例如，山区的冲积物，岩石颗粒粗，透水性强，含水层的补给与排泄条件好，山区地势险峻，地下水的水力坡度大，因此山区的地下水径流条件好；平原区多堆积一些细颗粒物质，地形平缓，水力坡度小，因此径流条件较差。径流条件好的含水层其水质较好。此外，地下水的埋藏条件亦决定地下水径流类型：潜水属无压流动；承压水属有压流动。

5.5 地下水运动的基本规律

5.5.1 地下水运动的特点

地下水在岩土的空隙中的运动称为渗流。而岩土被水流过的现象称为渗透。地下水在空隙中的运动极其复杂具有如下特点。

岩土的空隙纵横交错，这些空隙的形状、大小和连通程度等变化较大，地下水质点在这些空隙中的运动速度和运动方向也是极不相同的。因此，地下水的运动通道是十分曲折复杂的。

地下水由于在曲折的通道中运动，水流受到的阻力较大。因此，水流流速很缓慢。天然状态下，地下水的流速为几米／日，甚至小于 1 米／日。

5.5.2 地下水运动的基本规律

地下水在岩土空隙中流动时主要呈现两种流态，即层流与紊流。其中，水质点有秩序地呈相互平行而互不干扰的运动称为层流。水质点相互干扰而无秩序地运动称为紊流。天然条件下，地下水在岩土空隙中运动速度很小，故流动状态大多为层流；而只有在空间较大的裂隙中或溶穴中运动时，地下水流速较大，才可能出现紊流。

1）线性渗透定律

（1）渗透试验与达西定律

1856 年法国水利工程师达西（H·Darcy）采用（见图 5-11）的试验装置对砂土进行大量的渗流试验，得到层流条件下线性渗透定律即达西定律。

达西通过试验发现渗透水量 Q 与圆筒断面面积 A 和水力坡降 $i（i=\dfrac{h}{L}）$ 成正比

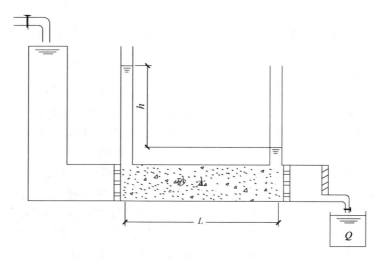

图 5-11 渗透试验

且与岩土的透水性有关,即

$$Q=kA\frac{h}{L}=kAi \tag{5-3}$$

或

$$v=\frac{Q}{A}=k\frac{h}{A}=ki \tag{5-4}$$

式中　Q——渗流流量,cm^3/s 或 m^3/d;

　　　　h——水头差(水头损失),m;

　　　　v——地下水渗透速度,cm/s 或 m/d;

　　　　L——上、下游过水断面间的水平距离(渗透路径),m;

　　　　A——过水断面的面积(包括岩石颗粒和空隙两部分的面积),m^2;

　　　　i——水力坡降,无量纲;

　　　　k——渗透系数,cm/s 或 m/d。

　　地下水的渗流符合达西定律。由(5-4)式可知:地下水的渗流速度与水力坡度的一次方成正比,也称为线性渗透定律。

　　上式表明:地下水在渗流过程中所消耗的能量的大小(即水头损失值的大小)与水流的渗流速度和渗流途径的长度成正比,而与含水层的渗透系数成反比。即含水层的渗透系数越大,渗流速度越小,渗流途径越短,水头损失值就越小。达西定律实质上就是渗流的能量守恒定律或者能量转换定律。

　　(2)关于达西定律表达式的说明

　　① 渗流速度(v):在公式(5-4)中,过水断面的面积包括岩土颗粒所占据的面积与空隙所占据的面积,而水流实际通过的过水断面面积(A_1)为空隙所占据的面积,即

$$A_1=A\cdot n \tag{5-5}$$

式中 n——孔隙度。

可见,渗透速度并非地下水的实际流速,而是假设水流通过整个过水断面(包括颗粒和空隙所占据的全部面积)时所具有的平均流速。

② 水力坡降(i):水力坡降为沿渗流途径的水头差与相应渗透路径的比值。地下水在空隙中运动时,受到空隙壁以及水质点自身的摩擦阻力,克服这些阻力保持一定流速,就要消耗能量,从而出现水头损失。所以,水力坡降可以理解为水流通过某一长度渗流途径时,为克服阻力,保持一定流速所消耗的以水头形式表现的能量。

③ 渗透系数(k):表示岩土含水层透水性能的比例系数,在数量上相当于水力坡降 $i=1$ 时的渗透速度。一般水力坡降为定值时,渗透系数 k 愈大,渗流速度 v 亦愈大;渗透系数可通过实验室测定或现场抽水试验求得,一些松散岩土的渗透系数参考值,如表 5-9 所示。

表 5-9　松散岩土渗透系数的参考值

土　名	渗透系数 $k/(\text{cm/s})$	土　名	渗透系数 $k/(\text{cm/s})$
砾　砂	$6.0\times10^{-2}\sim1.8\times10^{-1}$	粉　砂	$6.0\times10^{-4}\sim1.2\times10^{-6}$
粗　砂	$2.4\times10^{-2}\sim6.0\times10^{-2}$	黏质粉土	$6.0\times10^{-5}\sim6.0\times10^{-4}$
中　砂	$6.0\times10^{-3}\sim2.4\times10^{-2}$	粉质黏土	$1.2\times10^{-6}\sim6.0\times10^{-5}$
细　砂	$6.0\times10^{-4}\sim1.2\times10^{-3}$	黏　土	$<1.2\times10^{-6}$

(3)达西定律的适用范围

近年来的研究成果表明,达西定律的适用范围并非包括全部的层流。当雷诺数(Re)增大,水流的惯性作用增强到不可忽略时,尽管水流仍保持层流状态,但渗流速度与水力坡度之间却不再是线性关系,此时达西定律不适用。

一般地,当 $Re<10$ 时,黏滞力起主要控制作用,惯性力可忽略不计,水流保持层流状态运动,服从直线渗透定律。当 $Re>10$ 时,惯性力增大到接近黏滞力,水流虽仍然保持层流状态运动,但是水力坡降与渗流速度成非线性关系,此时水流为非线性的层流状态,直线渗透定律已不适用。当 $Re>100\sim200$ 时,惯性力起主要作用,水流运动由层流转变为紊流。因此,达西定律只适用于雷诺数 $Re<10$ 的层流运动。

实践证明,天然条件下地下水的实际流速都很小,基本符合直线渗透定律。因此,在水文地质计算中,常以达西定律作为建立计算公式的理论依据。

2)非线性渗透定律

地下水在较大空隙中的运动常呈紊流状态。1912 年哲才(A·cherzy)提出了地下水呈紊流状态时的运动规律即哲才公式。表达式为

$$Q=kA\sqrt{i} \tag{5-6}$$

或

$$v=k\sqrt{i} \tag{5-7}$$

上式表明：当地下水呈紊流状态时，其渗流速度与水力坡降的平方根成正比。

通常，地下水运动中出现紊流状态很少，主要发生在大裂隙、溶穴和抽水井附近。由于事先确定地下水流动的流态在生产实践中是很困难的，因此，上式在实际工作中很少应用。

5.6 地下水与工程建设的关系

地下水的存在，对建筑工程有着不可忽视的影响。尤其是地下水位的变化，水的腐蚀性和流砂、潜蚀等作用，都将对建筑工程的稳定性、施工及使用带来很大影响。因此，从工程建设的角度研究地下水及地下水引起的环境问题具有重要意义。

5.6.1 地下水位变化的影响

在自然因素与人为因素影响下，地下水位可能发生变化表现为地下水位的上升与下降。

1) 地下水位上升

（1）产生原因

引起地下水位上升的原因首先是自然因素。自然条件下，丰水年及丰水期水量充沛，地下水接受补给水位随之上升。其次，大气污染导致的温室效应在加长降雨历时增加降雨强度的同时加速了南北极冰雪的消融，促使海平面上升，致使沿海地区地下水位上升。据联合国预测，到 2030 年，海平面将上升 20 cm，到 2100 年，海平面将升高 65 cm。我国中科院地学部专家对我国三大三角洲和天津地区进行考察后所作的评估是，预期到 2050 年，全球变暖将使珠江三角洲海平面上升 40～60 cm，上海及天津地区上升的幅度会更高。

另外，地下水位上升也可由人类工程活动诱发。人类工程活动是指人类为提高生存质量，对自然环境进行改造、利用的各种工程活动的总称，人类工程活动已成为改造地质环境的强大力量。引起地下水位上升的人类工程活动，如人工补给地下水源或为防止地面沉降，对含水层进行回灌；农田灌溉水渗漏；园林绿化浇水渗漏；水库渗漏；横切地下水流向的线型工程（如地铁、隧道、人防工程等）的上方地下壅水；地面输水沟渠渗漏；地下输水管道渗漏等。

（2）地下水位上升造成的危害

地下水位上升使土层含水量增加甚至饱和，因而改变了土的物理力学性质。通常，地下水位持续上升属于环境工程地质问题。在一般情况下，地下水距基础底面 3～5 m 时便可对建筑物及其地面设施构成威胁。具体表现有以下几种。

① 地基土局部浸水、软化，承载力降低，建筑物发生不均匀沉降。

② 地基一定范围内形成较大的水位差，使地下水渗流速度加快，增强地下水对土体的潜蚀能力，引发地面塌陷。

③ 地基土湿陷。在干旱、半干旱地区的土处于干燥状态,湿陷性黄土浸水后发生湿陷,引起地面塌陷、沉降。

④ 地下水位上升还能加剧砂土的地震液化,很大程度地削弱砂土地基在一定的覆土深度范围内的抗液化能力。

⑤ 地基土冻胀。在寒冷地区,潜水位上升可使地基土含水量增加。由于冻结作用,岩土中水分迁移并集中,形成冰夹层或冰锥等,造成地基土冻胀、地面隆起、桩台隆胀等。冻结状态的岩土具有较高强度和较低压缩性,但是当温度升高岩土解冻后,其抗压、抗剪强度大大降低。对于含水量大的岩土体,融化后的黏聚力约为冻胀时的1/10,压缩性增强,可造成地基融陷,导致建筑物失稳开裂。

2) 地下水位下降

(1) 产生原因

自然条件下,枯水年及枯水期水量减少,地下水水位下降。同时,人类活动也可引起地下水位下降,如大量开采地下水;矿山排水疏干;地下工程(商场、仓库、停车场等)排水疏干;基坑工程降水;横切地下水流向的线型工程使下游水位下降;采油工程抽水(水油混合体);城市地下排水管网排水、建筑物和沥青水泥铺面减少降水入渗;地下水面下排水管断裂排水等。

(2) 地下水位下降造成的危害

当地下水位大面积下降时,可造成地面沉降;而地下水位局部下降时,引起地面塌陷以及基坑坍塌等工程事故。我国上海、天津、西安、苏州、常州等城市以及世界其他地方,如日本东京、泰国曼谷、美国加利福尼亚的长滩等城市或地区,均由于大量开采地下水,使得地下水位大幅度下降,发生大面积地面沉降。

① 地面沉降与地面塌陷:一般认为,地面沉降是由于地下水位下降,使地层中孔隙水压力降低,有效应力增加而产生的地层固结压缩现象。而地面塌陷则是由于地下水为降低时在松散土层中所产生的突发性断裂陷落现象。地面塌陷多发生于隐伏岩溶地区成为岩溶地区常见的环境工程地质问题。研究表明,地面塌陷的形成原因复杂,常常是多种原因综合作用的结果。

② 地面沉降与塌陷的主要危害:

a. 降低城市抵御洪水、潮水和海水入侵的能力。为治理地面沉降而产生的危害,必须花费很大的财力、物力。

b. 地面沉降引起桥墩、码头、仓库地坪下沉,桥面下净空减小,不利于航运。

c. 地面沉降与地面塌陷还会引起建筑物倾斜或损坏,桥墩错动,造成水利设施、交通线路破坏、地下管网断裂。

(3) 地面沉降与塌陷的防治

对于已发生或可能发生地面沉降的地区可采取如下措施。

① 可采取局部治理改善环境的办法,如在沿海修筑挡潮堤,防止海水倒灌;调整城市给排水系统;调整和修改城市建筑规划。

② 消除引起地面沉降的根本因素,谋求缓和直至控制地面沉降的发展,现阶段可采取的基本措施有:对地下水资源进行严格管理,对地下水过量开采区压缩地下水开采量,减少甚至关闭某些过量开采井,减少水位降深幅度;向含水层进行人工回灌(用地表水或其他水源,但应严格控制水质以防污染含水层),进行地下水动态和地面沉降观测,以制定合理的采灌方案;调整开采层次,避开在高峰用水时期在同一层次集中开采,适当开采更深层地下水,生活用水和工业用水分层开采。

③ 结合水资源评价,研究确定地下水资源的合理开采方案(在最小的地面沉降量条件下抽取最大可能的地下水开采量)。

④ 采取适当的建筑措施。如避免在沉降中心或严重沉降地区建设一级建筑物。在进行房屋、道路、水井等规划设计时,预先对可能发生的地面沉降量作充分考虑。

5.6.2 地下水对地基的渗流破坏

渗流作用可能引起地基土流砂、管涌和潜蚀的发生。

1)流砂

(1)流砂的概念

流砂是指松散细颗粒土被地下水饱和后,在动水压力即水头差的作用下,产生的地下水自下而上悬浮流动现象。它与地下水的动水压力有密切关系。其表现形式是所有颗粒同时从一近似于管状通道被渗透水流冲走(见图 5-12)。

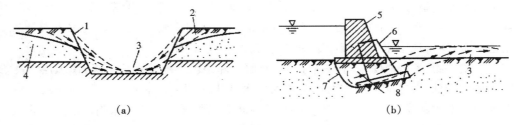

(a)　　　　　　　　　　(b)

图 5-12　流砂破坏示意图

1—原坡面;2—流砂后坡面;3—流砂堆积物;4—地下水位;5—建筑物原位置;
6—流砂后建筑位置;7—滑动面;8—流砂发生区

流砂通常是由于人类工程活动引起的,常在地下水位以下开挖基坑、埋设地下管道、打井等工程活动中发生的。但是,在有地下水出露的斜坡、岸边或有地下水溢出的地表面也会发生。流砂破坏一般是突然发生的,流砂发展结果是使基础发生滑移或不均匀下沉,基坑坍塌,基础悬浮等,对土木工程建设危害很大。

(2)流砂形成的条件

地基由细颗粒组成(一般粒径在 0.1 mm 以下的颗粒含量在 $30\%\sim35\%$ 以上),如细砂、粉砂、粉质黏土等土;水力梯度较大,流速增大,当动水压力超过土颗粒的重量时,就可使土颗粒悬浮流动形成流砂。

（3）流砂的防治

在可能产生流砂的地区，若其上面有一定厚度的土层，应尽量利用上面的土层作天然地基，也可用桩基穿过流砂，总之尽可能地避免水下大面积开挖施工。如果必须开挖，可采取如下措施防治流砂。

① 人工降低地下水位：使地下水位降至可能产生流砂的地层以下，然后开挖。

② 打板桩：其目的一方面是加固坑壁，另一方面是改善地下水的径流条件，即增长渗流途径，减小水力梯度和流速。

③ 冻结法：用冷冻方法使地下水结冰，然后开挖。

④ 水下挖掘：在基坑开挖期间，使基坑中始终保持足够的水头（可加水），尽量避免产生流砂的水头差，增加基坑侧壁土体的稳定性。

此外，处理流砂的方法还有化学加固法、爆炸法及加重法等。在基槽开挖的过程中局部地段出现流砂时，立即抛入大块石等，可以克服流砂的活动。

2）管涌

（1）管涌的概念

地基土在具有某种渗透速度（或梯度）的渗透水流作用下，其细小颗粒被冲走，土的孔隙逐渐增大，慢慢形成一种能穿越地基的细管状渗流通路，从而掏空地基或土坝，使地基或斜坡变形、失稳，此现象称为管涌（见图 5-13）。管涌通常是由于人类工程活动而引起的，但在有地下水出露的斜坡、岸边或有地下水溢出的地带也有发生。

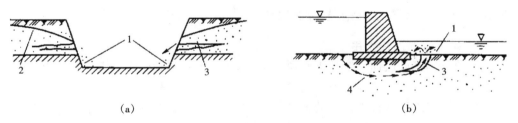

（a）　　　　　　　　　　　　　　　　（b）

图 5-13　管涌破坏示意图

（a）斜坡条件时；（b）地基条件时

1—管涌堆积物；2—地下水位；3—管涌通道；4—渗流方向

（2）管涌产生的条件

管涌多发生在无黏性土中。其特征是颗粒大小比值差别较大，往往缺少某种粒径；土粒磨圆度较好；孔隙直径大而互相连通，细粒含量较少，不能全部充满孔隙；颗粒多由比重较小的矿物构成，易随水流移动；有良好的排泄条件等。

（3）管涌的防治

在可能发生管涌的地层中修建挡水坝、挡土墙工程及进行基坑排水工程时，为了防止管涌的发生，设计时必须控制地下水逸出处的水力梯度，使其小于容许水力梯度。

防止管涌发生最常用的方法与防止流砂的方法相同，主要是控制渗流，降低水力梯度,设置保护层,打板桩等。

3）潜蚀

（1）潜蚀的概念

在较高的渗透速度或水力梯度作用下,地下水流从孔隙或裂隙中携出细小颗粒的作用称为潜蚀。潜蚀作用可分为机械潜蚀和化学潜蚀两种。其中,机械潜蚀是指土粒在地下水的动水压力作用下受到冲刷,将细粒冲走,使土的结构破坏,形成洞穴的作用;化学潜蚀是指地下水溶解土中的易溶盐分,使土粒间的结合力和土的结构破坏,土粒被水带走,形成洞穴的作用。这两种作用一般是同时进行的。

在地基内如发生地下水的潜蚀作用时,将会破坏地基土体的结构,严重时形成空洞,产生地表裂缝、塌陷,影响建筑工程的稳定。如,在我国的黄土及岩溶地区的土层中,常有潜蚀现象产生。

（2）潜蚀的防治

防治潜蚀可以采取堵截地表水流入土层、阻止地下水在土层中流动、设置反滤层、改造土的性质、减小地下水流速及水力坡度等措施。其有效措施可分为两大类:

① 改变渗透水流的水动力条件,使水力坡降小于临界水力坡降。防治措施有堵截地表水流入土层;阻止地下水在土层中流动;设反滤层;减小地下水的流速等。

② 改善土的性质,增强其抗渗能力。如爆炸、压密、打桩、化学加固处理等方法,可以增加岩土的密实度,降低土层的渗透性能。

5.6.3 地下水压力对地基基础的破坏

1）地下水的浮托作用

当建筑物基础底面位于地下水位以下时,地下水对基础底面产生静水压力,即产生浮托力。地下水不仅对建筑物基础产生浮托力,同样对其水位以下的岩石、土体产生浮托力。在地下水位埋深浅的地区,通常采用人工降水的方法进行基础工程施工,以克服地下水浮托力的作用。

通常,如果基础位于粉土、砂土、碎石土和节理裂隙发育的岩石地基上,则按地下水位100%计算浮托力;如果基础位于节理裂隙不发育的岩石地基上,则按地下水位50%计算浮托力;如果基础位于黏性土地基上,其浮托力较难确切地确定,应结合当地的实际经验考虑。

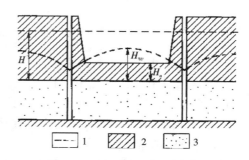

图 5-14 防止基坑突涌示意图

1—承压水位;2—隔水层;3—含水层;
H—承压水头;H_a—坑底隔水层安全厚度;
H_w—基坑降水后的承压水头

2）基坑突涌

当基坑下伏有承压含水层时（见图5-14）,如果开挖后基坑底部所留隔水层支持不住承压水压力的作用,承压水的水头压力会冲破基坑底板,发生冒水、冒砂等事故。这种工程现象被称为基坑突涌。

（1）基坑突涌发生的条件

设计基坑时,为避免基坑突涌的发生,必须验算基坑底部隔水层的安全厚度 H_a。根据基坑底部隔水层厚度与承压水压力的平衡关系,可写出如下平衡关系式

$$\gamma H_a = \gamma_w H \quad 即：H_a = \frac{\gamma_w}{\gamma} H \tag{5-8}$$

式中　γ、γ_w——分别为隔水层的重度和地下水的重度,kN/m^3；

　　　H——相对于含水层顶板的承压水头值,m；

　　　H_a——基坑开挖后隔水层的厚度,m。

显然,为避免基坑突涌的发生,基坑底隔水层的厚度必须满足下式：

$$H_a > \frac{\gamma_w}{\gamma} H \tag{5-9}$$

（2）基坑突涌的防止

当建筑工程施工,开挖基坑后保留的隔水层厚度（H_a）小于安全厚度时,为防止基坑突涌,则必须在基坑周围布置抽水井,对承压含水层进行预先排水,局部降低承压水位（见图 5-14）。使基坑降水后承压水头（H_w）必须满足下式

$$H_w > \frac{\gamma}{\gamma_w} H_w \tag{5-10}$$

（3）承压水压力与基础抬起

在一些地区,当承压含水层埋藏较浅且承压水压力较大时,地下构筑物可能破坏承压水压力与上覆地层压力的平衡关系,承压水压力可使基础抬起,导致房屋向上隆起变形甚至开裂。

5.6.4　地下水对钢筋混凝土的腐蚀作用

1）腐蚀类型

硅酸盐水泥遇水硬化,并且形成 $Ca(OH)_2$、水化硅酸钙 $CaOSiO_2 \cdot 12H_2O$、水化铝酸钙 $CaOAl_2O_3 \cdot 6H_2O$ 等,这些物质往往会受到地下水的腐蚀。根据地下水对建筑结构材料腐蚀性评价标准,将腐蚀类型分为三种。

（1）结晶类腐蚀

如果地下水中硫酸根离子的含量超过规定值,那么硫酸根离子将与混凝土中的 $Ca(OH)_2$ 起反应,生成二水石膏结晶体 $CaSO_4 \cdot 2H_2O$,这种石膏再与水化铝酸钙 $CaOAl_2O_3 \cdot 6H_2O$ 发生化学反应,生成水化硫铝酸钙,这是一种铝和钙的复合硫酸盐,习惯上称为水泥杆菌。由于水泥杆菌结合了许多的结晶水,因而其体积比化合前增大很多,约为原体积的 221.86%,于是在混凝土中产生很大的内应力,使混凝土的结构遭受破坏。

水泥中 $CaOAl_2O_3 \cdot 6H_2O$ 含量少,抗结晶腐蚀强,因此,要想提高水泥的抗结晶腐蚀,主要是控制水泥的矿物成分。

（2）分解类腐蚀

地下水中含有 CO_2，它与混凝土中的 $Ca(OH)_2$ 作用生成碳酸钙沉淀。

$$Ca(OH)_2 + CO_2 \rightarrow CaCO_3 \downarrow + H_2O \qquad (5\text{-}11)$$

上述反应后，如水中仍含有大量的 CO_2，则再与 $CaCO_3$ 发生以下化学反应，生成重碳酸钙并溶于水，从而破坏混凝土的结构

$$CaCO_3 + CO_2 + H_2O =\!\!= Ca^{2+} + 2HCO_3^- \downarrow \qquad (5\text{-}12)$$

上式为可逆反应，当水中 CO_2 含量小于平衡所需数量时，反应向左方进行，生成 $CaCO_3$ 沉淀；当 CO_2 含量大于平衡所需数量时，反应向右方进行，则将使 $CaCO_3$ 溶解。因此，当水中游离 CO_2 含量超过平衡需要时，混凝土中的 $CaCO_3$ 就被溶解而受腐蚀，这就是分解类腐蚀。我们将超过平衡浓度的 CO_2 叫侵蚀性 CO_2。地下水中侵蚀性 CO_2 愈多，对混凝土的腐蚀愈强。地下水流量、流速都较大时，CO_2 易补充，平衡难建立，因而腐蚀加快。另一方面，HCO_3^- 离子含量愈高，对混凝土的腐蚀性愈弱。

如果地下水的酸度过大，即 pH 值小于某一数值，那么混凝土中的 $Ca(OH)_2$ 也要分解，特别是当反应生成物为易溶于水的氯化物时，对混凝土的分解腐蚀很强烈。

（3）结晶分解复合类腐蚀

当地下水中 NH_4^+、NO_3^-、Cl^- 和 Mg^{2+} 离子的含量超过一定数量时，与混凝土中的 $Ca(OH)_2$ 发生反应，例如

$$MgSO_4 + Ca(OH)_2 =\!\!= CaSO_4 + Mg(OH)_2 \qquad (5\text{-}13)$$

$$MgCl_2 + Ca(OH)_2 =\!\!= CaCl_2 + Mg(OH)_2 \qquad (5\text{-}14)$$

$Ca(OH)_2$ 与镁盐作用的生成物中，除 $Mg(OH)_2$ 不易溶解外，$CaCl_2$ 则易溶于水，并随之流失；硬石膏 $CaSO_4$ 一方面与混凝土中的水化铝酸钙 $CaOAl_2O_3 \cdot 6H_2O$ 反应生成水泥杆菌

$$3CaO \cdot Al_2O_3 \cdot 6H_2O + 3CaSO_4 + 25H_2O =\!\!= 3CaO \cdot Al_2O_3 \cdot 3CaSO_4 \cdot 31H_2O \qquad (5\text{-}15)$$

另一方面，硬石膏遇水后生成二水石膏

$$CaSO_4 + 2H_2O =\!\!= CaSO_4 \cdot 2H_2O \qquad (5\text{-}16)$$

石膏在结晶时，体积膨胀，破坏混凝土的结构。

综上所述，地下水对混凝土建筑物的腐蚀是一项复杂的物理化学过程，在一定的工程地质条件下，对建筑材料的耐久性影响很大。

2）腐蚀性评价标准

根据各种化学腐蚀所引起的破坏作用，将 SO_4^{2-} 离子的含量归纳为结晶类腐蚀的评价指标；将侵蚀性 CO_2、HCO_3^- 离子和 pH 值归纳为分解类腐蚀的评价指标；而将 Mg^{2+}、NH_4^+、Cl^-、SO_4^{2-} 和 NO_3^- 离子的含量归纳为结晶分解类腐蚀的评价指标。同时，在评价地下水对建筑结构材料的腐蚀性时必须结合建筑场地所属的环境类别。建筑场地根据气候区、土层透水性、干湿交替和冻融交替情况区分为三类环境，如表 5-10 所示。

表 5-10　混凝土腐蚀的环境场地类别

环境类别	气候区	土层特性	干湿交替		冰冻区（段）
Ⅰ	高寒区 干（半干）旱区	直接邻水，强透水土层中的地下水，或湿润的强透水土层	有	无干湿交替作用时，混凝土腐蚀强度比有干湿交替作用时相对降低	不论在地面或地下，当混凝土受潮或浸水时并处于严重冰冻区（段）、冰冻区（段）、微冰冻区（段）
Ⅱ	高寒区 干（半干）旱区	弱透水土层中的地下水，或湿润的强透水土层	有		
	湿润区 半湿润区	直接邻水，强透水土层中的地下水，或湿润的强透水土层	有		
Ⅲ	各气候区	弱透水土层	无		不冻区（段）
备注	当竖井、隧道、水坝等工程的混凝土结构一面与水（地下水或地表水）接触，另一面又暴露在大气中时，其场地环境分类应划分为Ⅰ类				

地下水对建筑材料腐蚀性评价标准如表 5-11～表 5-13 所示。

表 5-11　结晶类腐蚀评价标准

腐蚀等级	SO_4^{2-} 在水中含量/(mg/L)		
	Ⅰ类环境	Ⅱ类环境	Ⅲ类环境
无腐蚀性	<250	<500	<1 500
弱腐蚀性	250～500	500～1 500	1 500～3 000
中腐蚀性	500～1 500	1 500～3 000	3 000～6 000
强腐蚀性	>1 500	>3 000	>6 000

表 5-12　分解类腐蚀评价标准

腐蚀等级	pH 值		侵蚀性 CO_2/(mg/L)		HCO_3^-/(mmol/L)
	A	B	A	B	A
无腐蚀性	>6.5	>5.0	<15	<30	>1.0
弱腐蚀性	6.5～5.0	5.0～4.0	15～30	30～60	1.5～0.5
中腐蚀性	5.0～4.0	4.0～3.5	30～60	60～100	<0.5
强腐蚀性	<4.0	<3.5	>60	>100	—
备注	A——直接邻水、或强透水土层中的地下水、或湿润的强透水土层 B——弱透水土层中的地下水或湿润的弱透水土层				

表 5-13　结晶分解复合类腐蚀评价标准

腐蚀等级	Ⅰ类环境		Ⅱ类环境		Ⅲ类环境	
	$Mg^{2+}+$ NH_4^+	$Cl^-+SO_4^{2-}+$ NO_3^-	$Mg^{2+}+$ NH_4^+	$Cl^-+SO_4^{2-}+$ NO_3^-	$Mg^{2+}+$ NH_4^+	$Cl^-+SO_4^{2-}+$ NO_3^-
无腐蚀性	<1 000	<3 000	<2 000	<5 000	<3 000	<10 000
弱腐蚀性	1 000～2 000	3 000～5 000	2 000～3 000	5 000～8 000	3 000～4 000	10 000～20 000
中腐蚀性	2 000～3 000	5 000～8 000	3 000～4 000	8 000～10 000	4 000～5 000	20 000～30 000
强腐蚀性	>3 000	>8 000	>4 000	>10 000	>5 000	>30 000

【思考题】

5-1　岩土中有哪些形式的水,重力水有哪些特点?

5-2　地下水的物理性质包括哪些内容? 地下水的化学成分有哪些?

5-3　地下水按埋藏条件可以分为几类? 它们有哪些不同?

5-4　达西定律及其适用范围是什么? 其渗流速度是真实流速吗? 为什么?

5-5　什么是地下水的循环? 由哪些环节组成?

5-6　地基沉降的产生原因与危害有哪些?

5-7　试述地基渗透破坏的类型及危害。

5-8　产生基坑突涌的原因是什么? 如何防治?

5-9　地下水对混凝土的腐蚀性如何评价?

5-10　综述地下水与工程建设之间的关系。

第 6 章　工程岩体分级及其稳定性分析

　　自然界中的岩体作为工程建筑物地基、围岩或边坡的时候,不可避免地要涉及承载能力和稳定性问题,如何针对工程需要得出岩体相应的设计计算指标或参数,以便使工程建设达到经济、合理、安全的目的,那就需要进行工程岩体分级。

　　岩体经常被各种结构面(如层面、节理、断层、片理等)所切割,成为一种多裂隙的不连续岩体。岩体的多裂隙性特点决定了岩体与岩石(单一岩块)的工程性质有明显不同。二者最根本的区别,就是岩体中的岩石被各种结构面所切割。这些结构面的强度与岩石相比要低得多,并且破坏了岩体的连续完整性。岩体的工程性质首先取决于这些结构面的性质,其次才是组成岩体的岩石性质。因此,在工程实践中,研究岩体的特征比研究单一岩石的特征更为重要。从工程地质观点出发,可以把岩体的主要特征概括为以下几点。

　　① 由于岩体是地质体的一部分,因此,岩石、地质构造、地下水及岩体中的天然应力状态对岩体稳定有很大的影响。在研究岩体时,不仅要研究它的现状,而且还要研究它的历史。

　　② 岩体中的结构面是岩体力学强度相对薄弱的部位,它导致岩体力学性能的不连续性、不均一性和各向异性。岩体中的软弱结构面常常成为岩体稳定性的控制面。

　　③ 岩体在工程荷载作用下的变形与破坏,主要受各种结构面的性质及其组合形式的控制。在自然界,由于各种结构面对岩体切割程度的不同,岩体有时表现为整体状,有时表现为层状、块状或散体状。岩体结构特征不同,岩体的变形与破坏机制也不同。

　　④ 岩体中存在着复杂的天然应力场。在多数情况下,岩体中不仅存在自重应力,而且还有构造应力。这些应力的存在,使岩体的工程性质复杂化。

　　岩体稳定性是指在一定的时间内,一定的自然条件和人为因素的影响下,岩体不产生破坏性的剪切滑动、塑性变形或张裂破坏的性质。岩体的稳定性,岩体的变形与破坏,主要取决于岩体内各种结构面的性质及其对岩体的切割程度。大量的工程实践表明,边坡岩体的破坏,地基岩体的滑移,以及隧道岩体的塌落,大多数是沿着岩体中的软弱结构面发生的。岩体结构在岩体的变形与破坏中起到了主导作用。因此,在岩体稳定分析中,除了力学分析和对比分析外,对岩体的结构分析也具有重要意义。而要从岩体结构的观点分析岩体的稳定性,首先就必须研究岩体的结构特征。

6.1　岩体的结构特征

　　岩体结构包括结构面和结构体两个要素。结构面是指存在于岩体中的各种不同成因、不同特征的地质界面,如断层、节理、层理、软弱夹层及不整合面等。结构体是由结构面切割后形成的岩石块体。结构面和结构体的排列与组合特征便形成了岩体结构。

6.1.1 结构面的成因类型

不同成因的结构面,具有不同的工程特性。按成因可把结构面分为原生结构面、构造结构面和次生结构面三类。各类结构面的主要特征如表 6-1 所示。

1）原生结构面

原生结构面是在岩体成岩过程中形成的,其特征与岩体的成因密切相关,因此又可分为沉积结构面、岩浆结构面和变质结构面三类。

（1）沉积结构面

沉积结构面是沉积岩在沉积和成岩过程中形成的结构面,包括层理层面、软弱夹层、沉积间断面及不整合面等。其共同特点是与沉积岩的成层性有关,一般延伸性强,常贯穿整个岩体,产状随岩层变化而变化。例如,在海相沉积岩中分布稳定而清晰;在陆相沉积岩中常呈透镜体,还往往有沉积间断及遗留风化壳,形成软弱夹层。此外,无论是海相沉积岩还是陆相沉积岩,常夹有性质相对较差的夹层,如页岩、泥岩及泥灰岩等。在后期构造运动及地下水的作用下,易成为泥化夹层。这些对工程岩体稳定性威胁很大,应予以特别注意。

（2）岩浆结构面

岩浆结构面是岩浆侵入及冷凝过程中形成的结构面,包括与围岩的接触面及原生节理等。岩浆岩体与围岩的接触面通常延伸较远且较稳定,原生节理往往短小而密集,且具有张性破裂面特征。

（3）变质结构面

变质结构面可分为残留结构面和重结晶结构面两类。残留结构面主要为沉积岩经浅变质后所具有,层理面仍保留,只在层面上有绢云母、绿泥石等鳞片状矿物富集并呈定向排列,如板岩中的板理面。重结晶结构面主要有片理和片麻理面等,是岩石发生深度变质和重结晶作用,使片状或柱状矿物富集并呈定向排列形成的结构面,它改变了原岩的面貌,对岩体特性起控制性作用。

2）构造结构面

构造结构面是构造运动过程中形成的破裂面,包括断层、节理和层间错动面等,除已胶结者外,绝大部分是脱开的。规模较大者,如断层、层间错动等,多数充填有厚度不等,性质和连续性各不相同的充填物。其中部分已泥化,或者已变成软弱夹层,因此,其工程性质很差,强度多接近于岩体的残余强度,往往导致工程岩体的滑动破坏。规模小的构造结构面,如节理等,多发育短小而密集,一般无充填或薄的充填,主要影响岩体的完整性及力学性质。另外,构造结构面的力学性质还取决于它的力学成因、应力作用历史及次生变化等。

3）次生结构面

这类结构面是岩体形成以后,在外营力作用下产生的,包括卸荷裂隙、风化裂隙、风化夹层、次生夹泥层及泥化夹层等。

表 6-1　岩体结构面的类型及其特征

成因类型		地质类型	主　要　特　征			工程地质评价
			产　状	分　布	性　质	
原生结构面	沉积结构面	①层理层面 ②软弱夹层 ③不整合面 假整合面 ④沉积间断面	一般与岩层产状一致,为层间结构面	海相岩层中此类结构面分布稳定,陆相岩层中呈交错状,易尖灭	层面、软弱夹层等结构面较为平整;不整面及沉积间断面多由碎屑泥质物构成,且不平整	国内外较大的坝基滑动及滑坡很多由此类结构面所造成
	岩浆结构面	①侵入体与围接触面 ②岩脉岩墙接触面 ③原生冷凝节理	岩脉受构造结构面控制,而原生节理受岩体接触面控制	接触面延层较远,比较稳定,而原生节理往往短小密集	与围岩接触面可具熔合及破坏两种不同的特征,原生节理一般为张裂面,较粗糙不平	一般不造成大规模的岩体破坏,但有时与构造断裂配合,也可形成岩体的滑移,如有的坝肩局部滑移
	变质结构面	①片理 ②片岩软弱夹层	产状与岩层或构造方向一致	片理短小,分布极密,片岩软弱夹层延展较远,具固定层次	结构面光滑平直,片理在岩层深部往往闭合成隐蔽结构面,片岩软弱夹层,具岩片状矿物,呈鳞片状	在变质较浅的沉积岩,如千枚岩等路堑边坡常见塌方,片岩夹层有时对工程及地下洞体稳定也有影响
构造结构面		①节理(X型节理、张节理) ②断层 ③层间错动 ④羽状裂隙、劈理	产状与构造线呈一定关系,层间错动与岩层一致	张性断裂较短小,剪切断裂延展较远,压性断裂规模巨大	张性断裂不平整,常具次生充填,呈锯齿状,剪切断裂较平直,具羽状裂隙,压性断层具多种构造岩,成带状分布,往往含断层泥、糜棱岩	对岩体稳定影响很大,在上述许多岩体破坏过程中大都有构造结构面的配合作用。此外常造成边坡及地下工程的塌方、冒顶等

续表

成因类型	地质类型	主 要 特 征			工程地质评价
		产 状	分 布	性 质	
次生结构面	①卸荷裂隙 ②风化裂隙 ③风化夹层 ④泥化夹层 ⑤次生夹泥层	受地形及原结构面控制	分布上往往呈不连续状透镜体,延展性差,且主要在地表风化带内发育	一般为泥质物充填,水理性质很差	在天然及人工边坡上造成危害,有时对坝基、坝肩及浅埋隧洞等工程亦有影响,一般应在施工中予以清基处理

卸荷裂隙是因岩体表部被剥蚀卸荷而形成的,产状与临空面近于平行,具张性特征。如在河谷斜坡上见到的顺坡向裂隙及谷底的近水平裂隙等,其发育深度一般达基岩面以下 5～10 m,局部可达十余米,受断层影响大的部位则更深,对边坡危害很大。风化裂隙一般仅限于地表风化带内,常沿原生结构面及构造结构面发育,使其性质进一步恶化。新生成的风化裂隙,延伸短,方向紊乱,连续性差,降低了岩体的强度和变形模量。

泥化夹层是原生软弱夹层在构造及地下水的作用下形成的,次生夹泥层则是地下水携带的细颗粒物质及溶解物质沉淀在裂隙中形成的。它们的性质都比较差,属软弱结构面。

6.1.2 结构面基本特征

结构面的特征包括结构面的规模、形态、物质组成、延展性、密集程度、张开度和充填胶结特征等,它们对结构面的物理力学性质有很大的影响。

1) 结构面的规模

实践证明,结构面对岩体力学性质及岩体稳定的影响程度,首先取决于结构面的延展性及其规模。中国科学院地质研究所将结构面的规模分为五级。

(1) 一级结构面

区域性的断裂破碎带,延展数十公里以上,破碎带的宽度从数米至数十米。它直接关系到工程所在区域的稳定性,一般在规划选址时应尽量避开。

(2) 二级结构面

二级结构面一般指延展性较强,贯穿整个工程地区或在一定工程范围内切断整个岩体的结构面,其长度可达数百米至数千米,宽一米至数米,主要包括断层、层间错动带、软弱夹层、沉积间断面及大型接触破碎带等。它们的分布和组合,控制了山体及工程岩体的破坏方式及滑动边界。

(3) 三级结构面

三级结构面的走向和倾向方向延伸有限,一般为在数十米至数百米范围内的小断层、大型节理、风化夹层和卸荷裂隙等。这些结构面控制着岩体的破坏和滑移机理,常常是工程岩体稳定的控制性因素及边界条件。

（4）四级结构面

四级结构面延展性差,一般为数米至数十米范围内的节理、片理等,它们仅在小范围内将岩体切割成块状。这些结构面的不同组合,可以将岩体切割成各种形状和大小的结构体,它是岩体结构研究的重点问题之一。

（5）五级结构面

五级结构面是延展性极差的一些微小裂隙,它主要影响岩块的力学性质。岩块的破坏由于微裂隙的存在而具有随机性。

2）结构面形态

结构面的平整、光滑和粗糙程度对结构面的抗剪性能有很大的影响。自然界中结构面的几何形状非常复杂,大体上可分为四种类型。

第一种,平直的,包括大多数层面、片理和剪切破裂面等。

第二种,波状起伏的,如波痕的层面、轻度揉曲的片理、呈舒缓波状的压性及压扭性结构面等。

第三种,锯齿状的,如多数张性和张扭性结构面。

第四种,不规则的,其结构面曲折不平,如沉积间断面、交错层理及沿原有裂隙发育的次生结构面等。

一般用起伏度和粗糙度表征结构面的形态特征。

结构面的形态对结构面抗剪强度有很大的影响。一般平直光滑的结构面有较低的摩擦角,粗糙起伏的结构面则有较高的抗剪强度。

3）结构面物质构成

有些结构面上物质软弱松散,含泥质物及水理性质不良的黏土矿物,如黏土岩或页岩夹层,假整合面（包括古风化夹层）及不整合面,断层夹泥、层间破碎夹层、风化夹层、泥化夹层及次生夹泥层等,抗剪强度很低,对岩体稳定的影响较大。对于这些结构面,除进行一般物理力学性质的试验研究外,还应对其矿物成分及微观结构进行分析,预测结构面可能发生的变化（如泥化作用是否会发展等）,比较可靠地确定抗剪强度参数。

4）结构面的延展性

结构面的延展性也称连续性,有些结构面延展性较强。在一定工程范围内切割整个岩体,对稳定性影响较大,但也有一些结构面比较短小或不连续,岩体强度仍为岩石（岩块）强度所控制,稳定性较好。因此,在研究结构面时,应注意调查研究其延展长度及规模。结构面的延展性可用线连续性系数及面连续性系数表示。

5）结构面的密集程度

结构面的密集程度反映了岩体的完整性,它决定岩体变形和破坏的力学机制。有时在岩体中,虽然结构面的规模和延展长度均较小,但却平行密集,但有时互相交织切割,使岩体稳定性大为降低,且不易处理。试验表明,岩体内结构面愈密集,岩体变形愈大,强度愈低,而渗透性愈高。通常用结构面间距和线密度来表示结构面的密集程度。

6) 结构面的张开度和填充胶结特征

有些结构面,特别是张性断裂面,它为次生充填和地下水活动提供了条件,不仅显著地降低其抗剪强度,而且会产生静、动水压力,使结构面大量涌水和增加山岩压力,对斜坡岩体稳定和隧道围岩稳定影响很大。

充填物质及其胶结情况对岩体稳定影响也很显著。结构面经胶结后,总的来说,力学性质有所改善,改善的程度因胶结物成分不同而异,以硅质胶结的强度最高,往往与岩石强度差别不大,甚至超过岩石强度;而泥质及易溶盐类胶结的结构面强度最低,且抗水性差。

未胶结且具有一定张开度的结构面,往往会被外来物质所充填。其力学性质取决于充填物粒度成分、厚度及含水性等。就充填物成分来说,以砂质、角砾质性质最好,黏土质、易溶盐类性质最差。按充填物厚度和连续性充填可分为薄膜充填、断续充填、连续充填及厚层充填等几类。不同的充填类型,结构面的变形与强度性质不同,在实际工作中应予以注意。

6.1.3 软弱夹层

软弱夹层是具有一定厚度的特殊的岩体软弱结构面。它与周围岩体相比,具有显著低的强度和显著高的压缩性,或具有一些特有的软弱特性。它是岩体中最薄弱的部位,常构成工程中的隐患,应予以特别注意。从成因上,软弱夹层可划分为原生的、构造的和次生的软弱夹层。

原生软弱夹层是与周围岩体同期形成的,但性质软弱的夹层。构造软弱夹层主要沿原有的软弱面或软弱夹层经构造错动而形成,也有的是沿断裂面错动或多次错动而成,如断裂破碎带等。次生软弱夹层是沿薄层状岩石、岩体间接触面、原有软弱面或软弱夹层,由次生作用(主要是风化作用和地下水作用)参与形成的。各种软弱夹层的成因类型及其基本特征如表 6-2 所示。

软弱夹层危害很大,常是工程的关键部位。研究软弱夹层最为重要的是那些黏粒和黏土矿物含量较高,或浸水后黏性土特性表现较强的岩层、裂隙充填、泥化夹层等。这些泥质的软弱夹层分为松软的,如次生充填的夹泥层、泥化夹层、风化夹泥层;固结的,如页岩、黏土岩、泥灰岩;浅变质的,如泥质板岩、千枚岩等。岩石的状态不同,其软弱的程度也不同,这主要取决于它们与水作用的程度,这是黏性土最突出的特征。

地下水对于泥质软弱夹层的作用主要表现在泥化和软化两个方面。软化是指泥岩夹层在水的作用下失去干黏土坚硬的状态而成为软黏土状态的过程。泥化是软化的继续,使软弱夹层的含水量增大到大于塑限的程度,表现为塑态,原生结构发生改变,强度很低,c、φ 值很小,摩擦系数 f 值一般在 0.3 以下。

表 6-2　软弱夹层类型及其特征

成因类型	地质类型		基 本 特 征	实 例
原生软弱夹层	沉积软弱夹层		产状与岩层相同,厚度较小,延续性较好,也有尖灭者。含黏土矿物多,细薄层理发育,易风化、泥化、软化,抗剪强度低	板溪的板溪群中泥质板岩夹层;新安江志留、泥盆、石炭系中页岩层;贵州某工程寒武系中泥质灰岩及页岩夹层;山西某坝奥陶系灰岩中石膏夹层;四川某坝陆相碎屑岩中黏土页岩夹层;辽宁浑河某坝凝灰集块岩中凝灰质岩
	火成软弱夹层		成层或透镜体,厚度小,易软化,抗剪强度低	浙江某工程火山岩中的凝灰质岩
	变质软弱夹层		产状与层理一致,层薄,延续性较差,片状矿物多,呈鳞片状,抗剪强度低	甘肃某工程、佛子岭工程的变质岩中云母片岩夹层
构造软弱夹层	多层间破碎软弱夹层		产状与岩层相同,延续性强,在层状岩体中沿软弱夹层发育。物质破碎,呈鳞片状,往往含呈条带状分布的泥质	沅水某坝板溪群中板岩破碎夹层;犹江泥盆系板岩破碎泥化夹层;四川某坝侏罗系砂页岩中层间错动破碎夹层
次生软弱夹层	风化夹层	夹层风化	产状与岩层一致,或受岩体产状制约,风化带内延续性好,深部风化减弱,物质松软,破碎,含泥,抗剪强度低	磨子潭工程黑云母角闪片岩风化夹层;青弋江某工程砂页岩中风化煌斑岩;福建某工程石英脉与花岗岩接触风化面
		断裂风化	沿节理、断层发育,产状受其控制,延续性不强,一般仅限于地表附近,物质松散,破碎,含泥,抗剪强度低	许多工程的风化断层带及节理
	泥化夹层	夹层泥化	产状与岩层相同,沿软弱层表部发育,延续性强,但各段泥化程度不一。软弱面泥化,呈塑性,面光滑,抗剪强度低	沅水某坝板溪群泥化泥质板岩夹层;四川某电站泥化黏土页岩
		次生夹层 层面	产状受岩层制约,延续性差。近地表发育,常呈透镜体,物质细腻,呈塑性,甚至呈流态、强度甚低	四川某坝砂页岩层面夹泥;安徽某坝不整合面上斑脱土夹层
		次生夹层 断裂面	产状受原岩结构面制约,常较陡,延续性差,物质细腻,结构单一,物理力学性质差	福建某坝花岗岩裂隙夹泥;四川某坝砂岩岸坡裂隙夹泥;四川某坝砂岩反倾向裂隙夹泥

软弱夹层的泥化是有条件的,泥化成因是:黏土质岩石是物质基础,构造作用使其破坏形成透水通道,水的活动使其泥化,三者必不可少。

泥化夹层的力学强度比原岩大为降低,特别是抗剪强度降低很多,压缩性增大。压缩系数约为 $0.5\sim1.0$ MPa^{-1},属高压缩性。根据研究,泥化夹层的抗剪指标可按下述情况参考确定:受层间错动有连续光滑面,以蒙脱石为主时,$c=50$ kPa,$f=0.17$;以伊利石为主时,$c=50$ kPa,$f=0.20$,具微层理,黏粒含量最高时,$f=0.17$;其他局部泥化的 $f=0.25$。

6.1.4　结构体的特征

结构体的特征主要指结构体的规模、形态及产状。不同级别的结构面,切割成的结构体的规模不同,它在工程岩体稳定性中的作用也不同。结构体的形状极为复杂,其基本形状有柱状、块状、板状、楔形、锥形、菱形等。此外,在强烈破碎的部位,还可有片状、鳞片状、碎块状及碎屑状等。结构体形状在岩体稳定性评价中关系很大,形状不同,稳定程度不同。一般来说,板状结构体比柱状、块状差;楔形比菱形及锥形差,但还需结合其产状及与工程作用力的关系作具体分析。

结构体的产状一般用结构体表面上最大结构面的长轴方向表示。它对岩体稳定性的影响需结合临空面及工程作用力来分析。一般来说,平卧的板状结构体比竖直的板状结构体对岩体稳定性的影响要大一些;楔形体也是如此。

6.1.5　岩体结构类型

为了区分岩体的力学特性和评价岩体稳定性,可以根据结构面对岩体的切割程度及结构体的组合方式,将岩体划分为整体状结构、块状结构、层状结构、碎裂状结构和散体状结构等五大类,如表 6-3 所示。

表 6-3　岩体结构类型

岩体结构类型	岩体地质类型	主要结构体形状	结构面发育情况	岩土工程特征	可能发生的岩土工程问题
整体状结构	均质,巨块状岩浆岩、变质岩、巨厚层沉积岩、正变质岩	巨块状	以原生构造节理为主,多呈闭合型,裂隙结构面间距大于1.5 m,一般不超过1~2组,无危险结构面组成的落石掉块	整体性强度高,岩体稳定,可视为均质弹性各向同性体	不稳定结构体的局部滑动或坍塌,深埋洞室的岩爆
块状结构	厚层状沉积岩、块状岩浆岩、变质岩	块状柱状	只具有少量贯穿性较好的节理裂隙,裂隙结构面间距为0.7~1.5 m,一般为2~3组,有少量分离体	整体强度较高,结构面互相牵制,岩体基本稳定,接近弹性各向同性体	

续表

岩体结构类型	岩体地质类型	主要结构体形状	结构面发育情况	岩土工程特征	可能发生的岩土工程问题
层状结构	多韵律的薄层及中厚层状沉积岩、副变质岩	层状板状透镜体	有层理、片理、节理,常有层间错动面	接近均一的各向异性体,其变形及强度特征受层面及岩层组合控制,可视为弹塑性体,稳定性较差	不稳定结构体可能产生滑塌,特别是岩层的弯张破坏及软弱岩层的塑性变形
碎裂状结构	构造影响严重的破碎岩层	碎块状	断层、断层破碎带、片理、层理及层间结构面较发育,裂隙结构面间距为 0.25～0.5 m,一般在 3 组以上,由许多分离体形成	完整性破坏较大,整体强度很低,并受断裂等软弱结构面控制,多呈弹塑性介质,稳定性很差	易引起规模较大的岩体失稳,地下水加剧岩体失稳
散体状结构	构造影响剧烈的断层破碎带,强风化带,全风化带	碎屑状颗粒状	断层破碎带交叉,构造及风化裂隙密集,结构面及组合错综复杂,并多充填黏性土,形成许多大小不一的分离岩块	完整性遭到极大破坏,稳定性极差,岩体属性接近松散介质	易引起规模较大的岩体失稳,地下水加剧岩体失稳

6.2　工程岩体分级

　　以服务于工程建设为目的,对岩体进行的分级称为工程岩体分级。工程岩体分级对于工程地质学与土的工程分类对于土质土力学一样具有同等重要的作用,它是工程地质学中一个具有重要理论和实践意义的研究课题。

6.2.1　分级的目的

　　对种类繁多、性质各异的岩体按一定的原则进行分级,其目的是对作为工程建筑物地基、围岩或边坡的岩体,得出相应的设计计算指标或参数,以便使工程建设达到经济、合理、安全的目的。

　　分级的目的不同,其要求也不一样。对水利水电工程来讲,须着重考虑水的影响这一特点;对于地下工程,则应着重研究地压问题;对于钻进、开挖的分级,则主要是考虑岩石的坚硬程度;对于边坡工程,则主要是考虑岩体的结构特征。一般对大工程要求高些,小工程就可放宽一些。同是大型工程,初设阶段和施工图设计阶段的要求也各不相同。

岩体工程分级是为一定的具体工程服务的,是为某种目的编制的,其内容和要求须视工程类型、不同设计阶段和所要解决的问题而定。

6.2.2 影响岩体工程性质的主要因素

影响岩体工程性质的因素主要有岩石强度、岩体完整性、风化程度、水的影响等。风化对岩体工程性质的影响将在本书 7.1.4 中分析,本处仅就另外三个因素对岩体工程性质的影响作简要论述。

1) 岩石强度和质量

岩石质量的优劣对岩体质量的好坏有着明显的影响。岩石质量的好坏主要表现在它的强度(软、硬)和变形性(结构的致密、疏松)方面。对于岩石质量好坏的评价,至今没有统一的方法和标准,目前多沿用室内单轴抗压强度指标来反映。

2) 岩体的完整性

一般来说,岩体工程性质的好坏基本上取决于包括受到各种地质因素和地质条件影响而形成的软弱面(带)和其间充填物质的性质。因此,即使组成岩体的岩石相同,如果岩体完整性不同,其岩体的工程性质也会有很大差异。

岩体被断层、节理、裂隙、层面、岩脉等所切割,导致岩体完整性遭到破坏和削弱。岩体的完整性可以用被结构面切割之岩块的平均尺寸来反映,也可以用节理裂隙出现的频度、性质、闭合程度等来表达,还可以根据钻孔钻进时的岩心获得率及弹性波在地层中的传播速度等多种途径去定量地反映岩体的完整性。总之,岩体的完整性可用地质、试验和施工等各种定性、定量指标参数来表达。

3) 水的影响

水对岩体质量的影响表现在两个方面:一是使岩石的物理力学性质恶化;二是沿岩体的裂隙形成渗流,影响岩体的稳定性。

水对岩石的影响主要还是体现在对其强度的削弱方面,这种削弱的程度深受岩石成因的影响。一般来说,水对岩浆岩、大部分的变质岩和少部分的沉积岩影响较小,而对大多数沉积岩和少部分变质岩影响较大,尤其对那些黏土岩类的影响甚为显著。

考虑到水对岩石的影响主要表现在对其强度的削弱方面,因此,水对岩石的影响可用岩石浸水饱和前后的单轴干、湿抗压强度之比来表示。

6.2.3 工程岩体分级的代表性方案

20 世纪 70 年代以来,国内外提出了许多工程岩体的分级方法,其中影响较大的有 RMR 系统、RSR 系统、Q 系统和 Z 系统。

尽管这些分级方法都从不同角度反映了岩体的结构特征、岩体所处环境特征和岩体力学特征,但它们所依据的原则、标准和测试方法都不尽相同,彼此缺乏可比性、一致性。因此,1986 年国家计委批准编制了《工程岩体分级标准》,于 1994 年经国家建设部批准为强制性国家标准,于 1995 年 7 月 1 日起施行。该标准属于国家标准第二层次的通用标准,适用于各部门、各行业的岩石工程。

鉴于《工程岩体分级标准》(GB 50218—1994)施行至今已近 20 年,为不断提高规范质量,应用学科发展新成果,适应工程建设新特点,国家住房和城乡建设部已组织有关单位和专家,于 2012 年底完成了对该规范的重新修订,但截止本书(第二版)出版仍未有正式颁布施行。重新修订的主要内容:新增了 47 组样本数据,论证了BQ 计算公式的有效性;对岩体和结构面的物理力学参数问题,依据重新筛选出的岩体现场试验成果资料,对岩体和结构面强度参数的取值进行了论证和修订;增加了关于边坡工程岩体基本质量修正值的计算方法、边坡工程岩体级别的划分,以及边坡工程岩体自稳能力的确定等内容。

鉴于以上修订进展情况,下面仍以现行标准作介绍。

6.2.4　工程岩体分级标准(GB 50218—1994)

岩体基本质量分级的因素应是岩石坚硬程度和岩体完整程度,但它们远不是影响岩体稳定的全部重要因素,地下水状态、初始应力状态、工程轴线或走向线的方位与主要软弱结构面产状的组合关系等,也都是影响岩体稳定的重要因素。为此,《工程岩体分级标准》(GB 50218—1994)提出了对工程岩体进行初步定级和详细定级的两类定级方法。

1)工程岩体质量的初步分级

工程岩体质量的初步分级是在对岩体坚硬程度和岩体完整程度两项指标进行定性和定量分析的基础上确定的。

(1)岩石坚硬程度的确定

① 定性划分。

岩石坚硬程度的定性划分方法见表 6-4。

表 6-4　岩石坚硬程度的定性划分

岩石名称		定性鉴定	代表性岩石
硬质岩	坚硬岩	锤击声清脆,有回弹,震手,难击碎;浸水后大多无吸水反应	未风化～微风化的花岗岩、正长石、闪长岩、辉绿岩、玄武岩、安山岩、片麻岩、石英片岩、硅质板岩、石英岩、硅质胶结的砾岩、石英砂岩、硅质石灰岩等
	较坚硬岩	锤击声较清脆,有轻微回弹,稍震手,较难击碎;浸水后有轻微吸水反应	①弱风化的坚硬岩;②未风化～微风化的熔结凝灰岩、大理岩、板岩、白云岩、石灰岩、钙质胶结的砂岩等

岩石名称		定性鉴定	代表性岩石
软质岩	较软岩	锤击声不清脆,无回弹,较易击碎;浸水后指甲可刻出印痕	①强风化的坚硬岩;②弱风化的较坚硬岩;③未风化~微风化的凝灰岩、千枚岩、砂质泥岩、泥灰岩、泥质砂岩、粉砂岩、页岩等
	软岩	锤击声哑,无回弹,有凹痕,易击碎;浸水后手可掰开	①强风化的坚硬岩;②弱风化~强风化的较坚硬岩;③弱风化的较软岩;④未风化泥岩等
	极软岩	锤击声哑,无回弹,有较深凹痕,手可捏碎;浸水后可捏成团	①全风化的各类岩石;②各种半成岩

② 定量确定。

采用岩石单轴饱和抗压强度(R_c)的实测值。当无条件取得实测值时,也可采用实测的岩石点荷载强度指数〔$I_{s(50)}$〕的换算值,并按下式换算:

$$R_c = 22.82 I_{s(50)}^{0.75}$$

岩石单轴饱和抗压强度(R_c)与定性划分的岩石坚硬程度的对应关系见表 6-5。

表 6-5 R_c 与定性划分的岩石坚硬程度的对应关系

R_c/MPa	>60	30~60	15~30	5~15	<5
坚硬程度	坚硬岩	较坚硬岩	较软岩	软岩	极软岩

(2)岩体完整程度的确定

① 定性划分。

岩体完整程度的定性划分见表 6-6,结构面的结合程度划分见表 6-7。

表 6-6 岩体完整程度的定性划分

名称	结构面发育程度		主要结构面的结合程度	主要结构面类型	相应结构类型
	组数	平均间距/m			
完整	1~2	>1.0	结合较好或一般	节理、裂隙、层面	整体状或巨厚层状结构
较完整	1~2	>1.0	结合差	节理、裂隙、层面	块状或厚层状结构
	2~3	0.4~1.0	结合好或一般		块状结构
较破碎	2~3	0.4~1.0	结合差	节理、裂隙、层面、小断层	裂隙块状或中厚层状结构
	≥3	0.2~0.4	结合好		镶嵌碎裂结构
			结合一般		中、薄厚层状结构

续表

名称	结构面发育程度		主要结构面的结合程度	主要结构面类型	相应结构类型
	组数	平均间距/m			
破碎	≥3	0.4～0.2	结合差	各种类型结构面	裂隙块状结构
		≤0.2	结合一般或差		碎裂状结构
极破碎	无序		结合很差		散体状结构

表 6-7　结构面结合程度的划分

名称	结合面特征
结合好	张开度小于 1 mm,无充填物;张开度 1～3 mm,为硅质或铁质胶结;张开度大于 3 mm,结构面粗糙,为硅质胶结
结合一般	张开度 1～3 mm,为钙质或泥质胶结;张开度大于 3 mm,结构面粗糙,为铁质或钙质胶结
结合差	张开度 1～3 mm,结构面平直,为泥质或泥质和钙质胶结;张开度大于 3 mm,结构面粗糙,多为泥质或岩屑充填
结合很差	泥质充填或泥加岩屑充填,充填物厚度大于起伏差

② 定量确定

岩体完整程度的定量指标采用岩体完整性指数(K_v)的实测值。当无条件取得实测值时,也可采用岩体体积节理数(J_v)按表 6-8 确定。岩体完整性指数(K_v)与定性划分的岩体完整程度的对应关系按表 6-9 确定。

表 6-8　J_v 与 K_v 对照表

J_v/(条/m³)	<3	3～10	10～20	20～35	>35
K_v	>0.75	0.75～0.55	0.55～0.35	0.35～0.15	<0.15

表 6-9　K_v 与定性划分的岩体完整程度的对应关系

K_v	>0.75	0.55～0.75	0.35～0.55	0.15～0.35	<0.15
完整程度	完整	较完整	较破碎	破碎	极破碎

（3）岩体基本质量分级

在上述岩体质量定量评价的基础上,可据下式确定岩体基本质量指标(BQ):

$$BQ = 90 + 3R_c + 250K_v$$

式中,R_c 的单位为 MPa。

根据岩体基本质量的定性特征和岩体基本质量指标两方面的特征,按表 6-10 对岩体质量进行初步定级。

表 6-10　岩体基本质量分级

基本质量级别	岩体基本质量的定性特征	岩体基本质量指标(BQ)
I	坚硬岩,岩体完整	>550
II	坚硬岩,岩体较完整 较坚硬岩,岩体完整	451~550
III	坚硬岩,岩体较破碎 较坚硬岩或软硬互层,岩体较完整 较软岩,岩体完整	351~450
IV	坚硬岩,岩体破碎 较坚硬岩,岩体较破碎~破碎 较软岩或软硬互层,且以软岩为主,岩体较完整~较破碎 软岩,岩体完整~较完整	251~350
V	较软岩,岩体破碎 软岩,岩体较破碎~破碎 全部极软岩及全部极破碎岩	≤250

2) 工程岩体质量的详细分级

当遇有地下水,岩体稳定性受软弱结构面影响,且由一组起控制作用或存在表 6-11 所列的高初始应力现象时,应该先进行岩体基本质量指标修正值计算,再按表 6-10 对岩体质量进行详细定级。岩体基本质量指标修正值的计算式如下:

$$[BQ] = BQ - 100(K_1 + K_2 + K_3)$$

式中　K_1——地下水影响修正系数;

　　　K_2——主要软弱结构面产状影响修正系数;

　　　K_3——初始应力状态影响修正系数。

K_1、K_2、K_3 值分别按表 6-12、表 6-13 和表 6-14 确定。无表中所列情况时,修正系数取 0。$[BQ]$ 出现负值时,应按特殊情况处理。

表 6-11　高初始应力地区岩体在开挖过程中出现的主要现象

应力情况	主要现象	R_c / σ_{max}
极高应力	①硬质岩:开挖过程中时有岩爆发生,有岩块弹出,洞壁岩体发生剥离,新生裂隙多,成洞性差;基坑有剥离现象,成形性差 ②软质岩:岩心常有饼化现象,开挖过程中洞壁岩体有剥离,位移极为显著,甚至发生大位移,持续时间长,不易成洞;基坑发生显著隆起或剥离,不易成形	<4
高应力	①硬质岩:开挖过程中可能出现岩爆,洞壁岩体有剥离和掉块现象,新生裂隙较多,成洞性较差;基坑时有剥离现象,成形性一般尚好 ②软质岩:岩心时有饼化现象,开挖过程中洞壁岩体位移显著,持续时间长,成洞性差;基坑有隆起现象,成形性较差	4~7

注:σ_{max} 为垂直洞轴线方向的最大初始应力。

表 6-12　地下水影响修正系数(K_1)

BQ	>450	351～450	251～350	≤250
潮湿或点滴状出水	0	0.1	0.2～0.3	0.4～0.6
淋雨状或涌流状出水,水压≤0.1 MPa 或单位出水量≤10 L/min・m	0.1	0.2～0.3	0.4～0.6	0.7～0.9
淋雨状或涌流状出水,水压>0.1 MPa 或单位出水量>10 L/min・m	0.2	0.4～0.6	0.7～0.9	1.0

表 6-13　主要软弱结构面产状影响修正系数(K_2)

结构面产状及其与 洞轴线的组合关系	结构面走向与洞轴线夹角 <30°,结构面倾角30°～75°	结构面走向与洞轴线夹角 >60°,结构面倾角>75°	其他情况
K_2	0.4～0.6	0～0.2	0.2～0.4

表 6-14　初始应力状态影响修正系数

BQ	>550	451～550	351～450	251～350	≤250
极高应力区	1.0	1.0	1.0～1.5	1.0～1.5	1.0
高应力区	0.5	0.5	0.5	0.5～1.0	0.5～1.0

6.3　岩体稳定性分析

　　岩体的失稳破坏,往往是一部分不稳定的结构体沿着某些结构面拉开,并沿着另外一些结构面向着一定的临空面滑移的结果,这就揭示了切割面、滑动面和临空面是岩体稳定性破坏必备的边界条件。因此,需对岩体结构要素(结构面和结构体)进行分析,弄清岩体滑移的边界条件是否具备,才可以对岩体的稳定性作出评价判断。这是岩体稳定性结构分析的基本内容和实质。

　　岩体稳定性结构分析的步骤:第一步,对岩体结构面的类型、产状及其特征进行调查、统计、分类研究;第二步,对各种结构面及其空间组合关系等进行图解分析,在工程实践中多采用赤平极射投影的图解分析方法分析;第三步,根据上述分析,对岩体的稳定性作出评价。

6.3.1 赤平极射投影的原理

赤平极射投影,利用一个球体作为投影工具,如图 6-1 所示。通过球心所作的球体赤道平面 $EAWC$,称为赤平面。以球体的一个极点 S 或 N(南极或北极)为视点,发出射线(视线)SB,称为极射。射线与赤平面的交点 M,即为 B 点的赤平极射投影。所以,赤平极射投影,实质上就是把物体置于球体中心,将物体的几何要素(点、线、面)投影于赤平面上,化立体为平面的一种投影。如图 6-1 所示,$ABCD$ 为一通过球心的倾斜结构面,与赤平面相交于 A、C,与赤平面的夹角为 α。自 S 极仰视上半球

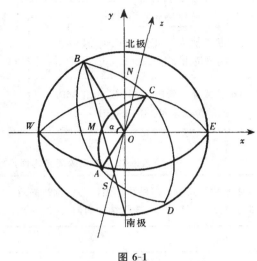

图 6-1

ABC 面,则其在赤平面上的投影为一圆弧 AMC。若将赤平面 $AWCE$ 从球体中拿出来,即如图 6-2 所示。从图中可知:AC 线实际上是结构面 $ABCD$ 的走向;OM 线段的方向实际上就是结构面的倾向;OM 线段的长短随 $ABCD$ 面与赤平面的夹角 α 的大小而变,如图 6-3 所示,当 α 等于 $90°$ 时,M 点落在球心上,O 与 M 重合,长度为零;当 α 等于 $0°$ 时,M 点落在圆周上,与 K 点重合,这时 OM 最长,等于圆的半径,若把 FO 划分为 $90°$,则 KM 的长度实际上就表示结构面 $ABCD$ 的倾角的大小。

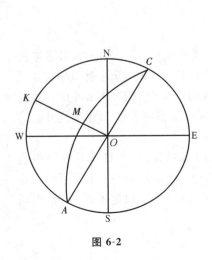

图 6-2

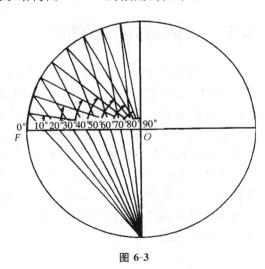

图 6-3

由此可知,赤平极射投影能以二维平面的图形来表达结构体几何要素(点、线、

面)的空间方位及它们之间的夹角与组合关系。因此,凡具有方向性的岩体滑动边界条件、受力条件等,都可纳入统一的投影体系中进行分析,判断岩体稳定性。

6.3.2　赤平极射投影的作图方法

从上述可知,利用赤平极射投影,可以把空间线段或平面的产状化为平面来反映,且可以在投影图上简便地确定它们之间的夹角、交线和组合关系。因此,如果已知结构面的产状,就可以通过赤平极射投影的作图方法来表示。

在实际工作中,为了简化制图方法,常采用预先制成的投影网来制图。常用的投影网是俄国学者吴尔夫制作的投影网(见图6-4)。吴尔夫投影网的网格为由 2°分格的一组经线和一组纬线组成。

由于赤平极射投影表达的内容较为广泛,且作图方法又不尽相同,下面只就最基本的面(结构面、边坡面等)的产状、面与面交线的产状的作图方法作如下介绍。

如已测得两结构面的产状如表 6-15 所示。

表 6-15　结构面产状表达示例

结构面	走向	倾向	倾角	结构面	走向	倾向	倾角
J_1	N30°E	SE	40°	J_2	N20°W	NE	60°

作此两结构面的赤平极射投影图,并求其交线的倾向和倾角。其步骤如下。

① 先准备一个等角度赤平极射投影网(亦称吴尔夫网),如图6-4 所示。

② 将透明纸放在投影网上,按相同半径画一圆,并注上南北、东西方向(见图6-5)。

③ 利用投影网在圆周的方位度数上,经过圆心绘 N30°E 及 N20°W 的方向线,分别注为 AC 及 BD。

④ 转动透明纸,分别使 AC、BD 与投影网的上下垂直线(南北

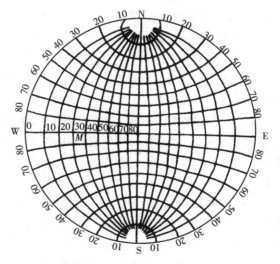

图 6-4　吴尔夫投影网

线)相合,在投影网的水平线(东西线)上找出倾角为 40°及 60°的点(倾向为 NE、SE 时在网的左边找,倾向为 NW、SW 时在网的右边找),分别注上 K 及 F。通过 K、F 点分别描绘 40°、60°的经度线,即得结构面 J_1、J_2 的赤平极射投影弧 AKC 和 BFD。

再分别延长 OK、OF 至圆周交于 G、H 点,就完成所求结构面 J_1、J_2 的投影图(见图 6-5)。图中 AC、BD 分别为 J_1、J_2 的走向;GK、HF 表示 J_1、J_2 的倾角;KO、FO 线的方向为 J_1、J_2 的倾向。

⑤ 找 AKC 和 BFD 的交点,注上 M,连 OM 并延长至圆周交于 P。MO 线的方向即为 J_1、J_2 交线的倾向,PM 表示 J_1、J_2 交线的倾角。

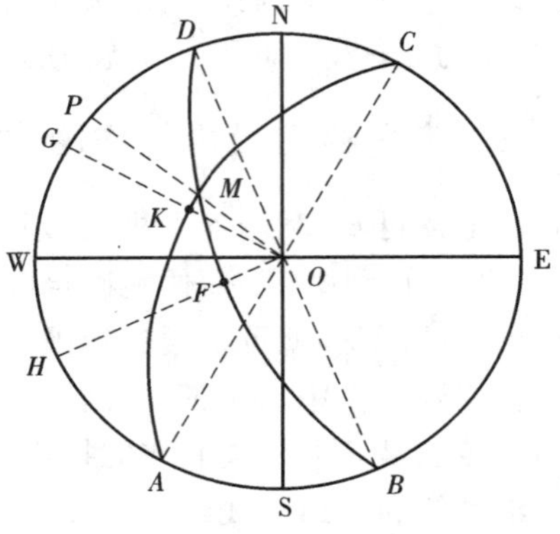

图 6-5

6.3.3 赤平投影的应用

赤平投影广泛应用于天文学、地图学、晶体学、构造地质学,在洞室及边坡等工程勘察中也较广泛应用。用赤平投影可表示各软弱结构面(层面、断层面、矿脉等)的产状,也可表示各构造线(擦痕、倾斜线、断层面交线及各结构面交线等)的产状。同时可定性评价岩质边坡稳定问题。下面以边坡岩体为例,介绍岩体稳定的结构分析方法。

从边坡岩体的结构特点来看,分析边坡岩体的主要任务是:初步判断岩体结构的稳定性和推断稳定倾角,同时为进一步进行定量分析提供边界条件及部分参数。诸如确定滑动面、切割面、临空面的方位及其组合关系和不稳定结构体(滑动体)的形态、大小以及滑动的方向等。

1)一组结构面的分析

(1)结构推断

① 当岩层(结构面)的走向与边坡的走向一致时,边坡岩层的稳定性可直接应用赤平极射投影图来判断。

在赤平极射投影图上,当结构面投影弧弧形与边坡投影弧弧形的方向相反时,边坡属稳定边坡;二者的方向相同且结构面投影弧弧形位于边坡面投影弧之内时,边坡属基本稳定;当二者的方向相同,而结构面的投影弧形位于坡面投影弧之外时,边坡属不稳定边坡。

如图 6-6(a)所示,边坡的投影弧为 AMB。J_1、J_2、J_3 为三个与边坡走向一致的结构面。其中,J_1 与坡面 AB 倾向相反〔见图 6-6(b)〕,边坡属稳定结构。J_2 与坡面 AB 倾向相同,但其倾角大于边坡倾角〔见图 6-6(c)〕,边坡属基本稳定结构。J_3 与坡面 AB 倾向相同,但倾角小于边坡倾角,边坡属不稳定结构〔见图 6-6(d)〕。

至于稳定坡角,对于反向边坡,如图 6-6(b)所示,结构面对边坡的稳定性没有直接影响,从岩体结构的观点来看,即使坡角达到 $90°$ 也还是比较稳定的。对于顺向边坡,如图 6-6(c)、(d)所示,结构面的倾角即可作为稳定坡角。

② 当岩层(单一结构面)走向与边坡走向斜交时,边坡的稳定性要发生破坏,从

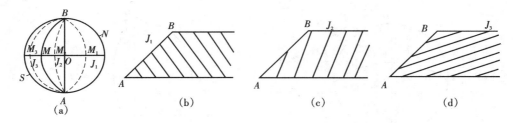

图 6-6

岩体结构的观点来看,必须同时具备两个条件:第一,边坡稳定性的破坏一定是沿着结构面发生的;第二,必须有一个直立的并垂直于结构面的最小抗切面($\tau = C$)DEK,如图 6-7 所示。图中最小抗切面是推断的,边坡破坏之前是不存在的。但是,如果发生破坏,则首先沿着最小抗切面发生。这样,结构面与最小抗切面就组合成不稳定体 $ADEK$。为了求得稳定的边坡,将此不稳定体消除,即可得到稳定坡角 θ_v。这个稳定坡角大于结构面倾角,且不受边坡高度的控制。其作法如图 6-8 所示。

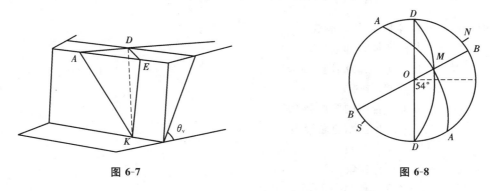

图 6-7 图 6-8

如已知结构面走向 N80°W,倾向 SW,倾角 50°,与边坡斜交。边坡走向 N50°W,倾向 SW。求稳定坡角。

根据结构面的产状,绘制结构面的赤平投影 $A—A$。

因最小抗切面垂直于结构面并直立,因此,最小抗切面的走向为 N10°E,倾角 90°。按此产状绘制其赤平投影 $B—B$,与结构面 $A—A$ 交于 M。MO 即为二者的组合交线。

根据边坡的走向和倾角通过 M 点,利用投影网求得边坡投影线 DMD。

根据边坡投影线 DMD,利用投影网可求得坡面倾角为 54°。此角即为推断的稳定坡角。

当结构面走向与边坡走向成直交(见图 6-9)时,稳定坡角最大,可达 90°;当结构面走向与边坡走向平行(见图 6-10)时,稳定坡角最小,即等于结构面的倾角。由此可知,结构面走向与边坡走向的夹角由 0°变到 90°时,稳定坡角 θ_v 可由结构面倾角 α 变到 90°。

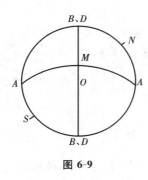

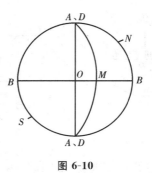

图 6-9　　　　　　　　　　　　　　　　　　　图 6-10

（2）力学讨论

分析边坡岩体在自重作用下的稳定性，如图 6-11 所示。其总下滑力就是由岩体重力 G 产生的平行于滑动面的分力 T。而抗滑力 F，按库仑定律，由滑动面上的摩擦力和黏聚力组成。由此，有

$$K = \frac{F}{T} = \frac{N\tan\varphi + cL}{T} = \frac{G\cos\alpha\tan\varphi + cL}{G\sin\alpha} \qquad (6\text{-}1)$$

式中　K——岩体稳定安全系数；

　　　G——滑动岩体自重；

　　　N——由 G 产生的法向分力；

　　　T——由 G 产生的切向分力；

　　　φ——滑动面上岩体的内摩擦角；

　　　c——滑动面上岩体的黏聚力；

　　　L——滑动面的长度；

　　　α——滑动面的倾角。

当结构面走向与边坡走向一致（见图 6-11），边坡稳定系数 $K=1$ 时，极限平衡状态下的滑动体高度 h_v 为

$$h_v = \frac{2c}{\gamma\cos^2\alpha(\tan\alpha - \tan\varphi)} \qquad (6\text{-}2)$$

在给定边坡高度的情况下，只要求得 h_v，即可通过作图求得极限稳定坡角 θ_v 的大小。如图 6-12 所示，某一不稳定结构面 AB 的倾角为 α，需要开挖的深度为 H，在不稳定面 AB 上选 C 点作垂线 CD，恰好使 CD 等于滑动体极限高度 h_v，联结

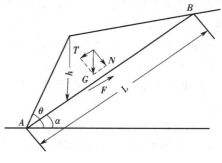

图 6-11

AD，即为所求的开挖边坡线，它与水平线的夹角 θ_v，即为求得的极限稳定坡角。一般来说，滑动体的实际高度 h 小于极限高度 h_v 时，边坡处于稳定状态；反之处于不稳定状态。

当结构面走向与边坡走向斜交时,可以分直立边坡和倾斜边坡两种情况来分析。

2）二组结构面的分析

（1）结构推断

对于这类边坡,主要分析结构面组合交线与边坡的关系,一般有五种情况,如图 6-13 所示。

① 在图 6-13(a)中,两结构面 J_1、J_2 的交点 M,在赤平极射投影图上位于边坡面投影弧($\widehat{cs}$ 及 $\widehat{ns}$）的对侧,说明组合交线 MO 的倾向与边坡倾向相反（即倾向坡里）,所示没有发生顺层滑动的可能性,属最稳定结构。

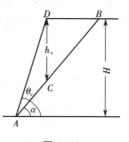

图 6-12

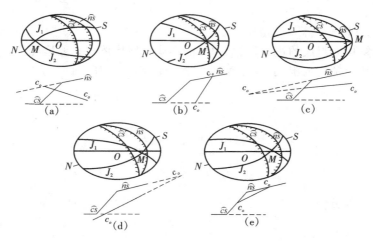

图 6-13

② 在图 6-13(b)中,结构面的交点 M 虽与坡面处于同侧,但位于开挖坡面投影弧 $\widehat{cs}$ 的内部,说明结构面交线倾向与坡面倾向一致,但倾角大于坡角,故仍属稳定结构。

③ 在图 6-13(c)中,结构面交点 M 与坡面处于同侧,但是位于天然边坡投影弧 $\widehat{ns}$ 的外部,说明结构面交线倾向与坡面倾向一致,且倾角虽小于坡角,但在坡顶尚未出露,因而也比较稳定,应属较稳定结构。

④ 在图 6-13(d)中,结构面交点 M 与坡面处于同侧,但是位于边坡投影弧 $\widehat{cs}$ 与 $\widehat{ns}$ 之间,说明结构面交线倾向与边坡倾向一致,倾角小于开挖坡角而大于天然坡角,而且在坡顶上有出露点 c_o,这种情况一般是不稳定的。但在特定情况下,例如,在坡顶的出露点 c_o 距开挖坡面较远,而交线在开挖边坡上不致出露,而插于坡脚以下,因而对不稳定的结构体尚有一定支撑,有利于稳定,所以,在这种特定情况下的边坡,则属于较不稳定的边坡。

⑤ 图 6-13(e)所示的是图 6-13(d)所示的一般情况。结构面组合交线在两部分边坡面上都有出露(c_o 及 $c_o{}'$）。这种情况即属于不稳定结构。

两组结构面组成的边坡的稳定坡角的推断,其原理和方法同单一结构面与边坡走向斜交的情况下求稳定坡角的原理,方法基本相同,如图 6-14 所示。

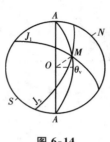

图 6-14

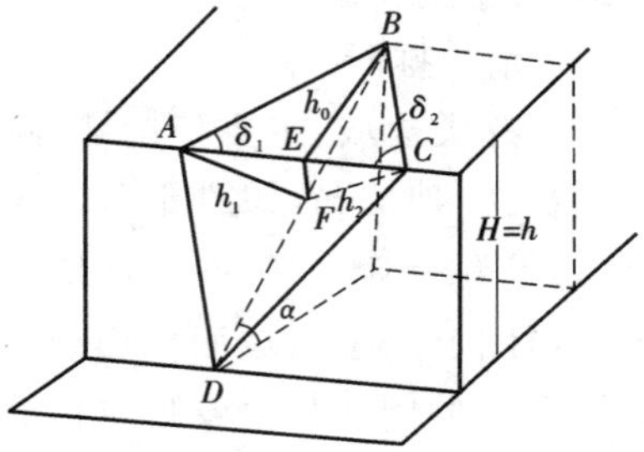

图 6-15

（2）力学讨论

由两组结构面组成的边坡,其结构体的形式呈楔形体。一般情况下,这类边坡的两个结构面均为预测的滑动面,且两组结构面的产状是任意的,边坡为直立平顶边坡,如图 6-15 所示。

楔形体的体积为

$$V_{ABCD} = \frac{1}{3} S_{\triangle ABC} h \qquad (6-3)$$

$$S_{\triangle ABC} = \frac{1}{2} \overline{AC} h_0 \qquad (6-4)$$

楔形体的重力为

$$G = \frac{rh}{6} \overline{AC} h_0 \qquad (6-5)$$

两个结构面的面积为

$$S_{\triangle ABD} = \frac{1}{2} \overline{BD} h_1; \quad S_{\triangle BCD} = \frac{1}{2} \overline{BD} h_2 \qquad (6-6)$$

令 $\overline{BD} = L$,设 c_1、c_2 分别为两结构面的黏聚力,且两结构面的 φ 值相等,则岩体的稳定系数为

$$K = \frac{G\cos\alpha\tan\varphi + c_1 \triangle ABD + c_2 \triangle BCD}{G\sin\alpha} = \frac{\tan\alpha}{\tan\varphi} + \frac{3L(c_1 h_1 + c_2 + h_2)}{\gamma H \overline{AC} h_0 \sin\alpha} \qquad (6-7)$$

极限滑动体高度为

$$h_v = \frac{3L(c_1 h_1 + c_2 h_2)}{\gamma \overline{AC} h_0 \cos\alpha (\tan\alpha - \tan\varphi)} \qquad (6-8)$$

式中 L、$\overline{AC}$、h_1、h_2 等数据可由作图求得。

至于由三组或多组结构面组成的边坡,其分析的基本原理和方法与两组结构面一样,所不同的只是组合交线的交点增多了,分析时一般只选择其中最不利的交点来考虑。

【思考题】

6-1　如何分析和评述岩体结构的各基本类型？

6-2　简述软弱夹层的含义及其工程地质意义。

6-3　工程岩体分级的目的和意义是什么？

6-4　影响岩体工程性质的主要因素有哪些？

6-5　为什么说岩体坚硬程度和岩体完整程度是控制岩体质量的基本因素？

6-6　简述岩体稳定性分析的基本方法。

第7章　常见地质作用与不良地质现象

　　我国地域辽阔,自然条件复杂,在大规模的工程建设中,经常会遇到各种各样的地质作用和不良地质现象。它们或者给路线的合理布局、工程设计和施工带来困难,或者给建筑物的稳定和正常使用造成危害。因此,认识它们,了解它们产生的条件,掌握它们形成和发展的规律性,以便采取相应的措施,改善或克服其不利的一面,是提高工程勘察质量,减少工程病害,多快好省地完成工程任务的一个重要课题。

　　不良地质现象是多种多样的,常见的有崩塌、岩堆、滑坡、泥石流、隐伏岩溶塌陷、风沙、雪害、沼泽等,本章只介绍其中最常见的几种。

7.1　风化作用

7.1.1　基本概念

　　无论怎样坚硬的岩石,一旦出露地表,在太阳辐射作用下并与水圈、大气圈和生物圈接触,为适应地表新的物理、化学环境,都必然会发生变化,这种变化虽然缓慢,但年深日久,岩石就会逐渐崩解、分离为大小不等的岩屑或土层。岩石的这种物理、化学性质的变化称为风化;引起岩石这种变化的作用称为风化作用;被风化的岩石圈表层称为风化壳。在风化壳中,岩石经过风化作用后,形成松散的岩屑和土层,残留在原地的堆积物称为残积土;尚保留原岩结构和构造的风化岩石称为风化岩。典型花岗岩的风化现象如图 7-1 所示。

图 7-1　典型花岗岩的风化现象

7.1.2　风化作用的类型

1）物理风化

物理风化是指地表岩石因温度变化和孔隙中水的冻融以及盐类的结晶而产生的机械崩解过程。它使岩石从比较完整固结的状态变为松散破碎状态，使岩石的孔隙度和表面积增大。因此，物理风化又称为机械风化。

（1）热力风化

地球表面所受太阳辐射有昼夜和季节的变化，因而气温与地表温度均有相应的变化。岩石是不良导热体，所以受阳光影响的岩石昼夜温度变化仅限于很浅的表层；而由温度变化引起岩体膨胀所产生的压应力和收缩所产生的张应力也仅限于表层。这两种过程的频繁交替遂使岩石表层产生裂缝，以至呈片状剥落。

（2）冻融风化

岩石孔隙或裂隙中的水在冻结成冰时，体积膨胀（约增大 9%），因而对围限它的岩石裂隙壁施加很大的压应力（可达 200 MPa），使岩石裂隙加宽加深。当冰融化时，水沿扩大了的裂隙渗入到岩石更深的内部，并再次冻结成冰。这样冻结、融化频繁进行，不断使裂隙加深扩大，以至使岩石崩裂成为岩屑。这种作用又叫冰劈作用（见图 7-2）。

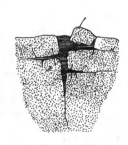

图 7-2　冰劈作用

2）化学风化

化学风化是指岩石在水、水溶液和空气中的氧与二氧化碳等的作用下所发生的溶解、水化、水解、碳酸化和氧化等一系列复杂的化学变化的过程。它使岩石中可溶的矿物逐步被溶蚀流失或渗到风化壳的下层，在新的环境下，又可能重新沉积。残留下来的或新形成的多是难溶的稳定矿物。化学风化使岩石中的裂隙加大，孔隙增多，这样就破坏了原来岩石的结构和成分，使岩层变成松散的土层。化学风化的方式主要有以下几种。

（1）溶解作用

水是一种好的溶剂。由于水分子的偶极性，它能与极性型或离子型的分子相互吸引。而矿物绝大部分都是由离子型分子所组成的，所以矿物遇水后，就会不同程度地被溶解，一些质点（离子或分子）逐步离开矿物表面，进入水中，形成水溶液而流失。

（2）水化作用

有些矿物（特别是极易溶解和易溶解盐类的矿物）和水接触后，其离子与水分子互相吸引结合得相当牢固，形成了新的含水矿物。在岩石中，大部分矿物不含水，但其中某些矿物在地表与水接触后形成的新矿物，却几乎都含水。如硬石膏水化成为石膏：

$$CaSO_4 + 2H_2O \rightarrow CaSO_4 \cdot 2H_2O$$

硬石膏经水化成为石膏后，硬度降低，比重减小，体积增大 60%，对围岩会产生巨大的压力,从而促进物理风化的进行。

（3）水解作用

岩石中大部分矿物属于硅酸盐和铝硅酸盐,它们是弱酸强碱化合物,因而水解作用较普遍,如正长石水解成为高岭土：

$$K_2O \cdot Al_2O_3 \cdot 6SiO_2 + nH_2O \rightarrow Al_2O_3 \cdot 2SiO_2 \cdot 2H_2O + 4SiO_2 \cdot (n-3)H_2O + 2KOH$$

（4）碳酸化作用

溶于水中的二氧化碳,形成 CO_3^{2-} 和 HCO_3^- 离子,它们能夺取盐类矿物中的 K、Na、Ca 等金属离子,结合成易溶的碳酸盐而随水迁移,使原有矿物分解,这种变化称为碳酸化作用。如正长石经过碳酸化变成高岭土：

$$K_2O \cdot Al_2O_3 \cdot 6SiO_2 + CO_2 + 2H_2O \rightarrow Al_2O_3 \cdot 2SiO_2 \cdot 2H_2O + K_2CO_3 + 4SiO_2$$

（5）氧化作用

大气中含有约 21% 的氧,而溶在水里的空气含氧达 33%～35%,所以氧化作用是化学风化中最常见的一种,它经常是在水的参与下,通过空气和水中的游离氧而实现的。氧化作用有两方面的表现：一是矿物中的某种元素与氧结合形成新矿物;二是许多变价元素在缺氧条件下形成的低价矿物,在地表氧化环境下转变成高价化合物,原有矿物被解体。前一种情况的例子如黄铁矿经氧化后转化成褐铁矿;后一种情况的例子如含有低价铁的磁铁矿经氧化后转变成为褐铁矿。地表岩石风化后多呈黄褐色就是因为风化产物中含有褐铁矿的缘故。

3）生物风化

生物风化是指生物在其生长和分解过程中,直接或间接地对岩石矿物所起的物理和化学的风化作用。

生物的物理风化如生长在岩石裂缝中的植物,在成长过程中,根系变粗、增长和加多,它像楔子一样对裂隙壁施以强大的压力,将岩石劈裂。其他如动物的挖掘和穿凿活动也会加速岩石的破碎。

生物的化学风化作用更为重要和活跃。生物在新陈代谢过程中,一方面从土壤和岩石中吸取养分,同时也分泌出各种化合物,如硝酸、碳酸和各种有机酸等,它们都是很好的溶剂,可以溶解某些矿物,对岩石起着强烈的破坏作用。

4）风化作用类型之间的相互关系

由上可知,岩石的风化作用,实质上只有物理风化和化学风化两种基本类型,它们彼此是紧密联系的。物理风化作用加大岩石的孔隙度,使岩石获得较好的渗透性,这样就更有利于水分、气体和微生物等的侵入。岩石崩解为较小的颗粒,使表面积增加,更有利于化学风化作用的进行。从这种意义上来说,物理风化是化学风化的前驱和必要条件。在化学风化过程中,不仅岩石的化学性质发生变化,而且也包含着岩石的物理性质的变化。物理风化只能使颗粒破碎到一定的粒径,大致在中、细砂粒之间,因为机械崩裂的粒径下限为 0.02 mm,在此粒径以下,作用于颗粒上的大多数应力可以被弹性应变所和解而消除,然而化学风化却能进一步使颗粒分解破碎到更细小的粒径(直到胶体溶液和真溶液)。从这种意义上说,化学风化是物理风化的继续和深入。实际上,物理风化和化学风化在自然界往往是同时进行、互相影响、互相促进的。因此,风化作用是一个复杂的、统一的过程,只有在具体条件和阶段上,物理风化和化学风化才有主次之分。

7.1.3　影响风化作用的因素

1) 气候因素

气候对风化的影响主要是通过温度和雨量变化以及生物繁殖状况来实现的。在昼夜温差或寒暑变化幅度较大的地区,有利于物理风化作用的进行。特别是温度变化的频率,比温度变化的幅度更为重要,因此昼夜温差大的地区,对岩石的破坏作用也大。炎夏的暴雨对岩石的破坏更剧烈。温度的高低,不仅影响热胀冷缩和水的物态,而且对矿物在水中的溶解度、生物的新陈代谢、各种水溶液的浓度和化学反应的速度等都有很大的影响。各地区降雨量的大小,在化学风化中有着非常重要的地位。雨水少的地区,某些易溶矿物也不能完全溶解,并且溶液容易达到饱和,发生沉淀和结晶,从而限制了元素迁移的可能性;而多雨地区就有利于各种化学风化作用的进行。化学风化的速度在很大程度上取决于淋溶的水量,而且雨水多又有利于生物的繁殖,从而也加速了生物风化。因此,气候基本上决定了风化作用的主要类型及其发育的程度。

2) 地形因素

在不同的地形条件(高度、坡度和切割程度)下,风化作用也有明显的差异,它影响着风化的强度,深度和保存风化物的厚度及分布情况。

在地形高差很大的山区,风化的深度和强度一般大于平缓的地区;但因斜坡上岩石破碎后很容易被剥落、冲刷而移离原地,所以风化层一般都很薄,颗粒较粗,黏粒很少。

在平原或低缓的丘陵地区,由于坡度缓,地表水和地下水流动都比较慢,风化层容易被保存下来,特别是平缓低凹的地区风化层更厚。

一般说来,在宽平的分水岭地区,潜水面离地表较河谷地区深,风化层厚度往往比河谷地区的厚。强烈的剥蚀区和强烈的堆积区,都不利于化学风化作用的进行。沟谷密集的侵蚀切割地区,地表水和地下水循环条件虽好,风化作用也强烈,但因剥蚀强烈,所以风化层厚度不大。山地向阳坡的昼夜温差较阴坡大,故风化作用较强烈,风化层厚度也较厚。

3) 地质因素

岩石的矿物组成、结构和构造都直接影响风化的速度、深度和风化阶段。

岩石的抗风化能力,主要是由组成岩石的矿物成分所决定的。造岩矿物对化学风化的抵抗能力是不同的,也就是说,它们在地表环境下的稳定性是有差异的。其相对稳定性如表7-1所示。

表 7-1　化学风化时造岩矿物的相对稳定性

相对稳定性	造岩矿物
极稳定	石英
稳定	白云母、正长石、微斜长石、酸性斜长石
不大稳定	普通角闪石、辉石类
不稳定	基性斜长石、碱性角闪石、黑云母、普通辉石、橄榄石、海绿石、方解石、白云石、石膏

从岩石的结构上看,粗粒的岩石比细粒的容易风化,多种矿物组成的岩石比单一矿物岩石容易风化,粒度相差大的和有斑晶的都比均粒的岩石容易风化。

就岩石的构造而言,断裂破碎带的裂隙、节理、层理与页理等都是便于风化营力侵入岩石内部的通道。所以,这些不连续面(也可以称为岩石的软弱面)在岩石中的密度越大,岩石遭受风化就越强烈。风化作用会沿着某些张性的长大断裂深入到地下很深的地方,形成所谓的风化囊袋。

7.1.4　岩石风化的调查评价与防治

1) 风化作用的工程意义

岩石受风化作用后,改变了物理化学性质,其变化的情况随着风化程度的轻重而不同。如岩石的裂隙度、孔隙度、透水性、亲水性、胀缩性和可塑性等都随风化程度加深而增加,岩石的抗压和抗剪强度等都随风化程度加深而降低,风化壳成分的不均匀性、产状和厚度的不规则性都随风化程度加深而增大。所以,岩石风化程度愈深的地区,工程建筑物的地基承载力愈低,岩石的边坡愈不稳定。风化程度对工程设计和施工都有直接影响,如矿山建设、大桥桥基、公路和铁路路基、厂址选择和水库坝基等地基开挖深度、浇灌基础应达到的深度和厚度、边坡开挖的坡度以及防护或加固的方法等,都将随岩石风化程度的不同而异。因此,工程建设前必须对岩石的风化程度、速度、深度和分布情况进行调查和研究。

2) 岩石风化的调查与评价

岩石风化调查的主要内容如下。

① 查明风化程度,确定风化层的工程性质,以便考虑建筑物的结构和施工的方法。在现场一般根据岩石的颜色、结构和破碎程度等宏观地质特征和强度,将风化层分为五个带(见表7-2)。

在现场工作基础上,还需对风化岩进行矿物组分、化学成分分析或声波测试等进一步研究,以便准确划分风化带。

② 查明风化厚度和分布,以便选择最适当的建筑地点,合理地确定风化层的清基和刷方的土石方量,确定加固处理的有效措施。

③ 查明风化速度和引起风化的主要因素,对那些直接影响工程质量和风化速度快的岩层,必须制定预防风化的正确措施。

④ 对风化层的划分特别是黏土的含量和成分(蒙脱石、高岭石、水云母等)进行必要分析,因为它直接影响地基的稳定性。

3）岩石风化的防治

岩石风化的防治方法主要有如下几种。

① 挖除法。适用于风化层较薄的情况,当厚度较大时通常只将严重影响建筑物稳定的部分剥除。

② 抹面法。用使水和空气不能透过的材料如沥青、水泥、黏土层等覆盖岩层。

③ 胶结灌浆法。用水泥、黏土等浆液灌入岩层或裂隙中,以加强岩层的强度,降低其透水性。

表 7-2　岩石风化程度的划分

按风化程度分带	鉴定标准				
	岩矿颜色	岩石结构	破碎程度	岩石强度	锤击声
全风化带	岩矿全部变色,黑云母不仅变色并变为蛭石	结构全部被破坏,矿物晶体间失去胶结联系,大部分矿物变异,如长石变为高岭土、叶蜡石、绢云母,角闪石绿泥石化,石英散成砂粒等	用手可压碎成砂或土状	很低	击土声
强风化带	岩石及大部分矿物变色,如黑云母成棕红色	结构大部分被破坏,矿物变质形成次生矿物,如斜长石风化成高岭土等	松散破碎,完整性差	单块为新鲜岩石的 1/3 或更小	发哑声
弱风化带	部分易风化矿物如长石、黄铁矿、橄榄石变色,黑云母成黄褐色,无弹性	结构部分被破坏,沿裂隙面部分矿物变质,可能形成风化夹层	风化裂隙发育,完整性较差	单块为新鲜岩石的 1/3～2/3	发哑声
微风化带	稍比新鲜岩石暗淡,只沿节理面附近部分矿物变色	结构未变,沿节理面稍有风化现象或有水锈	有少量风化裂,但不易和新鲜岩石区别	比新鲜岩石略低,不易区别	发清脆声
新鲜岩石	岩石无风化现象				

④ 排水法。为了减少具有腐蚀性的地表水和地下水对岩石中可溶性矿物的溶

解,适当做一些排水工程。

只有在进行详细调查研究以后,才能提出切合实际的防止岩石风化的处理措施。

7.2 地表流水的地质作用

在大陆上有两种地表流水:一种是时有时无的,如雨水、融雪水及山洪急流,它们只在降雨或积雪融化时产生,称为暂时流水;另一种是终年流动不息的,如河水、江水,称为长期流水。不论长期流水或暂时流水,在流动过程中都要与地表的土石发生相互作用,产生侵蚀、搬运和堆积作用,形成各种地貌和不同的松散沉积层。地表流水不仅是影响地表形态不断发展变化的一个带有普遍性的重要自然因素,而且是经常影响着工程的建筑条件。

7.2.1 暂时流水的地质作用

雨水降落到地面或覆盖地面的积雪融化时,其中一部分被蒸发,一部分渗入地下,剩下的部分则形成无数的网状坡面细流,从高处沿斜坡向低处流动,时而冲刷,时而沉积,不断地使坡面的风化岩屑和黏土物质沿斜坡向下移动,最后,在坡脚或山坡低凹处沉积下来形成坡积层。雨水、融雪水对整个坡面所进行的这种比较均匀、缓慢和在短期内并不显著的地质作用,称为洗刷作用。可以看出,雨水、融雪水的洗刷作用,一方面对山坡地貌起着逐渐变缓和均夷坡面起伏的作用,对坡面地貌形态的发展发生影响,另一方面伴随产生松散堆积物,形成坡积层。

洗刷作用的强度和规模,在一定的气候条件下与山坡的岩性、风化程度和坡面植物的覆盖程度有关,一般在缺少植物的土质山坡或风化严重的软弱岩质山坡上洗刷作用比较显著。

由坡面细流洗刷作用形成的坡积层(见图 7-3),它顺着坡面沿山坡的坡脚或山坡的凹坡呈缓倾斜裙状分布,在地貌上称为坡积裙。坡积层的厚度,由于碎屑物质的来源、下伏地貌及堆积过程不同,变化很大,就其本身来说,一般是中下部较厚,向山坡上部逐渐变薄以至尖灭,坡积层可分为山地坡积层和山麓平原坡积层两个亚组。山地坡积层一般以亚黏土夹碎石为主,而山麓平原坡积

图 7-3 坡积层示意图
1—基岩;2—坡积层

层则以亚黏土为主,夹有少量的碎石。在我国北方干旱、半干旱地区的山麓平原坡积物,常具有黄土状的某些特征。

坡积层物质未经长途搬运,碎屑棱角明显,分选性不好,通常都是一些天然孔隙度很高的含有棱角状碎石的亚黏土。与残积层不同的是坡积层的组成物质经过了一定距离的搬运,形成间歇性的堆积,可能有一些不太明显的倾斜层理,同时与下伏基

岩没有成因上的直接联系。

除下伏基岩顶面的坡度平缓者外,坡积层多处于不稳定状态。实践证明,山区傍坡工程挖方边坡稳定性的破坏,大部分是在坡积层中发生的。影响坡积层稳定性的因素,概括起来主要有三个方面:① 下伏基岩顶面的倾斜程度;② 下伏基岩与坡积层接触带的含水情况;③坡积层本身的性质。

当坡积层的厚度较小时,其稳定程度首先取决于下伏基岩顶面的倾斜程度,如下伏地形或岩层顶面与坡积层的倾斜方向一致且坡度较陡时,尽管地面坡度很缓,也易于发生滑动。山坡或河谷谷坡上的坡积层的滑动,经常是沿着下伏地面或基岩的顶面发生的。

当坡积层与下伏基岩接触带有水渗入而变得软弱湿润时,坡积层与基岩顶面的摩阻力将显著减低,更容易引起坡积层发生滑动。坡积层内的挖方边坡在久雨之后容易产生塌方,由此可见,水的作用是一个带有普遍性的原因。

由于坡积层的孔隙度一般都比较高,特别是在黏土颗粒含量高的坡积层中,雨季含水量增加,不仅增大了本身的重量,而且抗剪强度随之降低,因而稳定性就跟着大为减小,以粗碎屑为主组成的坡积层,其稳定性受水的影响一般不像黏土颗粒那样显著。

除此以外,在低山地区和丘陵地区还常有一种坡积-残积物的混合堆积层存在,并兼有二者的工程特性,实践中应予以注意。

山洪急流一般是由暂时性的暴雨形成的。山坡上的积雪急剧消融时也可产生山洪急流。山洪急流大都沿着凹形汇水斜坡向下倾泻,具有较大的流量和很高的流速,在流动过程中发生显著的线状冲刷,形成冲沟,并把冲刷下来的碎屑物质夹带到山麓平原或沟谷口堆积下来,形成洪积层。

(1) 冲沟

冲沟虽然是一个地貌上的问题,但是在西北黄土高原地区,其形成和发展却对工程建筑条件产生重要影响,特别是对公路和铁路工程的建设与运营有着重大影响。如陕北的绥德、吴旗,陇东的庆阳、宁县,冲沟系统规模之大,切割之深,发展之快,均为其他地区所罕见。在那些地区,冲沟使地形变得支离破碎,路线布局往往受到冲沟的控制,不仅增加路线长度和跨沟工程,增大工程费用,而且经常由于冲沟的不断发展,截断路基,中断交通,或者由于洪积物掩埋道路,淤塞涵洞,影响正常运输。

冲沟是在一定的地形、地质和气候条件下形成的。它广泛地发育在土质疏松、缺少植被和暴雨较多地区的斜坡。在我国,气候干旱,暴雨径流较大的西北黄土分布地区,是冲沟发育比较典型的地区。

冲沟的发展,是以溯源侵蚀的方式由沟头向上逐渐延伸扩展的。在厚度很大的均质土分布地区,冲沟的发展大致可以分为以下四个阶段。

① 冲槽阶段。

坡面径流局部汇流于凹坡,开始沿凹坡发生集中冲刷,形成不深的切沟。沟床的纵剖面与斜坡剖面基本一致〔见图 7-4(a)〕。在此阶段,只要填平沟槽,注意调节坡面流水不再汇注,种植草皮保护坡面,即可使冲沟不再发展。

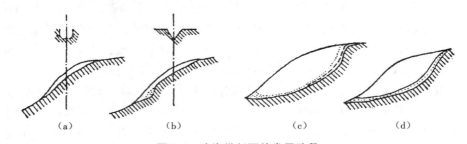

图 7-4 冲沟纵剖面的发展阶段

(a)冲槽阶段;(b)下切阶段;(c)平衡阶段;(d)休止阶段

② 下切阶段。

由于冲沟不断发展,沟槽汇水增大,沟头下切,沟壁坍塌,使冲沟不断向上延伸和逐渐加宽。此时的沟床纵剖面与斜坡已不一致,出现悬沟陡坎〔见图 7-4(b)〕,在沟口平缓地带开始有洪积物堆积。在冲沟发育地带进行公路、铁路勘察时,路线应避免从处于下切阶段的冲沟顶部或靠近沟壁的地带通过。否则,除要进行一般性防治外,为防止冲沟进一步发展而影响路基稳定,还必须采取积极的工程防治措施,如加固沟头、铺砌沟底、设置跌水及加固沟壁等。

③ 平衡阶段。

悬沟陡坎已经消失,沟床已下切拓宽,形成凹形平缓的平衡剖面,冲刷逐渐削弱,沟底开始有洪积物沉积〔见图 7-4(c)〕。在此阶段,应注意冲沟发生侧蚀和加固沟壁。

④ 休止阶段。

沟头溯源侵蚀结束,沟床下切基本停止,沟底有洪积物堆积〔见图 7-4(d)〕,并开始有植物生长。处于休止阶段的冲沟,除地形上的考虑外,对如公路、铁路等工程已无特殊的影响。

冲沟发展的上述阶段,是指在厚层均质土层如黄土层中冲沟发展的一般情况。发育在非均质土层,或残积、坡积、洪积等第四纪松散堆积层中的冲沟,其发展情况除受堆积物的性质、结构和厚度等因素的影响外,还受下伏岩层的岩性、产状条件的影响,因此不一定能划分出上述四个阶段,也不一定会形成平衡剖面。所以,在实践中分析冲沟的发展情况,评价冲沟对建筑物可能产生的影响时,应结合冲沟地层情况和所处的自然地理条件,作具体分析。

(2)洪积层

洪积层是由山洪急流搬运的碎屑物质组成的。当山洪夹带大量的泥砂石块流出沟口后,由于沟床纵坡变缓,地形开阔,水流分散,流速降低,搬运能力骤然减小,所夹带的石块、岩屑、砂砾等粗大碎屑先在沟口堆积下来,较细的泥砂继续随水搬运,多堆积在沟口外围一带。由于山洪急流的长期作用,在沟口一带就形成了扇形展布的堆积体,在地貌上称为洪积扇。洪积扇的规模逐年增大,有时与相邻沟谷的洪积扇互相连接起来,形成规模更大的洪积裙或洪积冲积平原。

上面已经提到,洪积层是第四纪陆相堆积物中的一个类型,从工程地质观点来看,洪积层有以下一些主要特征。

① 组成物质分选不良,粗细混杂,碎屑物质多带棱角,磨圆度不佳。

② 有不规则的交错层理,透镜体,尖灭及夹层等。

③ 山前洪积层由于周期性的干燥,常含有可溶盐类物质,在土粒和细碎屑间,往往形成局部的软弱结晶联结,但遇水作用后,联结就会破坏。

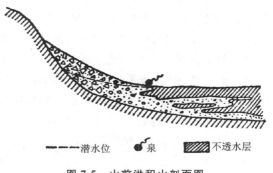

——— 潜水位　🐛 泉　▨ 不透水层

图 7-5　山前洪积山剖面图

洪积层主要分布于山麓坡脚的沟谷出口地带及山前平原,从地形上看,是有利于工程建筑的。由于洪积物在搬运和沉积过程中的某些特点,规模很大的洪积层一般可划分为三个工程地质条件不同的地段(见图 7-5):靠近山坡沟口的粗碎屑沉积地段,孔隙大,透水性强,地下水埋藏深,压缩性小,承载力比较高,是良好的天然地基;洪积层外围的细碎屑沉积地段,如果在沉积过程中受到周期性的干燥,黏土颗粒发生凝聚并析出可溶盐分,则洪积层的结构颇为结实,承载力也是比较高的;在上述两地段之间的过渡带,因为常有地下水溢出,水文地质条件不良,对工程建筑不利。

由上述情况可以看出,洪积层的工程性质,是影响工程建筑条件的重要因素之一。但影响最大的,则是山洪急流对工程的直接冲刷和洪积物掩埋以及淤塞桥涵所造成的种种病害问题。

7.2.2　河流的地质作用

具有明显河槽的常年或季节性水流称为河流。河水通过侵蚀、搬运和堆积作用使地表形成河床,并使河床的形态不断发生变化,河床形态的变化反过来又影响着河水的流速场,从而促使河床发生新的变化,二者互相作用,互相影响。河流的侵蚀、搬运和堆积作用,可以认为是河水与河床动平衡不断发展的结果。随着大型水利、水电事业的飞速发展,人类的工程活动正在大规模地影响着河流地质作用的自然过程。

在一定的地质条件下,河流地质作用的能量,与河水的动能有关。河水的动能与流量和流速平方的乘积成正比。河流在洪水期冲刷、搬运和堆积作用之所以特别强烈,就是因为河流的流量、流速显著增大,河水动能显著增强。河流的长期作用,使地表形成了河床、河漫滩、河流阶地和河谷等各种河流地貌,同时也形成了第四纪陆相堆积物的另一个成因类型,即冲积层。

1) 河流的侵蚀、搬运与沉积作用

(1) 侵蚀作用

河水在流动的过程中不断加深和拓宽河床的作用称为河流的侵蚀作用。按其作用的方式,可分为溶蚀和机械侵蚀两种。溶蚀是指河水对组成河床的可溶性岩石不断地进行化学溶解,使之逐渐随水流失的过程。河流的溶蚀作用在石灰岩、白云岩等可溶性岩类分布地区比较显著。此外,如河水对其他岩石中可溶性矿物发生溶解,使岩石的结构松散破坏,则有利于机械侵蚀作用的进行。机械侵蚀作用包括流动的河水对河床组成物质的直接冲击和夹带的砂砾、卵石等固体物质对河床的磨蚀。机械侵蚀在河流的侵蚀作用中具有普遍的意义,它是山区河流的一种主要侵蚀方式。

河流的侵蚀作用,按照河床不断加深和拓宽的发展过程,可分为下蚀作用和侧蚀作用。下蚀和侧蚀是河流侵蚀统一过程中互相制约和互相影响的两个方面,不过在河流的不同发展阶段,或同一条河流的不同部分,由于河水动力条件的差异,不仅下蚀和侧蚀所显示的优势会有明显的区别,而且河流的侵蚀和沉积优势也会有显著的差别。

① 下蚀作用。

河水在流动过程中使河床逐渐下切加深的作用,称为河流的下蚀作用。河水夹带固体物质对河床的机械破坏,是使河流下蚀的主要因素。其作用强度取决于河水的流速和流量,同时,也与河床的岩性和地质构造有密切的关系。很明显,河水的流速和流量大时,下蚀作用的能量大,如果组成河床的岩石坚硬且无构造破坏现象,则会抑制河水对河床下切的速度。反之,如岩性松软或受到构造作用的破坏,则下蚀易于进行,河床下切过程加快。

下蚀作用使河床不断加深,切割成槽形凹地,形成河谷。在山区河流下蚀作用强烈,可形成深而窄的峡谷。金沙江虎跳峡,谷深达 3 000 m。长江三峡,谷深达 1 500 m。滇西北的金沙江河谷,平均每千年下蚀 60 cm。北美科罗拉多河谷,平均每千年下蚀 40 cm。

河流的侵蚀过程总是从河的下游逐渐向河源方向发展的,这种溯源推进的侵蚀过程称为溯源侵蚀。分水岭不断遭到剥蚀切割,河流长度的不断增加,以及河流的袭夺现象(见图7-6),都是河流溯源侵蚀造成的结果。

河流的下蚀作用并不是无止境地继续下去,而是有它自己的基准面的。因为随着下蚀作用的发展,河床不断加深,河流的纵坡逐渐变缓,流速降低,侵蚀能量削弱,达到一定的基准面后,河流的侵蚀作用将趋于消失。河流下蚀作用消失的平面,称为侵蚀基准面。流入主

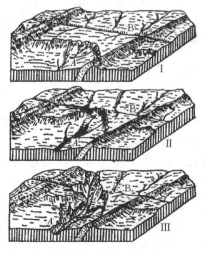

图 7-6　河流袭夺现象

Ⅰ—支流 A 向源侵蚀;Ⅱ— B 河被袭夺;
Ⅲ—A 河河谷加深延长

流的支流,基本上以主流的水面为其侵蚀基准面;流入湖泊海洋的河流,则以湖面或海平面为其侵蚀基准面。大陆上的河流绝大部分都流入海洋,而且海洋的水面也较稳定,所以又把海平面称为基本侵蚀基准面。侵蚀基准面并不是固定不变的,由于构造运动的区域性和差异性,会引起水系侵蚀基准面发生变化。侵蚀基准面一经变动,则会引起相关水系的侵蚀和堆积过程发生重大的改变。所以,根据河谷侵蚀与堆积地貌组合形态的研究,能够对地区新构造运动的情况作出判断。

② 侧蚀作用。

河水在流动过程中,一方面不断刷深河床,同时也不断地冲刷河床两岸,这种使河床不断加宽的作用,称为河流的侧蚀作用。河水在运动过程中横向环流的作用,是促使河流产生侧蚀的经常性因素。此外,河水受支流或支沟排泄的洪积物以及其他重力堆积物的障碍顶托,致使主流流向发生改变,引起对岸产生局部冲刷,这也是一种在特殊条件下产生的河流侧蚀现象。在天然河道上能形成横向环流的地方很多,但在河湾部分最为显著〔见图 7-7(a)〕。当运动的河水进入河湾后,由于受离心力的作用,表层流束以很大的流速冲向凹岸,产生强烈冲刷,使凹岸岸壁不断坍塌后退,并将冲刷下来的碎屑物质由底层流束带向凸岸堆积下来〔见图 7-7(b)〕。横向环流的作用,使凹岸不断受到强烈冲刷,凸岸不断发生堆积,结果使河湾的曲率增大,并受纵向流的影响,使河湾逐渐向下游移动,因而导致河床发生平面摆动。这样天长日久,整个河床就被河水的侧蚀作用逐渐地拓宽(见图 7-8)。

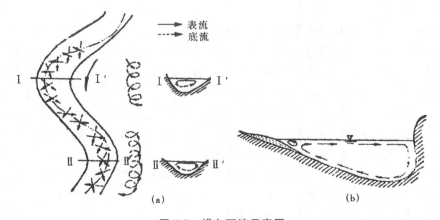

图 7-7　横向环流示意图

(a)河流横向环流;(b)河曲处横向环流断面图

沿河布设的公路与铁路工程,往往由于河流的水位变化及侧蚀,路基发生水毁现象,特别是在河湾凹岸地段,最为显著。因此,在确定路线具体位置时,必须加以注意。在河湾部分横向环流作用明显加强,容易发生坍岸,并产生局

图 7-8　侧蚀作用使河谷加宽

部剧烈冲刷和堆积作用,河床容易发生平面摆动,这对于桥梁建筑,也是很不利的。

河流侧蚀的不断发展,致使河流形成一个河湾接着一个河湾〔见图 7-9(a)〕,并使河湾的曲率越来越大,河流的长度越来越长,结果使河床的比降逐渐减小,流速不断减低,侵蚀能量逐渐削弱,直至常水位时已无能力继续发生侵蚀为止。这时河流所特有的平面形态,称为蛇曲〔见图 7-9(b)〕。有些处于蛇曲形态的河湾,彼此之间十分靠近,一旦流量增大,会截弯取直,流入新开拓的局部河道,而残留的原河湾的两端因逐渐淤塞而与原河道隔离,形成状

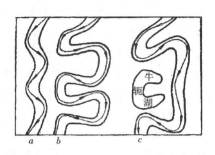

图 7-9　蛇曲的发展与牛轭湖的形成
a—弯曲河道;b—蛇曲;c—牛轭湖

似牛轭的静水湖泊,称为牛轭湖〔见图 7-9(c)〕。最后,受淤积的不断影响,牛轭湖逐渐成为沼泽,以至消失。这类现象,在我国江汉平原的南缘(如从湖北的枝江到湖南的城陵矶一带),发育比较良好。在那里,荆江蜿蜒曲折,素有"九曲回肠"之称。

上述河湾的发展和消亡过程,一般只在平原区的某些河流中出现。这是因为河湾的发展既受河流动力特征的影响,也受地区岩性和地质构造条件的制约,此外与河流夹砂量也有一定的关系。在山区,由于河床岩性以石质为主,所以河湾的发展过程极为缓慢,在一些输砂量大的平原河流中,曲率很大的河湾一般不容易形成,即使形成也会很快消失。

下蚀和侧蚀是河流侵蚀作用的两个密切联系的方面,河流下蚀与侧蚀的共同作用,使河床不断地加深和拓宽。各地河床的纵坡、岩性、构造等不同,两种作用的强度也就不同,或以下蚀为主,或以侧蚀为主。如果河流只进行下蚀作用,或以下蚀作用为主,则河谷横断面呈 V 形。如果河流只进行侧蚀作用,或以侧蚀作用为主,则河谷横断面呈 U 形,谷底宽平。如下蚀作用与侧蚀作用等量进行,则河谷横断面多不对称。河水流动具有紊流的性质,是以由纵流与横向环流组合而成螺旋状流束流动的,流速大时,纵流占优势;流速小时,横向环流占优势。一般在河流的中下游、平原区河流或处于老年期的河流,由于河湾增多,纵坡变小,流速降低,横向环流的作用相对增强,从这个意义上来说,以侧蚀作用为主;在河流的上游,由于河床纵坡大、流速大、纵流占主导地位,从总体上来说,以下蚀作用为主。

(2) 搬运作用

河流在流动过程中夹带沿途冲刷侵蚀下来的物质(泥砂、石块等)离开原地的移动作用,称为搬运作用。河流的侵蚀和堆积作用,在一定意义上都是通过搬运过程来进行的。河水搬运能量的大小,取决于河水的流量和流速,在一定的流量条件下,流速是影响搬运能量的主要因素。河流搬运物的粒径 d 与水流流速的平方成正比,即 $d \propto v^2$。

河流搬运的物质,主要来自谷坡洗刷、崩落、滑塌下来的产物和冲沟内洪流冲刷

出来的产物,其次是河流侵蚀河床的产物。

河流的搬运作用有浮运、推移和溶运三种形式。一些颗粒细、比重小的物质悬浮于水中随水搬运。如我国黄河中的大量黄土物质就是主要通过悬浮的方式进行搬运的。比较粗大的砂子、砾石等,主要受河水冲动,沿河底推移前进。在河水中还有大量处于溶液状态的被溶解物质随水流走。

（3）沉积作用

河流在运动过程中,能量不断受到损失,当河水夹带的泥砂、砾石等搬运物质超过了河水的搬运能力时,被搬运的物质便在重力作用下逐渐沉积下来,形成河流冲积层。河流沉积物几乎全部是泥砂、砾石等机械碎屑物,而化学溶解的物质多在进入湖盆或海洋等特定的环境后才开始发生沉积。

河流的沉积特征,在一定的流量条件下主要受河水的流速和搬运物重量的影响,所以一般都具有明显的分选性。粗大的碎屑先沉积,细小的碎屑能搬运比较远的距离再沉积。由于河流的流量、流速及搬运物质补给的动态变化,因而在冲积层中一般存在具有明显结构特征的层理。从总的情况看,河流上游的沉积物比较粗大,向河流的下游沉积物的粒径逐渐变小,流速较大的河床部分沉积物的粒径比较粗大,在河床外围沉积物的粒径逐渐变小。

2) 冲积层

在河谷内由河流的沉积作用所形成的堆积物,称为冲积物。冲积物的特点是,具有良好的磨圆度和分选性,它是第四纪陆相沉积物中的一个主要成因类型。冲积物按其沉积环境的不同,可分为河床相、河漫滩相、牛轭湖相、蚀余堆积相与河口三角洲相等。

（1）冲积物的相

① 河床相冲积物、河漫滩相冲积物、牛轭湖相冲积物。以上三类冲积物的形成及特征详见本书 2.1.4 小节。

② 蚀余堆积相冲积物。它常见于山区河流中,多为巨砾和大块石,可能来自山坡的崩落岩块,也可能是河底的残余岩块。

③ 河口三角洲相冲积物。它是在河流入海（湖）口范围内形成的沉积物。三角洲冲积层分水上和水下两部分。水上部分主要由河床和河漫滩冲积物组成,以黏土和细砂为主,一般呈层状或透镜体,含水量高,结构疏松,强度和稳定性差。水下部分主要由河流冲积物和海（湖）淤积物混合组成,呈倾斜产状。

（2）冲积层的类型

① 山区河谷冲积层。

山区河谷,由于不同河段的岩性和地质构造不同,常是峡谷（V 形谷）和宽谷（箱形谷）交替出现,也由于发展阶段的不同,而有峡谷和宽谷的区分。

在峡谷中,谷底几乎全为河床所占据,冲积物只能在河床中形成。这种冲积物的主要类型是河床相,由漂石、卵石、砾石及砂等粗碎屑物质组成（见图 7-10）。冲积层结构比较复杂,常有透镜体及不规则的夹层,厚度很薄,甚至河床基岩裸露,没有冲积层。

在宽谷中,出现沿岸浅滩,造成河床与浅滩流速的差别。随着浅滩的扩大,这种差别使得推移质的搬运只能在河床范围以内进行,而在浅滩部分则开始产生悬浮质的堆积,其结果是形成河漫滩冲积层的二元结构(见图7-11),底层是河床相推移质沉积物,上层是河漫滩相悬浮质沉积物。这种二元结构显然是河床侧向移动的结果。

图 7-10　河床冲积层

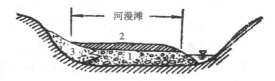

图 7-11　河漫滩沉积

1—河床沉积物;2—河漫滩冲积层;3—山坡坡积裙

在山区河谷冲积层中,有时混有洪积物,而蚀余堆积物也很常见,在调查时应注意区别。洪积物的特点是:磨圆度差,分选差,从巨砾到黏土物质混杂在一起。蚀余堆积则可以根据它与河床推移质的大小不相适应来判断。

② 平原河谷冲积层。

平原河流具有塑造得很好的河谷,冲积物在这里得到最完全的发育,有河床相、河漫滩相、三角洲相(见图7-12)和牛轭湖相,有时也有蚀余堆积物。不过,其中最主要的是河床冲积物与河漫滩冲积物两种。具有发育完全的河漫滩冲积物是平原河流的重要特征。

河漫滩冲积层,并不是杂乱无章的透镜体和夹层堆积形成的,而是由河床相、河漫滩相和牛轭湖相等有规律地形成的综合体。最简单的情况如图7-13所示。

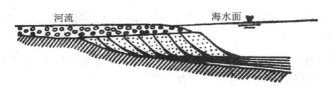

图 7-12　三角洲沉积层示意图

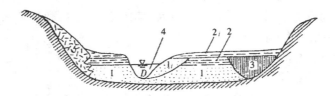

图 7-13　平原河谷冲积层形成过程剖面图

1、1_i—两层河床堆积;2、2_i—两层河漫滩堆积;

3—牛轭湖堆积;4—新河床;5—山坡的坡积裙或堆积裙

7.3 崩塌与滑坡

7.3.1 崩塌

在陡峻的山坡以及海、湖、河流的高坡上的岩土体,在重力作用下突然而猛烈地向下倾倒、崩落的现象,称为崩塌。崩塌经常发生在陡峭山坡、岸坡上,以及人工开挖的高边坡上。

规模巨大的山坡崩塌称为山崩。斜坡的表层岩石由于强烈风化,沿坡面发生经常性的岩屑顺坡滚落现象,称为碎落。悬崖陡坡上个别较大岩块的崩落称为落石。

崩塌是公路、铁路等山区工程常见的一种病害现象。它来势迅猛,常可摧毁路基和桥梁,堵塞隧道洞门,击毁行车,对公路、铁路行车造成直接危害,常因此导致交通中断。崩塌还会破坏建筑物,有时甚至使整个居民点遭到破坏。在狭窄河谷中有时因崩塌堆积物堵塞河道形成堰塞湖,这样就会将上游路基等建筑物和农田淹没,在宽河谷中,崩塌能使河流改道及改变河流性质,从而造成急流地段或产生局部冲刷,导致路基水毁。

崩塌可以由自然因素激发产生,也可以由人为因素激发产生。如云南昆明至畹町公路某段的路堑边坡,雨后不久发生崩塌达 1.7 万立方米,严重阻碍交通;盐津某线,大爆破施工,引起数十万立方米的大规模崩塌,堵河成湖,回水淹没路基达 8 km 之多。

1）形成崩塌的基本条件

崩塌虽发生比较突然,但它有一定的形成条件和发展过程。崩塌形成的基本条件,归纳起来,主要有以下几方面。

（1）地形条件

斜坡高、陡是形成崩塌的必要条件。调查表明,规模较大的崩塌,一般多产生在高度大于 30 m,坡度大于 50°（大多介于 55°~75°之间）的陡峻斜坡上。

斜坡的外部形状,对崩塌的形成也有一定的影响。一般上缓下陡的凸坡和凹凸不平的陡坡（见图 7-14）易于发生崩塌。

（2）岩性条件

崩塌常发生在由坚硬性脆的岩石构成的斜坡上。如厚层石灰岩、花岗岩、砂岩、石英岩、玄武岩等,它们具有较大的抗剪强度和抗风化能力,能形成高峻的斜坡,在外来因素影响下,一旦斜坡稳定性遭到破坏,即产生崩塌现象。此外,由软硬互层（如砂页岩互层、石灰岩与泥灰岩互层、石英岩与千枚岩互层等）构成的陡峻斜坡,由于差异风化,斜坡外形凹凸不平,因而也容易产生崩塌。

（3）构造条件

如果斜坡岩层或岩体的完整性好,就不易发生崩塌。实际上,自然界的斜坡,经常是由性质不同的岩层以各种不同的构造和产状组合而成的,而且常常为各种构造面所切割,从而削弱了岩体内部的联结,为产生崩塌创造了条件。一般说来,岩层的层面、裂隙面、断层面、软弱夹层或其他的软弱岩性带都是抗剪性能较低的"软弱面"。如果这些软弱面倾向临空且倾角较陡,则当斜坡受力情况突然变化时,被切割的不稳定岩块就可能沿着这些软弱面发生崩塌。图 7-15 所示的为两组与坡面斜交的裂隙,其组合交线倾向临空,被切割的楔形岩块沿楔形凹槽发生崩塌的示意图。

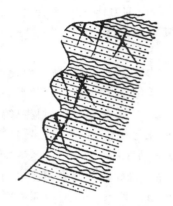

图 7-14 软硬岩互层形成的
锯齿状坡面

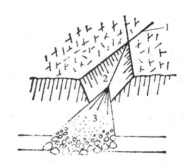

图 7-15 楔形体崩塌示意图
1—裂隙;2—楔形槽;3—崩塌堆积体

（4）其他自然因素

岩石的强烈风化,裂隙水的冻融,植物根系的楔入等,都能促使斜坡岩体发生崩塌现象。但大规模的崩塌多发生在暴雨、久雨或强震之后。这是因为降雨渗入岩体裂隙后,一方面会增加岩体的重量,另一方面能使裂隙中的充填物或岩体中的某些软弱夹层软化,并产生静水压力及动水压力,使斜坡岩体的稳定性降低;或者流水冲淘坡脚,削弱斜坡的支撑部分等,都会促使斜坡岩体产生崩塌现象。地震能使斜坡岩体突然承受巨大的惯性荷载,因而往往能促成大规模的崩塌。例如,2008 年 5 月四川汶川地震（8.0 级）,造成震区公路沿线及河谷两岸普遍发生崩塌。

此外,人类不合理的工程活动,如公路路堑开挖过深、边坡过陡,也常引起边坡发生崩塌。开挖路基或建筑物地基,改变了斜坡外形,使斜坡变陡,软弱构造面暴露,使部分被切割的岩体失去支撑,结果引起崩塌。此外,如坡顶弃方过大或不妥当的爆破施工,也常促使斜坡发生崩塌现象。

2）崩塌的防治

（1）勘察调查要点

要有效地防治崩塌,必须首先进行详细的调查研究,掌握崩塌形成的基本条件及其影响因素,根据不同的具体情况,采取相应的措施。调查崩塌时,应注意以下几个方面。

① 查明斜坡的地形条件,如斜坡的高度、坡度、外形等。

② 查明斜坡的岩性和构造特征,如岩石的类型,风化破碎程度,主要构造面的产

状以及裂隙的充填胶结情况。

③ 查明地面水和地下水对斜坡稳定性的影响以及当地的地震烈度等。

（2）防治原则

由于崩塌发生得突然而猛烈，治理比较困难而且复杂，特别是大型崩塌，所以一般多采取以防为主的原则。

① 在公路、铁路线路选线时，应注意根据斜坡的具体条件，认真分析崩塌的可能性及其规模。对有可能发生大、中型崩塌的地段，宜优先采用绕避方案。当绕避有困难时，可调整路线位置，离开崩塌影响范围一定距离，尽量减少防治工程，或考虑其他通过方案（如隧道、明洞等），确保行车安全。对可能发生小型崩塌或落石的地段，应视地形条件进行经济比较，确定绕避还是设置防护工程通过。如拟通过，路线应尽量争取设在崩塌停积区范围之外。如有困难，也应使路线离坡脚有适当距离，以便设置防护工程。

② 在建筑物选址时，应遵守道路选线的同样原则。

③ 在设计和施工中，避免使用不合理的高陡边坡，避免大挖大切，以维持山体的平衡。在岩体松散或构造破碎地段，不宜使用大爆破施工，以免由于工程技术上的错误而引起崩塌。

（3）防治措施

① 排水。

在有水活动的地段，布置排水构筑物，以进行拦截疏导，防止水流渗入岩土体而加剧斜坡的失稳。要排除地面水可修建截水沟、排水沟；要排除地下水，可修建纵、横盲沟等。在距堑顶 10 m 以外有覆盖土层时，宜种植防护林带，并封山禁止砍伐。林带对保护山坡，阻挡落石，减少其滚动速度和跳跃高度有明显作用，同时又节省防护工程的费用。

② 防护和加固工程。

加固山坡和边坡，必要地段要修建挡墙、边坡锚杆、多级护墙和护面。

③ 支顶工程。

对拟建工程上方的危岩应尽量清除，以防后患。对于在已建成工程上方的危岩，应根据地形和岩层情况，采取支顶、支护、支撑等支挡建筑物加固。应做到使坡面平顺，临空面有支护和支顶的力量，岩块重心应稳，以增加斜坡的稳定性。

④ 拦截工程。

在路肩边或山坡上适当地点修拦石墙，墙后留有空间作为落石坑。另在山坡上和挡石墙顶修建拦石网，它可以与遮断信号电气连锁，崩塌时可发出信号示警。

⑤ 遮挡工程。

遮挡工程即遮挡斜坡上部的崩塌落石。这种措施常用于高边坡有大型崩塌的地段，其他办法难以处理时，可修建明洞、棚洞等通过。上可遮挡崩塌，下可加强坡脚稳定，必要时洞顶还要做些支顶和支护工程，以防病害向两边扩大。

⑥ 综合治理。

处理危岩除传统的排水和绿化措施外,还有如下一些办法。

a. 挂网喷浆。将可能顺层滑动的层状岩石和下部较完整的基岩用格栅铁线网包裹并用钢筋锚插杆固定,插钢筋的槽孔捣进混凝土或灌浆。加压强拉之处宜预加应力,若岩石较破碎,则可在钢筋网表面喷射混凝土。

b. 钢索拉牵。在危岩上装钢筋勾,用钢丝绳拉到稳定基岩上加以固定,或将破裂的岩石用铁线捆扎,但要防止铁线的松弛和石块的向下脱落。

c. 托梁加固。在危岩下设钢筋混凝土托梁或过梁,以便承托上方危岩和有关人员检查走路之用。此方法仅用于危岩较高、跨度较短且两边有较稳定支承位置的场。

d. 嵌补支顶。山上就近取石,将危岩悬空凸出部分加以嵌补支顶,使坡面较平顺,岩块不过分外凸,翻转角不超过临界值,增加临空面的抗力和反倾倒力矩。

e. 刷坡清除。清除危岩只限于斜坡上可用短撬人工清除的零星危岩,清后不影响上部岩土的稳定,否则只能作加固处理不能清除。控爆小炮只用于炸除露头危岩,炸后不影响周围的稳定,线路要特别防护。刷坡减重只宜将坡面上松石、风化物和局部不平顺刷掉后作坡面防护,绝不可越刷越高以危及坡面的安全和稳定。

(4)崩塌防治实例

SNS 网防护系统是一种高能量的防护系统,它主要由钢绳网、格栅网、横向支撑绳、纵向支撑绳、钢绳锚杆、缝合绳等组成。该系统能够防治较大的崩塌落石,格栅网可以防止表面风化剥落的碎石。纵横向支撑绳为受力绳,通过钢绳网的作用改变纵横向支撑绳的受力,从而达到防护的目的。SNS 网防护系统属柔性轻型防护系统,不会增大坡面荷载,裂隙水可以自由排泄,且适应各种地形,不破坏植被生长条件,有利于坡体稳定,服务年限长达 50 年。

陕西省 1999 年首次在兰小二级汽车专用公路 $K_{36+210} \sim K_{36+270}$ 路段采用了 SNS 网主动防护系统,效果很好,现以此为例加以介绍。

兰小线 $K_{36+210} \sim K_{36+270}$ 路段岩体岩性为花岗岩,逆向公路节理发育,倾角较大,将岩体切割成厚度 $0.5 \sim 1.5$ m 的层状。修路时的不合理爆破及下部岩体清理,致使岩体沿节理临空。由于岩层较薄,花岗岩性脆,其他方向的节理也非常发育,在岩体自重力和地震力作用下,岩体极易破裂崩落。

经过方案比选,认为传统的挂网喷锚在该处受到岩体倾角及倾向的限制,施工难度较大,且治理效果不佳。为适应该处地质条件,决定采用 SNS 网主动防护系统进行加固处理,如图 7-16 所示。

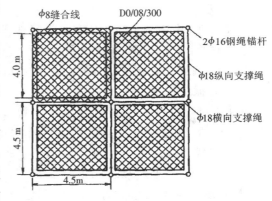

图 7-16 SNS 网防护系统标准布置及缝合图

由于该段岩根被破坏,同时也为了防止人为因素的继续破坏,在该段底部做一钢筋锚杆挡墙,对上部岩体起到了有效的支撑作用,上部铺挂 SNS 网,鉴于该处岩石节理面走向与公路走向一致,且临空面为新开挖断面,风化差、岩块相对较大,设计铺设 SNS 钢绳网。一个挂网单元为 4.5 m×4.5 m,由 φ18 的纵向支撑绳、φ8 的横向支撑绳和 4 m×4 m 的钢绳网组成,每张钢绳网用一根 φ8 缝合绳与支撑绳缝合连接。钢绳锚杆间距为 4.5 m,锚深为 2.5 m,钢绳规格为 2φ16,侧沿及上沿钢绳锚杆规格为 2φ16,锚深为 3 m。山体顶部用钢丝绳将 SNS 网拉到山体背侧部并锚固;SNS 网底沿钢绳锚杆浇筑于混凝土挡墙内。

SNS 网的施工顺序及方法如下:① 清理岩面;② 放线测量,测定锚杆孔位,钻凿凹坑(口径 20 cm,深 10 cm);③ 钻凿锚杆孔,孔深应比设计锚杆长度长 5 cm 以上,孔径不小于 φ48,如孔径不能达到,则应钻凿沿线路方向呈 30°夹角的直径不得小于 φ30 的 2 个锚杆孔,将钢丝锚杆拆开分别插入锚固;④ 注浆并插入锚杆;⑤ 安装纵横向支撑绳,张拉紧后,两端与钢绳锚杆外露环套固定连接;⑥ 从上往下铺设钢绳网并用 φ8 钢绳缝合(见图 7-17)。

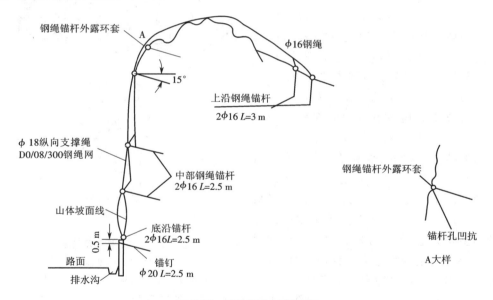

图 7-17　SNS 网施工断面图

7.3.2　滑坡

斜坡大量岩土体在重力和外部营力作用下,失去原有平衡而沿一定的滑动面(或带)整体向下滑动的现象,称为滑坡。

规模大的滑坡一般会缓慢地、长期地往下滑动,其位移速度多在突变阶段才显著增大,滑动过程可以延续几年、十几年甚至更长的时间。有些滑坡滑动速度也很快,如 1983 年 3 月发生在甘肃东乡洒勒山的滑坡最大滑速可达 40 m/s。

滑坡是山区公路、铁路及城镇、村庄等建筑物的主要病害之一。山坡或路基边坡发生滑坡,常使交通中断,影响道路的正常运输。大规模的滑坡,可以堵塞河道,摧毁道路,破坏厂矿,掩埋居民点,对山区建设和交通设施危害很大。西南地区(云、贵、川、藏)是我国滑坡分布的主要地区,不仅滑坡的规模大,类型多,而且分布广泛,发生频繁,危害严重。在云南省几乎每条公路上都有不同规模的滑坡发生。贵州的炉榕公路,四川的川藏公路、成阿公路、巴峨公路等均遭受过滑坡的严重危害。又如某铁路桥,当桥的墩台竣工后,由于两侧岸坡发生滑动,架梁时发现各墩均有不同程度的垂直和水平位移,墩身混凝土开裂,经整治无效,被迫放弃而另建新桥。贵昆铁路某隧道出口段,由于开挖引起了滑坡,推移和挤裂了已成的隧道,经整治才趋于稳定。另外也常有滑坡摧毁居民点的报道。

1) 滑坡的形态

一个发育完全的典型滑坡,一般具有下面一些基本的组成部分(见图7-18)。

(1)滑坡体

斜坡沿滑动面向下滑动的岩土体称为滑坡体。其内部一般仍保持着未滑动前的层位和结构,但产生许多新的裂缝,个别部位还可能遭受较强烈的扰动。

(2)滑动面、滑动带和滑坡床

滑坡体沿其向下滑动的面称为滑动面。滑动面以上,被揉皱了的厚数厘米至数米的结构扰动带,称为滑动带。有些滑坡的滑动面(带)可能不止一个。在最后滑动面以下稳定的土体或岩体称为滑坡床。滑动面(滑动带)是表征滑坡内部结构的主要标志,它的位置、数量、形状和滑动面(带)岩土的物理力学性质,对滑坡的推力计算和工程治理有重要意义。

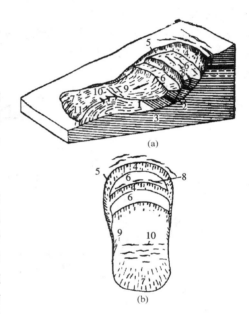

图7-18 滑坡要素示意图
(a)剖面示意图;(b)平面示意图
1—滑坡体;2—滑动面;3—滑坡床;4——滑坡壁;
5—滑坡周界;6—滑坡台阶;7—滑坡舌;8—拉张裂缝;
9—剪切裂缝;10—鼓张裂缝;11—扇形缝

在一般情况下,滑动面(带)的岩土被挤压破碎、扰动严重、富水软弱、颜色异常、常含有夹杂物质。当滑动面(带)为黏性土时,在滑动剪切作用下,常产生光滑的镜面,有时还可见到与滑动方向一致的滑坡擦痕。在勘探中,常可根据这些特征,确定滑动面的位置。

滑动面的形状,因地质条件而异。一般说来,发生在均质土中的滑坡,滑动面多呈圆弧形;沿岩层层面或构造裂隙发育的滑坡,滑动面多呈直线形或折线形。

(3)滑坡壁

滑坡壁滑动面的上沿,即滑动体与斜坡断开下滑后形成的陡壁,称为滑坡壁。它在平面上多呈圈椅状,其高度自几厘米至几十米,坡度一般为 60°~80°。

（4）滑坡周界

滑坡体与周围未滑动的稳定斜坡在平面上的分界线,称为滑坡周界。滑坡周界圈定了坡的范围。

（5）滑坡台阶

有几个滑动面或经过多次滑动的滑坡,由于各段滑坡体的运动速度不同,而在滑坡体上出现的阶梯状的错台,称为滑坡台阶。

（6）滑坡舌

滑坡体的前沿,形如舌状伸出的部分,称为滑坡舌。

（7）滑坡裂缝

滑坡体的不同部分,在滑动过程中,因受力性质不同,会形成不同特征的裂缝。按受力性质,滑坡裂缝可分为下面四种。

① 拉张裂缝。分布在滑坡体上部,与滑坡壁的方向大致吻合,多呈弧形,由滑坡体向下滑动时产生的拉力形成,裂缝张开。

② 剪切裂缝。分布在滑坡体中部的两侧,由滑坡体下滑,在滑坡体内两侧所产生的剪切作用形成的裂缝。它与滑动方向大致平行,其两边常伴有呈羽毛状排列的次一级裂缝。

③ 鼓张裂缝。主要分布于滑坡体的下部,滑坡体上、下部分运动速度的不同或滑坡体下滑受阻,致使滑坡体鼓张隆起形成裂缝。鼓张裂缝的延伸方向大体上与滑动方向垂直。

④ 扇形张裂缝。分布在滑坡体的中下部（尤以舌部为多）,当滑坡体向下滑动时,滑坡体的前沿向两侧扩散引张形成张开裂缝。其方向在滑动体中部与滑动方向大致平行,在舌部则呈放射状,故称为扇形张裂缝。

（8）滑坡洼地

滑坡滑动后,滑坡体与滑坡壁之间常拉开成沟槽,构成四周高中间低的封闭洼地,称为滑坡洼地。滑坡洼地往往由于地下水在此处出露,或者由于地表水的汇集,而成为湿地或水塘。

2）滑坡的形成条件和影响因素

（1）滑坡的形成条件

滑坡的发生,是斜坡岩土体平衡条件遭到破坏的结果。由于斜坡岩土体的特性不同,滑动面的形状有各种形式,基本的为平面形和圆弧形两种。二者表现虽有不同,但平衡关系的基本原理还是一致的。

斜坡岩土体沿平面 AB 滑动时的力系如图 7-19 所示。

其平衡条件为由岩土体重力 G 所产生的侧向滑动分力 T 等于或小于滑动面的抗滑阻力 F。通常以稳定系数 K 表示这两力之比,即

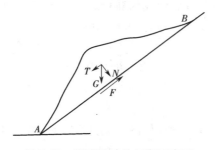

图 7-19 平面滑动的平衡示意图

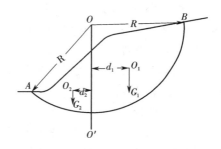

图 7-20 圆弧滑动的平衡示意图

$$K = 总抗滑力/总下滑力 = F/T \tag{7-1}$$

很显然,若 $K<1$,则斜坡平衡条件将遭破坏而形成滑坡。若 $K \geq 1$,则斜坡处于稳定或极限平衡状态。

斜坡岩土体沿圆弧面滑动时的力系如图 7-20 所示。

图中弧 AB 为假定的滑动圆弧面,其相应的滑动中心为 O 点,R 为滑弧半径。过滑动圆心 O 作一铅直线 OO',将滑体分成两部分,在 OO' 线右侧部分为"滑动部分",其重心为 O_1,重量为 G_1,它使斜坡岩土体具有向下滑动的趋势,对 O 点的滑动力矩为 $G_1 d_1$;在 OO' 线左侧部分为"随动部分",起着阻止斜坡滑动的作用,具有与滑动力矩方向相反的抗滑力矩 $G_2 d_2$。因此,其平衡条件为滑动部分对 O 点的滑动力矩 $G_1 d_1$ 等于或小于随动部分对 O 点的抗滑力矩 $G_2 d_2$ 与滑动面上的抗滑力矩 $\tau \cdot \overset{\frown}{ABR}$ 之和。即

$$G_1 \cdot d_1 \leq G_2 \cdot d_2 + \tau \cdot \overset{\frown}{ABR} \tag{7-2}$$

式中 τ ——滑动面上的抗剪强度。

其稳定系数 K 为

$$K = 总抗滑力矩/总滑动力矩 = (G_2 \cdot d_2 + \tau \cdot \overset{\frown}{ABR}) / G_1 \cdot d_1 \tag{7-3}$$

同理,$K<1$ 将形成滑坡;$K \geq 1$ 斜坡处于稳定和极限平衡状态。

(2) 影响滑坡的因素

从上述分析可以看出,斜坡平衡条件的破坏与否,也就是说滑坡发生与否,取决于下滑力(矩)与抗滑力(矩)的对比关系。而斜坡的外形,基本上决定了斜坡内部的应力状态(剪切力的大小及其分布),组成斜坡的岩土性质和结构决定了斜坡各部分抗剪强度的大小。当斜坡内部的剪切力大于岩土的抗剪强度时,斜坡将发生剪切破坏而滑动,自动地调整其外形来与之相适应。因此,凡是引起改变斜坡外形和使岩土性质恶化的所有因素,都将是影响滑坡形成的因素。这些因素,概括起来,主要有以下几个方面

① 岩性。

滑坡主要发生在易于亲水软化的土层中和一些软质岩层中,当坚硬岩层或岩体内存在有利于滑动的软弱面时,在适当的条件下也可能形成滑坡。

容易产生滑坡的土层有胀缩黏土、黄土和黄土类土,以及黏性的山坡堆积层等。它们有的容易与水作用发生膨胀和软化,有的结构疏松,透水性好,遇水容易崩解,强度和稳定性容易受到破坏。

容易产生滑坡的软质岩层有页岩、泥岩、泥灰岩等遇水易软化的岩层。此外,千枚岩、片岩等在一定的条件下也容易产生滑坡。

② 构造。

埋藏于土体或岩体中倾向与斜坡一致的层面、夹层、基岩顶面、古剥蚀面、不整合面、层间错动面、断层面、裂隙面、片理面等,一般都是抗剪强度较低的软弱面,当斜坡受力情况突然变化时,都可能成为滑坡的滑动面。如黄土滑坡的滑动面,往往就是下伏的基岩面或是黄土的层面;有些黏土滑坡的滑动面,就是自身的裂隙面。

③ 水。

水对斜坡岩土的作用,是形成滑坡的重要条件。地表水可以改变斜坡的外形,当水渗入滑坡体后,不但可以增大滑坡的下滑力,而且将迅速改变滑动面(带)岩土的性质,降低其抗剪强度,起到"润滑剂"的作用。所以有些滑坡就沿着含水层的顶板或底板滑动,不少黄土滑坡的滑动面,往往就在含水层中。两级滑坡的衔接处常有泉水出露,以及大规模的滑坡多在久雨之后发生,都可以说明水在滑坡形成和发展中的重要作用。

此外,如风化作用、降雨、人为不合理的切坡或坡顶加载,地表水对坡脚的冲刷以及地震等,都能促使上述条件发生有利于斜坡岩土向下滑动的变化,激发斜坡发生滑动现象。尤其是地震,由于地震的加速度,使斜坡岩土体承受巨大的惯性力,并使地下水位发生强烈变化,促使斜坡发生大规模滑动。如 1973 年 2 月的四川炉霍地震,1974 年 5 月的云南昭通地震,以及 1976 年 5 月的云南龙陵地震,7 月的河北唐山地震,8 月的四川松潘—平武地震,尽管区域地质构造和地貌条件不同,凡地震烈度在Ⅶ度以上的地区,都有不同类型的滑坡发生,尤其在高中山区,更为严重。

3) 滑坡的分类

为了对滑坡进行深入研究和采取有效的防治措施,需要对滑坡进行分类。但由于自然地质条件的复杂性,且分类的目的、原则和指标也不尽相同,因此,对滑坡的分类至今尚无统一的认识。结合我国的区域地质特点和工程实践,如铁路和公路部门认为,按滑坡体的主要物质组成和滑动时的力学特征进行的分类,有一定的现实意义。

(1) 按滑坡体的主要物质组成分类

可以把滑坡分为以下四个类型。

① 堆积层滑坡。

堆积层滑坡多出现在河谷缓坡地带或山麓的坡积、残积、洪积及其他重力堆积层中。它的产生往往与地表水和地下水直接参与有关。滑坡体一般多沿下伏的基岩顶面、不同地质年代或不同成因的堆积物的接触面,以及堆积层本身的松散层面滑动。

滑坡体厚度一般从几米到几十米。

②　黄土滑坡。

发生在不同时期的黄土层中的滑坡,称为黄土滑坡。它的产生常与裂隙及黄土对水的不稳定性有关,多见于河谷两岸高阶地的前缘斜坡上,常成群出现,且大多为中、深层滑坡。其中有些滑坡的滑动速度很快,变形急剧,破坏力强,是属于崩塌性的滑坡。

③　黏土滑坡。

发生在均质或非均质黏土层中的滑坡,称为黏土滑坡。黏土滑坡的滑动面呈圆弧形,滑动带呈软塑状。黏土的干湿效应明显,干缩时多张裂,遇水作用后呈软塑或流动状态,抗剪强度急剧降低,所以黏土滑坡多发生在久雨或受水作用之后,多属中、浅层滑坡。

④　岩层滑坡。

发生在各种基岩岩层中的滑坡,属岩层滑坡,它多沿岩层层面或其他构造软弱面滑动。这种沿岩层层面、裂隙面和前述的堆积层与基岩交界面滑动的滑坡,统称为顺层滑坡,如图 7-21 所示。但有些岩层滑坡也可能切穿层面滑动而成为切层滑坡,如图 7-22 所示。岩层滑坡多发生在由砂岩、页岩、泥岩、泥灰岩以及片理化岩层(片岩、千枚岩等)组成的斜坡上。

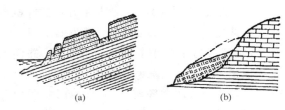 

图 7-21　顺层滑坡示意图　　　　　图 7-22　切层滑坡示意图
(a)沿岩层层面滑动;(b)沿坡积层与基岩交界面滑动

在上述滑坡中,如按滑坡体体积规模的大小,还可以进一步分为:小型滑坡(滑坡体小于 3 万立方米),中型滑坡(滑坡体介于 3 万～50 万立方米),大型滑坡(滑坡体介于 50 万～300 万立方米),巨型滑坡(滑坡体大于 300 万立方米)。如按滑坡体的厚度大小,又可分为:浅层滑坡(滑坡体厚度小于 6 m);中层滑坡(滑坡体厚度为 6～20 m);深层滑坡(滑坡体厚度大于 20 m)。

(2)　按滑坡的力学特征分类

可分为牵引式滑坡和推动式滑坡。

①　牵引式滑坡。

主要是由于坡脚被切割(人为开挖或河流冲刷等)使斜坡下部先变形滑动,因而使斜坡的上部失去支撑,引起斜坡上部相继向下滑动。牵引式滑坡的滑动速度比较缓慢,但会逐渐向上延伸,规模越来越大。

② 推动式滑坡。

主要是由于斜坡上部不恰当地加荷(如建筑、填堤、弃渣等)或在各种自然因素作用下,斜坡的上部先变形滑动,并挤压推动下部斜坡向下滑动。推动式滑坡的滑动速度一般较快,但其规模在通常情况下不再有较大发展。

4) 滑坡的现场识别和稳定性判断

在工程勘察工作中,预测斜坡滑动的可能性、识别滑坡的存在,并初步分析判断其稳定程度,是合理布设建筑场址,拟定防治方案的一个基本前提。

(1) 滑坡的现场识别

斜坡在滑动之前,常有一些先兆现象。如地下水位发生显著变化,干涸的泉水重新出水并且混浊,坡脚附近湿地增多,范围扩大,斜坡上部不断下陷,外围出现弧形裂缝,坡面树木逐渐倾斜,建筑物开裂变形,斜坡前缘土石零星掉落,坡脚附近的土石被挤紧,并出现大量鼓张裂缝等。

如经调查证实,山坡农田变形,水田漏水,水田改为旱田,大块田改为小块田;或者斜坡上某段灌溉渠道不断破坏或逐年下移,则说明斜坡已在缓慢滑动过程中。

斜坡滑动之后,会出现一系列的变异现象。这些变异现象,为我们提供了在现场识别滑坡的标志。其中主要有以下几点。

① 地形地物标志。

滑坡的存在,常使斜坡不顺直、不圆滑而造成圈椅状地形和槽谷地形,其上部有陡壁及弧形拉张裂缝;中部坑洼起伏,有一级或多级台阶,其高程和特征与外围河流阶地不同,两侧可见羽毛状剪切裂缝;下部有鼓丘,呈舌状向外突出,有时甚至侵占部分河床,表面多鼓张扇形裂缝,两侧常形成沟谷,出现双沟同源现象(见图 7-23);有时内部多积水洼地,喜水植物茂盛,有"醉林"(见图 7-24)及"马刀树"(见图 7-25)和建坑物开裂、倾斜等现象。

图 7-23　双沟同源　　　　图 7-24　醉林　　　　图 7-25　马刀树

② 地层构造标志。

滑坡范围内的地层整体性常因滑动而破坏,有扰乱松动现象,层位不连续,出现缺失某一地层、岩层层序重叠或层位标高有升降等特殊变化,岩层产状发生明显的变化,构造不连续(如裂隙不连贯、发生错动)等,都是滑坡存在的标志。

③ 地下水标志。

滑坡地段含水层的原有状况常被破坏,使滑坡体成为单独含水体,地下水条件变得特别复杂,无一定规律可循。如潜水位不规则、无一定流向,斜坡下部有成排泉水溢出等。这些现象均可作为识别滑坡的标志。

上述各种变异现象,是滑坡运动的统一产物,它们之间有不可分割的内在联系。因此,在实践中必须综合考虑几个方面的标志,互相验证,才能准确无误,绝不能根据某一标志,就轻率地作出结论。例如,某线快活岭地段,从地貌宏观上看,有圈椅状地形存在,其内并有几个台阶,曾误认为是一个大型古滑坡,后经详细调查,发现圈椅范围内几个台阶的高程与附近阶地高程基本一致,应属同一期的侵蚀堆积面;圈椅范围内的松散堆积物下部并无扰动变形,基岩产状也与外围一致,而且外围的断裂构造均延伸至其中,未见有错断现象,圈椅状范围内,仅见一处流量微小的裂隙泉水,未见有其他地下水露头。通过这些现象的分析研究,判定此圈椅状地形应为早期溪流流经的古河弯地段,而并非滑坡。

(2)滑坡稳定程度的现场判断

滑坡稳定程度的现场判断,主要是通过现场调查,在充分掌握工程地质资料的基础上,可从地貌形态比较、地质条件对比和影响因素变化分析等方面来判断。

① 地貌形态比较。

滑坡是斜坡地貌演变的一种形式,它具有独特的地貌特征和发育过程,在不同的发育阶段有不同的外貌形态。因此,可以总结归纳出相对稳定和不稳定滑坡的地貌特征,作为判断滑坡稳定性的参考。

实践中,一般可参照表 7-3 所列内容进行比较。

表 7-3 相对稳定滑坡与不稳定滑坡的形态特征

相对稳定的滑坡地貌特征	不稳定的滑坡地貌特征
① 滑坡后壁较高,长满了树木,找不到擦痕和裂缝	① 滑坡后壁高、陡,未长草木,常能找到擦痕和裂缝
② 滑坡台阶宽大且已夷平,土体密实,无陷落不均现象	② 滑坡台阶尚保存台坎,土体松散,地表有裂缝,且沉陷不均
③ 滑坡前缘的斜坡较缓,土体密实,长满草木,无松散坍塌现象	③ 滑坡前缘的斜度较陡,土体松散,未生草木,并不断产生少量的坍塌
④ 滑坡两侧的自然沟谷切割很深,谷底基岩出露	④ 滑坡的两侧多是新生的沟谷,切割较浅,沟底多为松散堆积物
⑤ 滑坡体较干燥,地表一般没有泉水或湿地,滑坡舌泉水清澈	⑤ 滑坡体湿度很大,地面泉水和湿地较多,舌部泉水流量不稳定
⑥ 滑坡前缘舌部有河水冲刷的痕迹,舌部的细碎土石已被河水冲走,残留有一些较大的孤石	⑥ 滑坡前缘正处在河水冲刷的条件下

② 工程地质条件对比。

将需要判断稳定性的滑坡的地层岩性、地质构造及地下水等条件与附近相似条件下的稳定斜坡、不稳定斜坡以及不同滑动阶段的滑坡进行对比,分析其异同,再结合今后工程地质条件可能发生的变化,即可判断滑坡整体的和各个部分的稳定程度。

③ 影响因素变化的分析。

斜坡发生滑动后,如果形成滑坡的不稳定因素并未消除,则在转入相对稳定的同时,在新的条件下,又会开始不稳定因素的积累,并导致发生新的滑动。只有当不稳定因素消除,滑坡才能由于稳定因素的逐渐积累而趋于长期稳定。

通过调查,找出对滑坡起主要作用的因素及其变化规律,根据这些因素在建筑物使用年限内的最不利组合及其发展趋势,可粗略地判断滑坡的稳定性。如四川某桥位北岸,地层为砂页岩互层,岩层倾向南西,倾角 7°左右,在一组张性裂隙和一对扭性裂隙的不利组合下,大量地表水(城市工业、生活污水和雨水)沿裂隙下渗,使深部页岩泥化,大大降低其强度,形成滑动面,曾引起较大规模的深层岩体滑坡,在采取排水等措施后,已基本趋于稳定。但考虑建桥施工中,将进一步切割坡脚,同时,在桥梁设计使用年限内,下游规划筑一高坝,蓄水后,大部分滑动面将被回水浸泡而引起其抗剪强度再度削弱,可能促使滑坡复活。因此,否定了该桥位。

5)滑坡的防治

(1)工程勘察要点

为了有效地防治滑坡,首先必须对滑坡进行详细的工程勘察,查明滑坡形成的条件及原因,滑坡的性质、稳定程度及其对工程的危害性,并提供防治滑坡的措施与有关的计算参数。为此,需要对滑坡进行测绘、勘探和试验工作,有时还需要进行滑坡位移的观测工作。

滑坡测绘是滑坡调查的主要方法之一,也是系统的滑坡调查首先要做的基本工作。通过测绘,查明滑坡的地貌形态,地下水特征,弄清滑坡周界及滑坡体内不同滑动部分的界线等。如滑坡壁的高度、陡度、植被和剥蚀情况,滑坡裂缝的分布形状、位置、长度、宽度及其连通情况,滑坡台阶的数目、位置、高度、长度、宽度;滑坡舌的位置、形状和被侵蚀的情况,泉水、湿地的出露位置和地形与地质构造的关系,流量、补给与排泄关系;岩层层面和基岩顶面是否倾向路线及倾角大小,裂隙发育程度和产状,有无软弱夹层和裂隙水活动等。

滑坡勘探目前常用的有挖探、物探和钻探三种方法。使用时互相配合,相互补充和验证。通过勘探,应查明滑坡体的厚度,下伏基岩表面的起伏及倾斜情况;用剥离表土或挖探方法直接观察或通过岩心分析判断滑动面的个数、位置和形状;了解滑坡体内含水层和湿带的分布情况与范围,地下水的流速及流向等;查明滑坡地带的岩性分布及地质构造情况等。

通过测绘和勘探,应提出滑坡工程地质图和滑坡主滑断面图。

滑坡工程地质试验,是为滑坡防治工程的设计提供依据和计算参数的。一般包括滑坡水文地质试验和滑带土的物理力学试验两部分。水文地质试验是为整治滑坡的地下排水工程提供资料,一般结合工程地质钻孔进行试验,必要时,作专门钻探测定地下水的流速、流向、流量和各含水层的水力联系及渗透系数等。滑动带土石的物理力学试验,主要是为滑坡的稳定性检算和抗滑工程的设计提供依据和计算参数。

除一般的常规项目外,主要是做剪切实验,确定内摩擦角 φ 值和黏聚力 c 值。

(2) 防治原则

滑坡的防治,要贯彻以防为主、整治为辅的原则。在选择防治措施前,要查清滑坡的地形、地质和地下水条件,认真研究和确定滑坡的性质及其所处的发展阶段,了解产生滑坡的主、次要原因及其相互间的联系,结合公路、铁路或建筑物的重要性等级、施工条件及其他情况综合考虑。

① 整治大型滑坡,技术复杂,治理工程量大,时间较长,因此在勘察阶段对于可以绕避的,首先应考虑工程路线绕避的方案。在已建成的工程处发生的大型复杂的滑坡,常采用多项工程综合治理,应作整治规划,工程安排要有主次缓急,并观察效果和变化,随时修正整治措施。

② 对于中型或小型滑坡连续地段,一般情况下路线可不绕避,但应注意调整路线平面位置,以求得工程量小,施工方便,经济合理的路线方案。

③ 路线通过滑坡地区,要慎重对待,详细占有资料,对发展中的滑坡要进行整治,对古滑坡要防止复活,对可能发生滑坡的地段要防止其发生和发展。对变形严重、移动速度快、危害性大的滑坡或崩塌性滑坡,宜采取立即见效的措施,以防止其进一步恶化。

④ 整治滑坡一般应先做好临时排水工程,然后再针对滑坡形成的主要因素,采取相应措施。

⑤ 对新建或已有建筑物周围的山坡,应进行滑坡可能性评估。结合建筑物的重要程度和可能发生的滑坡规模,采取更改场址、建筑物搬迁、边坡加固等不同措施。

(3) 防治措施

① 排水。

a. 地表排水:如设置截水沟以截排来自滑坡体外的坡面径流,在滑坡体上设置树枝状排水系统汇集坡面径流于滑坡体外排出。

b. 地下排水:目前常用的排除地下水的工程是各种形式的渗沟,其次是盲洞,近几年来不少地方已在推广使用平孔排除地下水的方法。平孔排水施工方便,工期短、节省材料和劳力,是一种经济有效的措施。

② 改善滑坡体力学条件,增大抗滑力。

a. 减与压:对于滑床上陡下缓,滑体头重脚轻的或推移式滑坡,可在滑坡上部的主滑地段减重或在前部的抗滑地段加填压脚,以达到滑体的力学平衡。对于小型滑坡可采取全部清除。减重后应验算滑面从残存滑体薄弱部分剪出的可能性。

b. 挡:设置支挡结构(加抗滑片石垛,抗滑挡墙、抗滑桩等)以支挡滑体或把滑体锚固在稳定地层上。由于能比较少的破坏山体,有效地改善滑体的力学平衡条件,故"挡"是目前用来稳定滑坡的有效措施之一。目前常用的支挡结构有抗滑土垛、抗滑片石垛、抗滑挡墙、抗滑桩、锚杆(索)锚固等。

抗滑土垛:在滑坡下部填土,以增加抗滑部分的全体重量。如在滑坡上部减重,将弃土移于下部做土垛,则可增加斜坡的稳定性。土垛一般只能作为整治滑坡的临时措施。

抗滑片石垛:一般用于滑体不大、自然坡度平缓、滑动面位于工程近旁或坡脚下部较浅处的滑坡。主要是依靠片石垛的重量,以增加抗滑力的一种简易抗滑措施。片石垛可用片石干砌或竹笼、木笼堆成。

抗滑挡土墙:在滑坡下部修建抗滑挡土墙是整治滑坡经常采用的有效措施之一。对于大型滑坡,常作为排水、减重等综合措施的一部分;对于中、小型滑坡,常与支撑渗沟联合使用。优点是山体破坏少,稳定滑坡收效快。但应用时必须弄清滑坡的性质、滑体结构、滑面层位、层数、滑体的推力及基础的地层情况。否则,易使墙体变形而失效。

抗滑挡土墙因其受力条件、材料和结构不同而有多种类型,一般多采用重力式抗滑挡土墙,为了增强墙的稳定性和增大抗滑力,常在墙背设置平台,将基底做成逆坡或锯齿状,如图 7-26 所示。

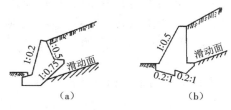

图 7-26　抗滑挡土墙

抗滑挡土墙与一般挡土墙的主要区别在于所承受的土压力的大小、方向、分布和作用点不同。抗滑挡土墙所承受的土压力,是按滑坡推力计算确定的,计算方法参考有关资料。

抗滑桩:抗滑桩是一种用桩的支撑作用稳定滑坡的有效抗滑措施。一般适用于非塑体浅层和中厚层滑坡前缘。如与用重力式支挡建筑物圬工量过大,施工困难相比,则抗滑桩设置位置灵活,可以分散使用,省时省料,破坏滑体很少,便于施工,易于抢成,并能立即产生抗滑作用。在国内外整治滑坡的工程中,已逐步推广使用。

抗滑桩按制作材料分,有混凝土桩、钢筋混凝土桩及钢桩;按断面形式分,有圆桩、管桩、方桩及 H 形桩;按布置形式分,有间隔式、密排式、单排式及多排式(见图 7-27);按施工方法分,有打入桩、钻孔桩、挖孔桩等。

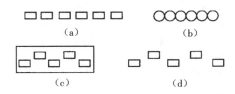

图 7-27　抗滑桩的平面布置和形式
(a)单排间隔式;(b)单排密排式;
(c)多排密排式;(d)多排间隔式

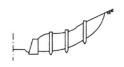

图 7-28　抗滑桩示意图

对于浅层滑坡或路基边坡滑坡,可用混凝土桩或混凝土钻孔桩(见图 7-28),使滑体稳定。对于岩层整体性强、滑动面明确的浅层或中厚层滑坡,当修建抗滑挡土墙圬工量大,或因开挖坡脚易引起滑动时,可在滑坡前缘设置混凝土或钢筋混凝土钻孔桩。对于推力较大的大型滑坡,可采用大截面的挖孔桩,采用分排间隔设桩或与轻型抗滑挡土墙结合的形式,以分散滑坡推力,减小每级抗滑建筑物的圬工体积。抗滑桩设计计算参考有关资料。

锚杆(索)锚固:锚固是通过锚杆(索)把斜坡上被软弱结构面切割的板状岩体组成一稳定的结合体,并利用锚杆与岩体密贴所产生的摩阻抗力来阻止岩块向下滑移的一种拦挡措施。对一些顺层滑坡,在坡脚开挖,可能牵引斜坡上部产生多级滑坍,难于清理。如事先采用锚杆加固可以阻止斜坡岩层产生滑动。

③ 改善滑动面(带)的岩土性质。

如焙烧、电渗排水、压浆及化学加固等以直接稳定滑坡。

此外,还可针对某些影响滑坡滑动的因素进行整治,如为了防止流水对滑坡前缘的冲刷,可设置护坡、护堤、石笼及拦水坝等防护和导流工程。

(4) 滑坡防治工程实例——延吉—图们高速公路中里滑坡综合整治

① 工程概况。

中里滑坡西距吉林省延吉市约 50 km,东距图们市约 11 km。滑坡区原地貌为一山脊,与河谷相对高差约 50 m,因延图高速公路修建,将原山脊拦腰切断,形成高 35 m 的路堑边坡,引发南侧山体产生滑坡,又因削坡不当,导致滑坡体范围扩大,酿成山体滑坡。

中里滑坡总体由南向北滑动,平面分布如图 7-29 所示。滑体北部(前部)边缘靠近路基,滑体后部以 F3 张扭性断层为界,东西两侧则以因滑坡滑动而形成的侧翼拉

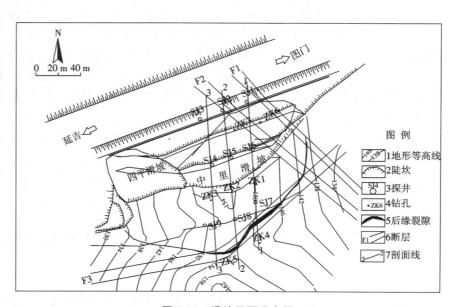

图 7-29 滑坡平面分布图

张和剪切裂缝为界,滑体平面总面积约为 1.7 万平方米,南北长约 125 m,东西宽约 135 m,滑体总体积约 25 万立方米,滑体最厚处达 25 m。主滑动带(面)为一厚约 0.5～0.6 m 的泥化页岩层,最大埋深 25 m,最低标高比公路路基顶面标高高出 2.0 m。

滑坡体岩体结构:滑坡岩体为二叠系凝灰质砂岩,其间夹有泥化页岩层,整体呈层状结构,但由于本区受华力西晚期多次构造运动影响,岩体内至少有两组特别发育的构造节理,连同岩层层面、花岗岩脉共同将岩体切割成块状。

② 滑坡的综合治理方案。

针对中里滑坡体,在进行了详细工程勘察的基础上,借鉴初次削方后造成向上牵引更大体积岩体产生滑坡的情况,考虑如再次大规模削方、清方,仍有可能引发更大规模的向上牵引滑坡,同时考虑经济因素及延图高速公路进展情况,本着一次根治不留后患的原则,滑坡治理主体措施采用了 2 m×3 m 矩形人工挖孔灌注的钢筋混凝土抗滑桩,其中主滑坡体 20 根,侧翼滑坡体 7 根,桩顶基本与地表齐平,底部延伸至滑面以下,整体布置如图 7-30 所示(抗滑桩平面布置图)。

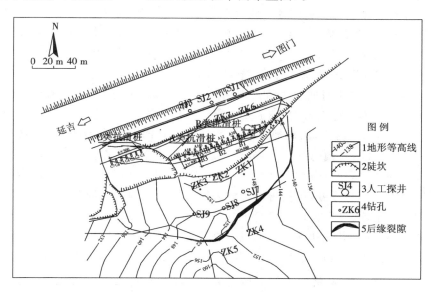

图 7-30　抗滑桩平面位置示意图

在采用抗滑桩方案的同时,辅以结合路堑边坡挡墙的局部加宽工程、少量削方工程、地表排水工程、坡面整形及坡体裂隙封闭工程等措施。

挡墙局部加宽工程旨在抵抗抗滑桩下面滑坡体滑动,以防危害公路安全,同时保护抗滑桩发挥作用,避免使抗滑桩因下面滑体滑动而成为悬臂桩,从而减弱其抗滑作用。少量削方工程的目的,是减小滑体对桩或挡墙的作用力,同时适当降低桩的工程造价,二是配合有利于地表排水的坡面整形工程。其他三项工程措施都旨在防止或减少降雨、地表流水渗入滑坡体内,以免增加滑体重量、减小各级滑面的黏聚力和内摩擦角,不利于滑体稳定。

③ 工程滑坡整治效果。

该滑坡综合整治工程于 2000 年 8 月初竣工,治理后,路堑边坡稳定,抗滑桩中预埋的应力、应变位移监测装置,监测结果理想,主体治理措施工程现状良好,很好地达到了预期效果。

7.4 泥石流

泥石流是一种突然暴发的含有大量泥砂、石块等固、液体两相混合介质的特殊洪流,呈黏性层流或稀性紊流的运动状态。它主要发生在地质不良,地形陡峻的山区及山前区。由于泥石流含有大量的固体物质,突然暴发,持续时间短,侵蚀、搬运和沉积过程异常迅速,比一般洪水具有更大的能量,能在很短的时间内冲出数万至数百万立方米的固体物质,将数十至数百吨的巨石冲出山外。泥石流可以摧毁房屋村镇,淹没农田,堵塞河道,给山区交通和工农业建设造成严重危害。

泥石流对公路、铁路、村镇建筑物的危害是多方面的,主要通过堵塞、淤埋、冲刷和撞击等方式,其对路基、桥涵及其附属构造物与建筑物等产生直接危害,同时也经常由于堆积物压缩和堵塞河道,使水位壅升,淹没上游沿河路基,或者迫使主河槽的流向发生变化,冲刷对岸路基,造成间接水毁。

2010 年 8 月,甘肃舟曲发生特大山洪泥石流,造成极大的生命与财产损失,已成为新中国历史上影响范围最大、造成伤亡最惨重的一次泥石流灾害。灾情简介如下:2010 年 8 月 7 日 23 时许,汶川地震重灾区甘肃省甘南藏族自治州舟曲县城东北部山区突降特大暴雨,暴雨持续 40 多分钟,最大降雨量达 90 多毫米,暴雨引发县城北山的三眼峪和罗家峪两条沟系内发生特大山洪泥石流(属黏性泥石流),泥石流冲出沟口固体物质约 180 万方,包括舟曲县城关镇月圆村在内的宽约 500 m、长约 5 公里的区域被夷为平地,三个村庄约 300 户人家被泥石流掩埋,冲毁大小楼房 20 余栋。泥石流涌入白龙江(嘉陵江支流),形成堰塞湖。堰塞湖使县城南北滨河路被淹,江水高出河堤 3 m 左右。县城沿江建筑一层均被掩埋,北山一带及学校等场地积水和泥沙厚度达 2～3 m。泥石流灾害使县城受灾区域的近半数房屋建筑受损,白龙江城区段两岸大部分楼房和平房严重受浸,部分房屋倾斜。此次灾害造成舟曲县 2 个乡(镇)5 万多人受灾,约 127 人死亡,1294 人失踪。

典型的泥石流流域,一般可以分为形成、流通和堆积三个动态区,如图 7-31 所示。

①形成区。位于流域上游,包括汇水动力区和固体物质供给区。多为高山环抱的山间小盆地,山坡陡峻,沟床下切,纵坡较陡,有较大的汇水面积。

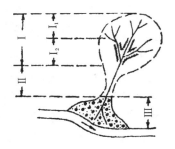

图 7-31　泥石流流域分区示意图
Ⅰ—形成区(Ⅰ₁—汇水动力区;Ⅰ₂—固体
物质供给区);Ⅱ—流通区;Ⅲ—堆积区

区内岩层破碎,风化严重,山坡不稳,植被稀少,水土流失严重,崩塌、滑坡发育,松散堆积物储量丰富。区内岩性及剥蚀强度,直接影响着泥石流的性质和规模。

②流通区。一般位于流域的中、下游地段,多为沟谷地形,沟壁陡峻,河床狭窄、纵坡大,多陡坎或跌水。

③堆积区。多在沟谷的出口处。地形开阔,纵坡平缓,泥石流至此多漫流扩散,流速减低,固体物质大量堆积,形成规模不同的堆积扇。

以上几个分区,仅对一般的泥石流流域而言,由于泥石流的类型不同,常难以明显区分,有的流通区伴有沉积,如山坡型泥石流其形成区就是流通区,有的泥石流往往直接排入河流而被带走,无明显的堆积层。

7.4.1　泥石流的形成条件及其发育特点

1) 泥石流的形成条件

泥石流的形成和发展,与流域的地质、地形地貌、水文、气象、植被自然条件有密切的关系,同时也受人类经济活动的深刻影响。

（1）地质条件

凡是泥石流发育的地方,都是岩性软弱,风化强烈,地质构造复杂,褶皱、断裂发育,新构造运动强烈,是地震频繁的地区。由于这些原因,导致岩层破碎,崩塌、滑坡等各种不良地质现象普遍发育,为形成泥石流提供了丰富的固体物质来源。我国的一些著名的泥石流沟群,如云南东川、四川西昌、甘肃武都和西藏东南部山区大都是沿着构造断裂带分布的。

（2）地貌地形条件

泥石流流域的地形特征,是山高谷深,地形陡峻,沟床纵坡大。完整的泥石流流域,它的上游多是三面环山,一面出口的漏斗状圈谷。这样的地形地貌既利于储积来自周围山坡的固体物质,也有利于汇集坡面径流。

（3）水文、气象条件

水既是泥石流的组成部分之一,也是泥石流活动的基本动力和触发条件。降雨,特别是强度大的暴雨,在我国广大山区泥石流的形成中具有普遍的意义。我国降雨过程主要受东南和西南季风控制,多集中在 5 月至 10 月,在此期间,也是泥石流暴发频繁的季节。在高山冰川分布地区,冰川、积雪的急剧消融,往往能形成规模巨大的泥石流。此外,因湖的溃决而形成泥石流,在西藏东南部山区,也是屡见不鲜的。

（4）人类活动的影响

良好的植被,可以减弱剥蚀过程,延缓径流汇集,防止冲刷,保护坡面。在山区建设中,如果滥伐山林,使山坡失去保护,将导致泥石流逐渐形成,或促使已经退缩的泥石流又重新发展。如东川、西昌、武都等地的泥石流,其形成和发展都是与过去滥伐山林有着密切联系。此外,在山区建设中,由于矿山剥土、工程弃渣处理不当,也可导致发生泥石流。

综上所述,可以看出,形成泥石流有三个基本条件:① 流域内有丰富的固体物质补给来源;② 有陡峻的地形和较大的沟床纵坡;③ 流域的中、上游有强大的暴雨或冰雪强烈消融等形成的充沛水源。

2) 泥石流的发育特点

从上述形成泥石流的三个基本条件可以看出,泥石流的发育,具有区域性和间歇性(周期性)的特点。不是所有的山区都会发生泥石流,即使有,也并非年年暴发。

由于水文、气象、地形地貌、地质条件的分布有区域性的规律,因此,泥石流的发育,也具有区域性的特点。如前所述,我国的泥石流,多分布于大断裂发育、地震活动强烈或高山积雪、有冰川分布的山区。

由于水文、气象具有周期性变化的特点,同时泥石流流域内大量松散固体物质的再积累,也不是短期内所能完成的,因此,泥石流的发育,具有一定的间歇性。那些具有严重破坏力的大型泥石流,往往需几年、十几年甚至更长时间才发生一次。一般多发生在较长的干旱年头之后(积累了大量固体物质),出现集中而强度较大的暴雨年份(提供了充沛的水源)。如 1972 年川藏公路某段对岸山坡,两条沟谷先后爆发泥石流,堵断全天河,水位急涨,淹没公路,严重阻碍交通。据事后访问了解,此沟大约在一百年前曾发生过这样规模的泥石流。

7.4.2 泥石流的分类

泥石流的分类,目前尚不统一。这里根据泥石流的形成、发展和运动规律,结合防治措施的需要,介绍以下三种主要分类系统。

1) 按泥石流的固体物质组成分类

(1) 泥流

所含固体物质以黏土、粉土为主(占 80%～90%),仅有少量岩屑碎石,黏度大,呈不同稠度的泥浆状。主要分布于甘肃的天水、兰州及青海的西宁等黄土高原山区和黄河的各大支流、如渭河、湟水、洛河、泾河等地区。

(2) 泥石流

固体物质由黏土、粉土及石块、砂砾所组成。它是一种比较典型的泥石流类型。西藏波密地区、四川西昌地区、云南东川地区及甘肃武都地区的泥石流,大都属于此类。

(3) 水石流

固体物质主要是一些坚硬的石块、漂砾、岩屑及砂等,粉土和黏土含量很少,一般<10%,主要分布于石灰岩、石英岩、大理岩、白云岩、玄武岩及砂岩分布地区。如陕西华山、山西太行山、北京西山及辽东山地的泥石流多属此类。

2) 按泥石流的流体性质分类

(1) 黏性泥石流

黏性泥石流,也称结构型泥石流。其固体物质的体积含量一般约达 40%～

80％,其中黏土含量一般在 8％～15％左右,其密度多介于 1 700～2 100 kg/m³。固体物质和水混合组成黏稠的整体,作等速运动,具层流性质。在运动过程中,常发生断流,有明显阵流现象。阵流前锋常形成高大的"龙头",具有巨大的惯性力,冲淤作用强烈。流体到达堆积区后仍不扩散,固液两相不离析,堆积物一般具棱角,无分选性。堆积地形起伏不平,呈"舌状"或"岗状",仍保持运动时的结构特征,故又称结构型泥石流。

(2) 稀性泥石流

稀性泥石流,也称紊流型泥石流。其固体物质的体积含量一般小于 40％,粉土、黏土含量一般小于 6％,其密度多介于 1 300～1 700 kg/m³,搬运介质为浑水或稀泥浆,砂粒、石块在搬运介质中滚动或跃移前进,浑水或泥浆流速大于固体物质的运动速度,运动过程中发生垂直交换,具紊流性质,故又称紊流型泥石流。它在运动过程中,无阵流现象。停积后固液两相立即离析,堆积物呈扇形散流,有一定分选性,堆积地形较平坦。

3) 按泥石流流域的形态特征分类

(1) 标准型泥石流

具有明显的形成、流通、沉积三个区段。形成区多崩塌、滑坡等不良地质现象,地面坡度陡峻。流通区较稳定,沟谷断面多呈 V 形。沉积区一般均形成扇形地,沉积物棱角明显,破坏能力强,规模较大。

(2) 河谷型泥石流

流域呈狭长形,形成区分散在河谷的中、上游。固体物质补给远离堆积区,沿河谷既有堆积亦有冲刷。沉积物棱角不明显。破坏能力较强,周期较长,规模较大。

(3) 山坡型泥石流

沟小流短,沟坡与山坡基本一致,没有明显的流通区,形成区直接与堆积区相连。洪积扇坡陡而小,沉积物棱角尖锐、明显,大颗粒滚落扇脚。冲击力大,淤积速度较快,但规模较小。

7.4.3 泥石流的防治

1) 泥石流勘察要点

在勘察时,应通过调查和访问,查明泥石流的类型、规模、活动规律、危害程度、形成条件和发展趋势等,作为路线布局和选择通过方案的依据。并收集工程设计所需要的流速与流量等方面的资料。

发生过泥石流的沟谷,常遗留有泥石流运动的痕迹。如离河较远,不受河水冲刷,则在沟口沉积区都发育有不同规模的洪积扇或洪积锥,扇上堆积有新沉积的泥石物质,有的还沉积有表面嵌有角砾、碎石的泥球,在通过区,往往由于沟槽窄,经泥石流的强烈挤压和摩擦,沟壁常遗留有泥痕,擦痕及冲撞的痕迹。

在有些地区,虽然未曾发生过泥石流,但存在形成泥石流的条件,在某些异常因素(如大地震、特大暴雨等)的作用下,有可能促使泥石流的突然暴发,对此,在勘察时应特别予以注意。

2) 泥石流的防治原则(此处主要针对公路与铁路)

① 路线跨越泥石流沟时,首先应考虑从流通区或沟床比较稳定、冲淤变化不大的堆积扇顶部用桥跨越。这种方案可能存在以下问题:平面线型较差,纵坡起伏较大,沟口两侧路堑边坡容易发生崩塌,滑坡等病害。因此,应注意比较。还应注意目前的流通区有无转化为堆积区的趋势。

② 当河谷比较开阔,泥石流沟距大河较远时,路线可以考虑走堆积扇的外缘。这种方案线型一般比较舒顺,纵坡也比较平缓,但可能存在以下问题:堆积扇逐年向下延伸,淤埋路基,河床摆动,路基有遭受水毁的威胁。

③ 对泥石流分布较集中,规模较大,发生频繁、危害严重的地段,应通过经济和技术比较,在有条件的情况下,可以采取跨河绕道走对岸的方案或其他绕避方案(见图 7-32)。

④ 如泥石流流量不大,在全面考虑的基础上,路线也可以在堆积扇中部以桥隧或过水路面通过。采用桥隧时,应充分考虑两端路基的安全措施。这种方案往往很难彻底克服排导沟的逐年淤积问题。

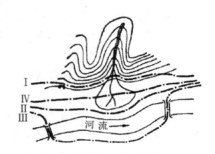

图 7-32 道路通过泥石流地段的
几种方案示意

Ⅰ—从堆积扇顶部通过;

Ⅱ—从堆积扇外缘通过;

Ⅲ—跨河绕越通过;Ⅳ—从堆积扇中部通过

⑤ 通过散流发育并有相当固定沟槽的宽大堆积扇时,宜按天然沟床分散设桥,不宜改沟归并。如堆积扇比较窄小,散流不明显,则可集中设桥,一桥跨过。

⑥ 在处于活动阶段的泥石流堆积扇上,一般不宜采用路堑。路堤设计应考虑泥石流的淤积速度及道路使用年限,慎重确定路基标高。

3) 泥石流的防治措施

泥石流有不同的特点,相应的治理措施也应有所不同。目前常用的泥石流防治措施主要有以下两个方面。

(1) 生物措施

泥石流防治的生物措施包括恢复植被和合理耕牧。一般采用乔、灌、草等植物进行科学种植,充分发挥其滞留降水、保持水土、调节径流等功能,从而达到预防和制止泥石流发生或减小泥石流规模、减轻其危害程度的目的。生物措施包括林业措施、农业措施和牧业措施等,通常要在同一流域内随地形、坡度、土层厚度及其他条件的不同而因地制宜地进行具体布置。

还应注意,在一些滑坡、崩塌等重力侵蚀现象严重的地段,单独依靠生物措施不能解决问题,还需与工程措施相结合才能产生明显的防治效果。

（2）工程措施

泥石流防治的工程措施是在泥石流的形成、流通、堆积区内,相应采取蓄水、引水工程,拦挡、支护工程,排导、引渡工程,停淤工程及改土护坡工程等措施,以控制泥石流的发生和危害。

①防护工程:针对泥石流地区的桥梁、隧道、路基、泥石流集中的山区变迁型河流的沿河线路或其他重要工程设施,采用护坡、挡墙、顺坝和丁坝等措施,作一定的防护,用以抵御或消除泥石流对主体建筑物的冲刷、冲击、侧蚀和淤埋等危害。

②排导工程:其目的是改善泥石流流势,增大桥梁等建筑物的泄洪能力,使泥石流按设计意图顺利排泄。泥石流排导工程包括导流堤、急流槽和束流堤三种类型。

③拦挡工程:拦挡工程是用以控制组成泥石流的固体物质和雨洪径流,削弱泥石流的流量、下泄总量和能量,减少泥石流对下游建设工程的冲刷、撞击和淤积等危害的工程设施。拦挡工程包括拦碴坝、储淤场、支挡工程、截洪工程四类。

④此外,在泥石流地区,一些工程设施还可以采取下列两种措施防御泥石流的危害。

跨越工程:跨越工程是指修建桥梁、涵洞等。

穿过工程:穿过工程是指修建隧道、明洞等,从泥石流下方穿过,泥石流在其上方排泄。

7.5 岩溶

石灰岩等可溶性的岩层,由于具有腐蚀性和腐蚀能力的流水的长期化学作用和机械作用,以及由这些作用所产生的特殊地貌形态和水文地质现象等,统称为岩溶。

岩溶亦名喀斯特。喀斯特原为南斯拉夫一个石灰岩高地的名称,因岩溶发育,这个地名就成了代表岩溶现象的名词。

我国西南、中南地区岩溶现象分布比较普遍。其中桂、黔、滇、川东、鄂西、湘西、粤北连成一片,面积达五十六万平方公里。

7.5.1 岩溶的形态及发育规律

1）岩溶的主要形态

岩溶的形态类型很多,如图 7-33 所示,有石芽、石林、溶沟、漏斗、溶蚀洼地、坡立谷和溶蚀平原、溶蚀残丘、孤峰和峰林、槽谷、落水洞、竖井、溶洞、暗河、天生桥、岩溶湖、岩溶泉及土洞等。与工程有密切关系的岩溶形态主要有以下几种。

（1）溶沟（溶槽）

地表水沿可溶性岩石的裂隙溶隙和机械侵蚀所形成的。

（2）石芽

溶沟之间残留的脊和"笋状"的石柱。

（3）漏斗

由地表水的溶蚀和侵蚀作用并伴随塌陷作用而在地表形成的漏斗状形态，直径和深度一般由数米至数十米，是最常见的地表岩溶形态之一。

（4）溶蚀洼地

由许多相邻的漏斗不断扩大汇合而成。平面上呈圆形或椭圆形，直径由数百米至一、二千米。溶蚀洼地周围常有溶蚀残丘、峰丛、峰林，底部常有漏斗和落水洞。

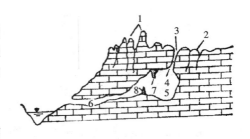

图 7-33　岩溶形态示意图
1—石林、石芽；2—溶沟；3—漏斗；4—落水洞；
5—溶洞；6—暗河；7—钟乳石；8—石笋

（5）坡立谷和溶蚀平原

坡立谷是一种大型的封闭洼地，宽数百米至数公里，长数百米至数十公里，四周山坡陡峻，谷底宽平，覆盖溶蚀残余的黏性土，有时还有河流冲积层。坡立谷进一步发展，即形成宽广开阔的溶蚀平原。

（6）落水洞和竖井

落水洞和竖井都是地表通向地下深处的通道，下部多与溶洞或暗河相连，是岩层裂隙受流水溶蚀扩大或坍陷而成。常出现在漏斗、槽谷、溶蚀洼地和坡立谷的底部，或河床的边缘，呈串珠状分布。

（7）溶洞

溶洞是一种近于水平方向发育的岩溶形态。多由地下水对岩层的长期溶蚀和塌陷作用而形成，是早期岩溶水活动的通道。溶洞规模、形态变化很大，除少部分洞身比较顺直、断面比较规则外，多忽高忽低、忽宽忽窄、曲折较大，且多支洞。在溶洞内普遍分布有钟乳石、石笋、石柱等岩溶形态。

（8）暗河与天生桥

暗河是地下岩溶水汇集、排泄的主要通道，在岩溶发育地区，地下大部分都有暗河存在。其中部分暗河常与地面的槽谷伴随存在，通过槽谷底部的一系列漏斗、落水洞使两者互相连通。因此，可以根据这些地表岩溶形态的分布位置，概略地判断暗河的发展方向。

溶洞或暗河洞道塌陷，在局部地段有时会形成横跨水流的天生桥。

（9）土洞

在坡立谷和溶蚀平原内，可溶性岩层常为第四纪土层所覆盖。由于地下水位降低或水动力条件改变，在直空吸蚀以及淋滤、潜蚀、搬运作用下，使上部土层下陷、流失或坍塌，形成大小不一、形状不同的土洞。

2）岩溶的发育条件及影响因素

岩石的可溶性与透水性、水的溶蚀性与流动性是岩溶发生和发展的四个基本条件。此外，岩溶的发育与岩性、构造、地下水、新构造运动及地形、气候、植被等因素有关。

可溶性岩石主要有：石灰岩、白云岩、石膏、岩盐等。由于它们的成分和结构不同，所以其溶解性能也不同。石灰岩、白云岩等是碳酸盐类的岩石，溶解度小，溶蚀速度也慢；石膏等是硫酸盐类的矿物，它的溶蚀速度较快；而溶蚀速度最快的是氯化物的岩盐。但由于石灰岩、白云岩等碳酸盐类岩石分布比较广泛，尽管它们溶蚀速度慢，经长期溶蚀，在漫长的地质年代中也将产生十分显著的结果。所以，石灰岩地区的岩溶现象是我们研究的主要对象。实践证明，质纯的厚层石灰岩要比含有泥质、炭质、硅质等杂质的薄层灰岩溶蚀速度要快，而且岩溶形态的规模也大，由官厅水库附近石灰岩的试验结果表明，含杂质的石灰岩其溶解速度约为纯质的石灰岩溶解速度的 0.44 倍左右。

岩石的透水性，主要取决于岩体的裂隙性和孔隙度。特别是裂隙性对岩体的透水性起着主要的作用，所以，岩体中断裂系统的发育程度和分布情况，对岩溶的发育程度和分布规律经常起着控制作用。一般在断层破碎带、背斜轴部或近轴部的地段，岩溶比较发育，原因就在这里。

水的溶蚀性，主要取决于水中侵蚀性 CO_2 的含量。当水中 CO_2 的含量过多时，则会大大增强对石灰岩的溶解速度。此外，如有机酸和无机酸也可对碳酸盐类的岩石产生溶蚀作用。而湿热的气候条件（主要是温度）则有利于溶蚀作用的进行。

水的流动性，取决于岩体中水的循环条件，它与地下水的补给、渗流及排泄直接相关。

地下水的主要补给来源是大气降水，故降雨量大的地区，由于水源补给充沛，岩溶就容易发育。

岩体中裂隙的形态、规模、数量以及连通情况，是决定地下水渗流条件的主要方面，它控制着地下水流的比降、流速、流量、流向等一系列水文地质因素。此外，如地形坡度、覆盖层的性质和厚度等对水的渗透情况也有一定的影响。地形平缓，地表径流差，渗入地下的水量就多，因此岩溶就易于发育。覆盖层为不透水的黏土或亚黏土所组成且厚度较大时，则会直接影响大气降水下渗，所以在覆盖层分布较厚的地带，岩溶发育程度即相对减弱。

水文网的切割程度，决定着地下水的排泄条件。水文网切割强烈，地下水排泄畅通，岩溶就发育。因此，在岩溶地区有深切峡谷或侵蚀沟谷时，河流经常成为岩溶水的排泄基准面，基准面以下岩溶的发育程度一般相对减弱。新构造运动的性质和强度，对水文网的切割程度和侵蚀基准面的升降有明显的影响，因而也影响着岩溶的发育。上升运动使侵蚀基准面相对下降，会引起地下水垂直循环的加强，岩溶就强烈发育，下降运动则使它减弱，甚至停止发展。

3）岩溶的发育与分布规律

（1）在水平方向上

岩溶的发育强度取决于地下水的交替强度。在同一地区，哪里的地下水交替强度大,哪里的岩溶就更发育。由于地下水交替强度通常是从河谷向分水岭核部逐渐变弱,因此形成岩溶发育程度也有由河谷向分水岭核部逐渐减弱的现象。但是这种现象,在一些特殊条件的影响下,也可能遭到破坏。有断层破碎带存在,将是水流的良好通道,因而形成岩溶显著发育的地段,又如,可溶岩与非可溶岩或某些金属矿床(如黄铁矿)的接触带,有利于水的活动或增强其侵蚀性,因而将导致这些地段的岩溶显著发育。

（2）在垂直方向上

由于岩层裂隙随着深度增加而逐渐减少,地下水运动也相应减弱,因而岩溶的发育一般是随深度增加而减弱。

在地表,主要受降水及地表径流的影响,广泛发育有石芽、溶沟、溶槽等地表岩溶形态。在岩溶地块中,水的运动状况具有明显的垂直分带性,从而决定了地下岩溶的发育强度和形态分布的某些规律性。地下岩溶水的运动状况大致可分为以下四个带(见图7-34)。

图 7-34　岩溶水的垂直分带
Ⅰ—垂直循环带;Ⅱ—过渡循环带;
Ⅲ—水平循环带;Ⅳ—深部循环带

① 垂直循环带(充气带)。

位于地面以下、潜水面之上,平时无水,当降雨时地表水沿裂隙向下渗流,主要形成竖向的岩溶形态,如漏斗、落水洞和竖井等。

② 过渡循环带(季节变动带)。

位于上述两带之间,潜水面随季节而升降。雨季潜水面升高,此带即变为水平循环带的一部分,旱季潜水面下降,此带又变为垂直循环带的一部分,是两者之间的一个过渡带。所以,此带既发育有竖向的岩溶形态,也发育有水平的岩溶形态。由于岩层裂隙随深度增加而逐渐减少,因而以水平岩溶形态为主。

③ 水平循环带(饱水带)。

位于潜水面以下,为主要排水通道控制的饱和水层。在此带中岩溶水是常年存在的,水的运动主要沿水平方向进行,所以它是地下岩溶形态主要发育地带,并广泛发育水平溶洞、地下河、地下湖及其他大型水平延伸的岩溶形态。

④ 深部循环带(滞流带)。

在水平循环带之下,岩溶化的岩层也是饱和的,但因位于深部,地下水运动很缓慢,所以,这一带的岩溶作用是很微弱的。

掌握岩溶的发育、分布规律,对在岩溶地区进行工程的选线、选址,如公路与铁路选线、桥位和隧道位置选择、建筑物选址等,有重要的现实意义。如某公路,沿石灰岩峡谷设线,行至石灰岩与砂页岩接触带,根据上述规律,可以预见该带岩溶必然发育强烈,故及早提坡改走山脊线,避开了岩溶强烈发育地带,保证了路基稳定。又如某大桥 9 号墩,原估计可能有大溶洞存在,设计了钻孔桩基础,后经详细调查,分析此墩位于薄层泥质灰岩层上,不致形成大溶洞,因而改用明挖,为多、快、好、省地建桥作出了贡献。反面实例如某隧道,由于事先未对该区岩溶分布情况作充分的调查研究,施工掘进已达 300 m,发现一长约 102 m,宽 90 m 的大溶洞,洞顶高出坡肩约 60 m,洞底最深处在路肩下约 72 m,处理极为困难,结果被迫废弃。

7.5.2 岩溶发育地区的工程地质问题

岩溶发育地区进行工程修筑时的主要工程地质问题有:① 由于地下岩溶水的活动,或因地面水的消水洞穴被阻塞,导致路基基底冒水、水淹路基、水冲路基以及隧道涌水等;② 由于地下洞穴顶板的坍塌,引起位于其上的房屋、公路或铁路路基及其附属构造物发生坍陷、下沉或开裂;③ 如何正确地利用天生桥以跨越地表河流,利用暗河、溶洞以扩建隧道等岩溶形态的改造利用问题。

因此,在岩溶地区进行工程建设,应深刻了解岩溶发育的程度和岩溶形态的空间分布规律,以便充分利用某些可以利用的岩溶形态,避让或防治岩溶病害对建筑物地基路线布局和路基稳定造成的不良影响。

1)溶洞对地基稳定性的影响

溶洞地基稳定性必须考虑如下三个问题。

(1)溶洞分布密度和发育情况

一般认为,如果溶洞分布密度很密,并且溶洞的发育处在地下水交替最积极的循环带内,洞径较大,顶板薄,并且裂隙发育,此地不宜选择为建筑场地或地基。若该场地虽有溶洞,但溶洞是早期形成的,已被第四纪沉积物所充填,并证实目前这些洞已不再活动,则可根据洞的顶板承压性能,决定可否将其作为地基。此外,石膏或岩盐溶洞地区不宜选择作为天然地基。

(2)溶洞的埋深对地基稳定性影响

一般认为,溶洞如埋置很浅,则溶洞的顶板可能不稳定,甚至会发生地表塌落。如若洞顶板厚度 H 大于溶洞最大宽度 b 的 1.5 倍时,而同时溶洞顶板岩石比较完整、裂隙较少、岩石也较坚硬,则该溶洞顶板作为一般地基是安全的。如若溶洞顶板岩石裂隙较多,岩石较为破碎,当上覆岩层的厚度 H 大于溶洞最大宽度 b 的三倍时,则溶洞的埋深是安全的。上述评定是一般建(构)筑物的地基而言,不适用于重大建(构)筑物和振动基础。对于这些地质条件和特殊建筑物基础所必需的稳定溶洞顶板的厚度,须进行地质分析和力学验算,以确定顶板的稳定性。

(3)抽水对溶洞顶板稳定的影响

一般认为,在有溶洞的场地,特别是有大片土洞存在,如果抽取地下水,由于地下水位大幅度下降,使保持多年的水位均衡遭到破坏,大大减弱了地下水对土层的浮托力,并加大了地下水的循环,动水压力会破坏一些土洞顶板的平衡,引起一些土洞顶板的破坏和地表塌陷,从而影响溶洞顶板的稳定性,危及地面建筑物的安全。

2) 溶洞顶板安全厚度的验算

至于溶洞顶板安全厚度的验算,目前尚无一个满意的方法,还有待于进一步研究。下面介绍几种目前已有的算法。

图 7-35

(1) 利用顶板坍塌物填塞溶洞估算顶板安全厚度(见图 7-35)

该方法认为洞顶坍塌后,塌落体体积会增大,当塌落到一定高度时,洞体就自行填满,无需再考虑其对地基的影响。塌落高度再加适当的安全系数便为顶板安全厚度。

设溶洞体积为 V_0,发生的坍塌体积为 V,岩石的胀余系数(即坍塌体的膨胀系数)为 k(一般石灰岩 k 值为 1.2)。按上述假定可得

$$V \cdot k = V_0 + V \tag{7-4}$$

$$V = V_0 / (k-1) \tag{7-5}$$

如溶洞断面接近矩形,则得顶板塌落高度为

$$H = H_0 / (k-1) \tag{7-6}$$

这个方法,适用于顶板岩层风化严重、裂隙发育,有坍塌可能的溶洞。

(2) 按梁板受力情况估算顶板安全厚度

当溶洞顶板和支座岩层比较完整,层理又较厚,强度较高,洞跨较大,弯矩是主要控制条件时,可按梁板受力情况计算。

设溶洞宽度为 L,溶洞顶板所受总荷重(包括自重和附加荷载)为 q,梁板宽度为 b。

根据抗弯验算:

$$6M/bH^2 \leqslant [\delta] \tag{7-7}$$

所以

$$H \geqslant \{6M/b[\delta]\}^{1/2} \tag{7-8}$$

式中　$[\delta]$——岩体的允许抗弯强度(石灰岩一般为其允许抗压强度的 $1/8$);

　　M——弯矩。

当顶板跨中有裂缝,两端支座处岩石坚固完整时,按悬臂梁计算:

$$M = 1/2 \cdot qL^2 \tag{7-9}$$

当顶板一支座处有裂缝,而顶板其他地方完整,按简支梁计算:

$$M = 1/8 \cdot qL^2 \tag{7-10}$$

当顶板岩层完整,按两端固定梁计算

$$M = 1/12 \cdot qL^2 \tag{7-11}$$

所得 H 再加适当的安全系数,便为顶板的安全厚度。

(3) 利用剪切概念估算顶板安全厚度

当溶洞顶板岩层完整、层理较厚,强度较高,但洞跨较小,剪力是主要控制

时,可按顶板受剪计算,如图 7-36 所示。

设路基或桥基范围内的溶洞顶板总荷重(包括自重和附加荷载)为 q,该范围内的顶板抗剪力为 T。

根据极限平衡条件

$q-T=0$,而 $T=\tau \cdot H \cdot L$

所以顶板厚度

$$H=q/\tau \cdot L \qquad (7\text{-}12)$$

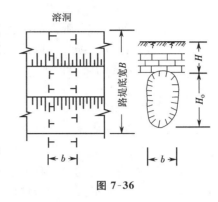

溶洞

图 7-36

式中　τ ——岩体的允许抗剪强度,石灰岩一般为其允许抗压强度的 1/12;

　　　L ——溶洞的平面周长,如图 7-35 所示。

$$L=2(H_0+b) \qquad (7\text{-}13)$$

所得 H 再加适当的安全系数,即为顶板的安全厚度。

3) 岩溶的工程处理

在大量的路桥与房屋建筑工程实践中,积累了许多处理岩溶的宝贵经验。这些经验可大体概括为疏导、跨越、加固、堵塞与钻孔充气、恢复水位等。

①疏导。对岩溶水宜疏不宜堵。一般可用明沟、泄水洞等加以疏导。

②跨越。桥涵等建筑物跨越流量较大的溶洞、暗河。

③加固。为防止溶洞塌陷和处理由于岩溶水引起的病害,常采用加固的方法。如洞径大,洞内施工条件好,可用浆砌片石支墙加固;如洞深较小,不便洞内加固时,可用大块石或钢筋混凝土板加固,或炸开顶板,挖去填充物,换以碎石等换土加固,利用溶洞,暗河作隧道时,可用衬砌加固等。

④堵塞。对基本停止发展的干涸溶洞,一般以堵塞为宜。对埋藏较深的溶洞,一般可通过钻孔向洞内灌注水泥砂浆或混凝土等加以堵填。

⑤钻孔充气。这是为克服真空吸蚀作用所引起的地面塌陷的一种措施。通过钻孔,可消除岩溶在封闭条件下所形成的真空腔的作用。

⑥恢复水位。这是从根本上消除因地下水位降低而造成地面塌陷的一种措施。

7.6　地震

地震是一种破坏性很强的自然灾害。据不完全统计,地壳上每年发生的地震有 500 万次以上,人们能感觉到的约 5 万次。其中,能造成破坏作用的约有 1 000 次,7 级以上的大地震会有十几次。

世界上已发生的最大地震震级为 8.9 级,如 1960 年 5 月 22 日发生在南美智利的地震。1976 年 7 月 28 日,我国河北省的唐山大地震的震级达 7.8 级;2008 年 5 月

12 日 14 时,四川汶川大地震的震级达 8.0 级;2011 年 3 月 11 日 13 时,日本东京以东洋面发生 9.0 级地震。强烈的地震会造成巨大的破坏,甚至毁灭性的灾害,使人民的生命财产遭到巨大的损失。因此,在工程活动中,必须考虑地震这个主要的环境地质因素,并采取必要的防震措施。

7.6.1 概述

1) 地震的基本概念

(1) 地震

地震是地壳快速震动的一种地质作用,是地壳运动的一种表现形式。地壳的震动是以弹性地震波的形式进行传播的,地震发生在地球内部,有深有浅。

(2) 震源、震中和震域

地壳或地幔中发生地震的地方称为震源。震源在地面上的垂直投影称为震中。震中可以看作地面上振动的中心,震中附近地面振动最大,远离震中地面振动减弱。震源与地面的垂直距离称为震源深度。地面上任何一点到震中的直线距离称为震中距。从震源传出的地震波,在地表面所能波及的

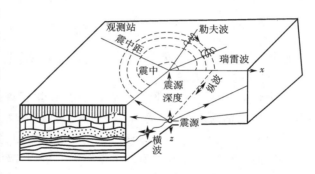

图 7-37 地震名词及地震波

区域称为震域。在强烈地震的震中附近,受破坏最严重的区域称为极震区,如图7-37所示。

(3) 地震波

地震引起的振动以弹性波的形式从震源向各个方向传播,称为地震波。地震波按波动位置和形式可分为体波和面波两种。

① 体波。

体波是一种通过地球体内传播的地震波,可以分为纵波(P 波)和横波(S 波)。纵波的质点震动方向与震波前进方向一致,振动的摧毁力较小。横波的质点振动方向垂直于波的传播方向,振动摧毁力较强。

② 面波。

面波是一种沿地表面传播的地震波。面波的传播速度最小,但振幅大,故对地面建筑物的破坏最大。面波又可分为瑞雷波(R 波)和勒夫波(Q 波)。瑞雷波在地面上是以滚动的形式传播的,而勒夫波在地面上则是呈蛇形运动形式传递。

纵波的传播速度最快,其次是横波,最慢的是勒夫波和瑞雷波。

(4) 地震的分布

地震在全球的分布是不均匀的,地震多的地方称地震区。地震区的震中常呈带状分布,也叫地震带。地震带的划分尚无公认的标准。

全球有三个地震带:环太平洋地震带、欧亚地震带(也称阿尔卑斯地震带)和沿各大洋的海岭地震带。这是全球地震的大环境。中国介于前两个地震带之间,所以是一个多地震的国家。中国的破坏性地震多集中在一定的狭窄地带,按地震活动性和地质构造特征,可划分为 23 个强震活动带,如图 7-38 所示。

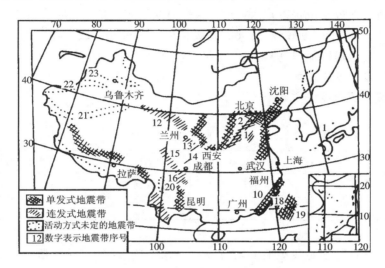

图 7-38　中国地震活动带的分布图

单发式地震带:1 郯城、庐江带;2 燕山带;3 山西带;4 渭河平原带;5 银川带;6 六盘
山带;7 滇东带;8 西藏察隅带;9 西藏中部带;10 东南沿海带

连发式地震带:11 河北平原带;12 河西走廊带;13 天水—兰州带;14 武都—马边
带;15 康定—甘孜带;16 安宁河谷带;17 腾冲—澜沧带;18 台湾西
部带;19 台湾东部带

活动方式未定的地震带:20 滇西带;21 塔里木南缘带;22 南山带;23 北天山带

2) 地震的类型

(1) 按成因分类

地震按成因可分为四种类型。

① 构造地震。

构造地震是由地壳运动所引起的地震。一般认为,地壳运动是长期的、缓慢的,一旦地壳运动所积累的地应力超过了组成地壳的岩石极限强度时,岩石就要发生断裂而引起地震,也即在地应力逐渐积累到突然释放时才发生地震。构造地震是一种活动频繁、影响范围大、破坏性强的地震,世界上发生最多(90％以上)和最大的地震都属于构造地震。

② 火山地震。

火山地震是火山喷发时岩浆或气体对围岩的冲击所引起的地震。火山地震影响范围一般不大且为数较少,约占各类地震总数的 7% 左右。我国很少发生火山地震,它主要发生在南美和日本等地。

③ 陷落地震。

陷落地震是由地壳陷落所引起的地震。它多为石灰岩溶洞陷落造成,其数量少,影响小,仅占地震总数的 3% 左右。

④ 人工诱发地震。

人工诱发地震是由水库蓄水或地下大爆破所引起的地震。它多发生在水库或爆破点附近地区,震源深度较浅,最大的震级目前不超过 6.5 级。如广东新丰江水库,该水库蓄水后地震即加强,曾发生 6.1 级地震。

(2) 按震源深度分类

地震按震源深度分类如表 7-4 所示。

表 7-4　按震源深度分类

名　　称	震源深度/km	名　　称	震源深度/km
浅源地震	0~70	深源地震	>300
中源地震	70~300		

多数破坏性地震是浅源地震,它占地震总数的 72.5%。深度超过 100 km 的地震,在地面上一般不会引起灾害。

(3) 按震级大小分类

地震按震级大小分类如表 7-5 所示。一般认为 5 级以上的地震就已开始引起地面和建筑物程度不同的破坏,故也统称为破坏性地震。

表 7-5　按震级大小分类

名　　称	震级 M	名　　称	震级 M
大地震	$M \geqslant 7$	中地震或强震	$7 > M \geqslant 5$
小地震或有感地震	$5 > M \geqslant 2$	微震	$M < 2$

3) 典型地震—汶川地震成因分析

地震发生的实质是地壳岩体应力释放的结果。印度洋板块向亚欧板块俯冲,造成青藏高原快速隆升。高原物质向东缓慢流动,在高原东缘沿龙门山构造带向东挤压,遇到四川盆地之下刚性地块的顽强阻挡,造成构造应力能量的长期积累,最终在龙门山北川——映秀地区突然释放。四川汶川特大地震属逆冲、右旋、挤压型断层地震。它发生在地壳脆韧性转换带,震源深度为 10~20 千米,与地表近,持续时间较长,因此破坏性巨大,影响强烈。四川雅安地震也位于同样的龙门山构造带上。

7.6.2　地震震级与烈度

地震的震级和烈度是衡量一次震强度大小和某一地区振动强烈程度的两个尺度,它们既有联系又有区别。

1)地震震级

地震震级是指一次地震时,震源处释放能量的大小。它用符号 M 表示。震级是地震固有的属性,与所释放的地震能量有关,释放的能量越大,震级越大。一次地震所释放的能量是固定的,因此无论在任何地方测定都只有一个震级,其数值是根据地震仪记录的地震波图确定的。

1935 年,里希特给出震级的原始定义

$$M = \lg A \tag{7-14}$$

式中　A——标准地震仪(周期为 0.8 s,阻尼系数为 0.8,放大倍数为 2 800)在距震中 100 km 处记录的以 μm 为单位的最大水平地面位移(单振幅)。

我国使用的震级是国际上通用的里氏震级,将地震震级划为 10 个等级。震级与震源发出的总能量之间的关系是

$$\lg E = 11.8 + 1.5M \tag{7-15}$$

式中　E——其单位是尔格(erg),地震震级和能量的关系如表 7-6 所示。

表 7-6　地震震级能量表

震级 M	能量 $E/(10^{-7}\text{J})$[①]	震级 M	能量 $E/(10^{-7}\text{J})$[①]
1	2.0×10^{13}	6	6.3×10^{20}
2	6.3×10^{14}	7	2.0×10^{22}
3	2.0×10^{16}	8	6.3×10^{23}
4	6.3×10^{17}	8.5	3.6×10^{24}
5	2.0×10^{19}	8.9	1.4×10^{25}

注:按法定计量单位,$1\text{erg} = 10^{-7}\text{J}$

小于 2 级的地震,人们感觉不到,称为微震;2~4 级地震称为有感地震;5 级以上地震开始引起不同程度的破坏,统称为破坏性地震或强震;7 级以上的地震称为强烈地震或大地震。目前记录到的最大地震尚未有超出 8.9 级的,这是由于岩石强度不能积蓄超过 8.9 级的弹性应变能。

2)地震烈度

地震烈度是指地震时某一地区的地面及建筑物遭受影响的强弱程度。

地震烈度表主要是根据地震发生后,地面的宏观现象(如地面建筑物受破坏的程度、地震现象、人的感觉等)和定量指标两方面的标准划定的。目前通用的地震烈度表还是以宏观现象描述为主。除少数国家外,国际上普遍采用的是把地震烈度划分

为 12 度。我国也是采用 12 度划分法。地震烈度级别越小,震害越轻。

地震烈度和震级既有区别又有联系。对应于一次地震,表示地震大小的震级只有一个,然而由于同一次地震对不同地点的影响的不一样,因此,烈度各地不同。烈度不仅与震级有关,还和震源深度,震中距及地震波通过的介质条件(如地质构造、岩石性质、地下水埋深)等多种因素有关。一般情况下,震级越高,震源越浅,距震中越近,地震烈度越高。对于浅源地震,震级与震中烈度(I_0)大致有如下关系:

$$M= 0.58I_0+ 1.5 \tag{7-16}$$

震级与烈度虽然都是地震的强烈程度指标,但烈度对工程抗震来说具有更为密切的关系。在工程建筑抗震设计时,是以地震烈度作为强度验算与选择抗震措施的依据,经常用的地震烈度有基本烈度和设计烈度,此外,还有考虑场地条件影响的场地烈度。

(1) 基本烈度

基本烈度是指一个地区今后一定时期内,在一般场地条件下可能普遍遭遇的最大地震烈度(也叫区域烈度)。它是根据对一个地区的实地地震调查、地震历史记载、仪器记录并结合地质构造综合分析得出的。基本烈度提供的是地区内普遍遭遇的烈度。它所指的是一个较大范围的地区,而不是一个具体的工程建筑场地。

(2) 场地烈度

场地烈度是指根据场地条件如岩石性质、地形地貌、地质构造和水文地质调整后的烈度。

在同一个基本烈度地区,由于建筑场地的地质条件不同,往往在同一次地震作用下,地震烈度并不相同,因此,在进行工程抗震设计时,应该考虑场地条件对烈度的影响,对基本烈度作适当的提高或降低,使设计所采用的烈度更切合实际情况。如岩石地基一般较安全,烈度可比一般工程地基降低半度到一度;淤泥类土或饱水粉细砂较基岩烈度应提高 2~3 度等。

目前有不少人认为,地质条件对工程建筑的影响不能用简单的烈度调整来概括,因为它抹杀了工程结构特性,忽视了不同的建筑结构在不同地基有不同的反应等问题。较为合理的做法是尽量弄清这些因素的影响,并从工程场地的选择、结构措施和地基处理等方面综合考虑。

(3) 设防烈度

在场地烈度的基础上,根据建筑物的重要性,针对不同建筑物,将基本烈度予以调整,作为抗震设防的根据,这种烈度称为设防烈度,也叫设计烈度。永久性的重要建筑物需提高基本烈度作为设防烈度,并尽可能避免设在高烈度区,以确保工程安全。临时性和次要建筑物可比永久性建筑或重要建筑物低 1~2 度。

工程抗震设防的起始地震烈度一般为 7 度。

7.6.3　地震对工程建筑(构)物的破坏作用

1)地震力的破坏作用

地震使建筑物受到一种惯性力的作用,这种由地震波所直接产生的惯性力,通常称为地震力。如果建筑物经受不住这种地震力的作用,轻者开裂、变形,重者破坏。

由于水平振动对建筑物的影响最大,因而一般只考虑水平振动。但在震中区,竖向振动也是很重要的。某些大质量水坝、某些对竖向振动敏感的桥梁等也要考虑竖向振动的影响。

地震力的大小可按下式计算:

$$P = KQ \tag{7-17}$$

式中　P——作用在建筑物上的地震力;

K——地震系数,它是地震时地面最大加速度与重力加速度之比值;

Q——建筑物的重量。

地震时,地震加速度有水平和垂直两个方向,因而地震力也就有水平地震力和垂直地震力两个。

通过大量数据的总结,目前我国的地震烈度表上已列出各级烈度相应的地震最大加速度值,亦即总结出地面最大加速度与地震烈度的关系。其规律是:烈度每增加一度,最大地面加速度大致地也增加一倍,即地震系数增大一倍。一般情况下,地震系数取值可按表 7-7 执行。

表 7-7　地震系数 K

地震加速度方向	烈　　度			
	7	8	9	10
水平方向	0.075	0.15	0.30	0.60
垂直方向	0.038	0.075	0.15	0.30

上述的地震分析属于拟静力法,也称静力系数法,它是把建筑物作为刚性体在静荷载条件下求得的地震力。此法没有考虑地震时的建(构)筑物和地基的动力反应。一般认为,拟静力法对振动周期短的低层砖砌或混凝土建(构)筑物比较适用,而对震动周期长的高层或细长建(构)筑物,则宜按动力法考虑其动力反应。

2)地变形的破坏作用

地震时在地表产生的地变形主要有断裂错动、地裂缝与地倾斜等。

断裂错动是浅源断层地震发生断裂错动时在地面上的表现。1935 年四川叠溪地震,附近山上产生一条上下错动很明显的断层,构成悬崖绝壁。1970 年云南通海地震,出现一条长达 50 km 的断层。1976 年河北唐山地震,也有断裂错动现象,错断公路和桥梁,水平位移达一米多,垂直位移达几十厘米。

地裂缝是地震时常见的现象。按一定方向规则排列的构造型地裂缝多沿发震断层及其邻近地段分布。它们有的是由地下岩层受到挤压、扭曲、拉伸等作用发生断裂,直接露出地表形成;有的是由地下岩层的断裂错动影响到地表土层产生的裂缝。1973年四川炉霍地震,沿发震断层的主裂缝带长约90 km,带宽20~150 m,最大水平扭距3.6 m,最大垂直断距0.6 m,沿裂缝形成无数鼓包,清楚地说明它们是受挤压而产生的。裂缝通过处,地面建筑物全部倒光,山体开裂,崩塌、滑坡现象很多。1975年辽宁海城地震,位于地裂缝上的树木也被从根部劈开,显然,这是张力作用的结果。

地倾斜是指地震时地面出现的波状起伏。这种波状起伏是由面波造成的,不仅在大地震时可以看到它们,而且在震后往往有残余变形留在地表。1906年美国旧金山大地震,使街道严重破坏,变成波浪起伏的形状,就是地倾斜最显著的实例。这种地变形主要发生在黏性土、粉土、砂、砾、卵石等地层内,由于振幅很大、地面倾斜等原因,它们对建筑物有很大的破坏力。

由于出现在发震断层及其邻近地段的断裂错动和构造型地裂缝,是人力难以克服的,对工程的破坏无从防治,因此,对待它们只能采取两种办法:一是尽可能避开;二是不能避开时本着便于修复的原则设计,以便破坏后能及时修复。

3) 地震促使软弱地基变形、失效的破坏作用

软弱地基一般是指可触变的软弱黏性土地层以及可液化的饱和砂土地基。它们在强烈地震作用下,由于触变或液化,可使其承载力大大降低或完全消失,这种现象通常称为地基失效。软弱地基失效时,可发生很大的变位或流动,不但不支承建筑物,反而对建筑物的基础起推挤作用,因此会严重地破坏建筑物。除此之外,软弱地基在地震时容易产生不均匀沉陷,振动的周期长、振幅大,这些都会使其上的建筑物易遭破坏。

1964年日本新潟7.5级地震,一些修建在饱和含水的松散粉、细砂层地基上的钢筋混凝土楼房,在地震作用下,本身结构完好,并无损坏,但由于砂层液化,使地基失效,导致楼房躯体倾斜或下沉。1976年河北唐山7.8级地震,在震区南部的冲积平原和滨海平原地区,由于地下水埋藏浅(0~3 m),第四纪松散的粉细砂层被水饱和,地震时造成大面积砂层液化和喷水冒砂,在河流岸边、堤坝和路基两侧造成大量的液化滑坡。使路基和桥梁普遍遭到破坏,尤以桥梁的破坏最为严重。

鉴于软弱地基的抗震性能极差,修建在软弱地基上的建筑物震害普遍而且严重,因此,软弱黏性土层和可液化土层不宜直接用做路基和建(构)造物的地基,当无法避免时,应采取抗震措施。《公路工程抗震设计规范》(JTJ 004—1989)中除列有两种软弱地基的鉴定标准外,并根据国内外经验规定,修建于软弱地基上的公路工程的设防起点为7度。

4) 地震激发滑坡、崩塌、泥石流与海啸等次生灾害的破坏作用

强烈的地震作用能激发滑坡、崩塌与泥石流。如震前久雨,则更易发生。在山区,地震激发的滑坡、崩塌与泥石流所造成的灾害和损失,常常比地震本身所直接造成的还要严重。规模巨大的崩塌、滑坡、泥石流,可以摧毁道路和桥梁,掩埋居民点。峡谷内的崩塌、滑坡,可以阻河成湖,淹没道路和桥梁。一旦堆石溃决,洪水下泻,常可引起下游水灾。水库区发生大规模滑坡、崩塌时,不仅会使水位上升,且能激起巨浪,冲击水坝,威胁坝体安全。

1933 年四川叠溪 7.4 级地震,在叠溪 15 km 范围之内,滑坡和崩塌到处可见。在叠溪附近,岷江两岸山体崩塌,形成三座高达 100 余米的堆石坝,将岷江完全堵塞,积水成湖。堆石坝溃决时,高达 40 余米的水头顺河而下,席卷了两岸的村镇。1960 年智利 8.5 级大地震,造成数以千计的滑坡和崩塌。滑坡、崩塌堵塞河流,造成严重的灾害。在瑞尼赫湖区,三次大滑坡,使湖水上涨 24 m,湖水溢出,波及 65 km 外的瓦尔迪维亚城。

地震激发滑坡、崩塌、泥石流的危害,不仅表现在地震当时发生的滑坡、崩塌、泥石流,以及由此引起的堵河、淹没、溃决所造成的灾害,而且表现在因岩土体震松、山坡裂缝,在地震发生后相当长的一段时间内,滑坡、崩塌、泥石流仍将连续不断。由于它们对公路、铁路工程的危害极大,所以《公路工程抗震设计规范》认为,路线应尽量避开,地震时可能发生大规模滑坡、崩塌的地段为抗震危险的地段。铁路亦是如此。

根据对最近几次山区强烈地震(四川炉霍、云南昭通、云南龙陵、四川松潘~平武)的调查统计,除四川松潘~平武地震因在雨季发震,在 6 度烈度区里发生一些崩塌和滑坡外,其余震区绝大多数的滑坡和崩塌都分布在≥7 度的烈度区。河北唐山地震时,液化滑坡也都分布在≥7 度的烈度区内。分析历史地震资料发现,除黄土地区在 6 度烈度区内有滑坡和崩塌外,其他地区都只在≥7 度的烈度区内发生滑坡和崩塌。

海底或近海地震可能引发海啸。如人类有观测史以来全球最强地震之一的东日本 9.0 级大地震,发生于 2011 年 3 月 11 日日本东京以东太平洋海域,震源深度 10 公里,在日本东太平洋沿岸引发巨大海啸,高达数米的海浪将车辆等卷入海中,并冲毁沿岸建筑,造成重大人员伤亡和财产损失。地震引发的海啸影响到太平洋沿岸的大部分地区。另外,地震还造成日本福岛第一核电站 1~4 号机组发生核泄漏事故。

7.6.4　地震区工程建筑(构)物的震害及防震原则

此处仅以最复杂的公路工程为例进行说明。工业与民用建筑物可参考桥梁震害与防震的相关内容。铁路工程与公路工程类似。

1)山岭地区公路、铁路的路基震害及防震原则

(1)山岭地区公路路基的震害

山岭地区地形复杂,路基断面形式很多,防护和支挡工程也多,此处只以路堑、半填半挖和挡土墙为代表,介绍它们的主要震害。

① 路堑边坡的滑坡与崩塌。在 7 度烈度区一般比较轻微,在≥8 度烈度区比较

严重。对岩质边坡主要震害类型是崩塌,对松散堆积层边坡则多崩塌性滑坡。崩塌常常发生在裂隙发育、岩体破碎的高边坡路段,崩塌性滑坡则多与存在软质岩石、地下水活动、构造软弱面等有关。

② 半填半挖的上坍与下陷。上坍是指挖方边坡的滑坡与崩塌,其情况与路堑边坡相似。下陷是指填方部分的开裂与沉陷,此种震害比较普遍而且严重。由于填方与挖方路基的密实度不一致,基底软硬不一致,故地震时易沿填挖交界面出现裂缝和坍滑。

③ 挡土墙的震害。挡土墙等抵抗土压力的建筑物,地震时由于地基承载力降低,土压力增大,所遭受的震害比较多。尤其是软土地基上的挡土墙、特别高的挡土墙、干砌片石挡土墙等遭受震害的实例更多。对于目前公路上大量使用的各种石砌挡土墙,主要的震害类型有砌缝开裂、墙体变形与墙体倾倒。前两者主要见于7~8度烈度区,后者主要见于≥9度的烈度区。砌缝开裂是最常见的震害,主要与地震时地基的不均匀沉陷和砂浆强度不够有关。墙体的膨胀变形主要与地震时墙背的土压力增大有关。墙体倒塌则可能与地基软弱、地震力强、土压力增大等因素有关。

(2) 山岭地区公路路基的防震原则

① 沿河路线应尽量避开地震时可能发生大规模崩塌、滑坡的地段。在可能因发生崩塌、滑坡而堵河成湖时,应估计其可能淹没的范围和溃决的影响范围,合理确定路线的方案和标高。

② 尽量减少对山体自然平衡条件的破坏和自然植被的破坏,严格控制挖方边坡高度,并根据地震烈度适当放缓边坡坡度。在岩体严重松散地段和易崩塌、易滑坡的地段,应采取防护加固措施。在高烈度区岩体严重风化的地段,不宜采用大爆破施工。

③ 在山坡上宜尽可能避免或减少半填半挖路基,如不可能,则应采取适当加固措施。在横坡陡于1:3的山坡上填筑路堤时,应采取措施保证填方部分与山坡的结合,同时应注意加强上侧山坡的排水和坡脚的支挡措施。在更陡的山坡上,应用挡土墙加固,或以栈桥代替路基。

④ 在≥7度的烈度区内,挡土墙应根据设计烈度进行抗震强度和稳定性的验算。干砌挡土墙应根据地震烈度限制墙的高度。浆砌挡土墙的砂浆标号,较一般地区应适当提高。在软弱地基上修建挡土墙时,可视具体情况采取换土、加大基础面积、采用桩基等措施。同时要保证墙身砌筑、墙背填土夯实与排水设施的施工质量。

2) 平原地区公路路基震害及防震原则

(1) 平原地区公路路基的震害

平原地区公路路基以路堤为主。易于发生震害的路堤是软土地基上的路堤、桥头路堤、高路堤与砂土路堤等,震害最多的是修筑在软土地基上的路堤。下面介绍一些常见的震害类型。

① 纵向开裂。这是最常见的路堤震害。多发生在路肩与行车道之间、新老路基

之间。在软弱地基上的路堤,纵向开裂可达到很大规模。

② 边坡滑动。这种震害发生一般是由于路堤主体与边坡部分的碾压质量差别较大,震前坡脚又受水浸,地震时土的抗剪强度急剧降低,而形成边坡滑动。

③ 路堤坍塌。这种震害多见于用低塑性粉土、砂土填筑的路堤。由于压实不够,又受水浸,在地震的振动作用下,土的抗剪强度急剧降低或消失,形成路堤坍塌,完全失去原来形状。

④ 路堤下沉。在宽阔的软弱地基上,地震时,由于软弱黏性土地基的触变或饱和粉细砂地基的液化,路堤下沉,两侧田野地面发生隆起。

⑤ 纵向波浪变形。路线走向与地震波传播方向一致时,由于面波造成地面波浪起伏,使路基随之起伏,并在鼓起地段的路面上,产生众多的横向张裂缝。

⑥ 桥头路堤的震害。连结桥梁等坚固构造物的路堤震害最普遍,一般均较邻近路段严重,形式有下沉、开裂、坍塌等。

⑦ 地裂缝造成的震害。由地裂缝造成的路基错断、沉陷、开裂,往往贯穿路堤的全高全宽。其分布完全受地裂缝带的控制,与路堤结构没有联系。在低湿平原与河流两岸,沿地裂缝带常有大量的喷水冒砂出现。

（2）平原地区公路路基的防震原则

① 尽量避免在地势低洼地带修筑路基。尽量避免沿河岸、水渠修筑路基,也应尽量远离河岸、水渠。

② 在软弱地基上修筑路基时,要注意鉴别地基中可液化砂土、易触变黏土的埋藏范围与厚度,并采取相应的加固措施。

③ 加强路基排水,避免路侧积水。

④ 严格控制路基压实,特别是高路堤的分层压实。尽量使路肩与行车道部分具有相同的密实度。

⑤ 注意新老路基的结合。老路加宽时应在老路基边坡上开挖台阶,并注意对新填土的压实。

⑥ 尽量采用黏性土做填筑路堤的材料,避免使用低塑性的粉土或砂土。

⑦ 加强桥头路堤的防护工程。

3）桥梁震害及防震原则

（1）桥梁的震害

强烈地震时,桥梁震害较多。1976 年河北唐山地震,震区桥梁十之三四遭到破坏。

桥梁遭受震害的原因主要是由于墩台的位移和倒塌,下部构造发生变形引起上部构造的变形或跌落。下部构造完整,上部构造滑出、脱落的也有,但比较少见,而且多与桥梁构造上的缺点有关。所以,地基的好坏,对桥梁在地震时的安全度影响最大。

在软弱地基上,桥梁的震害不仅严重,而且分布范围广。以 1976 年河北唐山地震为例,该次地震在 10~11 度烈度区内,桥梁全部遭到极其严重的破坏。在 ≥9 度的烈度区内,由于砂土液化、河岸滑坡,普遍出现墩台滑移和倾斜,桥长缩短、桩柱断裂、桥梁纵向落梁、拱桥拱圈开裂或断裂等破坏。除此之外,也有上部构造产生较大横向位移,甚至横向落梁的破坏。在 8 度烈度区内,也有一部分桥梁遭到严重破坏。远在 100 km 外的 7 度烈度区内,仍有桥梁遭到轻微损坏。

在一般地基上,也可能产生某些桥梁震害,如墩台裂缝、因土压力增大或水平方向抵抗力降低而引起墩台的水平位移和倾斜等。但这些震害只出现在更高的烈度区内。如 1923 年日本关东地震时,上述震害只限于 ≥11 度的烈度区内。又如 1976 年河北唐山地震时,上述震害也只限于 ≥10 度的烈度区内。值得注意的是,唐山地震时,在 9 度烈度区内,建于砂、卵石地基上的两座多孔长桥,也遭到严重破坏,桥墩普遍开裂、折断,导致落梁。这可能是由于桥长与地震波长相近,在地震时桥梁基础产生差动,使得某些相邻桥墩向相反方向位移,造成某些桥孔的孔径有较大的增长或缩短的缘故。

(2) 桥梁防震原则

① 勘测时查明对桥梁抗震有利、不利和危险的地段,按照避重就轻的原则,充分利用有利地段选定桥位。

② 在可能发生河岸液化滑坡的软弱地基上建桥时,可适当增加桥长,合理布置桥孔,避免将墩台布设在可能滑动的岸坡上和地形突变处。并适当增加基础的刚度和埋置深度,提高基础抵抗水平推力的能力。

③ 当桥梁基础置于软弱黏性土层或严重不均匀地层上时,应注意减轻荷载、加大基底面积、减少基底偏心、采用桩基础。当桥梁基础置于可液化土层上时,基桩应穿过可液化土层,并在稳定土层中有足够的嵌入长度。

④ 尽量减轻桥梁的总重量,尽量采用比较轻型的上部构造,避免头重脚轻。对振动周期较长的高桥,应按动力理论进行设计。

⑤ 加强上部构造的纵、横向联结,加强上部构造的整体性。选用抗震性能较好的支座,加强上、下部的联结,采取限制上部构造纵、横向位移或上抛的措施,防止落梁。

⑥ 多孔长桥宜分节建造,化长桥为短桥,使各分节能互不依存地变形。

⑦ 用砖、石圬工和水泥混凝土等脆性材料修建的建筑物,抗拉、抗冲击能力弱,接缝处是弱点,易发生裂纹、位移、坍塌等病害,应尽量少用,并尽可能选用抗震性能好的钢材或钢筋混凝土。

【思考题】

7-1 风化作用的概念、类型、影响因素和工程意义。

7-2 岩石风化程度、风化带的划分和岩石风化的防治。

7-3 河流地质作用有哪些地质现象?

7-4　冲沟如何对公路等带状工程构筑物产生影响。

7-5　滑坡与崩塌各自的产生原因、影响因素、防治的原则与防治的措施。

7-6　泥石流的概念、产生原因、影响因素、防治的原则与防治的措施。

7-7　泥石流流域的划分及其对道路工程建设的影响。

7-8　岩溶的概念和岩溶作用发生的基本条件。

7-9　岩溶地区有哪些地质现象？各种工程如何利用和防治？

7-10　地震成因有哪些种类和特点，地震震级和地震烈度有何区别？工程设防烈度如何确定？工程抗震设防的起始烈度一般是多少？

7-11　地震效应能产生哪些地质现象？它们对工程建设有何影响？

7-12　什么是不良地质现象？主要有哪些类型？

第8章 工程勘察

8.1 概述

8.1.1 工程勘察的目的任务

工程勘察是指运用工程地质理论和各种勘察、测试技术手段和方法,为解决工程建设中的地质问题而进行的调查研究工作。其成果资料是工程规划、设计、施工的重要依据。由于社会和历史的原因,目前我国建设行业(工业与民用建筑、地下铁道与轨道交通建设部门)工程地质勘察已向岩土工程勘察延伸(岩土工程包括岩土工程勘察、设计、试验监测、治理、咨询监理五个部分),而交通、铁道、水利水电部门仍叫作工程地质勘察,为了阐述方便,本书统称为工程勘察。

工程勘察的目的或任务就是根据工程的规划、设计、施工和运营管理的技术要求,查明、分析、评价场地的岩土性质和工程地质条件,提供场地与周围相关地区内的(岩土工程)工程地质资料和设计参数,预测或查明有关的(岩土工程)工程地质问题,以便使工程建设与工程地质环境相互适应。这样既保证建设工程的安全稳定、经济合理、运行正常,又尽可能地避免因兴建工程而恶化工程地质环境、引起地质灾害,达到合理利用和保护工程地质环境的目的。

工程勘察的任务可归纳为以下几方面。

① 研究建设场地与相关地区的工程地质条件,指出有利因素和不利因素。阐明工程地质条件特征及其变化规律。

② 分析存在的(岩土工程)工程地质问题,作出定性分析,并在此基础上进行定量分析,为建筑物的设计和施工提供可靠的依据。

③ 正确选定建设地点,是工程规划设计中的一项战略性的工作,也是一项最根本的工作。地点选择合适可以取得最大的效益,如能做到一项工程所包括的各项建筑物配置得当、场地适宜、不需要复杂的地基处理即能保证安全使用,那是勘察工作所追求的目标。因此工程勘察的重要性在场地选择方面表现得最为明显。

④ 对选定的场地进一步勘察后,根据上述分析研究,做出建设场地的工程地质评价,按照场地条件和建筑适宜性对场地进行分区,提出各区段适合的建筑物类型、结构、规模及施工方法的合理建议,以及保证建筑物安全和正常使用所应注意的技术要求,以供设计、施工和管理人员使用。

⑤ 预测工程兴建后对工程地质环境造成的影响,可能引起的地质灾害的类型和

严重性。许多行业勘察规范已列入研究论证环境工程地质问题的内容和要求。

⑥ 改善工程地质条件,进行工程治理。针对不良条件的性质、(岩土工程)工程地质问题的严重程度以及环境工程地质问题的特征等,采取措施,加以防治。这是工程地质由工程勘察向岩土工程治理、勘察以及设计、监测的延伸,也是工程地质学科领域的扩展,并由此演化出土木工程学科一个新的分支——岩土工程。

以上六项任务是相辅相成、互相联系,密不可分的。其中,(岩土工程)工程地质条件的调查研究是最基本的工作,明确工程地质条件能否满足建筑物的需要、存在哪些缺欠、预测对工程地质环境的相互作用与影响、可能引起的环境工程地质问题等。

8.1.2 工程勘察的阶段划分

人类认识自然,是一个逐步发展、不断深化的过程。工程勘察既是认识自然,又是利用自然和改造自然的过程,因而对上述任务的完成需要经过多次的反复。一项工程的建设也不是一次就能完成的,需要反复研究,多次考虑,才能由概略到具体,逐步完成规划、设计和施工的全过程。为此,设计工作与勘察工作必须紧密配合,互相协作,主客观一致地解决建筑物的地点、结构形式和规模大小,以及施工方法等问题,从而达到保证工程安全可靠、经济合理的目的。这就是说设计和勘察要分阶段地进行,有一定的程序要求。勘察阶段应与设计阶段相一致,以适应相应设计阶段的深度要求。各个设计阶段的任务不同,要求工程勘察提供的地质资料和回答的问题在深度和广度上是不一样的。因此,为不同设计阶段所进行的工程勘察涉及的地区范围、使用的勘察手段和工作量的多少以及所取得资料的详细程度和准确程度自然有所不同。

在各建设部门如水利水电、铁路、公路、港口和建设等行业的勘察规范中均对勘察阶段的划分作了规定,所用的名称不尽相同,但精神实质是一致的。例如,国家标准《水利水电工程地质勘察规范》(GB 50487—2008)分为规划勘察、可行性研究勘察、初步设计勘察、招标设计勘察、施工详图设计勘察以及病险水库除险加固工程地质勘察等阶段,并具体规定了每一勘察阶段的勘察任务、勘察内容、勘察方法和应取得的勘察成果。而国家标准《岩土工程勘察规范》(GB 50021—2001)对工业与民用建筑和构筑物的勘察阶段分为可行性研究勘察、初步勘察和详细勘察。所以,在进行一项工程勘察之前,首先应了解工程的属性和相应的设计阶段,对照不同的规范要求,进行勘察和(岩土工程)工程地质评价。

虽然各种规范对勘察阶段的划分不完全一致,但勘察的任务、内容、方法和要求是相近的。现对此做简要概述。

1) 规划勘察

勘察的任务主要是了解区域工程地质条件,对区域稳定性问题进行论证,对控制性工程地段和可能的建筑区作出定性的工程地质评价,可以提出几个比较方案。主要勘察方法就是广泛搜集已有的地质资料和其他有关资料,进行分析整理,对全区工程地质条件有一概略了解。往往还需要进行路线踏勘和中、小比例尺工程地质测绘,对区域稳定性进行初步论证，对主要建筑区的工程地质问题作出概括性分析。实际的勘探工作量不大，一般只在控制性工程地段和有可能作为第一期开发地区布置少量简单的勘探工程，取得有代表性的勘探剖面。物探常用来指导和配合测绘及勘探工程。试验工作主要是结合勘探取少量有代表性的试样，在室内作基本物理力学性质试验。

2）可行性研究勘察

这一阶段的勘察任务就是为满足选定建筑场地的位置、拟定建筑群的布置方式及单个建筑物的形式、规模等要求而进行的。在选址中应对几个比较方案作程度相近的了解，比较详尽地调查各方案的工程地质条件，对主要工程地质问题作出正确的定性分析和适当的定量分析，以说明各方案的优劣，从中选出最优方案，并为初拟建筑类型和规模提供资料。主要勘察方法为大、中比例尺工程地质测绘和工程地质勘探。室内试验工作量较大，并根据情况适当进行现场试验。物探工作仍起很大作用，重要的长期观测工作应开始布置，以取得较长时间序列的资料。

3）初步设计勘察

本阶段设计工作要确定主要建筑物的具体位置、结构形式和具体规模，以及它与各相关建筑物的布置方式等。勘察工作必须为此提供（岩土工程）工程地质资料，所以各种勘察手段都要使用。由于前两个阶段已将场址选定，勘察工作的范围就大大缩小了，一般仅限于工程所辖地段，因而勘察工作比较集中，以便全面详尽地了解场地（岩土工程）工程地质条件，深入地分析各种（岩土工程）工程地质问题。勘察方法以勘探和试验为主，测绘工作只在地质较复杂、工程较重要的地段进行，比例尺较大，精度要求较高。勘探工作量是主要的，能供直接观察的勘探工程可为主要手段之一，以便取得详尽的岩土资料。岩土力学及水文地质试验工作量也较大，常进行原位试验及大型现场试验，以取得较为准确可靠的计算参数。物探工作常用于测井和获得岩土物理力学参数，探测地层结构、地下溶洞等，随着新技术新方法的涌现，物探工作使用范围愈来愈广泛。天然建筑材料在可行性研究勘察就已进行普查，本阶段则应进行详查，对其质量和数量作出详细评价。同时还应开展地下水动态观测和岩土体位移监测。

4）施工设计勘察（详细勘察）

勘察任务主要是对某些专门性（岩土工程）工程地质问题进行补充性的分析，提出治理意见；进行施工地质工作；布置工程监测工作等。勘察内容视需要而定，进行补充性的工作。以勘探和试验为主。结合地基处理可进行各种成桩试验、灌浆试验；结合基坑排水进行水文地质试验等。

施工地质工作主要是解决施工过程中新揭露的（岩土工程）工程地质问题，观察开挖过程中的地质现象和问题，检验前期勘察资料的准确性，总结经验。现场开挖面展示了清楚的地质现象，应及时进行观察、编录、照相，根据地质现象的变化提出施工地质预报，进行地基开挖工程的验收工作等。

　　勘察阶段的划分使勘察工作井然有序、经济有效,步步深入。研究的场地范围由大到小,认识的程度由粗略到精细,由地表渐及地下,由定性评价渐至定量评价。大范围的概略了解有利于选择较好的建筑地段,认识建筑场地的地质背景。场地选定后,勘察范围大大缩小,便于集中投入适量的勘探试验工作,深入地了解工程地质条件,取得详细的(岩土工程)工程地质资料和可靠的计算参数。这一勘察程序,符合认识规律,有助于提高勘察质量,应当遵循。当然工程较小、区域已有资料很多、对场地相关地区的(岩土工程)工程地质情况较熟悉时,勘察阶段可以简化。

8.1.3　工程勘察技术方法

　　随着整个科学技术的进展,勘察方法也日新月异,新的理论、计算技术渗入到勘察方法的各个方面,归纳起来不外乎有:工程地质测绘及遥感技术应用、工程物探及勘探、工程测试技术、监测及反分析、物理模拟与数值模拟等几个主要方面。

1) 工程地质测绘

　　对工程勘察来说,最为重要的是地质基础,所以工程地质测绘是最根本的方法,它为人们认识整个场地的地表地质条件及各种地质现象提供了可能,为其他各种勘察技术提供基础性资料。工程地质测绘是地质人员利用相同比例尺的地形图和罗盘、放大镜、地质锤等基本工具将地表的各种地质现象、地质构造、地层界线等内容以地质点的形式标记在地表明显处和现场使用的地形图上并编号,最后使用测量仪器测量所有地质点的坐标值并清绘在完好的地形图上,或用计算机绘制在地形图上。然后地质人员将相关的地质点勾画在一起,形成各种地质现象等内容的室内再现。这一方法的本质是应用地质理论知识对地表的地质体和地质现象进行观察和描述,以了解地质现象的变化规律及相互关系。在地表上能够自由地直接观察和量测各种地质要素并把它们标记在图上,以广阔的视野探究其成因和特征以及相互间的联系,从微观到宏观,追索空间上和时间上的地质演变过程。这是一切地质工作的共同基础,是认识工程地质条件最有效也是最省钱的方法。有了地表的全面认识,就可以合理地推断地下的地质情况,获得初步的三维地质结构轮廓。为合理布置物探和勘探工作,选定取样和现场试验的位置,确定监测内容和网点布置等打下基础。高质量的地质测绘需要较高的理论素养和敏锐的观察能力,对工程地质条件和可能遇到的问题提出相当准确的见解。我国老一辈的工程地质专家在这方面表现得很出色,在整个场地的地质测绘中一丝不苟、细心观察每一个角落、每一个地质现象,我们应予继承发扬。但是单靠两条腿和"三大件"(地质锤、罗盘、放大镜)也是不行的,还要逐渐应用新技术。例如利用遥感图像判释、辅助重点部位的现场检查,可减轻大量的现场劳动、提高工作效率。工程地质测绘也需要借助其他方法进行必要的揭露和验证,例如物探和轻型勘探工作。利用可以随身携带的回弹仪,初步测定岩石的强度和风化程度;利用点荷载仪,测定不同风化带岩石的抗拉与抗压强度。在制图方面,利用计算机制图软件、全站仪及测量软件。许多工程地质图件,如实际材料图、剖面图、立面图、等值线图、工程地质分区图等均可用计算机绘制。

2) 勘探工作

勘探工作包括钻探、坑探、井探、硐探和槽探,此外,还包括地球物理勘探。勘探是直接了解地下地质情况的可靠手段,在工程勘察中常常是必不可少的。这种方法需动用机械和动力设备,耗费较多的人力物力,不像测绘那样简单,而且机械搬动、材料供应等受许多条件的限制,甚至有时遇到钻探供水的困难。因此使用勘探应重视效果,尽可能用较少的勘探工作量取得较多的成果,务必使每一勘探工程合理布置,达到必要的深度且能一项多用。这就需要用测绘工作和物探工作来指导勘探,以避免盲目性和随意性。同时还应加强勘探中的观测与编录工作,力求精细准确,以取得完整可靠的资料。了解地下地层条件变化,最可靠的方法还是勘探,因此为提高工程勘察的质量,须按照上述精神,根据实际需要,合理使用勘探工作。勘探工作同时还为试验工作提供条件,室内试验的部分试样需在坑孔中采取,有些原位测试须在坑孔中直接进行。

地球物理勘探简称物探。凡是以各种岩土物理性质的差别为基础,采用专门的仪器,观测天然或人工的物理场变化,来判断工程地质条件的方法,统称为物探。物探方法包括电法、磁法、地震法、声波法等方法,在工程勘察中应用很广,具有比勘探工作经济迅速,能够及时解决覆盖层的厚度、基岩面的起伏变化、地下水位、断裂构造的分布等测绘中难以判断而又亟待解决的问题等优点,所以在工程地质测绘中常要求有物探的适当配合。在确定风化带厚度、划分岩层界线、寻找地下溶洞、划定滑坡范围等方面也常应用物探,并取得较好效果。岩体物理力学指标测试也常用物探方法,例如地震波速测试和声波波速测定岩体动弹性力学参数及岩体松动带效果也很好。配合钻探进行物探测井确定软弱夹层和断层破碎带,能解决一部分实际问题。但是不少物探成果相对比较粗略,其成果多具有趋势性的意义,需要其他勘探工作加以验证,但物探成果对于钻探等的布置具有一定的指导作用。

3) 测试工作和监测工作

测试工作和监测工作在工程勘察中占有重要地位。定量评价和工程计算的数据资料,包括岩土体的物理力学性质指标、地下水运动和渗流参数;动力地质作用的发展速度;地下水变化动态;建筑物地基的沉降变形;各种工程治理的效果等,都需要通过测试工作和监测工作获得。测试技术和监测技术比较复杂,设备一般也较贵重,特别是大型原位测试工作,代价较高。室内试验应用时间较久,试验条件比较容易建立,在我国应用较广。但是由于试样与实际所处环境脱离,尺寸又比较小,单独依据由岩土试样取得的数据总是不能令人放心的。因此,大型工程一般进行少量必要的大型原位试验,以便与室内试验互相配合,经济合理地取得可资应用的参数。总的说来,测试工作和监测工作费用较为高昂,必须在工程地质测绘和勘探工作指导与配合下,有目的有计划地确定试验的项目、数量、取试样或制样(原位测试)的位置与数量,布置监测网点系统。目前,测试和监测技术尚处于发展之中,新的技术方法不断涌现,为提高所获数据的准确性提供了有利条件。模型试验和模拟试验有助于探索工程动力地质作用的规律,揭示地质作用产生的力学机制、发展和演化的全过程。两种试验的区别在于其所依据的基础规律是否与实际作用的基础规律一致。一致者属于模型试验,不一致者属于模拟试验。借助模拟实验可作出准确的工程评价,而有些工程动力地质作用规律或建筑物与工程地质环境相互作用的关系,则因数学表达式十分复杂而难解,甚至不易发现其作用规律而无法用数学表达式来表示。在这种情况下采用模型试验则更好。在工程勘察中常用的模型试验有:斜坡稳定、地基稳定、水工建筑物的坝(闸)基抗滑稳定和渗透稳定及地下洞室围岩稳定等工程岩土体稳定性试验;还有地下水渗流、河流作用和泥石流试验等。常用的模拟试验有:光测弹性和光测塑性试验、电网络模拟试验等。

8.2　工程地质测绘

工程地质测绘是工程勘察工作中最基本、在其他方法之前进行的勘察工作。它是运用地质、工程地质理论对与工程建设有关的各种地质现象进行详细观察和描述,以查明拟定建筑区内工程地质条件的空间分布和它们之间的内在联系,并按测绘比例尺的要求将它们正确地绘制在地形底图上,配合勘探、试验等所取得的资料编制成工程地质图,作为工程勘察的基础性资料,供规划、设计和施工部门使用。

8.2.1　工程地质测绘的内容

工程地质测绘的目的是通过现场的直接观察,查明工程所在地区的工程地质条件。因此,它与一般区域地质测绘相比,在测绘内容上具有较大的差别。工程地质测绘的内容主要有如下几方面。

① 研究工程区的地貌特征,划分地貌单元,分析各地貌单元的形成过程、相互关系及其与地质构造、不良地质现象之间的关系。

② 研究地质构造,确定构造线的位置、产状、破碎带岩性特征,构造、风化及卸荷裂隙的分布特征、发育规律,岩体风化特征等。

③ 调查地层的产状、时代、成因及其相互关系,各地层的岩性特征,确定特殊性质、特殊状态的岩层(标志层)分布范围,绘制能反映测区地层岩石分布规律的地质剖面。

④ 研究水文地质条件,调查地下水的天然与人工露头、泉、井、矿坑及钻孔等;了解地下水的类型、埋藏与补排条件、水位变化及与地表水的联系,并分析地下水对建筑物的影响。

⑤ 调查研究各种不良地质作用、现象的发育程度及空间分布规律。

⑥ 研究已有建(构)筑物的变形状况及建筑经验。

⑦了解工程区及其周边范围的天然建筑材料的质、量及其分布特征等。

由此可见,工程地质测绘是多种内容的测绘。其目的是掌握工程区工程地质条件的分布规律。如工程区已进行过地质、地貌、水文地质等方面的测绘,则工程地质测绘可以此为基础进行一些补充性的专门工作,称为专门工程地质测绘。如果没有,那就必须进行上述全部内容的测绘,即综合工程地质测绘。

8.2.2　工程地质测绘的方法和程序

1）测绘工作前的准备工作

在对工程建设地区进行工程地质测绘前,应充分搜集、研究有关勘察区的地质资料,了解在工作区已进行过的工作,掌握这一地区地质概况,根据前人工作程度恰当地安排今后的工作。搜集资料包括有关地形图、陆地摄影、航空摄影、卫星照片及各种比例尺地质图和地质报告。对前人资料要系统阅读和分析。在分析、整理过程中,根据勘察区的地质特征、前人研究的深度和争论的问题,提出可利用程度、存在和需要进一步研究的问题,并编制有关图表和说明书等。对一些关键性问题,需要到现场校核、补充或修正。

2）一般要求

工程地质测绘前,先选择露头良好、地层出露全、构造简单地段测制地质剖面图。通过测制地质剖面图,掌握岩性特征、岩层顺序、产状特征、地层厚度、接触关系、分布特征等,以确定测绘时岩层的填图单元和标志层。其后编制地层对比表和综合地层柱状图,柱状图的比例尺一般大于测绘比例尺的 5～10 倍。当地质构造复杂或岩相变化大时,应测量多条剖面。

地质测绘中地质点的记录,必须有专门记录卡或记录本,地质点要统一编号。地质点的记录,既要全面又要重点突出,相同的可简略,重要的地质点,应尽量用素描(只考虑大概比例关系即可,但对每一地质现象应标记数据)和照片,以补文字说明之不足。记录文字要清晰,以便查对、整理保管。测绘中,每天外业结束,都要进行资料整理,如整理记录、清绘地质草图、分析地层岩性的变化和连接、断层延伸等,以便发现问题及时解决。测绘期间要随时了解平硐、钻孔资料,以便推断地层、断层向地下、河床的延伸和变化规律,为勾绘地质界线提供依据。

工程地质测绘工作的工具主要有地面地质调查简便工具,如地质锤、地质罗盘、轻便挖掘锹、镐、皮尺等;简便量测岩石物理力学及化学性质的工具,如稀盐酸等化学药品、岩石强度回弹仪、点荷载仪等;简便的物探仪及水质分析箱;轻便的地形测量仪器,如小型全球定位仪、轻型经纬仪,水准仪等。

3）布置地质观察测绘路线

按照以较少的工作量获得更多的地质要素成果的原则,布置优化的地质观察测绘路线。根据测绘地区的地质条件特征一般可采用下列方法。

① 穿越地层路线法。即沿着与地层或岩层的走向垂直的方向,每隔一定距离布置一条勘察路线,沿路线隔一定距离出现的地质要素(主要是岩层分属及地质界线

点)地点进行重点观察记录并测出位置,将地质要素标画在图上,连接相同的地层或岩层界线,即编成工程地质平面图。此法一般适用于沉积岩分布较多的地区。

② 地质界线追索法。即沿着地层界线、断层线,或不良地质体边缘线等,布置地质观察点追索。此法主要用在岩浆岩分布较多,断裂构造较发育的地区。

③ 全面综合测绘法。即将全区按方格网布置测绘路线,每条线距以在图上1 cm 为宜,在重要的岩层界线、地质构造线及其他地质要素处设观察点,进行详细观察记录,然后通过分析资料连接各类地质界线。此法一般适用于岩石种类较多,地质构造较复杂或物理地质现象(如滑坡、岩溶等)较发育的地区。

8.2.3 工程地质测绘比例尺的选择

一般地质测绘按其比例尺大小分为小比例尺测绘(1∶500 000～1∶1 000 000)、中比例测绘(1∶100 000～1∶200 000)、大比例尺测绘(1∶25 000～1∶50 000)、详测(大于 1∶10 000)。由于工程地质测绘一般不进行先中比例尺、后大比例尺的分幅区测,而是紧密结合某项工程建设的规划、设计要求进行,所以它的大、中、小比例尺的划分迄今还未与地质测绘的划分统一起来。

① 城市建设工程行业的划分,参照《岩土工程勘察规范》(GB 50021—2001)执行,具体如下。

a. 小比例尺测绘(1∶5 000～1∶50 000)。一般在可行性研究勘察(选址勘察),城市规划或区域性工业布局时使用,主要是了解区域性的工程地质条件。

b. 中比例尺测绘(1∶2 000～1∶10 000)。一般在初步勘察阶段采用。

c. 大比例尺测绘(1∶500～1∶2 000)。适用于详细勘察阶段,条件复杂时可适当放大。

城市轨道交通建设工程行业的划分,参照《城市轨道交通岩土工程勘察规范》(GB 50307—2012)执行可行性研究阶段选用 1∶1000～1∶2 000,初步勘察阶段和详细勘察阶段选用 1∶500～1∶1 000,工程地质条件复杂地段应适当放大比例尺。

② 公路工程、铁路工程行业,规范未作具体规定,一般可遵照下述划分原则进行。

a. 小比例尺测绘(1∶10 000～1∶50 000)。一般在可行性研究勘察,主要是了解区域性的工程地质条件。

b. 中比例尺测绘(1∶2 000～1∶5 000)。一般在初步勘察阶段采用。

c. 大比例尺测绘(1∶200～1∶1 000)。适用于详细勘察阶段或地质条件复杂和重要建筑物地段,以及需解决某一特殊问题时采用。

③ 水利工程行业的划分原则如下。

a. 小比例尺测绘(1∶50 000～1∶200 000)。一般是在地质构造复杂地区评价坝区外围构造稳定性时采用,库区岩溶发育段也采用 1∶50 000～1∶100 000 的工程地质测绘来研究。

b. 中比例尺测绘(1∶10 000～1∶25 000)。在可行性研究阶段选择坝址时,如研究地区的范围较大而条件又复杂时,采用此种比例尺的测绘。

c. 大比例尺测绘(1∶5 000～1∶1 000)。对选定的坝区工程地质条件进行详细研究,或专门研究滑坡、岩溶等动力地质作用时采用。

测绘比例尺的选择也取决于地区工程地质条件的复杂程度和研究程度,以及拟建建筑物的类型规模和设计阶段,其中设计阶段的要求起最重要的作用。

8.2.4　工程地质测绘精度

工程地质测绘的精度是指在工程地质测绘中对地质现象观察描述的详细程度,以及工程地质条件各因素在工程地质图上反映的详细程度和精确程度。为了保证工程地质图的质量,工程地质测绘的精度必须与工程地质图的比例尺相适应。

观察描述的详细程度是以单位测绘面积上观察点的数量和观察线路的长度控制的,通常不论其比例尺多大一般都以图上每 1 cm² 范围内有一个观察点来控制观察点的平均数。比例尺增大,同样实际面积内的观察点数就相应增多。当天然露头不足时则必须采用人工露头来补充。所以在大比例尺测绘时常需配合有剥土、探槽、试坑等轻型勘探工程。观察点的分布一般不是均匀的,应是工程地质条件复杂的地段多一些,简单的地段少一些,都应布置在最能反映工程地质条件的关键位置上。

为了保证工程地质图的详细程度,还要求工程地质条件各因素的单元划分与图的比例尺相适应。一般规定岩层厚度在图上的最小投影宽度大于 2 mm 者均应按比例尺反映在图上。厚度或宽度小于 2 mm 的重要工程地质单元,如软弱夹层、能反映构造特征的标志层、溶洞或崩塌等重要的物理地质现象等内容,则应采用超比例尺或符号的办法在图上表示出来。为了保证图的精度还必须保证图上的各种界线准确无误。按规定,在任何比例尺的图上界线的误差不得超过 1 mm。所以大比例尺的工程地质测绘中要采用仪器定点法。

8.2.5　遥感图像在工程地质测绘中的应用

遥感图像(航片和卫片)真实、集中地反映了大范围的地层岩性、地质构造、地貌形态和物理地质现象等,详加判释研究能够很快给人一个全局的认识,与测绘工程相配合,可以起到减小测绘工作量和提高测绘精度和速度的作用。尤其是在人烟稀少,通行不便,测绘工作难于进行的偏远山区,充分利用航片和卫片判释更具有特殊的意义。目前,我国在工程地质测绘中应用航片和卫片判释已取得明显效果和不少经验,随着遥感技术的发展和计算机处理图像技术的进步,遥感图像在工程勘察中的应用将会更加广泛。

利用遥感图像可以解决或帮助了解测绘地区的工程地质条件。在小比例尺的工程地质测绘中,铁路新线的选择利用航片和卫片既能清楚地了解地形条件,又能结合地质判释,在室内进行初步比选。在水利水电工程的规划选点阶段,这一方法的效果也很突出,断层的分布及其活动性在图像上有所显示,并能发现一些隐伏断层,结合断层的年龄测试成果,可以解决深大断裂的活动性,从而为论证区域稳定性提供较为可靠的依据,有利于坝址的选择。

像片判释可以比较准确地确定地质构造,尤其是地形切割比较强烈,露头良好,中小型地貌发育的情况下,构造判释较容易。水平岩层显露的轮廓线与地形轮廓线相似,呈现花瓣状纹理,水系常呈放射状,色调多为深浅相间的环带形。倾斜岩层的地表露头线服从 V 字形法则,其尖端愈尖倾角愈平缓。背斜两翼分水岭上岩层 V 字形尖端相对;向斜两翼分水岭上岩层 V 字形尖端相背。倒转背斜两翼 V 字形尖端指向同一方向。断层是明显的,表现为线状分布,沿线出现三角面、垭口、断层沟槽,串珠状的洼地、山脊错位等,并常有一系列泉水出露。区域性大断裂还出现山地与平原截然相接的现象。利用红外扫描图像可以比较容易地判释出显著的大断层,并能发现隐伏大断裂。因为断层破碎带的孔隙和含水情况与两侧完整岩体是不同的,所以在图像上显示出不同的色调,表现出线性特征。

像片判释用于不良地质现象的研究和动态观测也有较好的效果。在像片上滑坡周界呈现为深色环,陡立的圈椅状后壁色调较深。区域研究可以看出滑坡分布的规律。还可根据滑坡形态的保留情况,色调和水系等判释滑坡稳定性。处于稳定状态的老滑坡呈深色调较均匀,两侧沟深切,形成双沟同源。处于稳定或暂时稳定的新滑坡呈均匀的灰色或浅灰色色调,沿周界有较明显的色差。仍在活动的滑坡呈现灰白色、白色色调相间"色斑",地形破碎起伏不平,周界棱角清晰,裂缝可见。

泥石流的分布、规模以及形成过程也可通过像片判释加以研究。通过像片判释了解泥石流的分区界限和形成区岩屑泥土的堆聚情况。

像片判释对沙丘的分布范围、规模、成因类型及发展过程和趋势的研究,效果特别显著。可用于铁路选线和制定工程防护措施。

值得注意的是遥感解译必须与一定数量的实地观察互相配合、互相印证,才能较好地发挥作用,否则容易发生误判。

8.3 勘探

勘探是工程地质勘察的重要方法,是获取深部地质资料必不可少的手段。勘探工作必须在调查测绘的基础上进行。在进行勘探时,应充分利用地面调绘资料,合理布置勘探点,以减少不必要的工作量;同时应充分利用地面调绘资料,分析勘探成果,以避免判断的错误。

在初勘阶段,勘探点的位置与数量,应在工程可行性研究阶段的勘探基础上,视地质条件的复杂程度及实际需要而定。在详勘阶段,勘探点的数量,应满足各类工程施工图设计对工程地质资料的需要。具体要求可查阅有关规程、手册等。

工程地质勘探的方法有坑探、钻探、地球物理勘探等几类。下面介绍几种常用的方法。

8.3.1 勘探的任务

勘探的任务有以下几个方面。

① 配合工程地质测绘了解露头不良地段的地质结构及岩土性质。

② 研究建筑地区地下岩层的种类、厚度及纵横变化规律。

③ 研究地质构造破碎带及裂隙的发育程度及其随深度的变化、软弱夹层的分布。

④ 查明地下水条件:地下水位、含水层数目和性质,进行水文地质试验及地下水长期观测;必要时,查明水温的特征和变化规律。

⑤ 研究某些不良地质现象(如滑坡、岩溶等)的发育规律。

⑥ 进行岩土力学性质测试及岩土体改良措施的现场实验(如钻孔波速及灌浆试验等)。

⑦ 研究评价天然建筑材料的质量和数量。

⑧ 采取岩土试样进行室内分析等。

8.3.2 勘探工程布置的一般原则

钻孔、平硐(包括竖井)成本高,勘探费用大,要求每一个钻孔、平硐都能布置在关键地点。勘探工作量的大小,受地形、地质条件复杂程度、工程规模、枢纽布置方案的简繁和工程地质人员的技术水平与经验等因素的影响。勘探工作要着眼于面上的了解与控制,不宜把勘探点过分集中于某一剖面,或没有对面上进行一定的了解就局限地在设计提供的方案上进行布置。由于各个阶段地质工作的重点不同,勘探工作的布置原则也不一样。

勘探工程间距和深度在不同的行业、勘探的不同阶段是不同的,均有相应规范要求。

8.3.3 坑探工程

1) 坑探工程的类型及其适用条件

与钻探工程相比,其特点是:人员能直接进入其中观察地质结构的细节;可不受限制地从中采取原状结构试样,或进行现场试验;较确切地研究软弱夹层和破碎带等复杂地质体的空间展布及其工程性质;以及治理效果检查和某些地质现象的监测等。但是,坑探工程成本高、周期长,所以在勘探中的比重较之钻探工程要低得多。尤其不轻易使用重型坑探工程。

勘探中常用的坑探工程有:探槽、探坑、浅井、竖井和平硐(见表 8-1)。

表 8-1　工程地质勘探中坑探工程的类型

类型	特　点	适　用　条　件
探槽	在地表垂直岩层或构造线布置,深度小于3 m的长条形槽子。	剥除地表覆土,揭露基岩,划分地层岩性;探查残坡积层;研究断层破碎带;了解坝接头处的地质情况
探坑	从地表向下,铅直的、深度小于3 m的圆形或方形小坑。	局部剥除地表覆土,揭露基岩,确定地层岩性;做载荷试验、渗水试验;取原状土试样
浅井	从地表向下,铅直的、深度5～15 m的圆形或方形井。	确定覆盖层及风化层的岩性及厚度;做载荷试验;取原状土试样
竖井（斜井）	形状与浅井同,但深度大于15 m,有时需支护。	在平缓山坡、河漫滩、阶地等岩层较平缓的地方布置,用以了解覆盖层的厚度及性质、风化壳的厚度及岩性、软弱夹层的分布、断层破碎带及岩溶发育情况、滑坡体结构及滑动面等
平硐	在地面有出口的水平坑道,深度较大。	布置在地形较陡的基岩坡,用以调查斜坡地质结构,对查明河谷地段的地层岩性、软弱夹层、破碎带、风化岩层等效果较好,还可取样和进行原位岩体力学试验及地应力量测

其中前三种为轻型坑探工程,后两种为重型坑探工程。轻型坑探工程往往是配合工程地质测绘而布置的,剥除地表覆土以揭露基岩地质结构,也经常用来作载荷试验和采取原状土试样。重型坑探工程在水利水电工程中用得较多,一般都是在可行性研究勘察和初步设计勘察阶段在枢纽地段为某一专门目的而布置的。重型坑探工程中最广泛使用的是平硐。一般规定在坝址高陡岸坡地段,两岸应各布置1～3层勘探平硐,尤其是拱坝坝肩部位,每隔30～50 m高程必须有平硐控制。用于勘察对坝址比较和坝基(肩)稳定性分析有重大影响的工程地质问题。还经常利用平硐作原位岩体力学性质试验及地应力量测。当坝基河床内地质条件特别复杂时(例如顺河向构造破碎带、贯通性泥化夹层),尚应布置河底平硐。

2）坑探工程的编录

为了准确、全面地反映坑探工程的第一手地质资料,每一项坑探工程都要及时做好观测编录工作。坑探工程的编录工作主要是绘制展视图,将沿坑探工程的各壁面和顶、底面所绘制的地质断面图,按一定的制图方法将三维空间的图形展开表示于平面上,其比例尺一般为 1∶25～1∶100。

8.3.4　钻探

在工程勘察中,钻探是被最广泛采用的一种勘探手段。由于它较之其他勘探手段有突出的优点,因此不同类型和结构的建筑物,不同的勘察阶段,不同环境和工程地质条件下,凡是布置勘探工作的地段,一般均需采用此种勘察技术。

钻探与一般矿产资源钻探相比,其特点如下:① 钻探工作的布置,不仅要考虑自然地质条件,还需结合工程类型及其结构特点;② 除了深埋隧道、大型水利工程以及为了解专门工程地质问题而进行的钻探外,孔深一般不大;③ 钻孔多具综合目的,除了查明地质条件外,还要取试样、试验、作长期观测(监测)以及加固处理等;④ 在钻进方法、钻孔结构、钻进过程中的观测编录等方面,均有特殊的要求,如岩芯采取率要求、分层止水、地下水观测、采取原状土试样和软弱夹层、破碎带样品等。

1) 钻孔任务书

钻孔技术任务书主要包括钻孔目的及钻进中应注意的问题;钻孔类型(直孔、斜孔)及孔深;地质要求,如岩芯采取率、取试样、水文地质试验等;钻孔结束后的处理,如封孔,还是长期观测。

钻孔前应根据已有资料作假想钻孔地质剖面,其中对软弱夹层、层间错动带、断层破碎带的位置和厚度的推测应力求准确,以便机组加强这些部位取芯的措施。机组根据地质要求和预测的地层岩性特点编制作业计划,确定钻孔结构、钻进工艺等。编制好钻孔任务书,对保证钻孔质量,满足地质要求起着极其重要的作用。

2) 钻孔地质编录

钻探中的编录工作是勘察工作中的一项极其重要的工作,它包括钻探过程中的记录分析、岩芯编录和试验工作。钻孔编录资料是说明工程地质条件和定量评价工程地质问题的主要依据。

(1) 岩芯整理与统计

在编录之前,先要根据钻探班报表,对岩芯顺序、深度位置、岩芯长度等进行整理,核对岩芯采取率、计算岩芯获得率。

岩芯采取率是指以本回次所取岩芯总长度和本回次进尺的百分比。取芯总长度包括能够合拢在一起的岩芯长度加上碎块、碎屑一起装入同规格岩芯管里量得的长度。

岩芯获得率是指在本目次取出的岩芯中选取柱状的、能够合成柱状的、圆形片状的三者总长度与本回次进尺的百分比。

(2) 钻孔编录和描述

主要是通过岩芯柱的观察、判断、描述分析,研究施钻地段纵向地质特征及其变化规律。编录内容主要有以下几个主要方面。

① 钻孔施工概况。

孔口高程、钻孔方法与深度、孔斜、冲洗液类型、回水颜色、初见和稳定水位,测试下套管情况,单位时间内钻速变化和卡钻、掉钻、塌孔部位等。并附有钻进过程各项参数曲线。

② 地层岩性与地质构造。

对于第四纪松散层,应将分层界线划清,取出代表性试样,岩性鉴定准确,其中砂卵石应保证颗粒级配正确;对土层、砂层最好有标准贯入试验资料。对坚硬岩石,描述其矿物、颗粒成分、结构和构造,进行岩石定名。了解岩性变化特征和地层组合、分层位置、深度,确定层位的层序,这对于钻孔之间及河床地层相互连接、分析及确定河床部位构造是极为重要的。

可(易)溶岩石地区岩芯编录要根据岩层和岩层组合的化学成分、颗粒结构、完整程度和岩溶的位置、高程、规模、形态、充填程度、遇洞率等进行统计分析。

对断层、挤压破碎带、层间错动,描述其位置、规模、产状、构造岩的特征与空间展布。

对于裂隙,应描述其类型、倾角、裂隙面特征(风化、强度)、充填物特性(石英脉、方解石脉、风化夹泥、次生塑性夹泥)、间距等。并进行线裂隙间距的统计。

③ 岩体工程技术性质。根据岩芯特征,结合测试进行风化带、透水带的划分。

④ 岩芯质量评价。常用岩芯采取率、岩芯获得率和岩石质量指标(RQD)等指标。岩石质量指标和岩芯获得率有相近之处,只是标准更高了。它的定义是:7.5 mm 金刚石双管钻具钻进取得的岩芯,以回次进尺中长度大于 10 cm 的岩芯柱的总长度与回次进尺长度之比表示。

$$RQD = \frac{l}{L} \times 100\% \tag{8-1}$$

3) 钻孔中原状土试样的采取

钻探的主要任务之一是在岩土层中采取岩芯或原状土试样。在采取试样过程中应该保持试样的天然结构,如果试样的天然结构已受到破坏,则此试样已受到扰动,这种试样称为"扰动样"。除非有明确说明另有所用,否则此扰动样作废。工程勘察中所取的试样必须是保留天然结构的原状试样。原状试样有岩芯试样和土试样。岩芯试样由于其坚硬性,其天然结构难于破坏,而土试样则不同,它很容易被扰动。因此,采取原状土试样是工程勘察中的一项重要技术。但是在实际钻探过程中,要取得完全不扰动的原状土试样是不可能的。造成土试样扰动的原因有三个:一是外界条件引起的土试样的扰动,如钻进工艺、钻具选用、钻压、钻速、取土方法选择等。若选用不合理,就可能造成其土质的天然结构被破坏。二是采样过程造成的土体中应力条件发生了变化,引起土试样内的质点间相对位置的位移和组织结构的变化,甚至出现质点间的原有黏聚力的破坏。三是采取土试样时,需用取土器采取。但不论采用何种取土器,它都有一定的壁厚、长度和面积。当切入土层时,会使土试样产生一定的压缩变形。壁愈厚所排开的土体愈多,其变形量愈大,这就造成土试样更大的扰动。从上述可见,所谓的原状土试样实际上都不可避免地遭到了不同程度的扰动。为此,在采取土试样过程中,应力求使试样的被扰动量缩小,要尽力排除各种可能增大扰动量的因素。

按照取试样方法和试验目的,《岩土工程勘察规范》(GB 50021—2001)对土试样的扰动程度分成如下质量等级。

Ⅰ级——不扰动,可进行试验项目有土类定名、含水量、密度、强度参数、变形参数、固结压密参数。

Ⅱ级——轻微扰动,可进行试验项目有土类定名、含水量、密度。

Ⅲ级——显著扰动,可进行试验项目有土类定名、含水量。

Ⅳ级——完全扰动,可进行试验项目有土类定名。

在钻孔取试样时,采用薄壁取土器所采得的土试样定为Ⅰ-Ⅱ级;对于采用中厚壁或厚壁取土器所采得的土试样定为Ⅱ-Ⅲ级;对于采用标准贯入器、螺纹钻头或岩芯钻头所采得的黏性土、粉土、砂土和软岩的试样皆定为Ⅲ-Ⅳ级。

取出的土试样应及时用蜡密封,并注明上下,贴上标签,做好记录。应防冻、防晒、防振。

8.3.5　地球物理勘探

地球物理勘探简称物探。凡是以各种岩、土物理性质的差别为基础,采用专门的仪器,观测天然或人工的物理场变化,来判断地下地质情况的方法,统称为物探。

物探的优点是效率高、成本低,仪器和工具比较轻便。物探方法是在自然状态下,地层的各种物理力学指标均未受到破坏的情况下进行的一种较好的原位测试方法。但是由于不同岩、土可能具有某些相同的物理性质,或同一种岩、土可能存在某些物理性质差异,因此,有时较难得出肯定的结论,必须使用钻孔加以校核、验证,所以物探有一定的适用条件。工程地质勘探中已广泛使用物探。当与调查测绘、挖探、钻探密切配合时,物探在指导地质判断、合理布置钻孔、减少钻探工作量等方面都能取得良好的效果。恰当地运用多种物探方法,互相配合,进行综合物探,也能取得较好的效果。

按工作条件的不同,物探可分为地面物探、井下物探与航空物探、航天物探。按所利用的岩、土物理性质的不同,物探又可分为电法勘探、电磁法勘探、地震勘探、声波勘探、重力勘探、磁力勘探与放射性勘探等。在公路工程地质工作中,较常用的有电法勘探、地震勘探、地质雷达勘探和声波勘探等。

下面对地质雷达勘探和地震勘探作概略的介绍。

1）地质雷达勘探（属电磁法）

地质雷达（属电磁法勘探）是利用高频电磁脉冲波的反射,探测地层构造和地下埋藏物体的电磁装置,故又称探地雷达。它通过发射天线向地下辐射宽带的脉冲波,在地下传播中遇到不同介质的介电常数和导电率存在差异时,将在其分界面上发生反射,返回地表的电磁波被接收天线接收,根据接收到的回波来判断目标的存在,并计算其距离和位置,可用于空中、地面与井中探测,但主要用于地面。

地质雷达勘探技术目前广泛应用于隧道等地下工程的超前地质预报,另外,该技术还被广泛应用于隧道衬砌质量检测、道路病害检测、城市地下管线探测等众多方面。

2）地震勘探

地震勘探是根据岩、土弹性性质的差异，通过人工激发的弹性波的传播，来探测地下地质情况的一种物探方法。由敲击或爆炸引起的弹性波，在不同地层的分界面上发生反射和折射，产生可以返回地面的反射波和折射波，利用地震仪记录它们传播到地面各接收点的时间，并研究振动波的特性，就可以确定引起反射或折射的地质界面的埋藏深度、产状及岩石性质等。

地震勘探直接利用岩石的固有性质（密度与弹性），较其他物探方法准确，且能探测很大深度，因此在石油地质勘探等部门得到广泛的应用。地震勘探在工程地质勘探中也日益得到推广使用，主要用于探测覆盖层的厚度、岩层的埋藏深度及厚度、断层破碎带的位置及产状等，研究岩石的弹性，测定岩石的弹性系数等。在公路工程地质勘探中，地震勘探目前主要应用于隧道的勘探。

按照观测返回地面的波的种类不同，地震勘探分为反射波法与折射波法两种。在工程地质勘探中，由于探测深度不大，要求精度较高，采用折射波法比较适宜。

8.4 工程勘察原位测试

工程勘察原位测试，一般指的是在不扰动或基本不扰动土层的情况下对土层进行测试，以获得所测土层的物理力学性质指标及划分土层的一种勘察技术。土的原位测试技术在工程勘察中占有很重要的位置。这是因为它与钻探取试样，然后在室内进行试验的传统方法比较起来，具有下列明显的优点。

① 可在拟建工程场地进行测试，不用取试样。众所周知，钻探取试样，特别是取原状土试样，不可避免地会使土试样产生不同程度的扰动。因此，室内试验所测"原状土"的物理力学性质指标往往不能代表土层的原始状态指标，大大降低了所测指标的工程应用价值。再加上淤泥、砂层等的原状试样更难取等致命弱点，就更显原位测试的重要。

② 原位测试涉及的土体积比室内试验样品要大得多，因而更能反映土的宏观结构（如裂隙、夹层等）对土的性质的影响。

③ 很多土的原位测试技术方法可连续进行，因而可以得到完整的土层剖面及其物理力学性质指标，因而它是一门自成体系的实验科学。

④ 土的原位测试，一般具有快速、经济的优点。

原位测试包括载荷试验、静力触探试验、圆锥动力触探试验、标准贯入试验、十字板剪切试验、旁压试验、现场剪切试验、波速测试、岩体原位应力测试及块体基础振动测试等多种测试，本节介绍几种常用的原位测试方法。

8.4.1 载荷试验

载荷试验也叫平板载荷试验，它是利用一定面积的承压板，并在承压板上分级加荷以后,测得不同荷载下的位移和沉降量,再根据荷载与沉降量的关系曲线,确定地基承载力等参数的试验方法。

载荷试验的装置由承压板、加荷装置及沉降观测装置等部分组成(见图8-1)。其中承压板一般为方形或圆形板;加荷装置包括压力源、载荷台架或反力架,加荷方式可采用重物加荷和油压千斤顶反压加荷两种方式;沉降观测装置有百分表、沉降传感器和水准仪等。承压板面积应为 2 500 cm² 或 5 000 cm²,目前工程上常用的是 70.7 cm×70.7 cm 和 50 cm×50 cm。

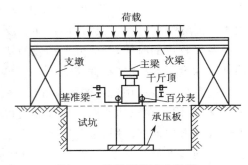

图 8-1 地基载荷试验装置

1）试验要点

① 考虑到评价承载力时要采用半无限弹性理论,因此要求基坑宽度应大于承压板宽度的 3 倍。

② 试验前,预留 10～20 cm 的保护层,待试验时再挖掉。

③ 为了保持水平并保证受力均匀,在试验板下垫 1 cm 厚的中、粗砂。

④ 若试坑有地下水时,应降水后再安装承压板等设备,并等水位恢复后再开始试验。

⑤ 对不同土,加荷等级有所不同,一般加 8～10 级。

⑥ 稳定标准。每一级荷载加载后,按间隔 5 min、5 min、10 min、10 min、15 min、15 min,以后每隔 30 min 测读一次沉降,当连续 2 h 内,每小时的沉降量小于 0.1 mm 时,则认为已趋稳定标准,可加下一级荷载。

⑦ 极限压力状态的现象。a.承压板周围的土出现明显的侧向挤出,周边岩土出现明显隆起或径向裂缝持续发展;b.本级荷载的沉降量大于前级荷载沉降量的 5 倍,荷载与沉降曲线出现明显陡降段;c.某级荷载下 24 h 内沉降速率不能达到稳定标准;d. $s/b \geqslant 0.06$ (s 为总沉降量;b 为承压板宽度或直径)。

⑧ 回弹观测。分级卸载,观测回弹值;分级卸载量级为加荷增量的 2 倍,15 min 观测一次,1 h 再卸下一次荷载;完全卸载后,应继续观测 3 h。

2）试验资料整理

在试验中,由于一些因素的干扰,使试验变形值与真实变形值之间存在一定误差。诸如因安装设备等未测到变形,使观测值偏小;或是试验时土面未平整,或开挖基坑回弹变形等又使观测值偏大;还有不易估计到的偶然性因素,使试验变形值偏小或偏大。在 $p\text{-}s$ 曲线图上误差表现为试验曲线不通过原点(O 点),所以,在应用资料前,须对原始资料进行整理。

试验资料整理一般包括:检查整理原始资料;校正沉降数据、绘制校正后的 $p\text{-}s$

曲线;编制试验综合成果表及说明等。

① 试验结束后进行全面检查整理。将检查后的时间、变形、压力等有效数据写于规定的载荷试验记录表内;

② 根据原始资料绘制 p-s 和 s-t 曲线草图;

③ 修正沉降观测值:先求出校正值 s_0 和 p-s 曲线斜率 C_0;

④ 设原始沉降观测值为 s_i',校正后的沉降值为 s_i,则有:

比例界限压力(临塑压力)以前的各点:$s_i = C_0 p_i$

比例界限压力以后的各点:$s_i = s_i' - s_0$

⑤ 最后,利用整理校正好的资料绘制 p-s 曲线。

3) 成果应用

(1) 确定地基土承载力

根据试验得到的 p-s 曲线,可以按强度控制法、相对沉降控制法或极限荷载法来确定地基的承载力。

① 强度控制法。

以 p-s 关系曲线对应的比例界限压力(临塑压力)作为地基上极限承载力的基本值。

当 p-s 关系曲线上有明显的直线段时,一般使用该直线段的终点所对应的压力为比例界限压力(临塑压力)p_0,如图 8-2 所示。

当 p-s 关系曲线上没有明显的直线段时,$\lg p$-$\lg s$ 曲线或 p-$\Delta s/\Delta p$ 曲线上的转折点所对应的压力即为比例界限压力(临塑压力)p_0,如图 8-3、图 8-4 所示。

② 相对沉降控制法。

由沉降量(s)与承压板宽度或直径(b)的比值确定。若承压板为 $0.25\sim0.50$ m²,对于低压缩性土及砂土,可以 $s/b = 0.01\sim0.015$ 对应的荷载值作为地基承载力基本值;对于中、高压缩性土,可以 $s/b = 0.02$ 所对应的荷载值作为地基承载力基本值。

③ 极限荷载法。

应用极限荷载法的特点是 p-s 关系曲线达到比例极限后很快发展到极限破坏。

当极限承载力(p_u)与 p_0 接近时,可以用极限承载力(p_u)除以安全系数(一般为 2~3)作为土体承载力的基本值;当极限承载力(p_u)与 p_0 不接近时,可以用($p_u - p_0$)除以安全系数(一般为 2~3)再加比例极限压力作为土体承载力的基本值。

(2) 计算地基土变形模量

土的变形模量为

$$E_0 = I_0(1 - \mu^2)\frac{pb}{s} \tag{8-2}$$

式中　E_0——地基土的变形模量,MPa;

　　　I_0——刚性承压板的形状系数,圆形承压板取 0.785,方形承压板取 0.886;

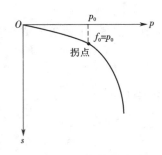

图 8-2 p-s 曲线拐点法

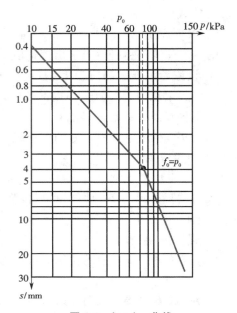

图 8-3 $\lg p$-$\lg s$ 曲线

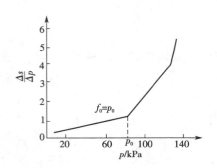

图 8-4 p-$\Delta s / \Delta p$ 曲线

μ——土的泊松比(碎石土取 0.27,砂土取 0.30,粉土取 0.35,粉质黏土取 0.38,黏土取 0.42);

b——承压板的宽度或直径,m;

p——p-s 曲线直线段的压力,kPa;

s——与 p 相对应的沉降量,mm。

（3）判断黄土的湿陷性

在黄土地区可以应用载荷试验判断黄土的湿陷性。按前述载荷试验方法和步骤加荷至预定荷载(常按设计荷载考虑),待沉降稳定后向试坑注水,保持水头 20～30 cm。为了便于渗水和防止坑底冲刷,注水前应在坑底承压板四周铺 5～10 cm 厚的粗砂或砾石。浸水后沉降稳定(标准同前),浸水增加的沉降值即为黄土湿陷引起的湿陷量。此值可以和规定值进行对比,判断是否属于湿陷性黄土地基。

8.4.2　静力触探试验

静力触探的基本原理是用准静力将一个内部装有传感器的触探头以均速压入土中,由于地层中各种土的软硬不同,探头所受的阻力也不同,传感器将这种大小不同的贯入阻力通过电信号输入到记录仪表记录下来,再通过贯入阻力与土的工程地质特征之间的定性关系和统计关系,实现换算获得土层剖面、提供地基承载力、选择桩间持力层和预估单桩承载力等工程勘察目的。

1）静力触探的设备

静力触探设备主要由触探主机和反力装置两大部分组成。静力触探仪由探头、量测记录仪表、贯入装置三个主要部分构成。

常用的静力触探探头分为单桥探头和双桥探头，其主要规格见表 8-2。根据实际工程所需测定的地基土层参数选用单桥探头或双桥探头，探头圆锥截面积以 10 cm² 为宜，也可使用 15 cm²。

表 8-2　静力触探探头规格

锥头截面积 /cm²	探头直径 /mm	锥角/(°)	单桥探头	双 桥 探 头	
			有限侧壁长度 /mm	摩擦筒侧壁面积 /cm²	摩擦筒长度 /mm
10	35.7		57	200	179
15	43.7	60	70	300	219
20	50.4		81	300	189

2）静力触探试验成果的应用

静力触探试验的主要成果有贯入阻力-深度（p_s-h）关系曲线，锥尖阻力-深度（q_c-h）关系曲线，侧壁摩阻力-深度（f_s-h）关系曲线和摩阻比-深度（R_f-h）关系曲线。摩阻比的定义为

$$R_f = \frac{f_s}{q_c} \times 100\% \tag{8-3}$$

式中　R_f——摩阻比；

f_s——单位侧壁摩阻力，即侧壁摩阻力和摩擦筒表面积之比；

q_c——单位锥尖阻力，即锥尖总阻力和锥底截面积之比。

根据目前的研究与经验，静力触探试验成果的应用主要有下列几个方面。

（1）划分土层界线

在建筑物的基础设计中，结合地质成因，对地基土按土的类型及其物理力学性质进行分层是很重要的，特别是在桩基设计中，桩尖持力层的标高及其起伏程度和厚度变化，是确定桩长的重要设计依据。

根据静力触探曲线（见图 8-5）对地基土进行力学分层，或参照钻孔分层结合静力触探 p_s 或 q_c 及 f_s 值的大小和曲线形态特征进行地基土的力学分层，并确定分层界线。

用静力触探曲线划分土层界线的方法如下。

① 上下层贯入阻力相差不大时，取超前深度和滞后深度的中心，或中点偏向小阻力土层 5～10 cm 处作为分层界线。

② 上下层贯入阻力相差一倍以上时，当由软层进入硬层或由硬层进入软层时，

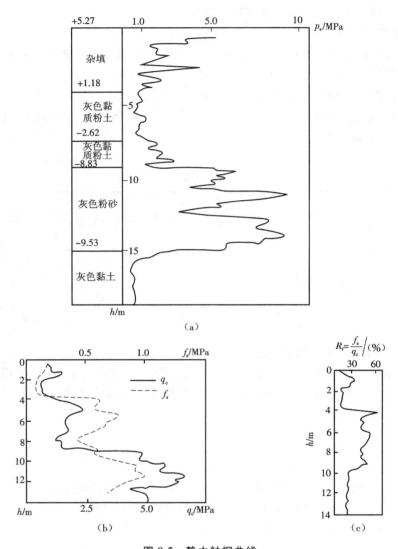

图 8-5　静力触探曲线

(a) 静力触探 p_s-h 曲线;(b) 静力触探 q_c-h 和 f_s-h 曲线;(c) 静力触探 R_f-h 曲线

取软层最后一个(或第一个)贯入阻力小值偏向硬层 10 cm 处作为分层界线。

③ 上下层贯入阻力无甚变化时,可结合 f_s 或 R_f 的变化确定分层界线。

(2)评定地基承载力

关于用静力触探的比贯入阻力确定地基承载力基本值 f_0 的方法,我国已有大量的研究工作,取得了一批可靠、合理的成果,建立了很多地区性的地基承载力的经验公式。但是,由于土的区域性分布特点,不可能形成一个统一的公式来确定各地区的地基承载力。实际工作中可根据所在地区不同查阅相关经验公式。

（3）评定地基土的强度参数

由于静力触探试验的贯入速率较快，因此对量测黏性土的不排水抗剪强度是一种可行的方法。经过大量的试验和研究，探头锥尖阻力基本上与黏性土的不排水抗剪强度成某种确定的函数关系，而且将大量的测试数据经数理统计分析，其相关性都很理想。其典型的实用关系式如表 8-3 所示。

表 8-3　用静力触探估算黏性土的不排水抗剪强度(kPa)

实 用 关 系 式	适 用 条 件	来　　源
$C_u = 0.071\ q_c + 1.28$	$q_c < 700$ kPa 的滨海相软土	同济大学
$C_u = 0.039\ q_c + 2.7$	$q_c < 800$ kPa	铁道部
$C_u = 0.0308\ q_c + 4.0$	$p_s = 100 \sim 1500$ kPa 新港软黏土	交通部一航局设计院
$C_u = 0.0696\ q_c - 2.7$	$p_s = 300 \sim 1\,200$ kPa 饱和软黏土	武汉静探联合组
$C_u = 0.1\ q_c$	$\varphi = 0$ 纯黏土	日本
$C_u = 0.105\ q_c$		Meyerhof

砂土的重要力学参数是内摩擦角 φ，我国铁道部《静力触探技术规则》提出按表 8-4 估算砂土的内摩擦角。

表 8-4　用静力触探比贯入阻力 p_s 估算砂土内摩擦角 φ

p_s/MPa	1.0	2.0	3.0	4.0	6.0	11	15	30
φ/(°)	29	31	32	33	34	36	37	39

除上述三个方面的应用外，静力触探试验成果还可应用于评定土的变性指标和估算单桩承载力等。

8.4.3　圆锥动力触探试验

用一定重量的落锤，以一定落距自由落下，将一定形状、尺寸的圆锥探头贯入土层中，记录贯入一定厚度土层所需锤击数的一种原位测试方法，称为圆锥动力触探。

1）常用圆锥动力触探设备类型

表 8-5 列出的是国内常用的圆锥动力触探设备类型。

表 8-5　国内常用的圆锥动力触探设备类型

类型	锤重 /kg	落距 /cm	探头规格	贯入指标	触探杆外径 /mm
轻型	10±0.2	50±2	圆锥探头、锥角 60°，锥底直径 4 cm，面积 12.6 cm²	贯入 30 cm 的锤击数 N_{10}	25
重型	63.5±0.5	76±2	圆锥探头、锥角 60°，锥底直径 7.4 cm，面积 43 cm²	贯入 10 cm 的锤击数 $N_{63.5}$	42
特重型	120±1.0	100	同重型	贯入 10 cm 的锤击数 N_{120}	50～60

2）圆锥动力触探试验简介

（1）轻型动力触探

主要由锥形探头、触探杆和落锤三部分组成。一般用于一、二层建筑物地基勘察和施工验槽。连续贯入，贯入深度可达 4 m 左右。可以确定地基承载力基本值。

适用范围：浅部的素填土、砂土、黏性土、粉土。

根据已有资料确定一般黏性土、粉土素填土和新近堆积黄土的承载力基本值 f_0 分别见表 8-6、表 8-7 和表 8-8。

表 8-6　一般黏性土承载力基本值

N_{10}	15	20	25	30
f_0/(10 kPa)	10	14	18	22

表 8-7　粉土素填土承载力基本值

N_{10}	10	20	30	40
f_0/(10 kPa)	8	11	13	15

表 8-8　新近堆积黄土承载力基本值

N_{10}	7	11	15	19	23	27
f_0/(10 kPa)	8	9	10	11	12	13

（2）重型动力触探

可以自地表向下连续贯入或分段贯入。锤击速率以每分钟 15～30 击为佳，一般以 5 击为一阵击。贯入深度在 16～20 m 以内，主要用于砂类、卵砾类土的勘察，以及划分土层、确定滑动面位置和确定承载力。当触探杆长度≥2 m 时，需进行触探杆长度修正（见表 8-9）。

表 8-9　触探杆长度修正系数 a

触探杆长度/m	≤1	2	3	4	5	6	8	10	12	15
a	1.00	0.96	0.90	0.85	0.83	0.81	0.78	0.76	0.75	0.74

　　地下水位以下的中、粗、砾砂、圆砾和卵石，需要对原始锤击数（$N_{63.5}$）进行修正：

$$N_{63.5} = 1.1 N'_{63.5} + 1.0 \tag{8-4}$$

　　适用范围：中密以下的砂土、碎石土、极软岩。

　　根据校正后的 $N_{63.5}$，按有关资料提出的表 8-10 和表 8-11，确定承载力基本值 f_0。

表 8-10　中、粗、砾砂的承载力基本值

$N_{63.5}$	3	4	5	6	8	10
f_0/kPa	120	150	200	240	320	400

表 8-11　碎石土承载力基本值

$N_{63.5}$	3	4	5	6	8	10	12
f_0/kPa	140	170	200	240	320	400	480

　　（3）超重型动力触探

　　需配有自动落锤装置。采用连续贯入，并控制每分钟 15～25 击。贯入深度小于 20 m。可以确定承载力基本值。

　　适用范围：密实碎石土、软岩、极软岩。

　　N_{120} 的修正要考虑触探杆长度和侧壁摩擦：

$$N_{120} = a F_n N'_{120} \tag{8-5}$$

式中　a——触探杆长度修正系数（见表 8-12）；

　　　F_n——侧壁摩擦修正系数（见表 8-13）。

表 8-12　触探杆长度修正系数 a

触探杆长度/m	1	2	4	6	8	10	12	14	16	18
a	1.00	0.93	0.87	0.70	0.65	0.59	0.54	0.50	0.47	0.44

表 8-13　侧壁摩擦修正系数 F_n

N_{120}	1	2	3	4	6	8～9	10～12	13～17	18～24	25～31
F_n	0.92	0.85	0.82	0.80	0.78	0.76	0.75	0.74	0.73	0.72

中建西南综合勘察设计院经大量对比试验(如载荷和重型触探试验等)和数理统计给出用 N_{120} 确定卵石、碎石地基的基本承载力(见表 8-14)。

表 8-14　卵石、碎石地基的承载力基本值

N_{120}	1	2	3	4	5	6	7	8	9	10
f_0/(10 kPa)	0.97	1.96	2.93	3.90	4.85	5.79	6.71	7.62	8.54	9.44
N_{120}	11	12	13	14	15	16	17	18	19	20
f_0/(10 kPa)	10.4	11.2	12.2	13.0	14.0	14.9	15.7	16.7	17.5	18.5

8.4.4　标准贯入试验

（1）试验设备

由带排水、排气孔对开式贯入器、导向杆、锤垫、穿心落锤和探杆组成。导向杆长 1.6～2.0 m，与探杆均为直径 42 mm 的钻杆。穿心锤重 63.5 kg，多采用自动落锤装置。标准贯入试验的仪器设备如图 8-6 所示。

（2）成果应用

① 在成果应用前，需对资料进行整理。据有关规范建议需进行钻杆长度修正（见表 8-15）〔《建筑抗震设计规范》（GB 50011—2010）和《土工试验规程》（SL 237—1999）均不做钻杆长度修正〕。

② 对有效粒径 d_{10} 在 0.1～0.5 mm 范围内的饱和粉细砂，当密度大于某一临界密度时，由于透水性小，标贯产生的孔隙水压力可使 $N_{63.5}$ 偏大，相当于此临界密度的实测值 $N_{63.5}=15$。当 $N_{63.5}>15$ 时应按下式修正：

$$N_{63.5}=15+\frac{1}{2}(aN_{63.5}-15) \qquad (8-6)$$

③ 利用 $N_{63.5}$-H 划分土层。

④ 确定地基土承载力。

表 8-16 和表 8-17 列出了《建筑地基基础设计规范》（GB 50007—2011）关于用标贯击数确定黏性土、砂土承载力基本值的数据。

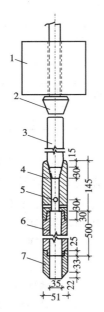

图 8-6　标准贯入试验设备
（单位:mm）

1—穿心锤；2—锤垫；3—钻杆；
4—贯入器头；5—出水孔；6—由两半圆形管并合而成的贯入器身；7—贯入器靴

表 8-15　钻杆长度修正系数

钻杆长度/m	≤3	6	9	12	15	18	21
a	1.00	0.92	0.86	0.81	0.77	0.73	0.70

表 8-16 黏性土承载力基本值

$N_{63.5}$	3	5	7	9	11	13	15	17	19	21	23
f_0/kPa	105	145	190	220	295	325	370	430	515	600	680

表 8-17 中、粗、粉细砂承载力基本值

$N_{63.5}$	10	15	30	50
中粗砂 f_0/kPa	180	250	340	500
粉细砂 f_0/kPa	140	180	250	340

8.5 长期观测

　　长期观测工作对掌握建筑区不良地质作用的发育规律和监测地基变形，以及进行某些预测是非常必需的。长期观测是缩小实际情况与理论计算分析之间的差值、检验理论和发展理论的一个重要途径。建立长期观测站，研究滑坡、泥石流、海岸及水库边岸坍塌等，效果十分显著。

8.5.1 工程监测技术

　　工程监测技术大致可分为岩土体的位移监测、加固体的支挡物监测、爆破震动量测和岩体破裂监测、水的监测和巡检等五个主要类型，如表 8-18 所示。

表 8-18 工程监测的主要类型及相应监测技术

主要类型	亚 类	主 要 监 测 技 术
工程岩土体的位移监测	伸长计监测	并联式钻孔伸长计、串联式钻孔伸长计、沟埋式伸长计、Sliding Micrometer 等
	倾斜仪监测	垂直钻孔倾斜仪、水平钻孔倾斜仪、Trivec Measuring Set、水平杆式倾斜仪、倾斜盘、溢流式水管倾斜仪、垂线坐标仪、引张线仪等
	测缝计监测	单向测缝计、三向测缝计、测距计等
	收敛计监测	带式收敛计、丝式收敛计和杆式收敛计等
	光学仪器监测	经纬仪、水准仪、全站仪、摄像监测等
	脆性材料的位移监测	砂浆条带、玻璃、石膏等
	卫星定位系统监测	GPS

续表

主要类型	亚　类	主　要　监　测　技　术
加固体的支挡物监测	应力监测	钢筋计、锚杆(索)测力计等
	应变监测	混凝土应变计等
	位移监测	抗滑桩的倾斜监测技术等
爆破震动量测和岩体破裂监测	爆破震动量测	测振仪等
	声发射监测	声发射仪等
	微震监测	滚筒式微震仪、磁带记录式微震仪等
水的监测	降雨监测	雨强、雨量监测仪等
	地表水监测	量水堰等
	地下水监测	钻孔水位量测仪、渗压计、量水堰等
巡　检	不同种类的监测	携带式小型仪器(包括携带式测缝计、倾斜仪等)

1) 伸长计监测技术

多点伸长计是用于量测测线方向上两点相对位移的一类重要监测仪器。它既可以用于地下工程监测,也可用于边坡等工程的监测。一般而言,多点伸长计分为钻孔多点伸长计和沟埋式多点伸长计两类。伸长计应用广泛,所以伸长计种类很多。

按测读原理分类,多点伸长计有电测和机测两类。前者又可分为电感式、钢弦式、电阻式等多种;后者则往往采用百分表、测深尺、游标卡尺等测读方式。按测点埋设方式分类,有由金属加工而成的涨壳式、簧片式、整体注浆式等;按测读方式分类,有接触测读、近距离有线量测和远距离有无线遥测,也可用望远镜观测固定于钻孔口的百分表盘面进行读数;按连接测点的接杆(或连接钢丝)的排列方式分类,有并联式和串联式等;按测点的连接方法分类,有杆式、丝式和带式等三种;如按测点个数分类,则有单点式、两点式和多点式等。

这里仅对几种有代表性的钻孔多点伸长计作简要介绍。

(1) 并联式多点伸长计

在目前常用的多点伸长计中无论是机测的,还是电测的,并联式多点伸长计占多数。其测点排列方式的特点是:测读元件通常集中布置在钻孔口附近,借助于位移传递杆(或丝)将测读元件与分布在孔内的各测点连接起来。并联式仪器的优点是对仪器无需特殊设计,其安装和测读比较方便,其不便之处则是对钻孔孔径大小要求较高,因为钻孔必须容得下与测点数目一样多的位移传递杆(或丝)。

(2) 串联式多点伸长计

串联式钻孔多点伸长计,基本上都采用电测方法测读,且测点的现场安装也不很方便。所以在边坡工程中应用较少,有些仪器也较贵。

DPW－Ⅱ型电感式多点位移计是中国科学院地质与地球物理研究所研制的仪器。它由若干个电感频率式位移传感器串联所组成。经室内标定,可得到该种传感器的位移－频率关系曲线。据此,可通过实测得到的频率值,再查取相应的位移值。在标定中,还可根据对这种仪器进行多次标定的结果对位移与频率之间关系进行标准差分析。据此得出:在实验室标定的情况下,这种电感频率式位移传感器的分辨率通常可高达 0.02 mm,比同类型法国产品的精度略高。

2)倾斜仪监测技术

倾斜仪在工程监测中用途很广,各种类型的倾斜仪被研制出来。可大致分为钻孔倾斜仪、水平表面式倾斜仪和水管倾斜仪等类型。另外,也将测扭仪划归为倾斜仪一类。

（1）垂直钻孔倾斜仪

垂直钻孔倾斜仪可以用于分布有倾角不很大的滑动面而造成的顺层滑坡的监测,也可用于地下工程高边墙、竖井工程井壁等的外鼓监测上。

（2）水平钻孔倾斜仪

当边坡较陡,或当作为被监测对象的主要滑动面的倾角较陡时,采用水平钻孔倾斜仪进行监测通常比采用上述的垂直钻孔倾斜仪进行监测更为有利。

（3）水平表面式倾斜仪

水平表面式倾斜仪系指用来量测边坡岩体或构筑物的水平表面倾斜量的仪器。如坡顶、运输道路和平台等部位。水平表面式倾斜仪通常有杆式和盘式等类型。由于各种水平表面式倾斜仪往往都是可携带式的高精度仪器,所以用一台仪器就可对边坡等多处进行快速而高精度的水平面监测。尽管这类可携带式高精度监测仪器的价格通常较贵,但其单位测点的一次监测成本却较低,且测点安装特别方便。

（4）水管倾斜仪

水管倾斜仪是一种水利水电工程用得比较广泛的仪器。例如可利用开挖于边坡中的水平地质探洞安装水管倾斜仪,以量测各测点之间的相对沉降量。如果能解决好有关地面的仪器保护难题,则也可用于坝顶的相对沉降监测或沿等高线布置于边坡面上各点的相对垂直位移监测。另外,也可用于地下工程的常规监测或大塌方工程处理的监测。

8.5.2 长期观测工作内容

① 不良地质现象的长期观测。

② 与工程建设有关的地下水动态和渗流稳定的长期观测。

③ 施工基坑(包括洞室)岩土体卸荷松动变形的观测。

④ 工程或经济活动与工程地质环境相互作用,在时间和空间上的变化观测。

其中①、②项在初步设计阶段就应有目的、有计划地进行,直至运行尚须观测若干时间。③、④项在施工期间逐渐开展。

不良地质、工程地质作用的发生和发展,受岩性、构造、地貌、水文地质条件和一些其他自然因素所控制。因此,必须在查清工程地质条件的前提下,确定出渗流、滑移、变形边界,在此基础上进行长期观测,观测该作用的范围、方向、速率及趋势和评价其危害性。

8.5.3 观测时距与资料整理

根据影响工程地质作用的自然和认为因素的变化情况和强度来确定观测时距。影响因素变动愈频繁、作用愈强烈,观测时距应愈短。如降雨、涨水、消水、解冻及地震等期间要加密观测次数。

长期观测资料应定期进行整理分析,一般先列成表格,再根据观测的内容,绘制成各种观测资料统计图表。常常绘制时间—位移(变幅、压缩)曲线等,如图 8-7 所示。

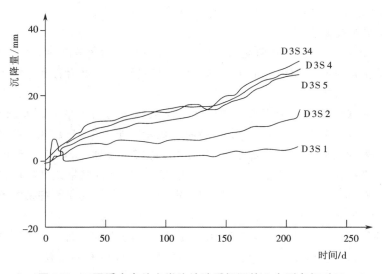

图 8-7 五强溪水电站左岸边坡地质探洞的 5 个测点相对于洞底的位移沉降曲线

8.6 工程勘察资料的整理

工程勘察工作的内业整理是勘察工作的组成部分,它贯穿于各个勘察设计阶段,把现场调查搜集的各种原始资料,通过内业整理的去伪存真分析过程,能及时发现(岩土工程)工程地质问题或者对存在的工程地质条件做出切合实际的评价。勘察工作前,收集区域已有资料和档案文献及汇编整理,重点是编写工程勘察大纲。在外业工作期间及时整理工程地质测绘、各项勘探、原位测试及长期监测工作的原始资料和编写单项工作报告。外业结束后,通过系统整理、综合分析、归纳提供工程设计所需的工程勘察资料,其内容有整理原始资料,编绘各种图件,统计分析地质数据及岩土物理力学指标,编写工程勘察报告。

工程勘察中,通过工程地质测绘、勘探编录、水文地质试验、物探试验、岩土体试验取得大量地质数据、物探数据、岩土物理力学性质数据。对这些分散数据及试验成果都进行分析和归纳整理工作,使它们能更好地反映岩体的变化规律及物理力学性质。而数理统计就是通过这些现象、数据和指标的统计,揭露内在规律,提出试验结果的最佳值。根据现场调查结果,结合试验分析,对工程地质问题给出恰当的评价,如实地反映它们的本质。

在各种数据、指标中,地质数据,例如岩体特性的统计、结构面的产状、方向、展布与延伸,特别是裂隙组的产状、间距、延续性、开度、充填物特性等是基础资料。目前计算软件和岩体力学计算模型研究进展较快,研究成果很多,但具有实用价值的技术不多。这在一个侧面也反映了当前的地质问题评价中,计算脱离地质体的定量依据,模型不能很好地反映实际地质情况。因此,应加强工程地质测绘、钻孔、平硐的大量地质数据的统计分析工作。也就是说,工程地质的定量化,首先是对现场观察记录进行系统描述,数据定量化,以满足工程地质问题评价的定量化和模型化的需要。

8.6.1 勘察数据的整理与分析

在工程勘察的过程中,各项勘察内容有大量的地质数据和试验数据,而这些数据一般都是离散的。因而对这些离散数据需要进行分析和归纳整理,使这些数据能更好地反映岩土体性质和地质特征的变化规律。近代科技的发展,已普遍利用数理统计来揭露地质现象,总结岩土体性质的内在规律,确定具有代表性的数据;寻找数据的最佳值;确定(岩土工程)工程地质条件的复杂程度、试验方法的准确性、合乎准确要求的试样数目以及各个影响因素的相关关系等,以达到真正如实反映(岩土工程)工程地质条件和工程地质环境变化规律的本质。

另外,在整理有关数据之前,必须进行有关工程地质单元的划分,所谓工程地质单元是指在工程地质数据的统计工作中具有相似的地质条件或在某方面有相似的地质特征(如成因、岩土性质、动力地质作用等)而将其作为一个统计单位的单元体。因而在这个工程地质单元体中,物理力学性质指标或其他地质数据大体上是相同的,但又不是完全一致的。有时候,基于某一统计条件而将大体相近的数据统计,也可以作为一个统计单元。所以,工程地质单元的划分,不是绝对的,而是基于某一统计条件。只要有某些性质的大体一致性,就可以作为一个工程地质单元来对待。

在一般情况下,工程地质单元可按下列条件划分。

① 具有同一地质时代、成因类型,并处于同一构造部位和同一地貌单元的岩土层。

② 具有基本相同的岩土性特征:矿物成分、结构构造、风化程度、物理力学性能和工程性能的岩土体。

③ 影响岩土体工程地质的因素是基本相似的。

④ 对不均匀变形反应敏感的某些建(构)筑物的关键部位,视需要可划分更小的单元。

8.6.2 工程地质图的编制

工程地质图和工程勘察报告是勘察资料全面的、综合的总结,也是勘察成果的最终体现,它是供设计部门作为建筑物设计的最基本、最重要的基础资料。

在勘察过程中应逐日逐项分析每天所取得的外业资料,定期进行专门性地质问题小结,对各种草图与看法深入讨论,如发现问题,及时调整或补救勘察布置。一个勘察阶段结束后,按照任务书要求,对地质测绘、勘探、试验、长期监测资料进行全面的核对、分析,经系统整理,找出它们之间的内在联系和规律性,绘制各种工程地质图件,并编写工程勘察报告,作为进行设计所依据的正式基础资料的一部分。

1) 编制工程地质图的基本原则

既能全面反映地质结构特征的空间分布、变化规律和工程地质问题,又要清晰易读,便于分析应用。每个建设行业的制图基本原则和要求应该是统一的,以便于推广交流、总结经验。为此,在编制工程地质图件时,首先要遵循本部门相关规程规定的统一技术标准,此外还要兼顾其他行业的技术标准。除测图的规定、精度要求、制图的形式、图例、符号外,还要注意以下几点。

① 准确是指图上表示的地质结构、自然地质、工程地质现象和其他有关地质资料都必须经过调查论证,成为有依据的资料,且出露位置都要准确。为此,工程地质图主要是现场测制,室内整理也要根据钻孔、平硐及测试资料有依据地绘制。凡是推测的都要用图例或文字说明。

② 合理地反映客观存在的工程地质条件,它们是产生各种工程地质作用的物质基础。其中起主导作用的是地层岩性和构造,这是最根本的条件。在图上分类和表示这些地质体时,必须建立在地质历史成因的基础上,反映它们之间的成生联系。

③ 各类图件的精度与内容的详细程度,应与测绘比例尺相适应。某些有重要影响的地质现象,因比例尺限制无法在制图上表示出来时,常需扩大比例尺表示,同时注明其实际规模和数据,也可实测地质体微细构造特征小图,附在大图上。

2) 工程地质图的分类

由于各部门的要求不同,工程地质图的内容、表现形式、编图原则及其工程地质图分类等,到目前为止还没有一个完全统一的看法,因此编制出来的图件形式各异。但根据测制的方法、表示的内容、图件的技术特性、服务的目的和作用,基本可分为以下几点。

(1) 综合性工程地质图

这种图是大比例尺工程地质测绘,并根据一定数量勘探、试验资料测制而成。在表示工程地质条件及其相互联系的基础上,重点突出关键性工程地质问题。它主要由平面图、剖面图共同组成。这种图是进行建筑物总体布置、设计方案与治理措施的基本依据。

（2）专门工程地质图

为勘察某一专门工程地质问题而测制的图件,其内容重点突出表示与该工程地质问题有关的地质特征、空间分布及其相互组合关系,以及与评价地质问题有关的力学数据。如分析边坡稳定的平、剖面图,就要突出边坡岩体与结构面、地下水渗流特征的关系,以确定滑移边界,并测试分析其力学数据。为坝基防渗、排水而编制的渗透剖面,也属此类。

（3）工程地质分析图

为解决某一专门工程地质问题,突出分析其中某一、两个或几个工程地质因素,借以反映地质特征与建筑物关系的图件,如为了进行坝肩稳定计算,测制的坝肩不同高程切面图、坝基利用岩面等值线图、地下厂房拱顶、底板切面图等。这些多在初步设计阶段,有较多的勘探点控制时才能编制。这类图常是论证专门工程地质问题的附图。

（4）工程地质编录图

如钻孔柱状图、平硐展视图、基坑编录图等。

3）工程地质图的内容

工程地质图的内容主要反映该地区的工程地质条件;按工程的特点和要求对该地区工程地质条件的综合表现进行分区和工程地质评价。但是内容反映的详细程度因设计阶段、比例尺大小、工程特点和要求等不同而有差别。工程地质图表示的内容和深度,取决于四个因素:工程地质条件复杂程度;测绘比例尺;勘测设计阶段的深度;建筑物的类型、规模。一般工程地质图中反映的内容有如下方面。

① 地形地貌:包括地形起伏变化、高程和相对高差;地面切割情况,例如冲沟的发育程度、形态、方向、密度、深度及宽度;场地范围山坡形状、高度、陡度及河流冲刷和阶地情况等。地形地貌条件对建筑场地或线路的选择、对建筑物的布局和结构形式以及施工条件都有直接影响。地形地貌条件也对地下水条件,不良地质现象的发育情况等起着控制性的作用。

② 岩土类型及其工程性质:是工程地质条件中根本且重要的方面。其中应特别注重第四纪沉积物的年代、成因类型及岩相变化与分布。

③ 地质构造:在工程地质图上尤其对基岩地区或有地震影响的松软土层地区应反映地质构造。其内容一般包括各种岩土层的分布范围、产状、褶曲轴线。断层破碎带的位置、类型及其活动性等,在图上应准确地加以表示,在大比例尺图上需按比例尺表示其实际宽度。对某些工程(如边坡、洞室工程)具有重要意义的岩石裂隙性和岩石的构造特征如岩石劈理、变质岩片理、岩浆岩流理等的发育程度与分布方向,需要在专门工程地质图上表现出来。

④ 地下水条件:一般有地下水位,包括潜水水位及对工程有影响的承压水测压

水位及其变化幅度;地下水的化学成分及腐蚀性。

⑤ 不良地质现象:包括各类不良地质现象的形态、发育强度的等级及其活动性。各种不良地质现象的形态类型一般用符号在其主要发育地带笼统表示,例如岩溶、滑坡、岩堆等,冲沟的发育深度、岩石风化壳的厚度等可在符号旁用数字表示。在较大比例尺的图上对规模较大的主要不良地质现象的形态,可按实际情况绘在图上,并对其活动性专门说明。

8.6.3　工程勘察报告书和附件

1）工程勘察报告书

工程勘察报告书必须有明确的目的性,结合场地(岩土工程)工程地质条件、建筑类型和勘察阶段等规定,其内容和格式不能强求统一。总的来说,报告书应该简明扼要,切合主题,并附有必要的插图、照片及表格。有些报告书采用表格形式列举实际资料,虽能起到节省文字、加强对比的作用,但对论证问题来说,文字说明仍应作为主要形式。因此,报告书"表格化"的做法,也须根据实际情况而定,不可强求一致。

报告书的任务在于阐明工作地区的(岩土工程)工程地质条件,分析存在的(岩土工程)工程地质问题,并作出(岩土工程)工程地质评价,提出结论。对较复杂场地的大规模或重型工程的工程勘察报告书,在内容结构上一般分为绪言、一般部分、专门部分和结论。

2）工程地质图和其他附件

工程地质图是由一套图组成的,最基本的如平面图、剖面图和地层柱状图,其他还有分析图、专门图、综合图等等。工程勘察报告书借助这些图件进行说明和评价。但是没有必要的附件,工程地质图将不易了解,也不能充分反映工程地质条件。其他附件包括有:勘探点平面位置图、土工试验图表、现场原位测试图件等。

（1）工程地质剖面图

以地质剖面图为基础,反映地质构造、岩性、分层、地下水埋藏条件、各分层岩土的物理力学性质指标等。

工程地质剖面图的绘制依据是各勘探点的成果和土工试验成果。工程地质剖面图用来反映若干条勘探线上工程地质条件的变化情况。由于勘探线的布置是与主要地貌单元的走向垂直、或与主要地质构造轴线垂直、或与建筑主要轴线相一致,故工程地质剖面图能最有效地揭示场地工程地质条件。

（2）地层综合柱状图

反映场地(或分区)的地层变化情况,并对各地层的工程地质特征等作简要的描述,有时还需附各土层的物理力学性质指标。

（3）勘探点平面位置图

当地形起伏时,该图应绘在地形图上。在图上除标明各勘探点(包括探井、探槽、探坑、钻孔等)、各现场原位测试点和勘探剖面线的平面位置外,还应绘出工程建筑物的轮廓位置。并附场地位置示意图、各类勘探点、原位测试点的坐标及高程数据表。

（4）土工试验图表

主要是土的抗剪强度曲线、土的压缩曲线、土工试验成果汇总表。

（5）现场原位测试图件

如载荷试验、标准贯入试验、十字板剪力试验、静力触探试验等的成果图件。

（6）其他专门图件

对于特殊性岩土、特殊地质条件及专门性工程，根据各自的特殊需要，绘制相应的专门图件。

【思考题】

8-1　为什么要划分工程勘察阶段？可分哪几个阶段？

8-2　工程勘察的基本方法有哪些？

8-3　工程勘察手段使用的先后次序？

8-4　工程地质测绘的主要方法和内容。

8-5　为什么说原位测试工作很重要？原位测试方法主要有哪些？它们的适用条件和用途是什么？

8-6　工程勘察报告主要包括哪些内容？

8-7　实际工作中如何体现勘察工作服务于工程设计和施工建设？

第9章　土木工程建设中的主要
（岩土工程）工程地质问题

9.1　工业与民用建筑工程中的主要岩土工程问题

为正确选择建筑场址及建筑物的结构，必须在岩土工程勘察中正确处理以下几个主要岩土工程问题。

9.1.1　区域稳定性

区域稳定性是建设中首先必须注意的问题，特别是对于像核电站、大型地下工程及重大高层建筑物，它直接影响着工程建设的安全和经济。新构造运动、地震是控制地区稳定性的重要因素，特别是在新地区选择建筑地址时更应注意。

9.1.2　地基稳定性

地基稳定性主要是研究地基的强度和变形问题。

当地基的强度不够，会引起地基隆起，甚至使建筑物倾覆被破坏。地基土的压缩变形，特别是不均匀沉降过大，会引起建筑物的沉陷、倾斜、开裂以致倒塌破坏，或影响正常使用。但也不能为了避免出事故，不顾经济上的浪费，轻易地将建筑物基础置于几十米深的基岩上。

地基稳定性的另一方面是变形问题。可控制的地基变形的影响主要来自于地基土层的地震液化、活断层的活动以及斜坡岩土体移动的影响。

为了使建筑物的勘察、设计、施工做到安全、经济、合理，确保建筑物的安全和正常使用，必须研究地基的稳定性，提出合理的地基承载力以及地基过量变形的防治措施。

9.1.3　施工条件与使用条件

在工业与民用建筑中最常见的问题有基坑涌水、基坑边坡及坑底稳定性、基坑流砂、黄土湿陷等。近来高层及重型建筑增多，则更显突出。这些都与地下水情况有关，在地下水埋藏浅的地方，当基底设计标高低于地下水位时开挖基坑涌水是施工条件中的一个重要问题，岩土工程勘察时必须对涌水量进行计算。在开挖深基坑时，坑壁和坑底的稳定性是一个重要问题，特别是在软土地区；或坑底隔水层过薄而下伏承压水则很有可能发生突发性冒顶而导致基坑的大量涌水。流砂对开挖基坑威胁很大,当有可能时必须做好防治措施。

9.1.4　边坡稳定性问题

在斜坡上修建建筑物,边坡稳定是个重要的岩土工程问题。建筑物的建造给边坡增加了外荷载,破坏了其原有的平衡,会导致边坡失稳而滑动,使建筑物被破坏。因此对斜坡地区必须作出岩土工程评价,对不稳定地段必须提出防治措施。

9.1.5　岩土工程勘察要点

① 查明不良地质现象的成因、分布范围、地震效应和有无新构造运动,以及对区域稳定性影响程度及其发展趋势,并提供防治工程的设计和施工所需的计算指标及资料。

② 查明建筑区内的地层结构和岩土的物理力学性质,提出合理的地基承载力,并对地基的均匀性和稳定性作出评价。

③ 查明地下水的埋藏条件、水位变化幅度与规律及其腐蚀性,测定地层的渗透性,并评价地基土的渗透变形。对地下工程和深基坑,当存在高水头的承压水层时,应评价坑底含水层的隆起或水突涌影响问题。

④ 在斜坡地区应评价边坡的稳定性。

9.2　道路与桥隧工程中的主要工程地质问题

9.2.1　道路勘察中的主要工程地质问题

路线选择是由多种因素决定的,地质条件是一个重要的因素,有时则是控制性因素。

路线方案有大方案与小方案之分,大方案是指影响全局的路线方案,就是选择路线基本走向的问题,如越甲岭还是越乙岭,沿 A 河还是沿 B 河。小方案是指局部性的路线方案,如走垭口左边还是右边,沿河右岸还是左岸,一般属于线位方案。工程地质因素不仅影响小方案的选择,有时也影响大方案的选择。下面分平原区与山岭区两种情况进行研究。

1) 山岭区

山岭区工程地质问题重点讨论沿河线与越岭线。

(1) 沿河线

由于沿河路线的纵坡受限制不大,便于为居民点服务,有丰富的筑路材料和水源可供施工,养护使用,在路线标准、使用质量、工程造价等方面往往优于其他线型,因此它是山区选线首先考虑的方案。但在深切的峡谷区,如两岸张裂隙发育,高陡的山坡处于极限平衡状态时,采用沿河线则应慎重考虑。

沿河线路布局的主要问题:① 路线选择走河流的哪一岸;② 路线放在什么高度;③ 在什么地点跨河。第③个问题将在桥渡部分详细讨论,这里的讨论只涉及①、②两个问题。

① 河岸选择。

路线选择走河流的哪一岸,应结合河谷的地貌、地质条件进行分析比较。为了避让不利地形和不良地质地段,还可考虑跨河换岸。

为求工程节省、施工方便与路基稳定,路线宜选择在有山麓缓坡、较低阶地可利用的一岸,尽可能避让大段的悬崖峭壁。在积雪和严寒地区,阴坡和阳坡的差异很大,路线宜尽可能选择在阳坡一岸,以减少积雪、翻浆、涎流冰等病害。

在顺向谷中,路线应注意选择在基岩山坡较稳定、不良地质现象较少的一带。在单斜谷中,如为软弱岩层或有软弱夹层时,一般应选择在岩层倾向背向山坡的一岸,如图 9-1 所示;如为坚硬岩层时,则应结合地貌考虑,选择较为有利的一岸。

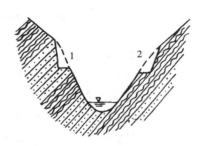

图 9-1　在单斜谷中
1—有利情况;2—不利情况

在断裂谷中,两岸山坡岩层破碎、裂隙发育,对路基稳定很不利。如不能避免沿断裂谷布线时,应仔细比较两岸出露岩层的岩性、产状和裂隙情况,选择相对有利的一岸。

在山地河谷中,常常会遇到崩塌、滑坡、泥石流、雪崩等不良地质现象。如两岸皆有这种地质现象,应通过详细调查分析,选择比较有利的一岸;如规模大、危害重,且不易防治时,则应考虑避让。跨河到对岸避让时,还应考虑上述不良地质现象可能冲击对岸的范围,如图 9-2 所示。

图 9-2　在山地河谷中

在强震区的沿河线,更应注意避让悬崖峭壁及大型不良地质地段,避免沿断裂破碎带布线并努力争取地质地貌条件对抗震有利的河岸。

② 路线高度。

沿河线的线位高低,应根据河岸的地质地貌条件及河流的水流情况来考虑。

沿河线按其高出设计洪水位的多少,有高线、低线之分。高线一般位于山坡上,基本不受洪水威胁,但路线较曲折,回旋余地小;低线路基一侧临水,边坡常受洪水威胁,但路线标准较高,回旋余地大。

在有河流阶地可利用时,通常认为利用一级阶地定线是最适当的,因为这种阶地可保证路线高出洪水位,同时由于阶地本身受切割破坏较轻,故工程较省。在无河流阶地可利用时,为保证沿河低线高出洪水位以上,免遭水淹,勘测时应仔细调查沿线洪水位,作为控制设计的依据。同时应采取切实有效的防护措施,以确保路基的稳定和安全。

在强震区,当河流有可能为崩塌、滑坡、泥石流等暂时阻塞时,还应估计到这种阻塞所造成的淹没及溃决时的影响范围,合理确定线位和标高。

（2）越岭线

横越山岭的路线通常是最困难的,一上一下需要克服很大的高差,常有较多的展线。

越岭线布局的主要问题:一是垭口选择;二是过岭标高选择;三是展线山坡选择。三者相互联系、相互影响,不能孤立考虑,而应当综合考虑。

越岭方案可分路堑与隧道两种。选择哪种方案过岭,应结合山岭的地形、地质和气候条件考虑。下列情况可以考虑隧道方案:① 采用较短隧道可以大大缩短路线长度、改善路线标准时;② 在高寒山区采用隧道可以避免或大大减轻冰、雪病害时。

不同的越岭方案,有不同的考虑。对于路堑过岭方案,选择标高最低的垭口和适宜展线的山坡是非常重要的;对于隧道过岭方案,选择标高最低的垭口是没有重要意义的,而应选择可以用较低标高和较短隧道通过的垭口。对于隧道方案特别有利的是又瘦又薄的垭口。

关于隧道的工程地质问题,将在隧道部分详细讨论,这里着重讨论路堑方案的一些工程地质问题。

① 垭口选择。

垭口是越岭线的控制点,在符合路线基本走向的前提下,垭口的选择要全面考虑垭口的标高、地形地质条件和展线条件。通常应选择标高较低的垭口,特别是在积雪、结冰地区,更应选择低垭口,以减少冰、雪病害。

对宽而肥的垭口,只宜采用浅挖低填方案,过岭标高基本上就是垭口标高;对薄而瘦的垭口,常常采用深挖方式,以降低过岭标高,缩短展线长度,这时就要特别注意垭口的地质条件。

在第 4 章中已经论述过山岭垭口的地质条件。断层破碎带型垭口,对深挖特别不利。由单斜岩层构成的垭口,如为页岩、砂页岩互层、片岩、千枚岩等易风化、易滑的岩层组成时,这些对深挖也常常是很不利的。

② 展线山坡。

山坡线是越岭线的主要组成部分,选择垭口的同时,必须注意两侧山坡展线条件的好坏。评价山坡的展线条件,主要看山坡的坡度、断面形式和地质构造,山坡的切割情况,及有无不良地质现象等。

坡度平缓而又少切割的山坡有利于展线。陡峻的山坡、被深沟峡谷切割的山坡,对展线是不利的。

山坡岩层的岩性和地质构造对于路基稳定有极大影响。如为倾斜岩层（倾角＞$10°$）,且路线方向与岩层走向大致平行时,则应注意岩层倾向与边坡的关系,如图 9-3

所示。图中分别用 1 和 2 表示对路基稳定的有利情况和不利情况。实际工作中尚应结合岩层的岩性、裂隙、倾角和层间的结合情况来综合考虑。如虽为倾斜岩层,但路线方向与岩层走向的交角>40°时,也属于有利情况。接近水平的岩层,如由软硬相间的岩层组成,受风化的差异作用,可形成阶梯形状山坡,此种山坡是否稳定主要看坚硬岩层的厚薄及裂隙情况,如图 9-4 所示,图中分别用 1 和 2 代表坚硬岩层与软弱岩层。

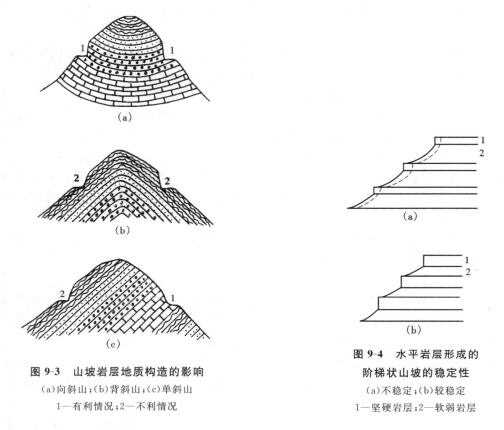

图 9-3 山坡岩层地质构造的影响

(a)向斜山;(b)背斜山;(c)单斜山

1—有利情况;2—不利情况

图 9-4 水平岩层形成的阶梯状山坡的稳定性

(a)不稳定;(b)较稳定

1—坚硬岩层;2—软弱岩层

　　山坡上最常见不良地质现象是滑坡、崩塌,调查时应予以特别注意。北方及高寒山区还要考虑积雪、涎流冰等问题,这就要注意研究坡向和风向、泉水和地下水。在某些高山地区还可能有雪崩。在有雪崩的山坡上,一般应避免在同一坡上布设多条路线。

　　2)平原区

　　平原区路线所遇到的主要工程地质问题,按一般地区与强震地区两种情况来讨论。

　　(1)一般地区

　　一般地区地面水的情况是首先应该考虑的。为避免水淹、水浸,应尽可能选择地势较高处布线,并注意保证必要的路基高度。

在排水不畅的众河汇集的平原区、大河河口地区,尤应特别注意。

地下水的情况也是应该认真考虑的。在凹陷平原、沿海平原、河网湖区等地区,地势低平,地下水位高,为保证路基稳定,应尽可能选择地势较高、地下水位较深处布线。应该注意地下水变化的幅度和规律。不同地区,可能有不同的变化规律。如灌区主要受灌溉水的影响,水位变化频繁,升降幅度大;而多雨的平原区,主要受降水的影响,大量的降水不仅使地下水位升高,而且会形成广泛的上层滞水。

在北方冰冻地区,为防治冻胀与翻浆,更应注意选择地面水排除条件较好、地下水位较深、土质条件较好的地带通过,并保证规范规定的路基最小高度。

在有风沙流、风吹雪的地区,要注意路线走向与风向的关系,确定适宜的路基高度,选择适宜的路基横断面,以避免或减轻公路的沙埋、雪阻病害。

在南方,河网湖区、沿海平原、凹陷平原及大河河口等地区,常常会遇到淤泥、泥炭等软弱地基的问题,勘察时尤应注意。

在广阔的大平原内,砂、石等筑路材料往往很缺乏,应借助地形图、地质图认真寻找。

(2) 强震地区

1976 年河北唐山地区地震说明,建设场地的土质、地下水、地形地貌、地质构造对平原区的震害轻重有很大影响。根据邢台、海城、唐山地震的经验,对于烈度≥7度的地区,下列几点具有普遍的指导意义。

① 路线应尽量避开地势低洼、地基软弱的地带,选择地势较高、排水较好、地下水位较深、地基内无软弱层(饱和粉细砂和软黏土)的地带通过,同时注意路基排水、路基压实等工作,以避免严重的喷水冒砂、震陷,并减轻路基开裂、下沉等震害。

② 不应沿河岸、水渠布线,不得已时,应远离河岸、水渠以防强震时河岸滑移危害路基,并避免严重的喷水冒砂。

③ 对于重要公路,应尽量避免沿发震断层两侧危险地带布线。

9.2.2　桥渡勘察中的主要工程地质问题

大、中桥桥位通常是布设路线的控制点,桥位变动会使一定范围内的路线也随之变动。影响桥位选择的因素有路线方向、水文条件与地质条件。地质条件是评价桥位好坏的重要指标之一。

桥渡工程勘察的任务,主要包括以下几个方面。

① 为选择桥位提供地质依据,包括调查河谷构造,有无断层,基岩性质、产状及埋深,河床是否稳定,谷坡、岸坡有无不良地质现象等。

② 为墩台基础设计提供地质资料。查明河床地层结构,有无冲刷可能及冲刷影响深度,地基承载力、渗透性及水的腐蚀性,如有基岩应查明其埋深及岩性、产状和风化情况。

③ 为引道设计提供地质资料。引道是桥梁与路线的连接部分,多半是高填、深

挖或浸水路堤。对于高填引道,应查明其地基条件,注意避让牛轭湖、老河道等软弱地基地段;对于浸水路堤,还应注意水位变化及波浪对边坡稳定性的影响;对于深挖,应查明边坡稳定条件。

④ 为调治构造物设计提供地质资料,主要是查明地基条件。

⑤ 调查建桥所需的当地天然材料,包括桥梁主体、桥头引道及调治构造物所需的砂、石、土等。

这里重点讨论桥位与桥基勘察中应注意的主要问题。

1) 桥位勘察中的主要工程地质问题

如上所述,桥位工程勘察的任务是为桥位选择提供地质依据。采用的方法是调查与测绘,必要时可辅以少量的勘探工作。对于大桥应提出桥位工程地质说明书,在复杂情况下还应有桥位工程地质图与粗略的桥位中线处的河床地质断面图。

① 桥位应尽可能选在河道顺直、水流集中、河床稳定的地段,以保证桥梁在使用期间不受河流强烈冲刷的破坏或由于河流改道而失去作用。应尽量避开有沙洲、急弯及主支流汇合的地段,选择河漫滩较窄,没有河汊的地段。为使桥梁轴线与河谷及河床垂直,应选择河谷与河床方向一致的河段,否则洪水时水流与桥梁轴线斜交,将会增加对墩台的冲刷。桥位还应远离上游的水坝、水闸。

② 桥位应选择在岸坡稳定、地基条件良好、无严重不良地质现象的地段,以保证桥梁和引道的稳定并降低工程造价。通常桥位应选择在冲积层较薄、河底基岩坚硬完整的地段。在有碳酸盐及石膏等可溶性岩层分布的地区,应特别注意避让岩溶发育的地段。桥头工程(引桥或引道)应尽可能避开牛轭湖、老河道等有厚层松软土层的地段。在山区要特别注意两岸有无滑坡、崩塌等不良地质现象,如果有,应仔细查明其规模、性质、稳定程度,详细分析其对桥梁有无危害及危害程度。

③ 桥位应尽可能避开顺河方向及平行桥梁轴线方向的大断裂带,尤其不可在未胶结的断裂破碎带和具有活动可能的断裂带上建桥。沿河断层,在河谷地貌上多有表现,如河谷比较顺直,两岸谷坡岩层不同、坡度不同、崩塌、碎落等不良地质现象比较发育等。平行桥梁轴线的断层可通过对两岸断层的研究,加以追索和推断。

2) 桥基勘察中的主要工程地质问题

桥基工程勘察的任务是为桥梁墩台设计提供地质资料。方法是在调查与测绘的基础上进行勘探工作。对于大、中桥,目前均采用以钻探为主,辅以物探等方法。这种综合的勘探方法,能够互相补充,可收到事半功倍的效果。勘察的结果应提出桥位处的河床地质断面图,钻孔柱状图与勘探测试记录,水、土的化验与试验资料。

桥基工程勘察应注意的主要问题有以下几点。

(1)钻孔布设

钻孔布设应在桥位工程地质调查与测绘的基础上进行,以避免盲目性。

钻孔数量取决于① 设计阶段;② 桥位地质条件;③ 拟采用的基础类型。在初步勘察阶段,一般布设 3~5 个钻孔;在详细勘察阶段,一般钻孔数应不少于墩台数。如采用沉井基础,或基础设在倾斜、锯齿状的基岩面上时,应增加补助钻孔,复杂时每一墩台需要 4~5 个钻孔。

钻孔一般布设在桥梁中心线上。为了避免钻穿具有承压水的岩层而引起基础施工困难,也可布设在墩台以外。为了解沿河床方向基岩面的倾斜情况,在桥梁的上下游可加设补助钻孔。

(2) 钻孔深度

钻孔深度取决于河床地质条件、基础类型与深度。钻孔的大概深度可参考表 9-1。

表 9-1　钻孔的大概深度

顺序号	土 层 名 称		钻孔深度/m	
			大 桥	中 桥
1	岩　　石		应在风化岩石下不少于 3 m	
2	砂砾	由河底最大计算冲刷标高算起	15	10
3	砂		20	15
4	黏质土		30	25
5	软性黏土		低于荷重土层表面以下不得少于 15 m	

河床地质条件包括:河床地层结构、基岩埋深、地基承载力、可能的冲刷深度等。基础类型要区分明挖、沉井与桩基等。如遇基岩,要求钻入基岩风化层 1~3 m。这一点在山区有蚀余堆积的河流上,尤应注意,以免把孤石错定为基岩。

(3) 操作要求

为保证钻探工作的质量,钻进过程中要认真对待取试样、鉴别、记录等环节。每钻探 1 m 深要取试样,每次变层也要取试样。为使试样尽可能保持原来状态,应注意选择符合技术要求的取土器和钻进方法。记录要仔细,对所有使用的钻具、进尺、取试样及钻进中的感觉等均详细记录。在鉴别试样时,应与调查测绘结果对照,避免发生重大错误。

大、中桥桥位钻探多系水上作业,安全问题甚为重要。如发生安全事故,不仅工作受到严重影响,甚至会造成人身事故或使钻探设备受到损失。下列情况应特别注意安全:位于水深流急的大河上;位于水库下游受放水影响时;位于河口受潮汐影响水位变化很大时。

(4) 地质断面图

① 钻孔柱状图。

钻孔柱状图(见图 9-5)是根据每个钻孔的记录编制的,按钻孔中地层出现的顺序,由上向下分层编制。图上应注明不同地层的名称、厚度、特征及地下水出现的深度等。

② 桥位地质断面图。

如图 9-6 所示,在河床断面图上先绘制钻孔柱状图,将各钻孔的相同地层连结起来。即构成桥位地质断面图。在绘制桥位地质断面图时,应特别注意地层的尖灭现象和透镜体,还应特别注意不同地层的标高和路线设计高的相互联系。

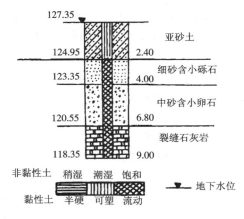

图 9-5 钻孔柱状图

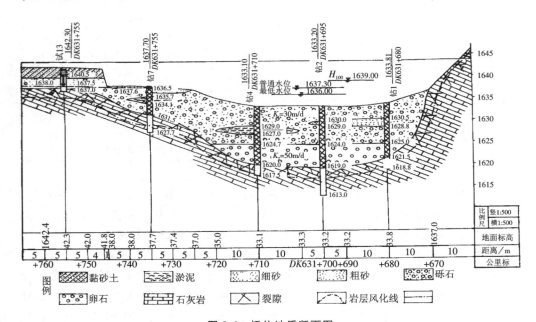

图 9-6 桥位地质断面图

9.2.3 隧道勘察中的主要工程地质问题

公路隧道有山岭隧道与河底隧道之分,本节只研究山岭隧道。山岭隧道分越岭隧道与山坡隧道两种,这里重点讨论越岭隧道。越岭隧道是穿越分水岭或山岭垭口的隧道,这种隧道可能有较大的深度和长度;山坡隧道是为了避让山坡的悬崖绝壁以及雪崩、山崩、滑坡等不良地质现象而修建的隧道,这种隧道长短不一。

山岭隧道是修建在天然地层中的建筑物,它从位置选择到具体设计,直到施工,均与地质条件有密切关系。地质条件包括岩层性质、地质构造、岩层产状、裂隙发育程度及风化程度,隧道所处深度及其与地形起伏的关系,地层含水程度、地温及有害气体情况,有无不良地质现象及其影响等。

基于以上原因,在隧道的勘察设计中,应十分注意工程地质工作。对重点隧道或工程地质和水文地质条件复杂的隧道,应进行区域性的工程地质调查、测绘,并加强勘探和试验工作。当地下水对隧道影响较大时,应进行地下水动态观测,并计算隧道涌水量。

隧道工程地质勘探通常采用以钻探为主,辅以物探的方法。钻孔位置一般在隧道中线两侧 8~10 m。钻孔深度一般应达路线标高以下 2~3 m。

隧道勘察的主要问题是:隧道位置与洞口位置的选择;地下水、地温及有害气体;隧道围岩的稳定性。

1) 隧道位置与洞口位置的选择

(1) 隧道位置选择

① 隧道位置选择的一般原则。

隧道应尽量避免接近大断层或断层破碎带,如必须穿越时,应尽量垂直其走向或以较大角度斜交;在新构造运动活跃地区,应避免通过主断层或断层交叉处;在倾斜岩层中,隧道应尽量垂直岩层走向通过;在褶曲岩层中,隧道位置应选在褶曲翼部;隧道应尽量避开含水地层、有害气体地层、含盐地层与岩溶发育地段。

隧道一般不应在冲沟、山洼等负地形地段通过,因冲沟、山洼等存在,反映岩体较软弱或破碎,并易于集水。

② 岩层产状与隧道位置选择。

a. 水平岩层:在缓倾或水平岩层中,垂直压力大,对洞顶不利,而侧压力小,则对洞壁有利。若岩层薄,层间联结差,洞顶常发生坍塌掉块。因此隧道位置应选择在岩石坚固,层厚较大、层间胶结好,裂隙不发育的岩层内。

b. 倾斜岩层:当隧道轴线与岩层走向平行时,若隧道围岩层厚较薄,较破碎,层间联结差,则隧道两侧边墙所受侧压力不均一,易导致边墙变形破坏。因此隧道位置应选在岩石坚固、层厚大、层间联结好的同一岩层内。

当隧道轴线与岩层走向垂直时,岩层在洞内形成自然拱,稳定性好,是隧道布置的最优方式。若岩层倾角小而裂隙又发育时,则在洞顶被开挖面切割而成的楔形岩块易发生坍落。

③ 地质构造与隧道位置选择。

a. 褶皱构造:当隧道轴线与褶皱轴平行时,沿背斜轴或向斜轴设置隧道都是不利的,因为褶皱地层在轴部受到强烈的拉伸和挤压,岩层破碎,常形成洞顶坍落,而在向斜褶皱内且常有大量地下水,危害隧道。为此,隧道应选择在褶皱两翼的中部,如图9-7 所示。

当隧道轴线与褶皱轴垂直时,背斜地层呈拱状,岩层被切割成上大下小的楔体,隧道内坍落的危险较小。向斜地层呈倒拱状,岩层被切割成上小下大的楔体,最易形成洞顶坍落,且常有大量的承压地下水。因此,应尽量避免横穿向斜褶皱打隧道。

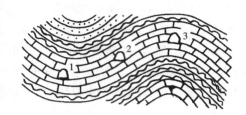

图 9-7　褶曲构造与隧道位置选择
1、3—不利;2—较好

b.断层:当隧道通过断层时(见图9-8),由于岩层破碎,地层压力大,对稳定极为不利,而且由于断层常常是地下水的通道,对隧道的危害极大,故此,应当尽量避免。图 9-8 中的方案 2,无疑要比方案 1 优越。

当隧道通过几组断层时(见图9-9),除存在上述问题外,还应考虑围岩压力沿隧道轴线可能重新分布,断层形成上大下小的楔体,可能将其自重传给相邻岩体,使它们的地层压力增加。

图 9-8　断层与隧道位置选择
1—最差;2—较好

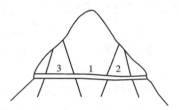

**图 9-9　断层所引起的
围岩压力变化**
1—减小;2、3—增加

(2) 洞口位置选择

洞口位置选择应保证隧道安全施工和正常运营,根据地形、地质条件,着重考虑边坡及仰坡的稳定,并结合洞外工程及施工难易情况,分析确定。一般情况宜早进洞晚出洞。

在稳定的陡峻山坡地段,一般不宜破坏原有坡面,可贴坡脚进洞。如遇自然陡崖,应避免洞口仰坡或路堑边坡与陡崖连成单一高坡,注意在坡顶保持适当宽度的台阶,在有落石时,则应延长洞口,预留落石的距离。

隧道洞口应尽量避开褶曲轴部受挤压破碎严重,为构造裂隙切割严重的地带,以及较大的断层破碎带,因为这些地段容易造成崩塌、落石与滑坡等不良地质现象。

隧道洞口应尽量选择岩石直接露出或坡积层较薄,岩体完整、强度较高的地段。如岩层软弱或破碎,则以不刷坡或少刷坡为宜,必要时可先接建明洞再进洞。为避免山洪危害,洞口一般不易设在沟谷中心。洞口如有沟谷横过,洞底应高出最高洪水位。

2) 地下水、地温及有害气体

(1) 地下水

地下水对隧道的影响主要是隧道涌水和浸水。

① 隧道涌水。

隧道穿过含水层时,地下水涌进隧道,将会大大增加排水、掘进和衬砌工作的困难。在隧道穿过储水构造、充水洞穴、断层破碎带时,会遇到突发性的大量涌水,危害最大。在土及未胶结的断裂破碎带中,涌水的水压力和冲刷作用,可能导致隧道围岩失去稳定性。

隧道涌水量取决于含水层的厚度、透水性、富水性、补给来源,以及隧道的长度和断面大小。当预计地下水对隧道的影响较大时,应通过勘探、试验,查明上述水文地质要素,并计算隧道涌水量,作为排水设计的依据。

② 隧道浸水。

地下水的活动会改变岩石的物理力学性质,降低岩体强度,并能加速岩石风化破坏。地下水在软弱结构面中活动,可起软化、润滑作用,常常造成岩块坍塌。某些地层,如黏土、无水石膏等,在水的作用下,体积膨胀,地层压力大大增加。

(2) 地温

在开挖深埋山岭隧道时,地温是一个重要问题。人一般只在 40℃以下才能正常工作,而在潮湿的坑道中,当温度达到 40℃时就不能正常工作,必须采取降温措施,因此对深埋隧道内的温度应进行预测。

我们知道,常温层的温度大致与当地多年平均气温相当,在常温层以下,地温则随深度增加而增加。地温增加 1℃所需下降深度(以米计)称为地温梯度。地温梯度受地形起伏、岩层导热率和含水量、地下水温度及火山活动等因素的影响,各地不完全相同。

根据地温梯度,利用下式可近似计算隧道内的温度

$$t = t_0 + (H - h) / T$$

式中　t——隧道内温度,℃;

　　　t_0——常温层的温度,℃;

　　　H——隧道埋深,m;

　　　h——常温层深度,由观测取得,m;

　　　T——地温梯度,平均为 33 m,山岭地区为 40~50 m,准确数值可以钻孔测温
　　　　　资料取得。

(3) 有害气体

在开挖隧道时,常会遇到各种对人体有害、易燃、易爆的气体。在工程地质勘探时应注意查明隧道所通过的地层中含有的各种有害气体,并提出相应的防护措施。

常见的有害气体:① 易燃、易爆炸的气体,如甲烷(CH_4);② 无毒的窒息性气体,如二氧化碳(CO_2)、氮(N_2);③易燃的有毒气体,如硫化氢(H_2S)。易燃的有毒气体溶于水生成淡硫酸液,对隧道衬砌的石灰浆、混凝土及金属有腐蚀作用。

当隧道通过煤系、含油、碳和沥青地层时,常有碳氢化合物的气体溢出,特别是甲烷。在含碳地层中开挖隧道时,常会遇到二氧化碳气体。在硫化矿床或其他含硫地层中,会遇到硫化氢气体。

3) 隧道围岩的稳定性及围岩分级

隧道围岩是指隧道周围一定范围内,对隧道稳定性能产生影响的岩体。隧道穿越山岭时,破坏了原有的应力平衡,在隧道围岩中产生新的应力和变形,这种应力及松动岩层作用在衬砌上的压力称为山体压力。山体压力是评定隧道围岩稳定性的主要内容,也是隧道衬砌设计的主要依据。

隧道围岩稳定性评价,通常采用工程地质分析和力学计算相结合的方法。这里只讲工程地质分析法。

(1) 影响隧道围岩稳定性的主要因素

① 地质因素。

地质因素包括岩层产状、地质构造、地下水、地应力(在构造作用强烈且覆盖层很厚的山体中打洞,可能有较大的残余构造应力,对洞体的稳定性不利),以及地震烈度。地震烈度高时,可使地层断裂、滑动,造成隧道损坏。一般情况是:软弱岩层较坚硬岩层影响大,破碎岩层较完整岩层影响大,非均质岩层较均质岩层影响大,含水岩层较不含水岩层影响大,表层岩层较深层岩层影响大,洞口部位较洞体部位影响大。

② 工程因素。

工程因素包括隧道的埋深、几何形状、跨度和长度、施工方法、围岩暴露时间及衬砌类型等,这些因素影响围岩应力的大小和性质。

(2) 隧道围岩分级

我国 2001 年修订的《铁路隧道设计规范》中,明确规定了铁路隧道围岩分类所采用的两种方法,即以围岩稳定性为基础的分类方法和按弹性波(纵波)速度的分类方法。在交通部 1990 年制定的《公路隧道设计规范》中,围岩分类采用了与铁路隧道完全相同的分类方法。为使交通部门的围岩分类方法与国内其他行业的趋于一致,铁道部和交通部分别于 1999 年和 2004 年将围岩类别更改为围岩级别。分级方法采用国家标准《工程岩体分级标准》(GB 50218—1994)规定的方法、级别和顺序,即岩石隧道围岩稳定性等级由好至坏分为Ⅰ级、Ⅱ级、Ⅲ级、Ⅳ级和Ⅴ级,并把土体围岩定为Ⅵ级。目前执行的确定隧道围岩分级的规范分别是《公路隧道设计规范》(JTG D70—2004)和《铁路隧道设计规范》(TB 10003—2005),分别见表 9-2 和表 9-3。

表 9-2　公路隧道围岩分级

围岩级别	围岩或土体主要定性特征	围岩基本质量指标 BQ 或修正的围岩基本质量指标 $[BQ]$
Ⅰ	坚硬岩,岩体完整,巨整体状或巨厚层状结构	大于 550
Ⅱ	坚硬岩,岩体较完整,块状或厚层状结构;较坚硬岩,岩体完整,块状整体结构	550—451
Ⅲ	坚硬岩,岩体较破碎,巨块(石)碎(石)状镶嵌结构;较坚硬岩或较软硬岩层,岩体较完整,块状体或中厚层结构	450—351
Ⅳ	坚硬岩,岩体破碎,碎裂结构;较坚硬岩,岩体较破碎~破碎,镶嵌碎裂结构;较软岩或软硬岩互层,且以软岩为主,岩体较完整~较破碎,中薄层状结构	350—251
	土体:①压密或成岩作用的黏性土及砂性土;②黄土(Q_1、Q_2);③一般钙质、铁质胶结的碎石土、卵石土、大块石土	
Ⅴ	较软岩,岩体破碎;软岩,岩体较破碎~破碎;极破碎各类岩体,碎、裂、松散结构	≤250
	一般第四系的半干硬至硬塑的黏性土及稍湿至潮湿的碎石土,卵石土、圆砾、角砾土及黄土(Q_3、Q_4)。非黏性土呈松散结构,黏性土及黄土呈松软结构	
Ⅵ	软塑状黏性土及潮湿、饱和粉细砂层、软土等	

表 9-3　铁路隧道围岩分级

围岩级别	围岩主要工程地质条件		围岩开挖后的稳定状态(单线)	围岩弹性纵波速度 V_p/(km/s)
	主要工程地质特征	结构特征和完整状态		
Ⅰ	极硬岩(R_c>60 MPa):受地质构造影响轻微,节理不发育,无软弱面或夹层;层状岩层为巨厚层或厚层,层间结合良好,岩体完整	呈巨块状整体结构	围岩稳定,无坍塌,可能产生岩爆	>4.5

围岩级别	围岩主要工程地质条件		围岩开挖后的稳定状态(单线)	围岩弹性纵波速度 Vp/(km/s)
	主要工程地质特征	结构特征和完整状态		
Ⅱ	硬质岩($R_c>30$ MPa):受地质构造影响较重,节理较发育,有少量软弱面或夹层和贯通微张节理,但其产状及组合关系不致产生滑动;层状岩层为中厚层或厚层,层间结合一般,很少有分离现象,或为硬质岩石偶夹软质岩石	呈巨块或大块状结构	暴露时间长可能会出现局部小坍塌;侧壁稳定;层间结合差的平缓岩层,顶板易塌落	3.5~4.5
Ⅲ	硬质岩($R_c>30$ MPa):受地质构造影响严重,节理发育,有层状软弱面或夹层,但其产状及组合关系尚不致产生滑动;层状岩层为薄层或中层,层间结合差,多有分离现象;硬软质岩石互层	呈块(石)、碎(石)状镶嵌结构	拱部无支护时可产生小坍塌,侧壁基本稳定,爆破震动过大易塌	2.5~4.0
	较软岩($R_c≥15~30$ MPa):受地质构造影响较重,节理较发育;层状岩层为薄层、中厚层或厚层,层间结合一般	呈大块状结构		
Ⅳ	硬质岩($R_c>30$MPa):受地质构造影响极严重,节理很发育;层状软弱面或夹层已基本破坏	呈碎石状压碎结构	拱部无支护时可产生较大的坍塌,侧壁有时失去稳定	1.5~3.0
	软质岩($R_c≥5~30$ MPa):受地质构造影响严重,节理发育	呈块(石)、碎(石)状镶嵌结构		
	土体:①具压密或成岩作用的黏性土、粉土及砂性土;②黄土(Q_1、Q_2);③一般钙质、铁质胶结的碎石土、卵石土、大块石土	①和②呈大块状压密结构,③呈巨块状整体结构		

续表

围岩级别	围岩主要工程地质条件		围岩开挖后的稳定状态(单线)	围岩弹性纵波速度 V_p/(km/s)
	主要工程地质特征	结构特征和完整状态		
V	岩体:软岩,岩体破碎至极破碎,全部极软岩及全部极破碎岩,包括受构造影响严重的破碎带	呈角砾碎石状松散结构	围岩易坍塌,处理不当会出现大坍塌,侧壁经常小坍塌;浅埋时易出现地表下沉(陷)或塌至地表	1.0～2.0
	土体:一般第四系坚硬、硬塑黏性土,稍密及以上、稍湿或潮湿的碎石土、卵石土、圆砾土、角砾土、粉土及黄土(Q_3、Q_4)	非黏性土呈松散结构,黏性土及黄土呈松软结构		
VI	岩体:受构造影响严重,呈碎石、角砾及粉末、泥土状的断层带	黏性土呈易蠕动的松软结构,砂性土呈潮湿松散结构	围岩极易坍塌变形,有水时土砂常与水一齐涌出;浅埋时易塌至地表	
	土体:软塑状黏性土、饱和的粉土、砂类土等			

新规范围岩级别与原规范的围岩类别对应关系可按表 9-4 大致确定。应用中可能会存在一定问题,特别是对于Ⅲ～Ⅴ级(即Ⅳ～Ⅱ类)划分并不完全对应。应用时对Ⅲ级以下(含部分Ⅲ级)的岩体,应慎重确定级别,以确保工程安全。

表 9-4　隧道围岩级别与围岩类别的关系

围岩级别(新规范)	Ⅰ	Ⅱ	Ⅲ	Ⅳ	Ⅴ	Ⅵ
围岩类别(老规范)	Ⅵ	Ⅴ	Ⅳ	Ⅲ	Ⅱ	Ⅰ

9.3　港口工程中的主要工程地质问题

港口(海港和河港)有水域和陆域两大部分。水域是供船舶航行、运转和停泊装卸之用,它的工程有防波堤、防潮砂堤、灯塔等建筑。陆域部分是指与水面相毗连、与港务工作直接有关的港区,包括有码头、船坞、船台、仓库、道路、车间、办公楼等建筑。由于港口工程建物种类繁多,对于工程勘察来说,与水相连的陆域中的工程如码头、护岸工程等以及水域中的防波堤等皆称为港口水工建筑物,它的工程勘察有特殊要求。而离开水面影响的工程是属非水工建筑物,它的工程勘察与一般的建设工程的岩土工程勘察相同。本节仅介绍海港的工程勘察特点及主要工程地质问题。

9.3.1 海港工程勘察的特点

① 海港工程勘察，实际上是陆上、海岸和海洋三类工程勘察的组合，在组织实施、方法技术配置和海陆配合上，需要统筹兼顾，有机结合。

② 海岸地貌调查在海港工程勘察中占重要地位，要解决与未来海岸发育有关的海岸侵蚀、淤积、海岸线变迁、海岸带稳定等问题；解决沿岸泥沙运动及其与风、浪、流等因素的关系、海滩剖面的发育和平衡剖面；评估海平面升降影响以及港口构筑物对海岸地貌发育的影响等问题。

③ 海港工程构筑物的地基几乎涉及残积、坡积、冲积和海相沉积以及基岩等各种岩土类型。同时即使在一个港区的范围内，甚至在一个断面上都可能遇到多类土层。因此，在海港工程勘察中，土性的试验研究十分重要，特别是对含水率大、压缩性高而承载力低，常处于欠压密状态的海洋土等具特殊性状的土需重点试验。

④ 海港水域工程勘察，由于海床为海水淹没无法直接进行观测，因而在很大程度上依赖钻探和物探，而水上钻探成本高、技术难度大，又制约水上钻探难以像陆上那样大量进行。随着海洋观测技术的发展，特别是高分辨率地球物理勘探技术和原位测试技术的发展，以及它们具有的高效、经济、快速的特点，使得这些技术成为海洋工程勘察的重要手段而被越来越广泛的采用。

⑤ 水工模拟试验在海港工程中已广为采用，可以提供构筑物模式与水动力环境相互作用及其效果的可靠数据，并可据此修改模式，反复试验直到取得理想的结果。它同样适用于海岸运动和泥沙运动的研究，成为海洋工程和海洋工程勘察中的重要手段。但模型试验成本高、周期较长，随着计算机技术的开发和发展，数值模拟也得到很大的发展，各种数学模式相继建立和不断完善，如波浪数学模式、二维潮流模式、岸线数学模式等。数值模拟在计算机上操作，不受试验场地和时间的限制，具有灵活快速的优点，已越来越广泛的应用于解决实际问题和工程地质问题。但由于一些规律未完全掌握，特别是边界条件较复杂时，仍受到一定的限制。物理模拟和数值模拟相结合，将是海港工程勘察的重要方法。

9.3.2 海港工程勘察中的主要工程地质问题

1) 海岸的升降变化

应注意海平面升降变化的影响，海平面变化可分两类：一是全球气候变暖导致全球性的绝对海平面变化，这种全球海平面称为平均海平面；二是区域性的海平面变化，它是受区域性的地壳构造升降和地面沉降等因素的影响，这种区域性海平面称为相对海平面，它反映了该地区海平面变化的实际情况。据统计，近百年来全球海平面呈上升趋势，平均海平面上升速率每年为 1.0～1.5 mm，近年还有加速之势，至于相对海平面，在我国沿海地区各地的构造之升降和地面沉降的速率不同，因而海平面有表现为上升的，也有表现为下降的。一般地区相对海平面平均升降速率每年为 1～

2 mm,如果有过大的地面沉降的海岸,则相对海平面每年可达 5~10 mm。对处于相对海平面上升的港湾,建港后随着海岸的下降,港口将有淹没的危险,因此,要判明其下降的速度,以便合理地布置建筑物;对于相对上升的港湾,建港后港池将会随陆地上升而变浅,从而使港口失效,所以在建港前也必须判明陆地上升的速度,以便作出合理规划和防治措施。

为确定相对海平面的升降变化,工程地质工作应着重于收集全球性的海平面变化在我国沿海地带的升降速率;调查该港口的地质构造稳定性,特别是构造的升降、断裂带的活动性;调查该港口及其邻近因抽取地下水造成的地面沉降而影响海平面升降的情况;调查该港口及其邻近地区因土层的天然压密或建筑物及交通的荷载而导致陆地面下沉的情况;综合上述各类因素的影响,作出相对海平面的上升速率和对港口影响的评估。

2) 海岸的稳定性

(1) 海岸带的冲蚀与堆积

海岸带的形状、结构、物质组成以及岸线的位置是可变的,在促成这些变化的因素中,以波浪的作用最为重要,此外,潮汐、海流和入海河流的作用在某些岸带上也起巨大的作用。但相比之下,影响海岸稳定性是以波浪为主要动力。在沿岸线海区,波浪由于消能变形、破碎而产生不波浪,也称激浪。激浪对海岸的冲击,造成一系列海岸冲蚀地形,如海蚀洞穴、海蚀崖、海石柱及浅滩等,迫使海蚀岸不断地节节后退,在海岸带形成沿岸陡崖、波蚀穴、磨蚀与堆积阶地(见图 9-10)等地形。

(2) 海岸带的保护

海岸受波浪、海流和潮汐的影响发生冲蚀作用和堆积作用是普遍存在的,冲蚀作用可使边岸坍塌,也称坍岸,它使原有岸线后退;堆积作用可使水下坡地回淤,使本来可以利用的水深发生回淤现象,以至水深变浅,海床增高。这些岸线后退和海床增高都会对港口工程有影响。为此在选择港口时,应对这些不良地质现象作出评估。

① 沿岸线的工程设施,首先应该进行坍岸线的研究,预测坍岸线的距离,工程定位时在坍岸线以外尚应留有一定的间距。

② 厂房地基及路基等设施应设在最高海水位之上,以免浸泡地基及工程设施,导致地基承载力降低和发生其他的如液化、沉陷土体滑动等现象。

③ 码头及防波堤的基础建于水下海床之上,长期受水淹泡和波浪作用,因此在考虑地基承载力时,应注意到海流及波浪会对地基施加动荷载和倾斜力,使地基在一个比正常作用于基础底面上的力低的荷载下就发生破坏,此外,尚需考虑地基发生滑动的可能性。

④ 为了保护海岸、海港免遭冲刷和岸边建筑物的安全,以及防止海岸、港口免遭淤积的危害,应提供当地的工程地质资料,特别是不良地质现象和地基承载力等资料。在此基础上提出防治冲刷、回淤及其他不良地质现象的措施。

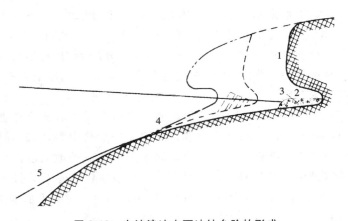

图 9-10 在波浪冲击下冲蚀台阶的形成

1—岸边陡崖;2—波蚀穴;3—浅滩;4—水下磨蚀阶地;5—水下堆积阶地

【思考题】

9-1 工业与民用建筑工程中的主要岩土工程问题有哪些?

9-2 山岭区沿河线和越岭线的工程地质问题各自有哪些,如何确定?

9-3 桥梁、隧道和海港工程勘察中的主要工程地质问题各有哪些?

第 10 章　环境工程地质

环境地质的合理利用与保护近年来成为人类特殊关注的重大课题。它与地球矿产资源的枯竭有关,与人类大规模的工程建设和经济活动引起的地壳岩石圈平衡的破坏、形成灾害性地质作用、危及人类的生活与安全有关。人类的活动在一些情况下是创造性的,在另一些情况下又是破坏性的,常导致地球平衡的破坏,引发改变或破坏地质环境的灾害性地质作用。而为了建立地质环境新的平衡,往往需要付出巨大的经济代价。合理利用与保护地质环境已成为规划人类工程、经济活动必须遵循的准绳。随着世界人口的急剧增长和科学技术的进步,人类公众活动对地质环境的影响日益加剧。

10.1　环境地质和环境工程地质

10.1.1　环境地质学的发展

环境地质是在 20 世纪 60 年代早期被提出来的,其认识各不相同。有从土的学科观点出发,有的包括社会和文化环境,有的还包括生态环境。但人们逐渐认识到只考虑自然因素和生物方面的因素是不全面的,还必须要考虑人为因素的作用。"环境地质是应用地质学、水文学、工程地质学、地球物理学和其他相关学科的原理,来研究一个地区的资源,如何为人类最大利益而得到发展。它是一门研究与人类有关的环境学科,它的研究不仅对科学家有益,而且对所有关心该地区发展的人们有用。"

世界进入了可持续发展的时代。从 20 世纪 50 年代开始,随着工业经济的快速发展,一系列污染事件发生,形成了第一轮环境问题。80 年代,新一轮经济的快速发展使环境与发展的矛盾再次突出。随着人类工程和经济活动的规模和范围日益扩大从而引起了具有代表性的问题——环境地质问题,我们必须解决工程活动对地质环境的作用所产生的新问题,这就形成现代工程地质学的新分支——环境工程地质。国际交流与协作为环境工程地质的创立作了组织准备,对加速环境工程地质问题的研究起了重要推动作用。

1970 年,国际地球科学联合会(IUGS)正式成立了"地球科学与人类"专业委员会;1972 年,第 24 届国际地质大会将"城市与环境地质"列为第一专题;1979 年,国际工程地质学会(IAEG)在波兰召开首次"人类工程活动对地质环境变化的影响"专题讨论会;1980 年,在巴黎第 26 届国际地质大会上,国际工程地质协会一致通过了《国际工程地质协会关于参与解决环境问题的宣言》。《宣言》倡议所有从事工程地质和相邻学科的人员,在设计和修建任何工程时,不仅要注重工程设施的可能性及经济效益,而且必须考虑保护和合理利用环境问题,要求查明工程地质条件,并在空间、时间上进行定量的预测评价;要求开展以了解某些地区地质环境为目的的区域地质调查,编制世界性的分类环境工程地质图。环境工程地质问题的研究,在经过多次各种类型的与人类活动有关的地质灾害的教训、长期的思想孕育和组织准备后,已开始在全世界普遍开屡。《宣言》已成为现代工程地质学向环境工程地质学进军的时代标志,同时,也肯定了已有的环境工程地质问题。

1980 年 12 月,在印度新德里召开的第四届国际工程地质大会上,关于环境评价与开发的工程地质研究论文达 119 篇。1992 年 12 月,我国召开了第四届工程地质大会,区域环境工程地质等方面的论文占了 1/3,古建筑与古文物保护的工程地质研究受到了极大重视。1994 年 9 月,在葡萄牙里斯本举行了第七届环境工程地质大会,主要讨论了地质与灾害、工程地质与环境保护等问题。

我国于 1982 年召开了第一次全国环境工程地质学术讨论会,1987 年在北京召开了"山区环境工程地质国际学术讨论会"。1989 年 11 月在西安召开了第二次会议,在这次会议上对环境工程地质的概念、含义、目的、特点和它的研究地位等问题都进行了比较深入的探讨,对环境工程地质的理论研究有重要的指导意义。1995 年 6 月 26 日—30 日在河北正定,地矿部召开了"地学与人类生存、环境、自然灾害学术讨论会"。1995 年 9 月,在兰州又召开了第三次全国环境工程地质会议,在会上对环境工程地质的学科特点问题,各方面的专家与学者都发表了很多学术见解,在某些方面取得了共识,同时也存在着不同的学术观点,这些共识和不同的学术观点对工程地质的学科发展将产生深远影响。1999 年 8 月在哈尔滨举行了第四届全国环境工程地质会议,共同探讨了环境工程地质科学的发展,明确了 21 世纪人口、环境与发展的战略。

10.1.2　环境地质的概念

环境地质学是近 20 年来兴起的一门新兴科学,它是环境科学中的一个重要组成部分,是地质学科的一个分支,它应用地质学的理论和方法来研究地质环境的基本特性、功能和演变规律,研究人类活动与地质环境之间的相互作用、相互制约的关系,解决人类开发利用自然环境遇到的和可能引起的地质问题,探索在经济发展过程中合理利用和保护地质环境的途径。

1983 年再版,由 Michael Allaly 主编的《环境辞典》中,将"环境地质"一词定义为:应用地质数据和原理,解决人类占有或活动造成的问题(如矿物的采取、构造物的建造、地表侵蚀等)的地质评价。在我国,环境地质这一词的出现和使用较晚。

人类为了达到与自然协调发展的目的,就必须尊重和适应自然规律,根据地质环境特点进行人类工程建设,适度地改造自然,使其向良性方向发展,造福于人类。所谓环境地质,是研究人类活动与地质环境相互作用、相互制约的关系,用以解决人类开发利用自然环境所遇到的和可能引起的地质问题,探求防治对策,促使社会、经济的持续繁荣与地质环境保护的协调发展。环境地质学运用生态学的观点和时、空变化的观点进行研究,因此,国际上又有人把它定义为地质生态学,即把地质环境作为现代生态学研究的中心问题。

应当指出的是,地质环境与环境地质,是完全不同含义和性质的两个专用名词。地质环境仅指环境的空间实体,而环境地质则是人类与环境空间实体之间的关系,是以人—地质环境为研究对象的科学。也就是说,环境地质学的研究对象已经从传统地质学的范畴扩大到了自然环境与人类社会的相互作用,扩大到了高层次的人—地系统。

在地质环境中,人类进行的技术—经济活动与地质环境的相互作用是一个复杂的自然—技术系统。两者之间相互作用的特点,取决于地质环境的特点和工程技术活动类型。地质环境是按自然规律发展的,而人类的工程技术活动则是按技术经济规律进行的,所以,环境地质工作就要充分考虑这两者的特点,以及它们相互作用的结果。还要考虑自然—技术系统的空间范围界限,也就是要考虑人类的工程活动与地质环境相互作用可能影响的范围。因此,环境地质研究应以各种技术经济活动的长远效应,改变或影响地质环境变化的方向,探讨地质环境潜在的变化趋势、能力、效果等作为重要的工作内容,最终作出地质环境的科学评价,提出防治对策。要有针对性地,对于质量好的地质环境提出保护、预防措施,对于可能有潜在问题的地质环境提出预防、治理措施,对于质量较差的地质环境要提出限制、改进、治理措施,防患于未然。

环境地质学是研究由于人类活动所引起的一切地质现象。这些现象随着社会经济的发展和科学进步在不断扩大。就现阶段而言,人类的生产活动主要可引起以下几方面的地质作用。

① 人为的剥蚀地质作用。主要有矿山剥离盖层、工程挖掘土石、农业平整土地等。人工对大自然的剥蚀作用,其速率和强度有时大于天然剥蚀作用。

② 人类的搬运地质作用。人类为了开发和利用自然资源,为了某项经济活动,每年要搬运大量不同类型的材料。如填筑工程地基、采矿、开垦荒地和坡地等都会引起人类搬运地质作用。据估计,由于人类地质活动,每年搬运的物质达 1 000 万立方米,超过全球水流的搬运作用。

③ 人类的堆积地质作用。人类在地球上许多地方的堆积已达到相当大的规模,如布拉格市有一层厚 6 m 的人工堆积物。

④ 人为塑造地形作用。人为塑造地形作用和经济建设有关,往往形成许多地貌景观,如人造平原、梯田、水库、运河、人工边坡、假山、填平低地、天堑、人工岛等,其速率甚至比天然外动力地质作用更强大。

⑤ 人类活动所诱发的地质作用。如大规模开采地下水而引起的地面沉降、在喀斯特地区所造成的地面塌陷;水库和深井注水引起的诱发地震等。

上述举例的一些地质作用,常导致天然地质环境失去平衡。深入研究这些人为地质作用发生、发展,对改善地质环境是十分有益的。

10.1.3 环境地质学的研究内容

环境地质学主要的研究内容为:凡是由人类活动激发地质作用过程引起的环境问题,如洪水泛滥、滑坡、泥石流、地震等现代地质过程造成人类环境灾害,以及因地壳表层化学元素分布不均,使某些地区某些元素严重不足或过剩引起动植物和人体的生物地球化学地方病。人类活动,加速了环境中的原自然物流、能流的循环过程、规模,并引起环境地质问题:如水污染;废物处置、选址不当,引起环境污染危害;大型水利工程建成引起的负面效应、潜在的环境地质问题(如诱发地震等);矿产资源的开采、利用中引起的环境地质问题;城市化引起的环境地质问题等。

由于上述的许多研究内容又具有其特殊的方面,不断地深入,形成一个多分支学科共同发展的环境地质科学体系。陈梦熊指出,在环境地质科学领域,目前初具轮廓或正在发展中的分支学科主要有环境水文地质学、环境工程地质学、环境地球化学、灾害地质学、地震工程地质学、城市环境地质学、农业环境地质学、矿山环境地质学等。

10.1.4 环境工程地质的基本概念

环境工程地质学的兴起与近代经济—工程活动的作用密切相关。人类对地质环境的作用主要表现为各种工程建设活动、开发矿产资源、水利建设活动、战争活动、综合经济活动等,它们对地质环境带来的影响变化已有明显表现。

环境工程地质问题随着环境地质学的出现,也引起了工程地质界的关注,并提出了新的概念。著名工程地质学家 E. M. 谢尔盖也夫教授认为,地质环境指的是地壳上部,包括岩石、水、气和生物在内相互关联的系统,在此范围内由于人类的作用改变着自然地质作用和现象,或是形成新的工程地质作用和现象。在地质环境内各种作用的形成与发展,是由于人类工程活动使其各种组分的性质和状态、各种成分重新分布与变化的结果。地质环境的上限是地表,其下限则是人类作用于地壳的深度。在研究合理利用与保护地质环境课题时,不能回避大气圈、水圈、生物圈的影响,必须认识到构成人类自然环境各要素的人为变化是彼此相互联系的,不能人为地将它们割裂或孤立起来。

环境工程地质是工程地质学的一个分支,是研究由于人类工程—经济活动所引起的(或诱发的)区域性和有害的工程地质作用(如诱发地震、滑坡、泥石流等)的科学。环境工程地质研究这些作用产生的条件和机制,提出减弱或消除它的工程措施,为制定利用、保护和改造地质环境方案提出依据。1982 年,刘国昌提出环境地质的中心问题是环境工程地质问题,并提出了第一环境与第二环境的概念。第一环境即自然环境,它是在区域工程地质条件下发生、发展的,具有显著区域性规律;第二环境即是指与人类的工程—经济活动规律有关的地质环境,而环境工程地质问题主要与第二环境有关。1984 年,胡海涛曾经提出过一个比较全面的论述:"环境工程地质学是在区域工程地质学研究基础上,主要研究由于人类工程—经济活动引起的地质环境的变化,以及这种变化所造成的影响,其目的是为了改造、利用和保护地质环境。"因此,环境工程地质学以其研究领域的广泛性、研究内容和方法的综合性、环境评价的预测性和改造利用地质环境的能动性,以及以人类活动为主导的动力因素来区别于传统工程地质学。环境工程地质是研究解决与人类工程—经济活动有关的合理开发、利用、改造、影响、诱发和保护工程地质环境的一门学科。

环境工程地质的产生,是经济活动不断加剧的必然产物。换句话说,在现代科学技术条件下,人类的工程创造给人类带来了极大利益,同时也给人类环境带来极大影响,出现了各种不良的工程地质现象,直接或间接地对人类环境产生反作用。为了解决这个问题,开展了环境工程地质研究。

环境工程地质的主要研究目标,是为了合理地进行工程开发,在满足人类发展需要的同时,保护地质环境,使人类工程活动与地质环境保持良好的协调关系,更有利于人类的生存、生活和生产的发展,为工程地质环境预测调控与改造利用,提供了可靠的科学依据。

10.2　工程建设与环境工程地质

人类对地球的改变已变得十分巨大,甚至是全球尺度的。由此引起的后果是资源枯竭、水源污染、生态恶化、水土流失、灾害频发等地球环境问题日益严重。人类既受到地质变化的影响,同时也是地质变化的诱因,因此,人类要实现可持续发展,就必须约束和改变自己的行为与生活方式,懂得理智地与大自然和谐相处;不断扩展和深化研究领域,不断增进对地球及其居住环境的了解,以便帮助人类不仅有效地对付自然与人为变化可能造成的有害影响,而且能够利用这种变化可能带来的机遇。

10.2.1　基坑开挖与环境工程地质

基坑开挖使土体内应力重新分布,由初始应力场状态变为二次应力状态,致使围护结构产生变形、位移,引起基坑周围地表沉陷,从而对邻近建筑物和地下设施带来不利影响。深基坑的开挖带来的不利影响主要包括深基坑边坡稳定问题、基坑开挖对地下水的影响、基坑开挖对周围建筑物的变形影响(邻近建筑物的开裂、倾斜;道路开裂)、地下管线的变形、开裂等。由基坑开挖造成的此类工程事故,在实际工程中屡见不鲜,给国家和人民财产造成了较大损失,越来越引起设计、施工和岩土工程科研人员的高度重视。

深基坑围护结构变形和位移以及所导致的基坑地表沉陷,是引起建筑物和地下管线等设施位移、变形,甚至破坏的根本原因。上海某建筑物基坑施工时,附近道路

路面沉陷了近 $30\sim50$ cm,民房大量开裂而最终不得不拆除。杭州京杭运河与钱塘江沟通工程中,开挖运河深度 8 m,宽 70 m,由于卸荷作用使附近的地面发生膨胀回弹而使离开坡顶 3 m 处一幢五层住宅向上抬升了约 50 mm,影响范围 $15\sim20$ m。

减少基坑开挖对周围环境的影响,首先要有合理的支挡体系以及防渗措施;其次是挖土施工的密切配合;最后是要建立一套行之有效的监测系统,及时发现问题及时采取必要的加强措施。

10.2.2 地下工程与环境工程地质

地下工程是指建筑在地面以下以及山体内部的各类建筑物,如地铁、公路隧道、地下厂房、电站等。随着社会经济的发展,地下建筑愈来愈多,规模愈来愈大,埋藏愈来愈深。它们的共同特点是:都建设在地下岩土体内,具有一定断面形状和尺寸,并有较大延伸长度,可统称之为地下洞室,洞室周围的岩土体简称围岩。狭义上,围岩常指洞室周围受到开挖影响,大体相当地下洞室宽度或平均直径 3 倍左右范围内的岩土体。地下洞室突出的工程地质问题是围岩稳定问题。

（1）地下开挖与地层变形规律

开挖施工使周围地层出现应力重分布现象,改变了土颗粒的流动方向,从而引起采空区周围土体重新稳定出现地层损失;开挖施工使土体受扰动、剪切破坏形成的重塑土产生再固结;地下水位下降引起的固结等均可造成地层损失。

洞室的开挖,破坏了围岩初始应力的平衡状态,由于洞室周围围岩失去原有支撑,就要向洞室空间松张,其结果改变了围岩的原有平衡关系,使围岩应力重新分布,形成新的应力状态,并直接影响着围岩的稳定性。当围岩强度能够适应变化后的应力状态,便能保持洞室稳定。但有时因围岩强度低,或其中应力状态变化大,以致围岩不能适应变化后的应力状态,洞室则不稳定,若不采取措施,就会引发破坏事故,对施工和运行造成危害。

在软土地层中,地下铁道、污水隧道等常采用盾构法施工。盾构在地下推进时,地表会发生不同程度的变形。地表的变形与隧道的埋深、盾构的直径、软土的特性、盾构的施工方法、衬砌背面的压浆工艺等因素有关。盾构穿越市区,地面有各种各样的建筑物和浅层管线,因此,地层损失率越高,对地面环境的威胁越大。

（2）地下工程施工对地基稳定性的影响

建筑物在基底以下有一定应力影响范围,地下工程施工亦在其周围有应力重分布影响区,若这两个区域有所重叠,则必将造成地表上建筑物与地下工程的相互影响。对地下工程,则相当于增加了上部荷载及周围压力;对地上建筑物而言是形成地下采空区,降低了地基承载力,增加了地基变形的不均匀性。2003 年 7 月 1 日凌晨发生的上海轨道交通 4 号线越江隧道联络通道因大量泥沙涌入,引起隧道受损及周边地区地面沉降,造成三幢建筑物严重倾斜,以及防汛墙开裂、沉陷等险情事故,直接经济损失达 1.5 亿元。

10.2.3　线路工程与环境工程地质

　　道路的建设必须开挖或回填土石方,改变原来的地形地貌,破坏自然环境。草率的修建会加重地形的破坏,而加强规划可使这些影响减少。

　　桥梁基坑开挖,会引发以边坡坍滑为主的变形破坏,有时甚至牵动山体滑移;隧洞施工中引发的环境工程地质问题主要有岩溶隧洞发生塌陷、涌水和突泥,第四纪松散层、断层带破坏岩层以及由于各种不利结构面造成的拱顶或边墙岩土体坍滑引发的泥石流。

　　深挖集中地段或长隧洞洞口,常有大量弃土需要处理,有时会十分困难或需耗费巨资。处理不当,可出现一系列问题,遇集中暴雨形成泥石流,破坏良田,冲毁道路;弃土于古滑坡之上使之复活,危及山体稳定。

　　高边坡路堑施工中爆破方式不合理以及防护措施不当,都会造成山体失稳,诱发滚石、崩塌、泥石流、滑坡;隧道开挖产生的塌方、冒顶、涌水则会造成地面沉陷、地下水枯干等。

10.2.4　水电工程与环境工程地质

　　水库的修建,对地质环境的影响主要表现在水库边岸再造、水库淤积、水库渗漏、库缘浸没、水库诱发地震;水库下游地下水位降低引起土地沙化和水质恶化;灌区引起土壤盐渍化、沼泽化;河流、湖泊、海岸边岸整治引起侵蚀、搬运、和沉积规律的变化,这些人类的工程活动都有可能改变地质环境,破坏生态平衡。

10.2.5　矿产资源开发工程与环境工程地质

　　无论露天开采还是地下开采,采矿活动都要导致矿区周围地形的变化。采空或疏干排水将引起或诱发地面沉降、塌陷、地裂缝、地震、滑坡和泥石流,直接威胁着矿区地面建筑物和人员安全,给人类生产和生活带来严重影响和危害。如 1980 年 6 月由于山体采空放顶,引起地表开裂,在集中暴雨作用下,湖北宜昌盐池河磷矿矿山产生大型山崩地质灾害,崩塌体达 100 余万立方米,掩埋了矿务局全部房屋和矿山机械设备,284 人遇难,损失严重。

10.3　工程地质环境质量评价

　　工程地质环境质量是指地质环境对人类工程—经济活动所表现出素质的优劣程度,它应是人类工程地质环境的综合特征反映。因此,人类工程地质环境评价的实质是人类工程地质环境质量评价。

　　工程地质环境质量既表现为工程建筑的适宜性,同时也反映为地质环境对工程建筑的适应性和敏感性。适宜性主要指地质环境要素对工程兴建及运行的满足程度,即工程地质条件(包括地形地貌、地层岩性、地质构造、水文地质及物理地质作用等)的好坏。敏感性主要指地质环境是否可能因工程建设而加剧不良地质作用,甚至恶化地质环境,引起或诱发新的地质灾害。

工程地质环境质量问题,实际表现为工程地质环境稳定性问题。一般直接用区域稳定性作为评价指标,分析区域地壳的稳定性、区域山体稳定性和区域地面稳定性,由此得出区域总体稳定性;并以此对其工程地质环境质量进行综合评价。

1) 区域稳定性评价

一个地区的区域稳定性由区域地壳结构所控制。区域地壳稳定性是指区域地壳现代活动规律及其对工程安全的影响程度,其表现为上部地壳的形变、位错、地震和火山活动。这些地质、地球物理作用与区域地壳结构有着密切关系。区域地壳结构的边界为深断裂,且活动的深断裂控制着区域地壳稳定性。

对一个地区进行区域稳定性评价,应着重调查研究区域地质构造、现代地应力场、活动断裂和地震。

(1) 区域地质构造特征

褶皱和断裂构造的发育程度、构造线方向、褶皱和断裂的空间分布及组合关系,即构造体系,尤其是最新构造体系或构造带。

(2) 现代地应力场特征

现代地应力场是现今各种地质作用现象产生的动力源,也是现代地壳构造活动具有显著规律性的原因。构造应力场对重大工程场地地基的稳定性影响很大。一般是以构造作用来分析现代地应力场,如一个地区的现存地应力最大主应力方向与该地区最强烈的一期构造作用方向一致。在重大工程建筑选址时,必须给出区域现代应力场的大小、方向及其畸变。常采用多种方法进行研究。

(3) 活动断裂系统

前面已介绍过活断层,它是由原有古老构造格局和现代地应力场特征所决定。活断层不是单一地发生,通常有一条"主断层",伴随多条次一级断层,构成活动断裂系统。应着重研究活断层的几何结构特征,活动速率,以及活断层和地震的时空关系。

(4) 地震活动规律

地震作用是影响区域稳定性的最主要因素。应详细研究区内地震的历史、震级、烈度、震中分布、发震机制以及地震活动规律等。

此外,对区域地面稳定性也应作出评价,如地面不均匀沉降、地裂缝、砂土液化、崩塌和滑坡等。

2) 工程地质环境适宜性评价

工程地质环境适宜性评价的主要目的是确定一定的工程活动受原生地质环境的制约程度,即具体工程活动在一定的地质环境中是否适宜。主要是研究考察地质环境对一定的工程活动的可承载程度。适宜性评价对重大工程的规划、选址和兴建是很重要的。

3) 工程地质环境的敏感性评价

地质环境敏感性评价的主要目的是确定一定的工程活动对地质环境产生影响,使之发生变异,形成环境效应的可能性和程度,亦即地质环境对工程扰动的敏感度。敏感性强,易产生负环境效应的地质环境为脆弱环境。进行评价时,应着重于岩土变异、水文变异和环境效应的研究。

工程地质环境质量评价虽然已引起国内外的普遍关注,但目前还没有建立起完善的工程地质环境质量评价指标体系。但发展的趋势是由过去某具体方面或单个要素的简单评价,逐步转向系统性、综合性评价。并随着计算机的迅速发展和普及,系统仿真模拟法已成为一种可行有效的方法,它可以将工程地质环境的组成要素有效地融为一体,通过改变工程条件模拟不同条件下可能产生的环境问题,为工程决策和保护地质环境提供依据。

【思考题】

　　10-1　环境工程地质的主要研究内容。

　　10-2　工程建设与环境工程地质的联系。

　　10-3　工程地质环境质量评价涵盖的内容。

附录　常见地质符号

一、地层、岩性符号

(一)地层年代符号及颜色

界	系		
新生界 K_z	第四系 Q		淡黄色
	第三系 R	上第三系 N	黄　色
		下第三系 E	
中生界 M_z	白垩系 K		绿　色
	侏罗系 J		蓝　色
	三叠系 T		紫　色
古生界 P_z	二叠系 P		红棕色
	石炭系 C		灰　色
	泥盆系 D		暗棕色
	志留系 S		深绿色
	奥陶系 O		暗绿色
	寒武系 ∈		橄榄绿色
元古界 P_t	震旦系 Z		桔红色
太古界 A_r			玫瑰色

注:统的年代符号参见表3-1。

(二)岩性符号

1. 岩浆岩

γ	花岗岩	γπ	花岗斑岩	λ	流纹岩

δ	闪长岩	δπ	闪长斑岩	α	安山岩

ν	辉长岩	βν	辉绿岩	β	玄武岩

2. 沉积岩

| cg | 砾岩 | ss | 砂岩 | sh | 页岩 |

| bt | 角砾岩 | ml | 泥灰岩 | ls | 石灰岩 |

3. 变质岩

| gn | 片麻岩 | sch | 片岩 | ph | 千枚岩 |

| sl | 板岩 | mb | 大理岩 | q | 石英岩 |

（三）第四纪沉积成因分类符号

| Qal | 冲积岩 | Qdl | 坡积岩 | Qpl | 洪积岩 |

| Qel | 残积岩 | Ql | 湖积岩 | Qeol | 风积岩 |

| Qh | 沼泽堆积 | Qcol | 崩塌堆积 | Qdel | 滑坡堆积 |

二、岩石符号

（一）岩浆岩

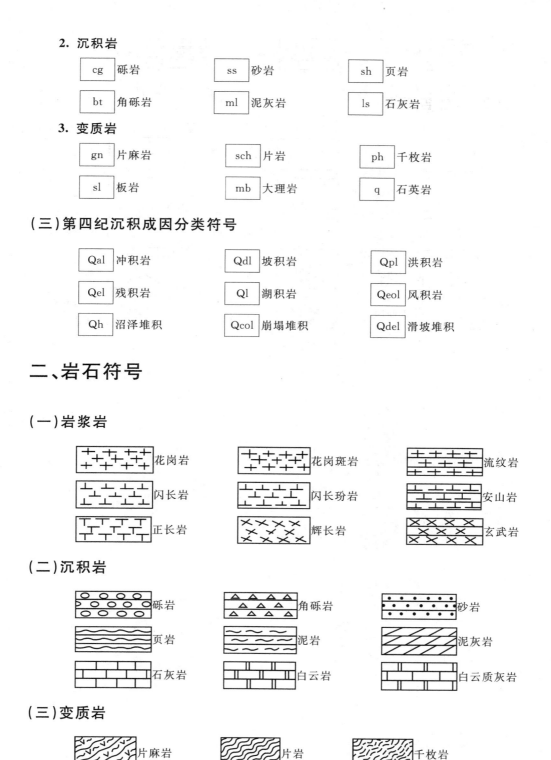

花岗岩　花岗斑岩　流纹岩
闪长岩　闪长玢岩　安山岩
正长岩　辉长岩　玄武岩

（二）沉积岩

砾岩　角砾岩　砂岩
页岩　泥岩　泥灰岩
石灰岩　白云岩　白云质灰岩

（三）变质岩

片麻岩　片岩　千枚岩

板岩　　 大理岩　　 石英岩

三、地质构造符号

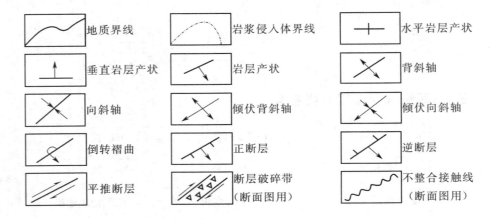

参 考 文 献

[1] 唐大雄,孙愫文. 工程岩土学[M]. 北京:地质出版社,1987.

[2] 王思敬,黄鼎成. 中国工程地质世纪成就[M]. 北京:地质出版社,2004.

[3] 张咸恭,王思敬,张卓元,等. 中国工程地质学[M]. 北京:科学出版社,2000.

[4] 李智毅,杨裕云. 工程地质学概论[M]. 武汉:中国地质大学出版社,1994.

[5] 孔宪立,石振明. 工程地质学[M]. 北京:中国建筑工业出版社,2001.

[6] 宋畅,柴寿喜,王沛,等. 土质试验与试验分析[M]. 天津:天津大学出版社,2007.

[7] 李斌. 公路工程地质[M]. 北京:人民交通出版社,2001.

[8] 中华人民共和国建设部. 岩土工程勘察规范(GB 50021—2001)[M]. 北京:建筑工业出版社,2002.

[9] 孙家齐. 工程地质[M]. 武汉:武汉工业大学出版社,2003.

[10] 李中林,李子生. 工程地质学[M]. 广州:华南理工大学出版社,1999.

[11] 孙广忠. 工程地质与地质工程[M]. 北京:地震出版社,1993.

[12] 公路勘察设计研究院有限公司. 公路工程地质勘察规范[M]. 北京:人民交通出版社,1999.

[13] 张倬元,王士天,王兰生. 工程地质分析原理[M]. 北京:地质出版社,1981.

[14] 刘广润. 工程地质与环境地质概论[M]. 武汉:中国地质大学出版社,1997.

[15] 戴文亭,等. 延吉—图们高速公路中里滑坡的形成与综合整治. 公路交通科技,2002(4).

[16] 罗国煜,等. 南京地质环境的基本特征和几个主要环境岩土工程问题. 高校地质学报,1998,4(2).

[17] 姚永华,等. 湖北省城市环境岩土工程问题综述. 岩土工程技术,2001,(1).

[18] 中华人民共和国交通部. 公路隧道设计规范(JTG D70—2004),北京:人民交通出版社,2004.

[19] 中国地质学会工程地质专业委员会编. 第五届全国工程地质大会文集[M]. 北京:地震出版社,1996.

[20] 吴纪敏. 工程地质学[M]. 北京:高等教育出版社,2006.

[21] 刘传正. 环境工程地质学导论[M]. 北京:地质出版社,1995.

[22] 常士骠. 工程地质手册[M]. 北京:中国建筑工业出版社,1995.

[23] 林宗元. 简明岩土工程勘察设计手册[M]. 北京:中国建筑工业出版社,2003.

[24] 林宗元. 岩土工程试验监测手册[M]. 北京:中国建筑工业出版社,2005.

[25] 孟高头.土体原位测试机理方法及工程应用[M].北京:地质出版社,1997.

[26] 齐丽云,等.工程地质[M].北京:人民交通出版社,2002.

[27] 李隽蓬,谢强.土木工程地质[M].成都:西南交通大学出版社,2001.

[28] 杜恒俭.地貌学及第四纪地质学[M].北京:地质出版社,1981.

[29] 陈德基.工程地质及岩土工程新技术新方法论文集[M].武汉:中国地质大学出版社,1995.

[30] 李鄂荣.环境地质学[M].北京:地质出版社,1991.

[31] 孙玉科,牟会宠,姚宝魁.边坡岩体稳定性分析.北京:科学出版社,1988.

[32] 孙玉科,古迅.赤平极射投影在岩体工程地质力学中的应用[M].北京:科学出版社,1980.

[33] 王思敬.90年代地质科学[M].北京:海洋出版社,1992.

[34] 李兴唐.活动断裂研究与工程评价[M].北京:地质出版社,1991.

[35] 王大纯.水文地质学基础[M].北京:地质出版社,1996.

[36] 朱小林,杨桂林.土体工程[M].上海:同济大学出版社,1996.

[37] 赵树德,廖红建,徐林荣,等.高等工程地质学[M].北京:机械工业出版社,2005.